普通高等教育"十二五"规划教材

力学与结构（下册）

主 编 刘 洁 张生瑞

副主编 宋艳清 蒋 红

　　　　王中发 郑昌坝

中国水利水电出版社
www.waterpub.com.cn

内 容 提 要

本书是根据高职高专的教育特点，按照建筑类专业建筑力学与结构课程教学标准进行编写的一本综合性教材。全书（上、下册）共 16 个模块，主要内容包括：结构的简化及计算简图选取；力系平衡的基本理论和方法；结构外力分析、内力分析和几何组成分析；单一材料构件的强度、刚度和稳定性的计算；钢筋混凝土结构、砌体结构、钢结构的材料性能；结构设计计算方法；钢筋混凝土结构基本构件的设计及主要构造措施；砌体结构的基本设计计算和钢结构构件及连接的设计计算；结构体系、结构选型的基础知识以及结构施工图识读的简介。

本书可作为高职工程造价、工程管理、工程监理、建筑工程技术、建筑装饰工程技术等专业的教学用书，也可作为现场技术人员的参考用书。

图书在版编目（CIP）数据

力学与结构. 下册 / 刘洁，张生瑞主编. -- 北京：
中国水利水电出版社，2012.8
　普通高等教育"十二五"规划教材
　ISBN 978-7-5084-9846-1

　Ⅰ. ①力… Ⅱ. ①刘… ②张… Ⅲ. ①建筑科学－力
学－高等学校－教材②建筑结构－高等学校－教材 Ⅳ.
①TU3

中国版本图书馆CIP数据核字(2012)第189864号

书　　名	普通高等教育"十二五"规划教材 **力学与结构（下册）**	
作　　者	主　编　刘　洁　张生瑞 副主编　宋艳清　蒋　红　王中发　郑昌坝	
出版发行	中国水利水电出版社 （北京市海淀区玉渊潭南路1号D座　100038） 网址：www.waterpub.com.cn E-mail：sales@waterpub.com.cn 电话：(010) 68367658（发行部）	
经　　售	北京科水图书销售中心（零售） 电话：(010) 88383994、63202643、68545874 全国各地新华书店和相关出版物销售网点	
排　　版	中国水利水电出版社微机排版中心	
印　　刷	北京市北中印刷厂	
规　　格	184mm×260mm　16开本　19.75印张　468千字	
版　　次	2012年8月第1版　2012年8月第1次印刷	
印　　数	0001—3000册	
定　　价	**33.00元**	

《力学与结构》（上、下册）是根据高职高专的教育特点，按照建筑工程造价专业建筑力学与结构课程教学标准进行编写的一本综合性教材。本教材以"应用"为目的，以"必须、够用"为尺度准则，以"服务与指导结构施工图预算"为课程教学目标，根据知识相似点划分模块和学习单元。本书编写参考了我国新颁布的标准《混凝土结构设计规范》（GB 50010—2010）、《砌体结构设计规范》（GB 50003—2001）、《钢结构设计规范》（GB 50017—2003）、《建筑结构荷载规范》（GB 50009—2001）、《建筑抗震设计规范》（GB 50011—2010）等。本书的编写突出了以下几个方面的特点：

（1）重构建筑力学与结构的知识应用体系，注重结构设计计算与力学分析的有机结合。本书框架构成是：首先从实际建筑物出发，认识建筑结构及其组成构件；其次分析结构受力及计算简图，将结构进行合理简化；第三介绍结构外力分析、内力分析和几何组成分析，分析基本构件的强度、刚度和稳定性的条件及提高措施；最后，在考虑结构材料性能、荷载取值及设计方法后，分别介绍混凝土结构、砌体结构、钢结构的设计规定及构造要求。

（2）内容精练，重点突出。本书力学部分对传统静力学、材料力学和结构力学的内容进行精选，并按照相似点重组构成不同的模块，在理论证明和公式推导上适当从简。结构部分本着"轻设计重构造"的编写宗旨，根据现行规范和结构设计标准图集，重点介绍结构的布置，各类构件的设计要求与相关构造要求。

（3）便于组织实施"做中学，学中做"的教学。本书每一模块附有学习目标，每一单元后附有大量的思考题及习题。这样既能使学生抓住学习重点，启发学生积极思考，又能使所学知识得以理解与及时应用，从而达到使学生获得知识，提升能力的效果。

《力学与结构》（上、下册）由杨凌职业技术学院刘洁、福建水利电力职业技术学院张生瑞担任主编，黄河水利职业技术学院宋艳清、安徽水利水电职业技术学院蒋红、湖北水利水电职业技术学院王中发、福建水利电力职业技术学院郑昌坝担任副主编。具体编写分工如下：杨凌职业技术学院刘洁编写绪论、模块 1、模块 15 和模块 16，安徽水利职业技术学院蒋红编写模块 2，福建水利电力职业技术学院张生瑞编写模块 3 和模块 5，四川职业技术学院曾云峰编写模块 4，杨凌职业技术学院赵毅力编写模块 6 和模块 11，河南工业大学贾玲玲编写模块 7 和模块 14，湖北水利水电职业技术学院王中发编写模块 8 和模块 10，福建水利电力职业技术学院郑昌坝编写模块 9，黄河水利职业技术学院宋艳清编写模块 12，黄河水利职业技术学院张翌娜编写模块 13。

由于编写仓促，加之编者水平有限，书中难免有欠妥之处，欢迎广大师生指正。

编者

2012 年 7 月

前言

模块 7　建筑结构材料力学性能

教学目标:

- 熟悉钢材、混凝土、砌体用块体和砂浆的种类、规格
- 理解混凝土、钢材和砌体的力学性能及其影响因素
- 理解混凝土强度等级划分及与不同受力强度指标之间的关系
- 会合理选择钢筋混凝土结构、砌体结构、钢结构的材料
- 懂得提高钢筋与混凝土之间黏结作用的构造措施

建筑结构常用材料有钢材、混凝土、砖、石、砌块和砂浆等,组成结构的材料不同,其在荷载作用下的力学性能有很大差异。为了正确掌握结构受力特征和设计方法,必须了解组成结构的材料的力学性能。

单元 7.1　钢材强度指标选取

结构钢材包括用于混凝土结构或配筋砌体中的直径在 4～50mm 范围内的圆钢(钢筋)和钢结构用的钢材。

7.1.1　钢筋的分类

钢筋的种类很多,通常可按化学成分、外形供应形式、成型工艺、力学性能和是否施加预应力进行分类。

7.1.1.1　按化学成分分类

钢筋按照化学成分的不同分为碳素钢筋和合金钢筋两种。碳素钢筋按含碳量不同分为低碳钢筋(含碳量低于 0.25%)、中碳钢筋(含碳量 0.25%～0.7%)、高碳钢筋(含碳量 0.7%～1.4%)3 种。合金钢筋是在钢的冶炼过程中加入少量合金元素(如硅、锰、钒、钛等)形成强度高和综合性能好的钢筋。合金钢筋按合金元素的含量不同也有低、中、高之分。

7.1.1.2　按外形分

钢筋按照外形的不同分为光圆钢筋、带肋钢筋和钢绞线等。

表面光滑的钢筋为光圆钢筋,而表面带有凸起肋纹的钢筋为带肋钢筋。带肋钢筋按照凸起肋纹的不同又有月牙肋钢筋、等高肋钢筋和人字纹肋钢筋等,如图 7.1 所示,月牙肋钢筋是目前常用的带肋钢筋。

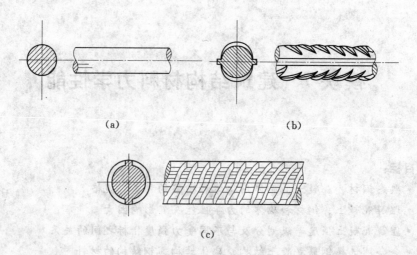

图 7.1 钢筋按外形分类

（a）光圆钢筋；（b）月牙肋钢筋；（c）等高肋钢筋

钢绞线是采用高碳钢盘条，经过表面处理后冷拔成钢丝，然后按钢绞线结构将一定数量的钢丝绞合成股，再经过消除应力的稳定化处理过程而成，如图 7.2 所示。钢绞线强度较高，多用于预应力混凝土结构中。

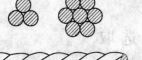

图 7.2 预应力钢绞线

7.1.1.3 按成型工艺分

钢筋按照生产工艺的不同可分为热轧钢筋、冷轧钢筋、冷拉钢筋、冷拔钢筋、热处理钢筋、钢丝、钢绞线等。热轧钢筋是由低碳钢或普通低合金在高温状态下热轧而成。其中，热轧钢筋主要用于钢筋混凝土结构中的钢筋和预应力混凝土结构中的非预应力钢筋；钢绞线、钢丝和热处理螺纹钢筋多用于预应力混凝土结构中。冷轧钢筋、冷拉钢筋、冷拔钢筋由于塑性差在结构中很少用。

7.1.1.4 按在结构中是否施加预应力分

钢筋按在结构中是否施加预应力，可分为用作普通钢筋和预应力钢筋。

普通钢筋指用于钢筋混凝土结构中的钢筋和预应力混凝土结构中的非预应力钢筋。《混凝土结构设计规范》GB 50010—2010 规定，普通钢筋宜采用 HRB400、HRB500、HRBF400、HRBF500 钢筋，这些钢筋均属热轧钢筋。

热轧钢筋由低碳钢、低合金钢热轧而成，均为软钢。按照强度标准值的大小不同，热轧钢筋分为 300、335、400、500 等 4 个级别，其种类、符号公称直径和强度列于表 7.1、表 7.2 中。钢筋级别越高，其强度越高但塑性越差。其中 HPB300 钢筋公称直径范围为 6～22mm，一般采用直径为 8mm、10mm、12mm、16mm、20mm 的光圆钢筋；HRB335 钢筋、HRB400 钢筋和 HRB500 钢筋公称直径范围为 6～50mm，一般采用直径为 6mm、8mm、10mm、12mm、16mm、20mm、25mm、32mm、40mm 和 50mm 的带肋钢筋。

表 7.1 普通钢筋强度标准值

牌 号	符号	公称直径 d (mm)	屈服强度标准值 f_{yk} (N/mm²)	极限强度标准值 f_{stk} (N/mm²)
HPB300	Φ	6～22	300	420
HRB335 HRBF335	Φ ΦF	6～50	335	455
HRB400 HRBF400 RRB400	Φ ΦF ΦR	6～50	400	540
HRB500 HRBF500	Φ ΦF	6～50	500	630

注 钢筋的强度标准值应具有不小于95%的保证率。

表 7.2 普通钢筋强度设计值

牌 号	抗拉强度设计值 f_y(N/mm²)	抗压强度设计值 f'_y(N/mm²)
HPB300	270	270
HRB335、HRBF335	300	300
HRB400、HRBF400、RRB400	360	360
HRB500、HRBF500	435	410

HPB300 级钢筋为热轧光圆钢筋，HPB300 级钢筋强度低，且锚固性能差，一般不推荐使用，实际工程中只用作板、基础和荷载不大的梁、柱的受力主筋、箍筋以及其他构造钢筋；HRB335 为 20MnSi 钢筋，由于强度低而应用受到限制。HRB400、HRB500 级钢筋为热轧带肋钢筋，是混凝土结构的主导钢筋，实际工程中主要用作结构构件中的受力主筋。

为节约合金资源，降低价格，GB 50010—2010 新列入靠控温轧制而具有一定延性的 HRBF 系列细晶粒热轧带肋钢筋，主要用作纵向受力钢筋。

RRB400 为余热处理钢筋，由轧制的钢筋经高温淬水，余热处理后提高强度。其可焊性、机械连接性能及施工适应性均稍差，须控制其应用范围。一般可在对延性及加工性能要求不高的构件中使用，如基础、大体积混凝土和跨度及荷载不大的楼板、墙体中应用。

预应力钢筋指用于预应力混凝土结构中的需进行预加应力的钢筋，其常见种类和规格见单元 11.2。

7.1.1.5 按供货形式分

钢筋按照供货形式可分为盘圆钢筋和直条钢筋两种。直径小于 10mm 的钢筋常以盘圆形式供应，直径 10～50mm 的钢筋常以直条形式供应，钢筋长度一般为 6～10m。

7.1.1.6 按力学性能分

钢筋按照力学性能分为有明显屈服点的钢筋（也称软钢）和无明显屈服点的钢筋（也称硬钢）。

热轧钢筋和冷拉钢筋属于有明显屈服点的钢筋，冷轧、冷拔、热处理钢筋、消除应力钢丝和钢绞线属于无明显屈服点的钢筋。

7.1.2　钢筋的力学性能

钢筋的强度和变形的性能主要是通过钢筋拉伸试验所得应力—应变曲线来体现的。拉伸不同种类和级别的钢筋，所得到的应力—应变曲线也不同。

7.1.2.1　钢筋的强度

前面提到，钢筋按照应力—应变曲线所体现的力学性能可分为有明显流幅的钢筋（也称软钢）和无明显流幅的钢筋（也称硬钢）。下面分别介绍软钢和硬钢的应力—应变曲线。

1. 有明显流幅的钢筋

如图 7.3 所示为有明显流幅的钢筋试件通过拉伸试验所得的软钢典型应力—应变曲线。从图中可以看出软钢从开始受力到被拉断的过程中，明显分为以下四个阶段：

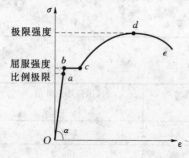

图 7.3　软钢典型应力—应变曲线

（1）弹性阶段（Ob 段）。Oa 段应力—应变曲线为直线，在该阶段的受力过程中，钢筋随着应力的增加，应变也增加，钢筋具有理想的弹性性质，若在此阶段卸载，则钢筋的应变完全恢复。a 点所对应的应力称为钢筋的比例极限。直线 Oa 的斜率即为钢筋的弹性模量 E_s。

超过比例极限（即 a 点应力）后，应变的增长速度比应力增长速度略快，在应力达到 b 点之前卸载，应变基本上仍能完全恢复。

（2）屈服阶段（bc 段）。应力超过 b 点以后，钢筋的应力—应变曲线发生明显变化，应力—应变曲线接近水平直线，即在应力不再增加或略有波动的情况下应变却不断增加，直到 c 点，钢筋表现出明显的塑性性质。这种现象称为钢筋的屈服，b 点所对应的应力称为钢筋的屈服强度或屈服点。屈服强度是钢筋强度的一个重要指标，它是结构设计时钢筋取值的依据。b、c 两点之间的应变称为钢筋的流幅。

（3）强化阶段（cd 段）。应力超过 c 点以后，钢筋受力进入强化阶段，在该阶段，钢筋的应力重新开始增加，应力与应变呈曲线关系，应力的增长越来越小，直到 d 点。d 点所对应的应力称为钢筋的极限强度。

（4）颈缩阶段（de 段）。应力超过极限强度以后，在钢筋某个较薄弱的部位，截面直径迅速变小，直至被拉断。这种现象称为颈缩现象，该阶段称为颈缩阶段。

2. 无明显流幅的钢筋

如图 7.4 所示为无明显流幅的钢筋试件通过拉伸试验所得的硬钢典型应力—应变曲线。从图中可以看出，钢筋从开始受力到最终断裂，变形都不显著，应力—应变曲线上没有明显直线部分，也没有屈服和颈缩阶段，只有一个强度值，即断裂时的应力，称为极限强度。

对于没有明显流幅的钢筋，规定以产生 0.2% 的残余变形

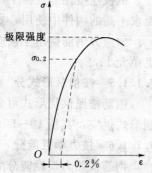

图 7.4　硬钢典型应力—
应变曲线

时所对应的应力作为屈服强度，称为条件屈服强度，用 $\sigma_{0.2}$ 表示。条件屈服强度是无明显流幅钢筋的设计强度依据。

7.1.2.2 钢筋的变形

伸长率和冷弯性能是衡量钢筋塑性变形的两个指标。

伸长率是试件拉断后的标距长度 l 与原标距长度 l_0 之差再除以 l_0 形成的百分比，用 δ 表示（见图 7.5）。则有

$$\delta = \frac{l - l_0}{l_0} \times 100\% \tag{7.1}$$

钢筋强度等级越高，强度越高，塑性越差，伸长率越低。

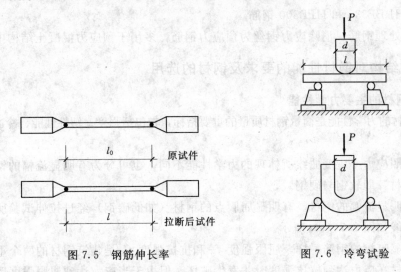

图 7.5　钢筋伸长率　　　　　　　图 7.6　冷弯试验

为使钢筋在使用或加工时不会发生脆断，要求钢筋具有一定的冷弯性能。冷弯是将钢筋围绕着某一规定直径 D 的辊轴进行弯转，要求达到冷弯角度 α 时，在弯曲处钢筋无裂纹、鳞落或断裂，如图 7-6 所示。按钢筋技术标准，不同种类钢筋的 D 和 α 的取值不同，例如 HRB335 级月牙纹钢筋的 $\alpha = 180°$，当钢筋直径不大于 25mm 时，弯心直径 $D = 3d$；当钢筋直径 d 大于 25mm 时，弯心直径 $D = 3d$。冷弯性能是检验钢筋韧性和内部均匀性的有效方法。

7.1.3　钢筋混凝土结构对钢筋性能的要求及钢筋的选用

7.1.3.1　钢筋混凝土结构对钢筋性能的要求

钢筋混凝土结构主要有强度、塑性、可焊性与混凝土的黏结力等四个性能的要求。

（1）钢筋的强度。屈服强度是设计计算时钢筋材料强度的主要依据。极限强度与屈服强度的比值称为强屈比，强屈比可以反映结构的可靠程度。作为材料的安全储备，强屈比越小，安全储备越小。因此，在结构设计中，要求钢筋具有较高的强度和适宜的强屈比。

（2）钢筋的塑性。塑性是反映钢筋在断裂之前的变形能力，钢筋应具有较好的塑性。衡量钢筋塑性的主要指标有伸长率和冷弯性能。

（3）钢筋的可焊性。在一定的工艺条件下要求钢筋焊接后不产生裂缝和过大变形，以

保证焊接后的接头性能良好。因此,钢筋应具有较好的可焊性。

(4) 钢筋与混凝土的黏结力。为了保证钢筋与混凝土共同工作,两者之间必须有足够的黏结力,因此对钢筋表面的形状、锚固长度、弯钩以及接头都有一定的要求。

7.1.3.2　钢筋混凝土结构中钢筋的选用

一般情况下,钢筋混凝土结构及预应力混凝土结构的钢筋可按以下规定选用:

(1) 普通纵向受力钢筋宜采用 HRB400、HRB500、HRBF400、HRBF500 钢筋,也可采用 HRB335、HRBF335、HPB300 和 RRB400 钢筋。

(2) 预应力钢筋宜采用预应力钢绞线、钢丝和预应力螺纹钢筋。

(3) 普通箍筋宜采用 HRB400、HRBF400、HRB500、HRBF500 钢筋,也可采用 HRB335、HRBF335 和 HPB300 钢筋。

(4) 热处理钢筋、消除应力钢丝为预应力钢筋,多用于预应力混凝土结构中。

7.1.4　钢结构对钢材性能的要求及钢材的选用

7.1.4.1　钢材的主要力学性能

建筑钢材的力学性能是衡量钢材质量的重要指标,它包括强度、塑性性能、冷冲击韧性。

1. 强度

钢材按照应力—应变曲线所体现的力学性能不同,也可分为有明显流幅的钢材和无明显流幅的钢材,即软钢与硬钢。

(1) 有明显流幅的钢材。有明显屈服点的钢材(如低碳钢)经过拉伸试验所形成的应力—应变曲线如图 7.7 (a) 所示。

同有明显流幅的钢筋一样,屈服强度 f_y 和抗拉强度 f_u 是建筑钢材的两个重要力学特性。虽然钢材在应力达到抗拉强度时才发生破坏,但由于当应力达到屈服强度后构件产生较大变形,故屈服强度 f_y 是衡量结构承载力和确定钢材强度设计值的依据。抗拉强度 f_u 则可直接反映钢材内部组织的优劣,作为钢材的强度储备,同时抗拉强度还是抵抗塑性破坏的重要指标。

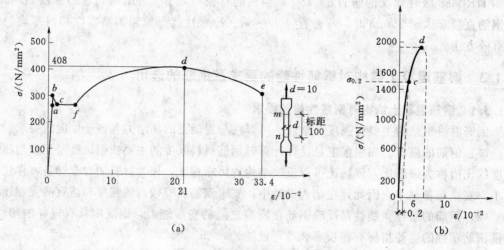

图 7.7　钢材的应力—应变曲线

（2）无明显流幅的钢材。高强钢材（如热处理钢材）属于没有明显流幅钢材，其应力—应变曲线形成一条连续曲线，如图 7.7（b）所示。对于没有明显流幅的钢材，同样也是以残余变形为 0.2% 时的应力作为条件屈服强度，其值约等于极限强度的 85%。

钢材在压缩或剪切所表现出来的应力—应变变化规律基本上与拉伸试验时相似，压缩时的各强度指标也取用拉伸时的数据，只是剪切时的强度指标数值比拉伸时的小。

2. 塑性性能

塑性性能是指钢材在破坏前产生塑性变形的能力。伸长率代表材料断裂前具有的塑性变形的能力结构制造时，这种能力使材料经受剪切、冲压、弯曲及锤击所产生的局部屈服而无明显损坏。伸长率是衡量钢材塑性的重要指标。伸长率的概念前面已经讲过，在此不再赘述。

屈服强度、抗拉强度和伸长率是钢材的 3 个重要力学性能指标。

3. 冷弯性能

冷弯试验不仅能直接检验钢材的弯曲变形能力或塑性性能，还能暴露钢材内部的冶金缺陷，如硫、磷偏析和硫化物与氧化物的掺杂情况，这些都将降低钢材的冷弯性能。因此，冷弯性能合格是鉴定钢材在弯曲状态下的塑性应变能力和钢材质量的综合指标。

4. 冲击韧性

韧性是指钢材抵抗冲击荷载的能力。韧性是钢材断裂时吸收机械性能·能力的度量，它是钢材强度和塑性的综合指标。钢材韧性越好，断裂前吸收的能量就越多。

实际结构中，动力荷载作用下总是会在钢材内部有缺口的位置发生断裂。因此在做冲击试验时，选用带有缺口的试件测量钢材在冲击荷载下抗脆断的性能，称为冲击韧性或冲击值。

国家相关标准规定，材料冲击韧性的测量采用国际上通用的夏比试验法，如图 7.8 所示。试验中采用了带有 V 形缺口的试件，通过试验测定试件被冲击断裂所消耗的功，单位为焦耳（J）。

冲击韧性随温度的降低而下降。其规律是开始下降缓慢，当达到一定温度范围时，突然下降很多而呈脆性，这种性质称为钢材的冷脆性，这时的温度称为脆性临界温度。钢材的脆性临界温度越低，低温冲击韧性越好。

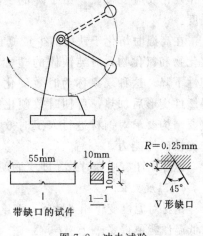

图 7.8　冲击试验

7.1.4.2　影响钢材力学性能的因素

影响钢材力学性能的因素有很多，这里主要讨论化学成分、冶金缺陷、钢材硬化、温度变化、应力集中、反复荷载作用等因素对钢材性能的影响。

1. 化学成分

钢的主要成分是铁，其次是碳。除铁和碳外，还有冶炼过程中留下来的杂质，如硅、锰、硫、磷、氮、氧等元素，低合金、高强度结构钢中还含合金元素，如锰、硅、钒、铜、铌、钛、铝、铬、钼等。合金元素通过冶炼工艺以一定的结晶形式存在于钢中，可以改善钢材的性能。同一种元素以合金的形式和杂质的形式存在于钢中，其影响是不同的。

碳是形成钢材强度的主要成分。碳含量提高，则钢材强度提高，但同时钢材的塑性、韧性、冷弯性能、可焊性及抗锈蚀能力下降，尤其是低温下的冲击韧性也会降低。锰和硅是钢中的有益元素，它们可以提高强度，又不会过多降低塑性和冲击韧性。钒、铌、钛是钢中的合金元素，既可以提高钢材强度，又可以保持良好的塑性、韧性。铝是强脱氧剂，用铝进行补充脱氧，能进一步减少钢中的有害氧化物。铬和镍是提高钢材强度的合金元素。硫和磷是冶炼过程中留在钢中的杂质，是有害元素。它们会降低钢材的塑性、韧性、可焊性和疲劳强度。氧和氮是钢中的有害杂质。氧能使钢热脆，氮能使钢冷脆。

2. 冶金缺陷

常见的冶金缺陷有偏析、非金属夹杂、气孔、裂纹。偏析是指钢材中化学成分不一致和分布不均匀；非金属夹杂是指钢中含有硫化物与氧化物等杂质；气孔是浇注钢锭时，由氧化铁与碳作用形成的一氧化碳气体不能充分逸出而形成的。此外，因冶炼过程中残留的气泡、非金属夹渣，或因钢锭冷却收缩，或因轧制工艺不当，还可能导致钢材内部形成细小的裂纹。偏析、气孔、裂纹等缺陷都会使钢材的力学性能变差。

3. 钢材硬化

在常温下加工处理的方法叫冷加工。冷拉、冷弯、冲孔、机械剪切等冷加工使钢材产生很大塑性变形，从而提高了钢材的屈服强度，降低了钢材的塑性和韧性，这种现象称为冷作硬化或应变硬化。由于降低了塑性和韧性，在一般钢结构中不利用硬化所提高的强度。

在高温时熔化于铁中的少量氮和碳，随着时间的增长逐渐从纯铁中析出，形成自由碳化物和氮化物，对纯铁体的塑性变形起遏制作用，从而使钢材的强度提高，塑性、韧性下降。这种现象称为时效硬化，俗称老化。时效硬化的过程一般很长，但若在材料塑性变形后加热，可使时效硬化发展特别迅速，这种方法称为人工时效。对于一些重要结构要求对钢材进行人工时效，然后应检验其冲击韧性，以保证结构具有足够的抗脆性破坏能力。

此外，还有应变时效，即应变硬化（冷作硬化）后又加时效硬化。

4. 温度变化

钢材对温度变化相当敏感，温度升高与降低都使钢材性能发生变化。相比之下，钢材的低温性能更重要。

钢材的力学性能与温度间的关系，在正温范围总的趋势是随着温度的升高，钢材强度降低，变形增大。约在200℃以内钢材性能没有很大变化，430～540℃则强度（屈服强度和抗拉强度）急剧下降；到600℃时强度很低不能承担荷载。此外，250℃左右有蓝脆现象，260～320℃时有徐变现象。蓝脆现象是指温度在250℃左右的区间内，抗拉强度 f_u 局部性提高，屈服强度 f_y 也有回升现象，同时塑性有所降低，材料有转脆倾向。在蓝脆区进行热加工，可能引起裂纹。徐变是指在应力持续不变的情况下钢材以很缓慢的速度继续变形的现象。

在负温范围，抗拉强度与屈服强度都增高，但塑性变形能力减小，因而材料转脆，对冲击韧性的影响十分突出。

5. 应力集中

钢材的工作性能和力学性能指标都是以轴心受拉杆件中应力沿截面均匀分布的情况作为基础的。实际上，在钢结构的构件中有时存在着孔洞、槽口、凹角、截面突然改变以及钢材内部缺陷等现象。此时，构件中的应力分布将不再保持均匀，而是在某些区域内产生局部高峰应力，在另外一些区域则应力降低，形成所谓应力集中现象，如图 7.9 所示。高峰区的最大应力与净截面的平均应力之比称为应力集中系数。应力集中系数越大，变脆的倾向越严重。

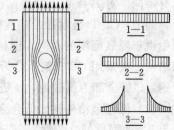

图 7.9　带圆孔试件的应力集中

由于建筑钢材塑性较好，在一定程度上能促使应力进行重分配，使应力分布严重不均的现象趋于平缓。故受静荷载作用的构件在常温下工作时，计算中可不考虑应力集中的影响。但在负温下或动力荷载作用下工作的结构，应力集中的不利影响将十分突出，往往是引起脆性破坏的根源，故设计中应采取措施避免或减小应力集中，并选用质量优良的钢材。

6. 反复荷载作用

钢材在反复荷载作用下，结构的抗力及性能都会发生重要变化，甚至发生疲劳破坏。疲劳破坏是指在直接的连续反复的动力荷载作用下，钢材断裂破坏时的应力远远小于极限强度 f_u 的现象。疲劳破坏表现为突然发生的脆性断裂。

实践证明，构件的应力水平不高或反复次数不多的钢材一般不会发生疲劳破坏，计算中不必考虑疲劳的影响。但是，长期承受频繁的反复荷载的结构及其连接，例如承受重级工作制吊车的吊车梁等，在设计中就必须考虑结构的疲劳问题。

7.1.4.3　钢种、钢号及钢材的选用

1. 钢种与钢号

钢结构所用的钢材有不同的种类，即为钢种。每个钢材种类中又有不同的牌号，即为钢号。

在钢结构中采用的钢材主要有碳素结构钢和低合金结构钢两种。下面分别讲述各种牌号的碳素结构钢和低合金结构钢。

（1）碳素结构钢。碳素结构钢的牌号由字母 Q＋屈服强度值＋质量等级代号＋脱氧方法代号四个部分组成。其中 Q 是"屈"字汉语拼音的首位字母；屈服强度值以 MPa（N/mm²）为单位，分为 195、215、235、255、275；质量等级代号有 A、B、C、D，表示质量由低到高；脱氧方法代号有 F、b、Z、TZ，分别表示沸腾钢、半镇静钢、镇静钢、特殊镇静钢，其中代号 Z、TZ 可以省略不写。对于 Q235 钢 A、B 级的脱氧方法可以是 F、b、Z，但 C 级的脱氧方法只能为 Z，D 级的脱氧方法只能为 TZ。如：

Q235A 表示：屈服强度为 235MPa，A 级，镇静钢；

Q235C 表示：屈服强度为 235MPa，C 级，镇静钢；

Q235D 表示：屈服强度为 235MPa，D 级，特殊镇静钢；

Q235A·F 表示：屈服强度为 235MPa，A 级，沸腾钢；

Q235B·b表示：屈服强度为235MPa，B级，半镇静钢。

钢材强度主要由其中碳元素含量的多少来决定，钢号的由低到高在很大程度上代表了含碳量的由低到高。钢材质量高低主要是以对冲击韧性的要求区分的，对冷弯试验的要求也有不同。对A级钢，冲击韧性不作为要求条件，对冷弯试验也只在需方有要求是才进行，而B、C、D级对冲击韧性则有不同程度的要求，且都要求冷弯试验合格。在浇铸过程中由于脱氧程度的不同，钢材有镇静钢、半镇静钢与沸腾钢之分，镇静钢脱氧最充分。钢结构一般采用Q235钢，分为A、B、C、D四级，A、B两级有沸腾钢、半镇静钢和镇静钢，C级全部为镇静钢，D级全部为特殊镇静钢。

（2）低合金结构钢。低合金钢是在普通碳素钢中添加一种或几种少量合金元素，总量低于5%的钢称低合金钢，高于5%的称高合金钢。建筑结构只用低合金钢，其屈服点和抗拉强度比相应的碳素钢高，并具有良好的塑性和冲击韧性（特别是低温冲击韧性），也较耐腐蚀。

低合金高强度结构钢是在钢的冶炼过程中添加少量合金元素（合金元素的总量低于5%），以提高钢材的强度、耐腐蚀性及低温冲击韧性等。低合金高强度结构钢均为镇静钢或特殊镇静钢，所以它的牌号只有Q、屈服点数值、质量等级3部分，其中质量等级有A～E 5个级别。A级无冲击功要求，B～E四级均有冲击功要求。不同质量等级对碳、硫、磷、铝等含量的要求也有区别。国家标准《低合金高强度结构钢》（GB/T 1591—2008）规定，低合金高强度结构钢分为Q295、Q345、Q390、Q420、Q460 5种，其符号的含义与碳素结构钢牌号的含义相同，例如Q345—E代表屈服点为345N/mm^{2}的E级低合金高强度结构钢。

低合金高强度结构钢的A、B级属于镇静钢，C、D、E级属于特殊镇静钢。

《钢结构设计规范》（GB 50017—2003）规定，承重结构的钢材宜采用Q235钢、Q345钢、Q390钢和Q420钢。

承重结构采用的钢材应具有抗拉强度、伸长率、屈服强度和硫、磷含量的合格保证，对焊接结构尚应具有碳含量的合格保证。

焊接承重结构以及重要的非焊接承重结构采用的钢材还应具有冷弯试验的合格保证。

对于需要验算疲劳的焊接结构的钢材，应具有常温冲击韧性的合格保证。当结构工作温度在−2～0℃时，Q235钢和Q345钢应具有0℃冲击韧性的合格保证；对Q390钢和Q420钢应具有−20℃冲击韧性的合格保证。当结构工作温度不高于−20℃时，对Q235钢和Q345钢应具有−20℃冲击韧性的合格保证；对Q390钢和Q420钢应具有−40℃冲击韧性的合格保证。

对于需要验算疲劳的非焊接结构的钢材也应具有常温冲击韧性的合格保证。当结构工作温度不高于−20℃时，对Q235钢和Q345钢应具有0℃冲击韧性的合格保证；对Q390钢和Q420钢应具有−20℃冲击韧性的合格保证。

吊车起重量不小于50t的中级工作制吊车梁，对钢材冲击韧性的要求应与需要验算疲劳的构件相同。

2. 钢材规格

钢结构采用的型材有热轧成型的钢板、型钢以及冷弯（或冷压）成型的薄壁型材。

（1）热轧钢板。热轧钢板分为厚板、薄板和扁钢 3 种。厚板的厚度为 4.5～60mm，宽 0.7～3m，长 4～12m。薄板厚度为 0.35～4mm，宽 0.5～1.5m，长 0.5～4m。扁钢厚度为 4～60mm，宽 30～200mm，长 3～9m。厚钢板广泛用来组成焊接构件和连接钢板，薄钢板是冷弯薄壁型钢的原料。钢板用符号"—"后加"厚×宽×长（单位为 mm）"的方法表示，如"—12×800×2100"。

（2）热轧型钢。热轧型钢有角钢、槽钢、工字钢、H 型钢、剖分 T 型钢、钢管 6 种。

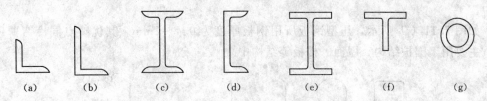

(a)　　　(b)　　　(c)　　　(d)　　　(e)　　　(f)　　　(g)

图 7.10　热轧型钢截面

角钢有等边和不等边两种。等边角钢也称等肢角钢，以符号"∟"后加"边宽×厚度"（单位为 mm）表示，如"∟100×10"表示肢宽 100mm、厚 10mm 的等边角钢。不等边角钢（也称不等肢角钢）则以符号"∟"后加"长边宽×短边宽"表示，如"∟100×80×8"等。我国目前生产的等边角钢其肢宽为 20～200mm，不等边角钢的肢宽为 25×16mm～200×125mm。

槽钢有热轧普通槽钢与热轧轻型槽钢两种。普通槽钢以符号"["后加截面高度（单位为 cm）表示，并以 a、b、c 区分同一截面高度中的不同腹板厚度，如 [30a 指槽钢截面高度为 30cm，且腹板厚度为最薄的一种。轻型槽钢以符号"Q ["后加截面高度（单位为 cm）表示，如"Q [25"，其中 Q 是汉语拼音"轻"的拼音字首。同样型号的槽钢，轻型槽钢由于腹板薄及翼缘宽而薄，因而截面小但回转半径大，能节约钢材、减少自重。

工字钢分为普通工字钢和轻型工字钢两种。普通工字钢以符号"I"后加截面高度（单位为 cm）表示，如"I16"。20 号以上的工字钢，同一截面高度有 3 种腹板厚度，以 a、b、c 区分（其中 a 类腹板最薄），如"I30b"。轻型工字钢以符号"QI"后加截面高度（单位为 cm）表示，如"QI25"。我国生产的普通工字钢规格有 10～63 号，轻型工字钢规格有 10～70 号。工程中不宜使用轻型工字钢。

H 型钢是一种由工字钢发展而来的经济断面型材，其翼缘内外表面平行，内表面无斜度，翼缘端部为直角，便于与其他构件连结。热轧 H 型钢又可分为宽翼缘 H 型钢、中翼缘 H 型钢和窄翼缘 H 型钢三类，此外还有 H 型钢柱，其代号分别为 HW、HM、HN、HP。H 型钢的规格以代号后加"高度×宽度×腹板厚度×翼缘厚度"（单位为 mm）表示，如"HW340×250×9×14"。我国正在积极推广采用 H 型钢。H 型钢的腹板与翼缘厚度相同，常用作柱子构件。

剖分 T 型钢系由对应的 H 型钢沿腹板中部对等剖分而成。其代号与 H 型钢相对应，采用 TW、TM、TN 分别表示宽翼缘 T 型钢、中翼缘 T 型钢和窄翼缘 T 型钢，其规格和表示方法与 H 型钢相同，如"TN225×200×12"表示截面高度为 225mm、翼缘宽度为 200mm、腹板厚度为 12mm 的窄翼缘剖分 T 型钢。用剖分 T 型钢代替由双角钢组成的 T 型截面，其截面力学性能更为优越，且制作方便。

钢管分为无缝钢管和焊接钢管，以符号"φ"后加"外径×厚度"（单位为 mm）表示，如"φ400×6"。

（3）冷弯薄壁型钢。冷弯薄壁型钢是由 2～6mm 的薄钢板经冷弯或模压而成型的，其截面各部分厚度相同，转角处均呈圆弧形，如图 7.11（a）～（i）所示。因其壁薄，截面几何形状开展，因而与面积相同的热轧型钢相比，其截面惯性矩大，是一种高效经济的截面；缺点是因为壁薄，对锈蚀影响较为敏感，故多用于跨度小，荷载轻的轻型钢结构中。

如图 7.11（j）所示，压型钢板所用钢板厚度为 0.4～2mm。其优缺点同冷弯薄壁型钢，主要用于围护结构、屋面、楼板等结构中。

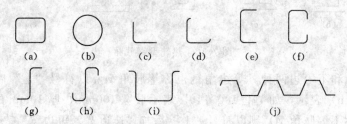

图 7.11　冷弯薄壁型材的截面形式
（a）～（i）冷弯薄壁型钢；（j）压型钢板

3. 钢材的选用

（1）质量等级的选择。一般非焊接的钢结构可选用 A 级钢；焊接钢结构，静载作用时应选用 B 级钢；焊接钢结构，动载作用时，应根据结构所处环境温度，选用 C、D、E 级的或特级钢，而且应使钢材的脆性转换温度低于结构所处环境温度。

对于有层状撕裂受力的结构部位的较厚钢板，应有抗层状撕裂的要求。对节点构造及受力状况复杂、工作环境条件恶劣的重型焊接钢结构，应提高钢材质量标准。重要钢结构钢材的质量等级选择宜提高。

（2）强度等级的选用。普通钢结构钢材的强度等级常选为 Q235 或 Q345；重型、超重型钢结构钢材的强度等级可选为 Q345、Q390、Q420 或更高强度等级的特种钢材；冷弯薄壁轻型钢结构，非焊接时可用 A 级，焊接时应用 B 级钢；一般可选用强度等级为 Q235 或 Q345 钢；超轻型钢结构及用于屋面、墙面的压型板的彩色涂层钢板可选用强度等级与 Q235 或 Q345 相当的钢材；当锁缝连接时应有良好的冷弯性能，必要时可补做多层卷筒压扁无损伤合格试验；当为压扣连接时宜选较高强度级别和韧性好的钢材。

4. 钢结构对钢材的要求

（1）具有较高的抗拉强度和屈服点。抗拉强度是衡量钢材经过较大变形后的抗拉能力，直接反映钢材内部组织的优劣，抗拉强度高可以增加结构的安全保障。屈服点是衡量结构承载能力的指标，屈服点高则可减轻结构自重，节约钢材和降低造价。

（2）具有较高的塑性和韧性。钢材的塑性和韧性好，结构在静载和动载作用下有足够的应变能力，既可减轻结构脆性破坏的倾向，又能通过较大的塑性变形调整局部应力，同时又具有较好的抵抗重复荷载作用的能力。

（3）具有良好的工艺性能（冷加工、热加工和可焊性）。良好的工艺性能不但易于使钢材加工成各种形式的结构，而且还不会因加工对结构的强度、塑性和韧性等造成较大的不利影响。

此外，根据结构的具体工作条件，有时还要求钢材具有适应低温、高温和腐蚀性环境的能力。

思　考　题

7.1　钢筋按外形不同如何分类？按成型工艺如何分类？

7.2　什么叫软钢？什么叫硬钢？试画出相应的应力—应变曲线。

7.3　衡量钢筋塑性变形的指标有哪些？如何衡量？

7.4　钢筋混凝土结构中，钢筋的选用有哪些规定？

7.5　钢结构中对钢材的选用有哪些要求？

7.6　简述钢材的主要力学性能。

7.7　影响国内钢材性能的因素有哪些？

7.8　什么是钢种？什么是钢号？如何表示？

7.9　钢材的规格有哪些？

7.10　钢结构中钢材如何选用？

单元 7.2　混凝土强度指标选取

混凝土是指用水泥作胶凝材料，砂、石作集料，与水（加或不加外加剂和掺合料）按一定比例配合，经搅拌、浇筑、振捣、养护，逐渐凝固硬化形成人造石材。混凝土作为建筑材料广泛应用于土木工程。

7.2.1　混凝土的强度

混凝土强度是混凝土受力性能的一个基本标志。在工程中常用的混凝土强度有立方体抗压强度、轴心抗压强度、轴心抗拉强度 3 种。

1. 混凝土立方抗压强度

用边长为 150mm 的标准立方体试块，在标准养护条件下（温度 $20\pm3℃$，相对湿度不小于 90%）养护 28 天后，按照标准试验方法（试件的承压面不涂润滑剂，加荷速度约每秒 $0.15\sim0.3N/mm^2$）测得的抗压强度，作为混凝土的立方体抗压强度，用 f_{cu} 表示。考虑到材料强度应具有 95% 保证率得到混凝土立方体抗压强度标准值，用 $f_{cu,k}$ 表示。混凝土立方抗压强度，是衡量混凝土强度大小的基本指标，是评价混凝土等级的标准。

根据混凝土立方体抗压强度标准值的大小，混凝土强度等级分 C15、C20、C25、C30、C35、C40、C45、C50、C55、C60、C65、C70、C75、C80 共 14 级。字母 C 后的数值表示单位为 N/mm² 的立方体抗压强度标准值。其中，C60～ C80 属于高强混凝土。

GB 50010—2010 规定，钢筋混凝土结构的混凝土强度等级不应低于 C15；当采用 HRB335 级钢筋时，混凝土强度等级不宜低于 C20；当采用 HRB400 和 RRB400 级钢筋以及承受重复荷载的构件，混凝土强度等级不得低于 C20。

预应力混凝土结构构件所用的混凝土应满足以下要求：

（1）强度高。只有采用高强度混凝土，才能充分发挥高强度钢筋的作用，从而减小构件截面尺寸，减轻自重；才能通过预压使构件获得较高的抗裂性能。

（2）快硬、早强。混凝土硬化速度快、早期强度高，可以尽早施加预应力，加快台座、锚具、夹具的周转，加快施工速度。

（3）收缩、徐变小。这样的混凝土可以减小由收缩徐变引起的预应力损失。

《混凝土规范》规定，预应力混凝土结构的混凝土强度等级不应低于 C30；当采用钢丝、钢绞线、热处理钢筋作为预应力钢筋时，混凝土强度等级不宜低于 C40。

在结构中采用强度较高的混凝土，对柱、墙、基础等以受压为主的构件及预应力构件有显著的经济效益，为此，设计时可按下列范围选用混凝土强度等级：受弯构件 C20～C30，受压构件 C30～ C40，预应力构件 C30～C50，高层建筑底层柱 C50 或以上。

2. 混凝土轴心抗压强度

在实际工程中，受压构件并非立方体而是棱柱体，工作条件与立方体试块的工作条件也有很大差别，所以采用棱柱体试件更能反映混凝土的实际抗压能力。将采用 150mm× 150mm×300mm 棱柱体试件测得的强度称为混凝土轴心抗压强度，又称为棱柱体抗压强度，用 f_c 表示。混凝土轴心抗压强度标准值用 $f_{c,k}$ 表示。

由于棱柱体试件比立方体试块大得多，使得棱柱体试件中间部分的混凝土不再受到试验机上下钢板的约束，故混凝土轴心抗压强度低于混凝土立方体抗压强度。混凝土轴心抗压强度与边长为 150mm 的混凝土立方体抗压强度的关系式为

$$f_{c,k}=0.88\alpha_1\alpha_2 f_{cu,k} \tag{7.2}$$

式中：α_1 为棱柱强度与立方强度之比，对 C50 及以下取 $\alpha_1=0.76$，对 C80 取 $\alpha_1=0.82$，中间按线性变化；α_2 为考虑 C40 以上混凝土脆性的折减系数，对 C40 取 $\alpha_2=1.0$，对 C80 取 $\alpha_2=0.87$，中间按线性变化。

在钢筋混凝土结构设计中，混凝土轴心抗压强度是构件承载力计算的强度指标之一。

3. 混凝土轴心抗拉强度

混凝土为脆性材料，由于其内部孔缝的存在使混凝土的抗拉强度远小于抗压强度，只有抗压强度的 1/18～1/9。

混凝土抗拉强度是采用圆柱体或立方体的劈裂抗拉强度试验测定的。混凝土的轴心抗拉强度用 f_t 表示，其标准值用 $f_{t,k}$ 表示。根据试验结果，可以得出混凝土轴心抗拉强度与混凝土立方体抗压强度的关系。在钢筋混凝土结构设计中，混凝土轴心抗拉强度也是构件承载力计算的强度指标之一。

为方便使用，对于各种强度等级混凝土的轴心抗压强度、轴心抗拉强度，在《混凝土规范》中均已给出具体数值（见表 7.3、表 7.4），在进行结构计算时可以直接查用。

表 7.3　　　　　　　　　　　**混凝土强度标准值**　　　　　　　单位：N/mm²

强度	混凝土强度等级													
	C15	C20	C25	C30	C35	C40	C45	C50	C55	C60	C65	C70	C75	C80
f_{ck}	10.0	13.4	16.7	20.1	23.4	26.8	29.6	32.4	35.5	38.5	41.5	44.5	47.4	50.2
f_{tk}	1.27	1.54	1.78	2.01	1.20	2.40	2.51	2.64	2.74	2.85	2.99	3.00	3.05	3.11

表 7.4　　　　　　　　　　　**混凝土强度设计值**　　　　　　　单位：N/mm²

强度	混凝土强度等级													
	C15	C20	C25	C30	C35	C40	C45	C50	C55	C60	C65	C70	C75	C80
f_c	7.2	9.6	11.9	14.3	16.7	19.1	21.2	23.1	25.3	27.5	29.7	31.8	33.8	35.9
f_t	0.91	1.1	1.27	1.43	1.57	1.71	1.80	1.89	1.96	2.04	2.09	2.14	2.18	2.22

注　计算现浇钢筋混凝土轴心受压及偏心受压构件时，如截面长边或直径小于 300mm，则表中混凝土的强度设计值
　　　应乘以系数 0.8；当构件质量确有保证时，可不受此限。

7.2.2　混凝土的变形

混凝土的变形有两种：一是荷载作用下的变形；二是非荷载作用下的变形。荷载作用
下的变形包括短期荷载作用下的变形、多次重复荷载作用下的变形和长期荷载作用下的变
形；非荷载作用下的变形包括收缩、膨胀和温度变形。

1. 混凝土在短期荷载作用下的变形

混凝土是一种由水泥石、砂、石、孔隙等组成的不匀质的三相复合材料。它既不是一
个完全弹性体，也不是一个完全塑性体，而是一个弹塑性体。受力时既产生弹性变形，又
产生塑性变形，其应力与应变的关系不是直线，而是曲线，如图 7.12 所示。

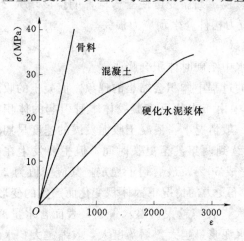

图 7.12　混凝土应力—应变曲线

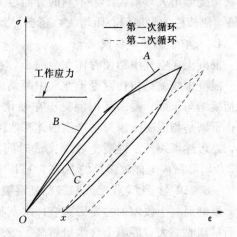

图 7.13　混凝土多次重复加载作用下
应力—应变曲线

2. 混凝土在多次重复加载作用下的变形

混凝土经过一次加卸荷载循环后将有一部分塑性变形而无法恢复。在多次的加载、卸

载的循环过程中塑性变形将逐渐积累，但每次循环产生的塑性变形会随着循环次数的增加不断减少。

若每次加载时由荷载产生的压应力较小，则经过多次的加卸载循环过程，塑性变形积累到一定程度后不再增长，混凝土将按弹性工作性质工作，只要荷载大小不变即使加荷循环百万次混凝土也不会破坏。若每次加载时由荷载产生的最大应力都低于混凝土的抗压强度，但超过某一限制，则经过多次循环后，混凝土将破坏。混凝土再重复荷载作用下产生破坏的现象称为疲劳破坏。在实际工程中，吊车梁、汽锤基础等属于承受重复荷载的构件，应对混凝土的强度进行疲劳验算。

3. 混凝土在长期荷载作用下的变形

混凝土在长期荷载作用下，即使荷载大小保持不变其变形也会随时间增长的现象，称为徐变。

徐变开始时增长速度很快，6个月就可达到最终徐变量的70%～80%，之后增长速度逐渐缓慢，1年以后趋于稳定，3年以后基本终止。产生徐变主要原因一方面是混凝土受力后，水泥石中的胶凝体产生的黏性流动（颗粒间的相对滑动）会延续一段很长的时间；另一方面是骨料和水泥石结合面会产生微裂缝，而这些微裂缝会在长期荷载作用下持续发展。

影响徐变的因素有很多。应力越大，徐变也越大。实际工程中，如果混凝土构件长期处于不变的高应力状态是比较危险的，对结构安全是不利的。初始加荷时，混凝土的龄期越早，徐变越大。养护时温度升高，湿度增大，使水泥水化作用充分，减小徐变。混凝土中水泥用量越多，徐变越大。材料质量和级配越好，弹性模量越高，徐变越小。水泥用量越大，水灰比越高，也会使徐变增大。

混凝土的徐变会显著影响结构或构件的受力性能。如局部应力集中可因徐变得到缓和，支座沉陷引起的应力也可由于徐变得到松弛，这对水工混凝土结构是有利的。但徐变使结构变形增大对结构产生不利的方面也不可忽视，如徐变可使受弯构件的挠度增大2～3倍，使长柱的附加偏心距增大，还会导致预应力构件产生预应力损失。

4. 收缩、膨胀和温度变形

混凝土在空气中结硬时体积会缩小，在最水中结硬时体积会膨胀。

混凝土收缩是指在混凝土空气中凝结成块的过程中体积会缩小的现象。混凝土的收缩包括凝缩与干缩。凝缩是指混凝土在硬化过程中由于水化反应凝胶体本身引起的体积收缩；干缩是指混凝土因失水产生的体积收缩。一般情况下，混凝土收缩发展的速度早期较快，之后逐渐缓慢。混凝土收缩完成时间可延续到两年甚至更长时间，但主要发生在初期，2周可完成全部收缩量的25%，1个月约完成50%，最后趋于稳定，其应变值为$2 \times 10^{-4} \sim 5 \times 10^{-4}$。无论收缩或膨胀都是混凝土在不受力的情况下因体积变化而产生的变形。

影响混凝土收缩的主要因素有：水灰比越大，收缩越大；泌水量大，表面含水量高，表面早期收缩大；混凝土含水量越高，表现为水泥浆量越大，坍落度大，收缩越大；水泥活性越高，颗粒越细，比表面积越大，收缩越大。此外，骨料粒径的大小以及养护环境也会影响混凝土的收缩变形。

混凝土随着温度的变化产生热胀冷缩的变形，称为温度变形。混凝土的温度线膨胀系数为$(0.6 \sim 1.3) \times 10^{-5}/℃$，即温度升高1℃，每米膨胀0.006～0.013mm。温度变形对大体积混凝土及大面积混凝土工程极为不利，易使这些混凝土造成温度裂缝。在混凝土硬化初期，水泥水化放出较多热量，而混凝土又是热的不良导体，散热很慢，因此造成混凝土内外温差很大，有时可达 50℃～70℃，这将使混凝土产生内涨外缩，结果在外表混凝土中将产生很大的拉应力，严重时使混凝土产生裂缝。

7.2.3 钢筋与混凝土间的黏结作用

1. 黏结作用的组成

在钢筋混凝土结构中，钢筋与混凝土之间的黏结是这两种材料共同工作的重要保证，黏结作用的存在能使钢筋与混凝土之间共同承受外力、共同变形并抵抗相互间的滑移。一般而言，钢筋与混凝土的黏结作用由胶合作用、摩擦作用和咬合作用 3 部分组成。

混凝土凝结时，水泥胶的化学作用使钢筋和混凝土在接触面上产生的胶结力，称为胶合作用；由于混凝土凝结时收缩，握裹住钢筋，在发生相互滑动时产生的摩阻力称为摩擦作用；钢筋表面粗糙不平或变形钢筋凸起的肋纹与混凝土的咬合力称为咬合作用。其中胶合力较小，对于光圆钢筋以摩擦作用为主，对于带肋钢筋以咬合作用为主。

2. 黏结强度

钢筋与混凝土的黏结面上所能承受的平均剪应力的最大值称为黏结强度。

通过对黏结力基准试件进行钢筋的拔出试验，可以测定出黏结力的分布情况并确定黏结强度。如图 7.14 所示，将钢筋的一端埋置在混凝土试件中，在伸出的一端施加拉拔力即为拔出试验。经测定，黏结应力的分布呈曲线形，从拔力一边的混凝土端面开始迅速增长，在靠近端面的一定距离处达到峰值，其后逐渐衰减。钢筋埋入混凝土中的长度 l 越长，则将钢筋放出混凝土试件所需的拔出力就越大。但是 l 过长则过长部分的黏结力很小，甚至为零，说明过长部分的钢筋

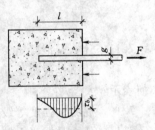

图 7.14 钢筋的拔出试验

不起作用。所以，受拉钢筋在支座或节点中应有足够的长度，称为锚固长度。钢筋的黏结强度是设计钢筋锚固长度的基础。

试验表明，黏结应力沿钢筋长度的分布是非均匀的，故将钢筋拉拔力达到极限时钢筋与混凝土剪切面上的平均剪应力用 f_τ 表示。

$$f_\tau = \frac{F}{\pi d l} \tag{7.3}$$

式中：F 为拉拔力极限值；d 为钢筋直径；l 为钢筋埋入长度。

影响钢筋与混凝土黏结强度的因素很多，主要影响因素有钢筋表面状况（带肋强于光圆）；混凝土的强度（强度越高黏结越好）；侧向压应力（应力越大黏结越好）；混凝土保护层厚度和钢筋净间距（均不宜过小）；横向钢筋的设置（设横向钢筋使黏结力增大）；钢筋在混凝土中的位置。

（1）钢筋的形式。由于使用变形钢筋比使用光圆钢筋对黏结力要有利得多，所以变形钢筋的末端一般无须做成弯钩。

（2）混凝土的强度。混凝土的质量对黏结力和锚固的影响很大。水泥性能好、骨料强

度高、配比得当、振捣密实、养护良好的混凝土对黏结力和锚固非常有利。一般来讲，黏结强度随混凝土强度的提高而提高。

（3）混凝土保护层厚度和钢筋净间距。黏结强度随混凝土保护层增厚而提高。混凝土构件截面上有多根钢筋并列在一排时，钢筋间的净距对黏结强度有重要影响。一排钢筋的根数越多，净间距越小，黏结强度降低的就越多。

（4）横向钢筋的设置。横向钢筋（如梁中的箍筋）可以限制混凝土内部裂缝的发展，提高黏结强度。同时，配置箍筋对保护后期黏结强度、改善钢筋延性也有明显作用。

（5）侧向压应力。当钢筋受到侧向压应力时（如在直接支承的支座处的下部钢筋），其黏结强度可以提高。

（6）钢筋在混凝土中的位置。黏结强度与浇注混凝土是钢筋所处的位置有关。对于浇注深度超过 300mm 以上的水平方向的顶部钢筋，比竖立钢筋和水平方向的底部钢筋的黏结强度低。这是因为在浇注时，水平方向的顶部钢筋底面的混凝土因水分气泡的逸出及混凝土的泌水下沉，使得混凝土与钢筋接触不紧密，形成强度较低的带有空隙的混凝土层，从而造成混凝土与钢筋之间黏结强度降低。因此，对于高度较大的梁应分层浇注，并采用二次振捣法。

<h2 style="text-align:center">思　考　题</h2>

7.11　什么是混凝土？混凝土的强度指标有哪些？

7.12　什么是混凝土立方体抗压强度设计值？什么是混凝土立方体抗压强度标准值？如何表示？

7.13　混凝土强度等级如何划分？

7.14　什么是混凝土轴心抗压强度、混凝土轴心抗拉强度？其设计值与标准值如何查用？

7.15　为什么混凝土立方体抗压强度高于混凝土轴心抗压强度？

7.16　混凝土的变形有哪些？各包括哪些变形？

7.17　什么是混凝土的疲劳破坏现象？

7.18　什么是徐变现象？影响徐变的因素有哪些？徐变会对构件产生哪些影响？

7.19　什么是混凝土的收缩？影响收缩的因素有哪些？

7.20　混凝土的温度变形对何种房屋影响较大？如何降低影响？

7.21　钢筋和混凝土之间的黏结作用是由哪几部分组成的？

7.22　什么是黏结强度？影响黏结强度的因素有哪些？

<h1 style="text-align:center">单元 7.3　砌体强度指标选取</h1>

7.3.1　砌体材料

用砖、石或砌块作为砌筑砌体块，用砂浆砌筑而成的结构称为砌体结构。砌体材料主要包括块材和砂浆。

7.3.1.1 砌体的块材

块材是砌体的主要组成部分，约占砌体总体积的 78%。我国目前的块材主要有砖、砌块和石材 3 类。

1. 砖

砖包括烧结砖和非烧结砖。常用的烧结砖有烧结普通砖、烧结多孔砖；常用的非烧结砖有蒸压灰砂砖、蒸压粉煤灰砖等。

（1）烧结普通砖。烧结普通砖简称普通砖，是指以黏土、页岩、煤矸石、粉煤灰为主要原料，经过焙烧而成的实心的或孔洞率不大于规定值且外形尺寸符合规定的砖，分为烧结黏土砖、烧结页岩砖、烧结煤矸石砖、烧结粉煤灰砖等。全国统一规定这种砖的尺寸为 240mm×115mm×53mm，习惯上称标准砖。每立方米砌体的标准砖块数为 512 块。为了保护土地资源，有效利用工业废料和改善环境，国家禁止使用黏土实心砖，推广和生产采用非黏土原材料制成的砖材，已成为我国墙体材料改革的发展方向。

烧结普通砖的强度等级符号用"MU"表示，分为 MU30、MU25、MU20、MU15 和 MU10 五个等级，其单位为 MPa。

（2）烧结多孔砖。烧结多孔砖简称多孔砖，是指以黏土、页岩、煤矸石或粉煤灰为主要原料，经焙烧而成的具有竖向孔洞（孔洞率不小于 25%，孔的尺寸小而数量多）的砖。其外形尺寸，长度 290mm、240mm、190mm，宽度 240mm、190mm、180mm、175mm、140mm、115mm，高度 90mm。型号有 KM1、KP1、KP2 3 种，如图 7.15 所示。烧结多孔砖与烧结普通黏土砖相比，优点是减轻墙体自重 1/4～1/3，节约原料和能源，提高砌筑效率约 40%，降低成本 20% 左右，显著改善保温隔热性能。

烧结多孔砖的强度分为 MU30、MU25、MU20、MU15 和 MU10 5 个等级。它主要用于承重部位。

（3）蒸压灰砂砖。蒸压灰砂砖是以石灰和砂为主要原料，经坯料置备、压制成型、蒸压养护而成的实心砖。灰砂砖的强度分为 MU25、MU20、MU15 和 MU10 四个等级。灰砂砖不能用于长期超过 200℃、受急冷急热或有酸性介质侵蚀的部位。

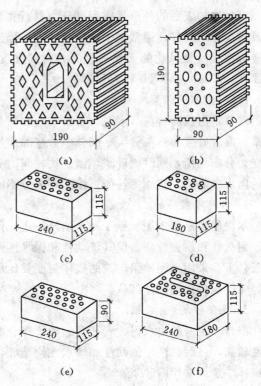

图 7.15　烧结多孔砖（单位：mm）
(a) KM1 型；(b) KM1 型配砖；(c) KP1 型；
(d) KP2 型；(e)、(f) KP2 型配砖

MU25、MU20、MU15 的灰砂砖可用于建筑基础及其部位，MU10 仅用于防潮层以上。

（4）蒸压粉煤灰砖。蒸压粉煤灰砖是以粉煤灰、石灰为主要原料，掺配适量的石膏和集料，经坯料制备、压制成型、高压蒸汽养护而成的实心砖。粉煤灰砖的强度等级与灰砂砖相同。它可用于工业与民用建筑的墙体和基础，但用于基础或易受冻融和干湿交替作用的建筑部位时，必须使用一等砖。不得用于长期超过 200℃、受急冷急热或有酸性介质侵蚀的建筑部位。

2. 砌块

砌块一般用混凝土或水泥炉渣浇制而成，也可用粉煤灰蒸养而成，主要有混凝土空心砌块、加气混凝土砌块、水泥炉渣空心砌块、粉煤灰硅酸盐砌块。砌块能节约耕地，且其保温隔热性能及隔音性能较好。用砌块砌筑砌体可以减少劳动量，加快施工进度。

砌块尺寸较大，分为小型、中型、大型 3 类。高度在 180～350mm 的一般称为小型砌块，便于手工砌筑，使用上也较灵活。混凝土小型空心砌块的主规格尺寸为 390mm×190mm×190mm，是墙体材料改革的方向之一。高度在 350～900mm 的一般称为中型砌块。高度大于 900mm 的一般称为大型砌块。

砌块的强度分为 MU20、MU15、MU10、MU7.5 和 MU5 5 个等级。

3. 石材

石材按加工后的外形规则程度分为料石和毛石两种。石材抗压强度高，抗冻性、抗水性及耐久性均较好，通常用于建筑物基础，挡土墙等，也可用于建筑物墙体。砌体中的石材应选用无明显风化的天然石材。石材的强度等级共分 7 级：MU100、MU80、MU60、MU50、MU40、MU30 和 MU20。

7.3.1.2　砌体的砂浆

砂浆是由胶凝材料（水泥、石灰等）和细骨料（砂）加水拌合而成的。常用的有水泥砂浆、混合砂浆和石灰砂浆。砌体中砂浆的作用是将块材连成整体，从而使块材在砌体中的受力分布均衡，同时因砂浆填满了块材间的缝隙，从而降低了砌体的透气性，提高了砌体的防水、隔热、抗冻等性能。按配料成分不同，砂浆分为以下几种：

1. 水泥砂浆

水泥砂浆是用水泥、砂子和水按照一定比例拌合而成的。水泥砂浆的主要特点是强度高、耐久性和耐火性好，但其流动性和保水性差，相对而言施工较困难。在强度等级相同的条件下，采用水泥砂浆砌筑的砌体强度要比用其他砂浆时低。水泥砂浆常用于地下结构或经常受水侵蚀的砌体部位。

2. 混合砂浆

混合砂浆一般由水泥、石灰膏、砂子拌合而成，一般用于地面以上的砌体。混合砂浆强度较高，且耐久性、流动性和保水性均较好，容易保证施工质量，方便施工，常用于地上砌体，是最常用的砂浆。

3. 石灰砂浆

石灰砂浆是由石灰膏和砂子按一定比例搅拌而成的砂浆。石灰砂浆强度较低，耐久性也差，流动性和保水性较好，通常用于地上砌体。砂浆的强度等级由通过标准试验方法测得，砂浆的强度等级分为 M15、M10、M7.5、M5 和 M2.5 5 级。

另外，在砌筑混凝土砌块时通常采用混凝土砌块砌筑砂浆，它是由水泥、砂、水以及根据需要掺入的掺和料与外加剂等组成，按一定比例采用机械拌和制成，专门用于砌筑混凝土砌块的砌筑砂浆，简称砌块专用砂浆。其强度等级有 Mb30、Mb25、Mb20、Mb15、Mb10、Mb7.5 和 Mb5。

砌体所用块材和砂浆，主要依据承载能力、稳定性、耐久性、隔热、保温等要求选择，也要考虑各地区砌体材料选择的工程经验。在地震设防区，砌体材料还应符合现行抗震有关规定的要求。对于一般房屋，承重砌体用的砖常用 MU15、MU10、MU7.5；石材常用 MU40、MU30、MU20、MU15；砂浆常用 M1、M2.5、M5、M7.5，对受力较大的重要部位可用 M10。6 层及 6 层以上房屋的外墙、潮湿房间的墙，以及受震动或层高大于 6m 的墙、柱所用材料的最低强度等级为砖 MU10、石材 MU20、砌块 MU5、砂浆 MU2.5。地面以下或防潮层以下的砌体、潮湿房间的墙，所用材料的最低强度等级应满足表 7.5 的规定。

表 7.5　地面以下或防潮层以下的砌体、潮湿房间的墙所用材料的最低强度等级

基土的潮湿程度	烧结普通砖、蒸压灰砂砖		混凝土砌块	石材	水泥砂浆
	严寒地区	一般地区			
稍潮湿的	MU10	MU10	MU7.5	MU30	M5
很潮湿的	MU15	MU10	MU7.5	MU30	M7.5
含水饱和的	MU20	MU15	MU10	MU40	M10

注　1. 在冻胀地区，地面以下或防潮层以下的砌体，不宜采用多孔砖，如采用时，其孔洞应用水泥砂浆灌实；当采用混凝土砌块砌体时，其孔洞应采用强度等级不低于 Cb20 的混凝土灌实。

　　2. 对安全等级为一级或设计使用年限大于 50 年的房屋，表中材料强度等级应至少提高一级。

7.3.1.3　砌体的种类

按照砌体中是否配置钢筋可分为无筋砌体和配筋砌体两类。

1. 无筋砌体

无筋砌体由块体和砂浆组成，包括砖砌体、砌块砌体和石砌体。

(1) 砖砌体。砖砌体包括实砌砖砌体和空斗墙。实砌砖砌体可以砌成厚度为 120mm（半砖）、240mm（一砖）、370mm（一砖半）、490mm（两砖）及 620mm（两砖半）的墙体，也可砌成厚度为 180mm，300mm 和 420mm 的墙体，但此时部分砖必须侧砌，不利于抗震。

空斗墙是将全部或部分砖立砌，并留空斗（洞）构成的砌体，是我国传统的结构形式。采用空斗墙可节约用砖，节省砂浆，降低造价，但工效较低，现已很少采用。

(2) 砌块砌体。砌块砌体由砌块和砂浆砌筑而成。其自重轻，保温隔热性能好，施工进度快，经济效益好，又具有优良的环保性能，因此砌块砌体，特别是小型砌块砌体有很广阔的发展前景。

(3) 石砌体。石砌体由石材和砂浆（或混凝土）砌筑而成。按石材加工后的外形规则程度，可分为料石砌体、毛石砌体、毛石混凝土砌体等。石砌体价格低廉，可就地取材，但自重大，隔热性能差，作外墙时厚度一般较大，在产石的山区应用较为广泛。料石砌体可用作房屋墙、柱，毛石砌体一般用作挡土墙。

2. 配筋砌体

配筋砌体是指在砌体灰缝中设置钢筋或钢筋混凝土的砌体形式，以达到减小截面尺寸，提高砌体强度，增加结构或构件整体性的目的。配筋砌体包括网状配筋砌体、组合砖砌体、配筋混凝土砌块砌体。

网状配筋砌体又称横向配筋砌体，在砖柱或砖墙中每隔若干皮砖在其水平灰缝中设置直径为 3~4mm 的方格网式钢筋网片，或直径 6~8mm 的连弯式钢筋网片，如图 7.16 所示。在砌体受压时，网状配筋可约束砌体的横向变形，从而提高砌体的抗压强度。

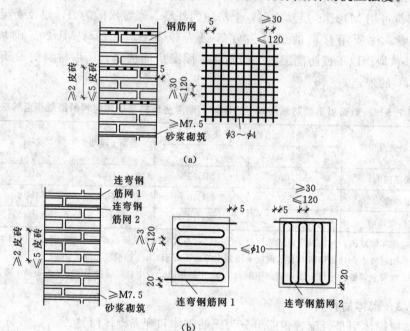

图 7.16 网状配筋砌体（单位：mm）

（a）方格网状配筋砌体；（b）连弯网状配筋砌体

组合砖砌体是由砖砌体和钢筋混凝土材料共同组合而成的砌体。组合砖砌体构件分为两类：一类是在砌体外侧预留凹槽内配置纵向钢筋，称为组合砌体构件；另一类是砖砌体和钢筋混凝土构造柱的组合墙，简称组合墙，如图 7.17 所示。

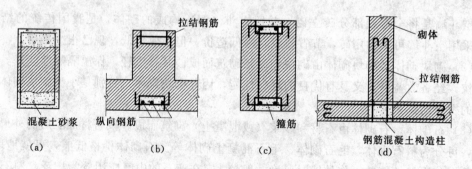

图 7.17 组合砖砌体

（a）～（c）组合砖砌体；（d）砖砌体和钢筋混凝土构造柱组合墙

配筋混凝土砌块砌体是在砌块墙体上下贯通的竖向孔洞中插入竖向钢筋，并用灌孔混凝土灌实，使竖向和水平钢筋与砌体形成一个共同工作的整体。由于这种墙体主要用于中高层或高层房屋中起剪力墙作用。

配筋砌体不仅加强了砌体的各种强度和抗震性能，还扩大了砌体结构的使用范围，如高强混凝土砌块通过配筋与浇注灌孔混凝土，可作为 10～20 层房屋的承重墙体。

7.3.2　砌体的力学性能

7.3.2.1　砌体的受压性能

1. 无筋砖砌体的受压破坏过程

无筋砖砌体在轴心受压破坏过程中，根据构件中裂缝的出现、发展直至最终破坏大致经历了 3 个阶段。第一阶段是从最初受力直至加载到大约破坏荷载的 50%～70%，在此阶段砌体中单个块体内会出现微裂缝，若在此阶段卸载，裂缝将不再继续增加。随着荷载的继续增加，进入第二阶段直至加载到大约破坏荷载的 80%～90%，单块砖内的微裂缝不断延伸扩展，部分裂缝沿竖向贯穿若干皮砖，在砌体内形成一段段连续的裂缝，即使此时荷载不再继续增加裂缝也会继续发展，砌体已临近破坏。第三阶段，在不断加载作用下，裂缝迅速延伸并扩展，在竖向形成通缝将砌体

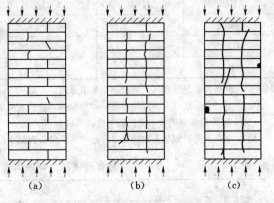

图 7.18　无筋砖砌体轴心受压破坏
(a) 第一阶段；(b) 第二阶段；(c) 第三阶段

分割成互不相连的小柱，最终因小柱失稳或砖块被压碎而破坏，如图 7.18 所示。

表 7.6　　　　烧结普通砖和烧结多孔砖砌体的抗压强度设计值　　　　单位：MPa

砖强度等级	砂浆强度等级					砂浆强度
	M15	M10	M7.5	M5	M2.5	0
MU30	3.94	3.27	2.93	2.59	1.26	1.15
MU25	3.60	2.98	2.68	2.37	2.06	1.05
MU20	3.22	2.67	2.39	1.12	1.84	0.94
MU15	2.79	2.31	2.07	1.83	1.60	0.82
MU10	—	1.89	1.69	1.50	1.30	0.67

表 7.7　　　　蒸压灰砂砖和蒸压粉煤灰砖砌体的抗压强度设计值　　　　单位：MPa

砖强度等级	砂浆强度等级				砂浆强度
	M15	M10	M7.5	M5	0
MU25	3.60	2.98	2.68	2.37	1.05
MU20	3.22	2.67	2.39	1.12	0.94

续表

砖强度等级	砂浆强度等级				砂浆强度
	M15	M10	M7.5	M5	0
MU15	2.79	2.31	2.07	1.83	0.82
MU10	—	1.89	1.69	1.50	0.67

表 7.8　　　　　　单排孔混凝土和轻骨料混凝土砌块砌体的抗压强度设计值　　　　　单位：MPa

砌块强度等级	砂浆强度等级				砂浆强度
	Mb15	Mb10	Mb7.5	Mb5	0
MU20	5.68	4.95	4.44	3.94	2.33
MU15	4.61	4.02	3.61	3.20	1.89
MU10	—	2.79	2.50	2.22	1.31
MU7.5	—	—	1.93	1.71	1.01
MU5	—	—	—	1.19	0.70

注　1. 对错孔砌筑的砌体，应按表中数值乘以 0.8。

　　　2. 对独立柱或厚度为双排组砌的砌块砌体，应按表中数值乘以 0.7。

　　　3. 对 T 形截面砌体，应按表中数值乘以 0.85。

　　　4. 表中轻骨料混凝土砌块为煤矸石和水泥煤渣混凝土砌块。

表 7.9　　　　　　　　　轻骨料混凝土砌块砌体的抗压强度设计值　　　　　　　　单位：MPa

砌体强度等级	砂浆强度等级			砂浆强度
	Mb10	Mb7.5	Mb5	0
MU10	3.08	2.78	2.45	1.44
MU7.5	—	2.13	1.88	1.12
MU5			1.31	0.78

注　1. 表中的砌块为火山渣、浮石和陶粒轻骨料混凝土砌块。

　　　2. 对厚度方向为双排组砌的轻骨料混凝土砌块的抗压强度设计值，应按表中数值乘以 0.8。

表 7.10　　　　　　　　　　毛料石砌体的抗压强度设计值　　　　　　　　　　单位：MPa

毛石强度等级	砂浆强度等级			砂浆强度
	M7.5	M5	M2.5	0
MU100	5.42	4.80	4.18	2.13
MU80	4.85	4.29	3.73	1.91
MU60	4.20	3.71	3.23	1.65
MU50	3.83	3.39	2.95	1.51
MU40	3.43	3.04	2.64	1.35
MU30	2.97	2.63	2.29	1.17
MU20	2.42	2.15	1.87	0.95

注　对下列各类料石砌体，按表中数值分别乘以以下系数：料石砌体为 1.5，半细料石砌体为 1.3，粗料石砌体为 1.2，干砌勾缝石砌体为 0.8。

表 7.11		毛石砌体的抗压强度设计值		单位：MPa
毛石强度等级	砂浆强度等级			砂浆强度
	M7.5	M5	M2.5	0
MU100	1.27	1.12	0.98	0.34
MU80	1.13	1.00	0.87	0.30
MU60	0.98	0.87	0.76	0.26
MU50	0.90	0.80	0.69	0.23
MU40	0.80	0.71	0.62	0.21
MU30	0.69	0.61	0.53	0.18
MU20	0.56	0.51	0.44	0.15

2. 影响砌体抗压强度的因素

（1）块体与砂浆的强度等级。试验表明，块体和砂浆的强度是确定砌体抗压强度的主要因素。砖的强度等级越高，砖越不容易开裂，因而砖砌体的抗压强度能在较大程度上提高；砂浆的强度等级越高，相应砂浆承载能力变高而横向变形减小，使砖受侧向拉应力减小，因而在一定程度上提高砖砌体抗压强度。当砌体抗压强度需提高时，用提高砖的强度等级比提高砂浆的强度等级更有效。

（2）块体的尺寸与形状。增加砖的厚度可以增加砖砌体的抗压强度，也会带来砖尺寸模数问题，不便砌筑。砖的形状规整与否也直接影响砌体的抗压强度。表面不平整的砖，在压力作用下会产生弯、剪应力，使砌体的抗压强度降低。

（3）砂浆的流动性、保水性。砂浆的流动性、保水性好，能更好地发挥砖块的抗压性能，使砖砌体抗压强度提高。试验表明，砌筑而成的砌体强度约比用水泥石灰混合砂浆砌筑的砌体抗压强度低。砂浆流动性太大，砌体的强度会较大地降低。

（4）砌筑质量与灰缝的厚度。影响砌筑质量的因素很多，根据现场质量管理、砂浆强度及拌和方式、砌筑工人技术等方面的综合水平，将砌体施工质量控制等级由高到低分为 A、B、C 3 级，《砌体结构设计规范》（GB 50003—2001）规定，对于配筋砌体施工质量控制等级不允许采用 C 级。灰缝的标准厚度为 10～12mm，灰缝厚度过薄或过厚砖砌体强度都会降低。

3. 砌体的抗压强度

GB 50003—2001 规定各类砌体以毛截面计算的抗压强度设计值按表 7.6～表 7.11 采用，其对应的龄期为 28 天。当进行施工阶段承载力验算时，强度设计值可按表中砂浆强度为 0 的情况确定。

7.3.2.2 砌体的受拉、受弯和受剪性能

砖砌体承受轴心拉力、弯矩和剪力时的强度分别称为抗拉强度、抗弯强度和抗剪强度。

1. 砌体的受拉性能

砌体在轴心拉力作用下，会产生 3 种破坏形态。当轴心拉力与水平灰缝平行时，若砖的标号较高而砂浆标号较低，砌体可能会沿灰缝呈阶梯状截面受拉破坏，也称为沿齿缝截面破坏，如图 7.19（a）所示；当拉力作用方向与水平灰缝垂直时，拉力仅由砂浆与砖的

法向黏结强度承受，将沿通缝截面破坏，称为沿通缝截面受拉破坏，如图7.19（b）所示；若砖的强度较小而砂浆强度相对较大，砌体可能会沿块体和竖向灰缝截面受拉破坏，如图7.19（c）所示。

　　由于灰缝中砂浆与砖的法向黏结强度不易保证，因此工程中不允许采用沿通缝截面轴心受拉的构件。设计时，对于可能出现的各种破坏形式均需加以考虑；如计算砖砌体轴心受拉强度时，根据砖和砂浆的标号，取用沿齿缝截面和沿砖截面的轴心抗拉强度中的较小值，以确保结构安全。

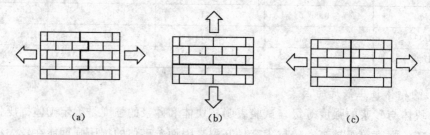

图7.19　砖砌体轴心受拉破坏
（a）沿齿缝破坏；（b）沿通缝破坏；（c）沿块材和竖向竖缝破坏

2. 砌体的受弯性能

　　砌体弯曲受拉时，在弯曲拉应力的作用下也会产生3种破坏形态，即沿齿缝截面受弯破坏、沿块体和竖向灰缝受弯破坏以及沿通缝截面受弯破坏，如图7.20所示。

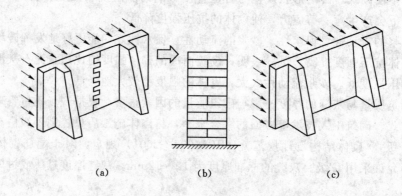

图7.20　砖砌体受弯破坏
（a）沿齿缝破坏；（b）沿通缝破坏；（c）沿竖缝破坏

3. 砌体的受剪破坏

　　砌体在剪力作用下会产生沿灰缝的破坏（图7.21），所以砌体在纯剪作用时其强度主要取决于水平灰缝中砂浆及砂浆与块体的黏结强度。

7.3.2.3　砌体的弹性模量、摩擦系数和膨胀系数

　　砌体弹性模量是砌体结构进行变形计算、动力分析必不可少的一个性能参数。砌体在轴心受压作用下的应力—应变关系与混凝土轴压的应力—应变曲线类似，如图7.22所示，应力较小时，砌体基本处于弹性工作阶段，随着应力的增加，其应变逐渐加快，砌体进入弹塑性阶段，不同的应力阶段对应的砌体弹性模量值也不相同。

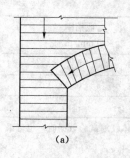 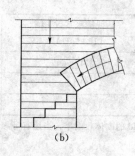

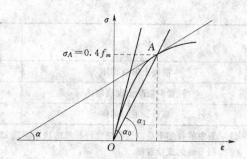

图 7.21　砖砌体受剪破坏　　　　　　　图 7.22　砌体受压时应力—应变曲线

（a）沿通缝截面破坏；（b）沿阶梯形截面破坏

　　从应力—应变曲线的原点 O 作曲线的切线，切线的斜率称为原点弹性模量或初始弹性模量，用 E_0 表示

$$E_0 = \tan\alpha_0 \tag{7.4}$$

　　由于砌体在正常工作阶段的应力一般在 $\sigma_A = 0.4f_m$ 左右，即图中 A 点处，但应力—应变曲线在 A 点的切线斜率 $E = \tan\alpha$ 并不能描述砌体压应力与总应变的关系，故工程中常采取砌体的割线模量，即用 OA 连线的斜率来表示砌体压应力与总应变的关系。所以GB 50003—2001 定义 $\sigma_A = 0.4f_m$ 的割线模量作为受压砌体的弹性模量，这一点与混凝土受压取原点切线模量作为弹性模量是不同的。

$$E' = \tan\alpha_1 \tag{7.5}$$

　　GB 50003—2001 规定的各类砌体弹性模量见表 7.12。

表 7.12　　　　　　　　　　**砌体的弹性模量**　　　　　　　　　单位：MPa

砌体种类	砂浆强度等级			
	≥M10	M7.5	M5	M2.5
烧结普通砖、烧结多孔砖砌体	1600f	1600f	1600f	1390f
蒸压灰砂砖、蒸压粉煤灰砖砌体	1060f	1060f	1060f	960f
混凝土砌块砌体	1700f	1600f	1500f	—
粗料石、毛料石、毛石砌体	7300	5650	4000	2250
细料石、半细料石砌体	22000	17000	12000	6750

注　轻骨料混凝土砌块砌体的弹性模量，可按表中混凝土砌块砌体的弹性模量采用。

　　砌体的剪变模量近似取：

$$G = 0.4E \tag{7.6}$$

　　砌体与常用材料间的砌体的线膨胀系数和收缩率及摩擦系数见表 7.13、表 7.14。

表 7.13　　　　　　　　　**砌体的线膨胀系数和收缩率**

砌体种类	线膨胀系数 （10^{-6}/℃）	收缩率 （mm/m）
烧结黏土砖砌体	5	−0.1
蒸压灰砂砖、蒸压粉煤灰砖砌体	8	−0.2

续表

砌 体 种 类	线膨胀系数 （10^{-6}/℃）	收缩率 （mm/m）
混凝土砌块砌体	10	−0.2
轻骨料混凝土砌块砌体	10	−0.3
料石、毛石砌体	8	—

注　表中的收缩率是由达收缩允许标准的块体砌筑 28d 的砌体收缩率，当地有可靠的砌体收缩试验数据时，也可采用当地的试验数据。

表 7.14　　　　　　　　摩　擦　系　数

材 料 类 别	摩擦面情况	
	干 燥 的	潮 湿 的
砌体沿砌体或混凝土滑动	0.70	0.60
木材沿砌体滑动	0.60	0.50
钢沿砌体滑动	0.45	0.35
砌体沿砂或卵石滑动	0.60	0.50
砌体沿粉土滑动	0.55	0.40
砌体沿黏性土滑动	0.50	0.30

思　考　题

7.23　什么是砌体结构？砌体的块材主要有哪些？

7.24　什么是烧结普通砖、烧结多孔砖、蒸压灰砂砖、蒸压粉煤灰砖？如何使用？

7.25　砖的强度等级是如何划分的？

7.26　砂浆的强度等级浆按照配料成分不同分为哪几种？分别适用于何种情况？

7.27　砂浆的强度等级是如何确定的？砂浆的强度等级如何划分？

7.28　砌体的种类有哪些？

7.29　简述无筋砌体的受压破坏过程。

7.30　影响砌体抗压强度的因素有哪些？为什么砌体的抗压强度远低于砖的抗压强度？

7.31　砌体在轴心拉力作用下，会产生何种破坏形态？

7.32　砌体在弯曲拉力作用下，会产生哪些破坏形态？

7.33　砌体的弹性模量是如何确定的？

模块 8　建筑结构的荷载及结构设计方法

教学目标：
- 掌握各类荷载的特点和各类荷载代表值的计算方法
- 掌握结构的功能、结构极限状态的概念
- 理解结构可靠度、极限状态设计方法
- 能正确应用概率极限状态实用设计表达式

结构设计是根据建筑方案确定结构布置方案，进行荷载组合、内力计算之后，确定结构构件功能要求所需要的截面尺寸、材料及其强度等级、配筋及构造措施。设计的目的是使设计的结构在现有的技术基础上，用尽可能少的经济消耗，建成后能满足全部功能要求，且有足够的可靠性。为了结构设计既可靠又经济、适用，需要学习结构上的荷载效应、结构抗力以及极限状态设计方法等知识。

单元 8.1　荷载及荷载效应计算

结构上的荷载是结构上作用的习惯称法，结构上的作用分为直接作用和间接作用。直接作用，即作用在结构上的集中力和分布力（如构件自重、人、风、雪等），其影响比间接作用（如温度变化、混凝土收缩等）重要，结构设计与其密切相关，必须先掌握直接作用（即荷载）的特点和计算方法。

8.1.1　荷载分类

按照荷载随时间的变异性，荷载可分为以下几类：

（1）永久荷载。是指在结构使用期间，荷载值（包括荷载大小、方向和作用位置）不随时间变化或变化幅度可以忽略不计的荷载，如自重、固定设备的重力、土压力等，有时也称为恒载。

（2）可变荷载。是指在结构使用期间，荷载值（包括荷载大小、方向和作用位置）随时间会发生变化且变化幅度不可以忽略不计的荷载，如楼面人群的压力、外部的风荷载、雪荷载、工业厂房的吊车荷载等，有时也称为活载。

（3）偶然荷载。是指在结构使用期间，出现的概率很小，但一旦出现其量值很大且持续时间很短的荷载，如地震荷载、撞击荷载等。

8.1.2　荷载代表值

荷载是随机变量，大小、位置都随时间变化，如楼面人群对楼面的压力会随着人的活动发生变化，这就造成不同的影响，结构设计时难以取值，因此应根据不同的设计要求采用不同的荷载代表值。我国现行《建筑结构荷载规范》（GB 50009—2001）给出了荷载标准值、可变荷载组合值、可变荷载频遇值、可变荷载准永久值等几种荷载代表值。

荷载标准值是指该荷载在结构设计基准期内，可能出现的最大值。它是建筑结构设计时采用的基本代表值，荷载的其他代表值都是以它为基础乘以相应的系数得到的。

1. 永久荷载标准值

构件自重及固定设备的质量是最常见的永久荷载，一般用 G_k 或 g_k 表示，离散性不大，其标准值的计算可按构件体积乘以材料重度来计算。常见建筑材料的重度见表 8.1，据此可求出一般构件的自重。

表 8.1 几种常见建筑材料的重度

名　称	重度（kN/m³）	名　称	重度（kN/m³）
素混凝土	22～24	石灰砂浆、混合砂浆	17
钢筋混凝土	24～25	普通砖砌体	18～19
水泥砂浆	20		

例如，某矩形截面尺寸为 250mm×600mm 的钢筋混凝土次梁，长 6m，其上石灰砂浆抹灰（梁两侧及梁底）厚 20mm，求此梁永久荷载标准值大小。

梁身混凝土重：$g_{1k}=0.25×0.6×25=3.75$（kN/m）

其上抹灰重：$g_{2k}=(0.6×0.02×2+0.25×0.02)×17=0.493$（kN/m）

次梁的永久荷载：$g_k=3.75+0.493=4.243$（kN/m）

2. 可变荷载标准值

可变荷载一般用 Q_k 或 q_k 表示，由于离散性大，所以标准值的计算较为复杂。GB 50009—2001 给出了不同结构构件的各种可变荷载的标准值大小，见表 8.2，以后计算时可直接查用。

表 8.2 民用建筑楼面均布可变荷载标准值及其组合值、频遇值和准永久值系数

项次	类　别	标准值（kN/m²）	组合值系数 ψ_c	频遇值系数 ψ_f	准永久值系数 ψ_q
1	（1）住宅、宿舍、旅馆、办公楼、医院病房、托儿所、幼儿园	2.0	0.7	0.5	0.4
	（2）教室、实验室、阅览室、会议室、医院门诊等	2.0	0.7	0.6	0.5
2	食堂、餐厅、一般资料档案室	2.5	0.7	0.6	0.5
3	（1）礼堂、剧场、电影院、有固定作的看台	3.0	0.7	0.5	0.3
	（2）公共洗衣房	3.0	0.7	0.5	0.5
4	（1）商店、展览厅、车站、港口、机场大厅及其旅客候车室	3.5	0.7	0.6	0.5
	（2）无固定作的看台	3.5	0.7	0.5	0.3

续表

项次	类　别	标准值 (kN/m²)	组合值系数 ψ_c	频遇值系数 ψ_f	准永久值系数 ψ_q
5	(1) 健身房、演出舞台 (2) 舞厅	4.0 4.0	0.7 0.7	0.6 0.6	0.5 0.3
6	(1) 书库、档案库、储藏室 (2) 密集柜书库	5.0 12.0	0.9	0.9	0.8
7	通风机房、电梯机房	7.0	0.9	0.9	0.8
8	汽车通道及停车库： (1) 单向板楼盖（板跨不小于 2m） 　　客车 　　消防车 (2) 双向板楼盖和无梁楼盖 　　（柱网面积不小于 6m×6m） 　　客车 　　消防车	 4.0 35.0 2.5 20.0	 0.7 0.7 0.7 0.7	 0.7 0.7 0.7 0.7	 0.6 0.6 0.6 0.6
9	一般厨房 餐厅厨房	2.0 4.0	0.7 0.7	0.6 0.7	0.5 0.7
10	浴室、厕所、盥洗： (1) 第 1 项中的民用建筑 (2) 其他民用建筑	 2.0 2.5	 0.7 0.7	 0.5 0.6	 0.4 0.5
11	走廊、门厅、楼梯： (1) 宿舍、旅馆、医院病房、托儿所、幼儿园、住宅 (2) 办公楼、教室、餐厅、医院门诊部 (3) 消防疏散楼梯、其他民用建筑	 2.0 2.5 3.5	 0.7 0.7 0.7	 0.5 0.6 0.5	 0.4 0.5 0.3
12	挑出阳台： (1) 一般情况 (2) 当有密集人群时	 2.5 3.5	 0.7 0.7	 0.6 0.6	 0.5 0.5

注　1. 本表所给各项可变荷载适用于一般使用条件，当使用荷载较大时，应按实际情况采用。
　　2. 第 6 项书库可变荷载当书架高度大于 2m 时，书库可变荷载尚应按每米书架高度不小于 2.5kN/m² 确定。
　　3. 第 8 项中的客车可变荷载只适用于停放载人少于 9 人的客车，消防车可变荷载是适用于满载总重为 300kN 的大型车辆，当不符合本表要求时，应将车轮的局部荷载按结构效应等效原则，换算为等效均布荷载。
　　4. 第 11 项楼梯可变荷载，对预制楼梯踏步平板，尚应按 1.5kN 集中荷载验算。
　　5. 本表各项荷载不包括隔墙自重和二次装修荷载，对固定隔墙的自重应按永久荷载考虑，当隔墙位置可灵活自由布置时，非固定隔墙的自重应取每延米墙重的 1/3 作为楼面可变荷载附加值计入，附加值不小于 1.0kN/m。
　　6. 对于雪荷载和风荷载等可变荷载标准值的计算参看 GB 50009—2001。

实际工程中，可变荷载并不是同时布满所有各楼层的，因此在计算时，应将楼面可变荷载进行折减，折减系数见表 8.3。

表 8.3　　　　　　　　　　　　　　　可变荷载折减系数

墙、柱、基础计算 截面以上的层数（层）	1	2～3	4～5	6～8	9～20	20 以上
计算截面以上各楼层可变荷载总和的折减系数	1.00 (0.90)	0.85	0.70	0.65	0.60	0.55

注　当楼面梁的从属面积超过 25m² 时，采用括号内的系数。

3. 可变荷载组合值

当结构同时作用有两种及以上的可变荷载时，考虑到所有可变荷载同时出现最大值的可能性很小，因此计算时除主导荷载采用标准值外，其他可变荷载应按组合值采用。荷载组合值即为标准值乘以该荷载对应的组合值系数，一般用 Q_c 表示，计算公式为

$$Q_c = \psi_c Q_k$$

式中：ψ_c 为可变荷载组合值系数，见表 8.2。

4. 可变荷载频遇值

对于偶尔出现的较大荷载，如果在设计基准期内总持续时间较短或发生的次数较少，该类荷载采用频遇值采用代表值，可变荷载频遇值一般采用 Q_f 表示，计算公式：

$$Q_f = \psi_f Q_k$$

式中：ψ_f 为可变荷载频遇值系数，见表 8.2。

5. 可变荷载准永久值

对于总持续时间超过设计基准期一半时间的可变荷载，其对结构的影响类似于永久荷载，但在整个设计基准期内又不是一直在作用，这类荷载一般采用准永久值作为荷载代表值，一般用 Q_q 表示，计算公式为

$$Q_q = \psi_q Q_k$$

式中：ψ_q 为可变荷载准永久值系数，见表 8.2。

在对结构构件进行变形和裂缝宽度验算时，要考虑可变荷载长期作用对结构构件的影响，因此荷载应采用准永久值作为代表值，它其实是对标准值进行折减后的值。

思 考 题

8.1　如何区分可变荷载和永久荷载？它们的特点有何不同？

8.2　何为可变荷载准永久值？何时可变荷载需采用准永久值？

8.3　何为可变荷载组合值？何时可变荷载需采用组合值？

8.4　何为可变荷载频遇值？何时可变荷载需采用频遇值？

习 题

8.1　某民用住宅屋面板，作用有可变荷载标准值 $q_k = 2.0 kN/m^2$，根据表 8.1，试计算当该可变荷载分别采用组合值、准永久值和频遇值时的代表值。

单元 8.2　结构的功能及极限状态的认识

8.2.1　结构的功能

进行建筑结构设计，就是要使设计的结构在预定的使用期限内，能满足设计所规定的

各种功能要求。结构的功能包括以下 3 个方面：

（1）安全性。要求结构和构件在正常施工和正常使用时，能承受可能出现的各种作用（如荷载），并且在偶然事件发生时和发生后，仍能保持必需的整体稳定性，如允许产生局部性的损坏但结构不致倒塌等。

（2）适用性。要求结构在正常使用时具有良好的工作性能，如允许结构或构件产生较小的变形或裂缝，但不致妨碍结构的正常使用。

（3）耐久性。要求结构在正常维护下具有足够的耐久性能，如结构或构件在规定的正常工作环境下，达到设计所规定的使用年限。

8.2.2 结构的极限状态

结构或结构的一部分超过某一特定状态时就不能满足设计规定的某一功能要求，此特点状态称为结构的极限状态，如当钢筋混凝土梁上的荷载达到某一量值时，梁受压区的混凝土被压碎，梁不能再继续工作，则该荷载即为该梁的一种极限状态。极限状态是判定结构或构件是否可靠的标志。要使设计的结构或构件能满足预定的功能要求，就必须保证不超过结构的极限状态。结构的极限状态可分为承载能力极限状态和正常使用极限状态两类：

1. 承载能力极限状态

当结构或构件达到最大承载力、出现疲劳破坏、发生不适于继续承载的变形或因结构局部破坏而引发连续倒塌，就认为结构或构件达到了承载能力极限状态。它是针对结构安全性所提的极限状态，即认为当结构或构件超过了承载能力极限状态就失去了安全性。当结构或构件出现了下列状态之一时，就认为超过了承载能力极限状态。

（1）整个结构或结构的一部分作为刚体失去平衡，如阳台发生了倾覆、挡土墙发生了滑移等。

（2）结构或构件因超过材料强度而破坏（包括疲劳破坏），若荷载过大使梁发生断裂。

（3）结构或构件丧失稳定，如长细比过大使柱子被压曲而失稳。

（4）结构因连接破坏变为机动体系。

（5）地基丧失承载力。如地基抗剪强度不足而发生整体剪切破坏，导致上部结构发生倾覆。

2. 正常使用极限状态

当结构或构件达到了正常使用或耐久性的某项规定限值后，不能满足设计的某些功能，就认为达到了正常使用极限状态。如过宽的裂缝会导致钢筋发生锈蚀而影响构件的继续使用。它是针对结构的适用性和耐久性所提的极限状态，即认为当结构或构件超过了正常使用极限状态后就失去了适用性和耐久性。当结构或构件出现下列状态之一时，应认为超过了正常使用极限状态。

（1）有影响正常使用或影响外观的变形，如梁的挠度过大导致梁底开裂。

（2）有影响正常使用的局部损坏，如过宽的裂缝。

（3）有影响正常使用的振动。

（4）有其他的影响正常使用的特定状态。

8.2.3　作用效应和结构的抗力

结构的作用效应是指在作用影响下的结构反映，通常包括结构或构件的内力（如轴力、剪力、弯矩、扭矩）以及变形和裂缝等，它是荷载、构件尺寸等的函数，通常用 S 表示。作用效应主要由直接作用即荷载引起，习惯上也称荷载效应。

结构的抗力是指结构或构件承受荷载效应的能力，如承载力（抵抗荷载破坏的能力）、刚度（抵抗变形的能力）和抗裂度（抵抗裂缝产生的能力）等，它是材料性能、构件尺寸等的函数，通常用 R 表示。

思　考　题

8.5　当梁上的荷载过大，使梁内的钢筋发生断裂，则该梁的荷载效应超过了哪种极限状态？

8.6　梁的跨中截面裂缝宽度超过了规定的宽度，则该梁又超过了哪种极限状态？

8.7　使结构或构件满足预定的功能要求，其上的荷载效应与抗力之间应满足何种关系？

单元 8.3　概率极限状态实用设计表达式的应用

8.3.1　结构的可靠性和可靠度

1. 可靠性

结构或构件在规定的时间内和规定的条件下，完成预定功能的可能性，称为可靠性，它是安全性、适用性和耐久性的总称。当作用效应小于结构抗力时，结构处于可靠状态。可见，结构的可靠性取决于荷载效应 S 和结构抗力 R 这两个因素。用功能函数 Z 来表示结构的可靠性，则可用公式表示为

$$Z=R-S$$

当 $Z<0$，即 $R<S$ 时，结构处于不可靠状态；

当 $Z>0$，即 $R>S$ 时，结构处于可靠状态；

当 $Z=0$，即 $R=S$ 时，结构处于极限状态。

2. 可靠度

由于荷载效应和结构抗力都是随机变量，因此任何结构都不可能绝对可靠。可靠度是可靠性的定量描述，表示结构完成预定功能的概率，用可靠概率 P_s 表示；反之称为失效概率，用 P_f 表示，很明显 $P_s+P_f=1$。因此可以用 P_s 或 P_f 来度量结构的可靠性。

3. 可靠指标

根据概率论和数理统计学，荷载效应 S 和结构抗力 R 均为随机变量，因此结构的功能函数 $Z=R-S$ 也为随机变量，其概率密度函数如图 8.1 所示。

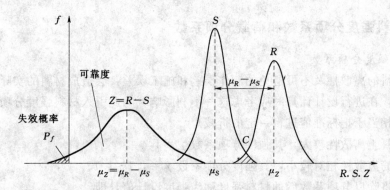

图 8.1　荷载效应 S、结构抗力 R 及结构功能函数 Z 的概率分布曲线

无论是 P_s 或 P_f，不但准确计算有困难，而且表示也不方便，因此《建筑结构可靠度设计统一标准》（GB 50068—2001）采用了可靠度指标 β 来代替结构的可靠概率和实效概率。结构的可靠度指标 β 是功能函数 Z 的平均值 μ_Z 与标准差 σ_Z 的比值，即

$$\beta = \frac{\mu_Z}{\sigma_Z}$$

可靠度指标 β 与实效概率的对应关系见表 8.4。

表 8.4　　　　　　　　　　可靠度指标 β 与实效概率的对应关系

β	2.5	2.7	3	3.2	3.5	3.7	4	4.2	4.5
P_f (10^{-4})	62.1	35	13.5	6.9	2.33	1.1	0.317	0.13	0.034

4. 目标可靠指标

为使结构或构件既可靠又经济合理，必须将可靠指标控制在一个能够接受的范围内，作为结构设计的依据，即要确定目标可靠指标 $[\beta]$，以保证结构的实际可靠指标 $\beta \geqslant [\beta]$。我国规定结构构件按承载能力极限状态设计时，采用的目标可靠指标是以一般建筑物严重延性破坏的 $[\beta] = 3.2$ 作为基准，其他情况根据结构安全等级或破坏类型相应的增减 0.5。具体见表 8.5。

表 8.5　　　　　　　　　　结构构件承载能力极限状态的目标可靠指标

结构的安全等级	延性破坏	脆性破坏
一级	3.7	4.2
二级	3.2	3.7
三级	2.7	3.2

当直接根据前述规定的目标可靠指标进行结构设计时，计算方法非常复杂。为简化计算，GB 50068—2001 采用以概率论为基础的以分项系数表达的承载能力设计表达式，即以基本变量（荷载和材料强度）标准值和相应的分项系数来表示的设计表达式，分项系数是根据目标可靠指标并考虑工程实际而选定的。

8.3.2　材料强度分项系数和荷载分项系数

1. 材料强度分项系数

由于材料的离散性及不可避免的制作误差和施工误差，会造成材料的实际强度低于其强度标准值，在进行设计计算时应考虑这一不利影响，为此引入材料强度分项系数以考虑这一影响（相当于把标准值进行一定的折减）。

（1）混凝土离散性较大，其强度分项系数 $\gamma_c = 1.4$。

（2）钢筋离散性相对较小，其强度分项系数 $\gamma_s = 1.1 \sim 1.15$。

习惯上将除以分项系数后的材料强度称为强度设计值，即

$$材料强度设计值 = \frac{材料强度标准值}{材料强度分项系数}$$

2. 荷载分项系数

荷载标准值是设计基准期内可能出现的最大值，其保证率为 95%，但实际情况下荷载仍有可能超过标准值，在进行设计计算时应考虑这一不利影响，为此引入荷载分项系数以考虑这一不利影响（相当于把荷载标准值进行一定的放大）。

（1）永久荷载分项系数 γ_G。

由永久荷载效应控制的组合时，$\gamma_G = 1.35$；

由可变荷载效应控制的组合时，$\gamma_G = 1.20$。

（2）可变荷载分项系数 γ_Q。

一般情况下 $\gamma_Q = 1.4$，对于标准值大于 $4 \mathrm{kN/m^2}$ 的工业房屋楼面时取 $\gamma_Q = 1.3$。

习惯上将乘以分项系数后的荷载值称为荷载设计值，即

$$荷载设计值 = 荷载标准值 \times 荷载分项系数$$

3. 建筑物的安全等级及重要性系数

建筑物的重要性不同，其破坏后产生的后果就不同，根据建筑物破坏后果的严重程度，将建筑物划分为三个安全等级，每个安全等级有相应的重要性系数，见表 8.6。

表 8.6　　建筑物的安全等级及相应的重要性系数

建筑物类型	破坏后果	安全等级	对应的重要性系数 γ_0	对应的设计使用年限
重要的建筑物	很严重	一级	1.1	100 年以上
一般建筑物	严重	二级	1.0	50 年
次要建筑物	不严重	三级	0.9	5 年

8.3.3　概率极限状态实用设计表达式

1. 承载能力极限状态设计表达式

计算表达式为

$$\gamma_0 S \leqslant R = R(f_c, f_s, \alpha_k, \cdots)/\gamma_{Rd}$$

式中　γ_0 为结构或构件的重要性系数，见表 8.6；S 为荷载效应；R 为结构抗力设计值，$R = R(f_c, f_s, \alpha_k, \cdots)/\gamma_{Rd}$，其中 γ_{Rd} 为结构构件的抗力模型不定性系数：对静力设计，一般结构构件取 1.0，重要结构构件或不确定性较大的结构构件根据具体情况取大于 1.0 的数值。

这里先讨论 $\gamma_0 S$（即荷载效应设计值）的计算方法，对于结构的抗力 R 到后面的单元再进行讨论。

考虑到荷载不止一个，既有永久荷载又有可变荷载（它们的荷载分项系数不同），而且多个可变荷载也不一定同时产生，因此在计算荷载效应设计值时，既要区分永久荷载和可变荷载，又要考虑可变荷载的标准值和组合值。

进行承载能力极限状态计算时，一般考虑荷载效应的基本组合，必要时考虑荷载效应的偶然组合。荷载效应基本组合的设计值按由永久荷载效应控制的组合和可变荷载控制的效应组合中的最不利组合确定，即取两种组合下的较大值作为基本组合值。

（1）由永久荷载效应控制的组合，有

$$\gamma_0 S = \gamma_0 \left(\gamma_G S_{Gk} + \sum_{n=1}^{n} \psi_{ci} \gamma_{Qi} S_{Qik} \right)$$

（2）由可变荷载效应控制的组合，有

$$\gamma_0 S = \gamma_0 \left(\gamma_G S_{Gk} + \gamma_{Q1} S_{Q1k} + \sum_{n=2}^{n} \psi_{ci} \gamma_{Qi} S_{Qik} \right)$$

式中：γ_0 为结构或构件的重要性系数，见表 8.6；S 为荷载效应；γ_G 为永久荷载分项系数，由永久荷载效应控制的组合 $\gamma_G = 1.35$，对于由可变荷载效应控制的组合，$\gamma_G = 1.20$，当永久荷载效应对结构有利时取 $\gamma_G = 1.0$，对结构的倾覆、滑移和漂浮验算时取 $\gamma_G = 0.9$；S_{Gk} 为按永久荷载标准值计算的荷载效应值，如承受均布荷载 g 的简支梁，跨中截面弯矩效应 $M_{Gk} = \frac{1}{8} g l_0^2$，支座截面剪力效应为 $V_{gk} = \frac{1}{2} g l_n$，其他荷载效应也均可按相应的力学公式计算；$\psi_{ci}$ 为第 i 个可变荷载的组合值系数，见表 8.2；γ_{Qi} 为第 i 个可变荷载分项系数，见前述；S_{Qik} 为按可变荷载标准值计算的荷载效应值，起计算方法同 S_{Gk}。

对于一般排架和框架结构，可以采用以下简化公式

$$\gamma_0 S = \gamma_0 \left(\gamma_G S_{Gk} + \psi \sum_{n=1}^{n} \gamma_{Qi} S_{Qik} \right)$$

当只有一个可变荷载时 $\psi = 1.0$，当有多个可变荷载时 $\psi = 0.9$。

【例 8.1】 某住宅钢筋混凝土简支梁，截面尺寸为 $b \times h = 200\text{mm} \times 500\text{mm}$，计算跨度 $l_0 = 2.5\text{m}$，净跨 $l_n = 2.26\text{m}$，其上作用有上部结构传来的可变荷载标准值 $q_k = 6\text{kN/m}$ 和永久荷载标准值 $g_{1k} = 4\text{kN/m}$，梁的重度为 $\gamma = 25\text{kN/m}^3$（包括梁两侧及梁底的抹灰重），试求该梁的最大弯矩设计值和最大剪力设计值。

解： 该梁承受的可变荷载标准值为 $q_k = 6\text{kN/m}$。

承受的永久荷载标准值有两项：①上部结构传来的 $g_{1k} = 4$（kN/m）；②梁自重 $g_{2k} = 0.2 \times 0.5 \times 25 = 2.5$（kN/m）。

则该梁的永久荷载标准值为

$$g_k = g_{1k} + g_{2k} = 4 + 2.5 = 6.5 (\text{kN/m})$$

（1）由永久荷载效应控制的组合，有

$$M_{\max} = \gamma_0 \left(\gamma_G S_{Gk} + \sum_{n=1}^{n} \psi_{ci} \gamma_{Qi} S_{Qik} \right)$$

$$= 1.0 \times \left[1.35 \times \left(\frac{1}{8} g_k l_0^2 \right) + 0.7 \times 1.4 \times \left(\frac{1}{8} q_k l_0^2 \right) \right]$$

$$= 1.0 \times \left[1.35 \times \frac{1}{8} \times 6.5 \times 2.5^2 + 0.7 \times 1.4 \times \frac{1}{8} \times 6 \times 2.5^2 \right]$$

$$= 11.45 (\text{kN} \cdot \text{m})$$

$$V_{\max} = \gamma_0 \left(\gamma_G S_{Gk} + \sum_{n=1}^{n} \psi_{ci} \gamma_{Qi} S_{Qik} \right)$$

$$= 1.0 \times \left[1.35 \times \left(\frac{1}{2} g_k l_n \right) + 0.7 \times 1.4 \times \left(\frac{1}{2} q_k l_n \right) \right]$$

$$= 1.0 \times \left[1.35 \times \frac{1}{2} \times 6.5 \times 2.26 + 0.7 \times 1.4 \times \frac{1}{2} \times 6 \times 2.26 \right]$$

$$= 16.56 (\text{kN})$$

（2）由可变荷载效应控制的组合，有

$$M_{\max} = \gamma_0 \left(\gamma_G S_{Gk} + \gamma_{Q1} S_{Q1k} + \sum_{n=2}^{n} \psi_{ci} \gamma_{Qi} S_{Qik} \right)$$

$$= 1.0 \times \left[1.20 \times \left(\frac{1}{8} g_k l_0^2 \right) + 1.4 \times \left(\frac{1}{8} q_k l_0^2 \right) \right]$$

$$= 1.0 \times \left[1.20 \times \frac{1}{8} \times 6.5 \times 2.5^2 + 1.4 \times \frac{1}{8} \times 6 \times 2.5^2 \right]$$

$$= 12.66 (\text{kN} \cdot \text{m})$$

$$V_{\max} = \gamma_0 \left(\gamma_G S_{Gk} + \gamma_{Q1} S_{Q1k} + \sum_{n=2}^{n} \psi_{ci} \gamma_{Qi} S_{Qik} \right)$$

$$= 1.0 \times \left[1.20 \times \left(\frac{1}{2} g_k l_n \right) + 1.4 \times \left(\frac{1}{2} q_k l_n \right) \right]$$

$$= 1.0 \times \left[1.20 \times \frac{1}{2} \times 6.5 \times 2.26 + 1.4 \times \frac{1}{2} \times 6 \times 2.26 \right]$$

$$= 18.31 (\text{kN})$$

则该梁的最大弯矩设计值为 12.66kN·m，最大剪力设计值为 18.31kN。

2. 正常极限状态设计表达式

结构或构件按正常使用极限状态设计时，主要是验算结构或构件的变形、抗裂度以及裂缝宽度等。当结构或构件超过了正常使用极限状态后就失去了适用性和耐久性，其引起的后果不如超过了承载能力极限状态的后果严重，故对其可适当降低可靠度，在计算时，主要体现在以下几个方面：①荷载值采用标准值（相当于不乘以荷载分项系数）；②材料强度也采用标准值（相当于不除以材料强度分项系数）；③不考虑结构构件的重要性系数。

对于正常使用极限状态，结构构件应应分别按荷载的准永久组合、标准组合、准永久

组合并考虑长期作用的影响或标准组合并考虑长期作用的影响，采用下列极限状态设计表达式进行验算即

$$S \leqslant C$$

式中：S 为正常使用极限状态荷载组合的效应设计值；C 为结构构件达到正常使用要求所规定的变形、应力、裂缝宽度等限值。

（1）荷载效应组合计算。

1）标准组合

$$S = S_{Gk} + S_{Q1k} + \sum_{n=2}^{n} \psi_{ci} S_{Qik}$$

2）准永久组合

$$S = S_{Gk} + \sum_{n=1}^{n} \psi_{qi} S_{Qik}$$

（2）验算的内容。

1）变形验算。根据使用要求需要控制变形的构件，应进行变形的验算。变形验算主要针对受弯构件的挠度验算，即

$$f \leqslant [f]$$

2）钢筋混凝土结构裂缝控制验算。根据钢筋混凝土结构构件的使用要求或所处环境，裂缝控制等级分为以下三级：

a. 一级：严格要求不出现裂缝的构件，按荷载效应标准组合计算时，要求构件的受拉边缘不产生拉应力。

b. 二级：一般要求不出现裂缝的构件，按荷载效应标准组合计算时要求构件受拉边缘混凝土的拉应力不超过混凝土的轴心抗拉强度标准值，即混凝土允许出现拉应力但要控制出现裂缝。

c. 三级：允许出现裂缝的构件，按荷载效应标准组合计算并考虑荷载长期作用影响时，构件的最大裂缝宽度不超过裂缝宽度允许值。

（3）结构构件的挠度限值和最大裂缝宽度限值。

1）受弯构件挠度限值。受弯构件挠度限值见表 8.7。

表 8.7　　　　　　　　　　　受 弯 构 件 挠 度 限 值

构 件 类 型	挠度限值	构 件 类 型	挠度限值
吊车梁：手动吊车 电动吊车	$l_0/500$ $l_0/600$	屋盖、楼盖及楼梯构件 当 $l_0 \leqslant 7m$ 时 当 $7m < l_0 \leqslant 9m$ 时 当 $l_0 > 9m$ 时	$l_0/200(l_0/250)$ $l_0/250(l_0/300)$ $l_0/300(l_0/400)$

注　1. 括号内的数值适用于使用上对挠度有较高要求的构件。

　　2. 如果构件制作时有起拱，则应将计算的挠度值减去起拱值。

　　3. 对于悬臂构件，其计算跨度 l_0 按实际悬臂长的两倍采用。

2）混凝土最大允许裂缝宽度。混凝土最大允许裂缝宽度见表 8.8。

表 8.8　　　　　　　　　　　　　　　混凝土最大允许裂缝宽度

耐久性环境类别	钢筋混凝土结构			预应力混凝土结构		
	裂缝控制等级	w_{lim} (mm)	荷载组合	裂缝控制等级	w_{lim} (mm)或拉应力限值	荷载组合
一	三级	0.30(0.40)	准永久	三级	0.2	标准
二 a					0.10 拉应力不大于 f_{tk}	标准永久
二 b		0.20		二级	拉应力不大于 f_{tk}	标准
三 a、三 b				一级	无拉应力	标准

> 注　对于处于四、五类环境下的结构构件，其裂缝控制要求应符合专门标准的有关规定，对其他特殊结构构件参看 GB 20010—2010 有关规定。

3）混凝土结构的环境类别。混凝土结构的环境类别见表 8.9。

表 8.9　　　　　　　　　　　　　　　混凝土结构的环境类别

环境类别		条　　件
一		室内干燥环境、永久无侵蚀性的静水浸没环境
二	a	室内潮湿环境、非严寒和非寒冷地区的露天环境、非严寒和非寒冷地区与无侵蚀性的水或土直接接触的环境、寒冷和寒冷地区的冰冻线以下与无侵蚀性的水或土直接接触的环境
	b	干湿交替环境、水位频繁变动环境、严寒和寒冷地区的露天环境、与无侵蚀性的水或土壤直接接触的环境、寒冷和寒冷地区的冰冻线以上与无侵蚀性的水或土直接接触的环境
三	a	使用除冰盐的环境、严寒和寒冷地区冬季水位变动的环境、海风环境
	b	盐渍土环境、使用有冰盐的环境、海岸环境
四		海水环境
五		受人为或自然的侵蚀性物质允许的环境

【例 8.2】　条件同［例 8.1］，可变荷载准永久值系数 $\psi_{qi} = 0.4$，试按标准组合和准永久组合计算最大弯矩值。

解： $q_k = 6\text{kN/m}$，$g_k = g_{1k} + g_{2k} = 4 + 2.5 = 6.5$（kN/m）。

（1）标准组合

$$M_k = S_{Gk} + S_{Q1k} + \sum_{n=2}^{n} \psi_{ci} S_{Qik}$$

$$= \frac{1}{8} g_k l_0^2 + \frac{1}{8} q_k l_0^2$$

$$= \frac{1}{8} \times 6.5 \times 2.5^2 + \frac{1}{8} \times 6 \times 2.5^2$$

$$= 9.77 (\text{kN} \cdot \text{m})$$

（2）准永久组合

$$S = S_{Gk} + \sum_{n=1}^{n} \psi_{qi} S_{Qik}$$

$$= \frac{1}{8} g_k l_0^2 + 0.4 \times \frac{1}{8} q_k l_0^2$$

$$= \frac{1}{8} \times 6.5 \times 2.5^2 + 0.4 \times \frac{1}{8} \times 6 \times 2.5^2$$

$$= 6.95 (kN \cdot m)$$

8.3.4　结构的耐久性设计

8.3.4.1　耐久性与影响因素

1. 耐久性的概念

混凝土结构在自然和人为环境的长期作用下，进行着复杂的物理和化学反应，如混凝土的风化、钢筋的锈蚀等，这些反应会造成构件的损伤。随着时间的延长，损伤会逐步累积，导致结构的性能逐步恶化，甚至影响结构构件的正常使用。因此为保证结构构件满足正常使用的要求，应对结构构件进行耐久性设计。

2. 影响耐久性的因素

对于混凝土结构而言，影响耐久性的因素很多，包括内部因素和外部因素，内部因素如混凝土的强度、密实度、水灰比、有害元素的含量；外部因素如环境条件、设计不周全、施工质量差和维护不当等。

提高结构耐久性的措施有以下几种：

（1）适当控制降低水灰比。

（2）提高混凝土的密实性。

（3）防止混凝土的碳化。

（4）防止碱集料反应。

（5）减小裂缝宽度防止钢筋锈蚀。

（6）为提高混凝土的抗渗性和抗冻性，在混凝土中掺加适量的掺合料，如引气剂、减水剂、防水剂等。

8.3.4.2　耐久性设计

1. 耐久性设计的基本原则

对结构构件进行耐久性设计，是为了保证结构构件在规定的设计使用年限内，在自然和人为环境作用下，不出现无法承受的承载力降低、使用功能减低和不能接受的外观变形等。对临时性混凝土结构可以不考虑耐久性问题。

2. 耐久性设计

（1）技术措施。

1）未经许可，不能改变结构的使用环境和用途。

2）对结构中使用环境较差的构件，可设计成可更换的构件。

3）对于重要性结构，宜设置拱耐久性检查的专门构件。

4）对于处于侵蚀性环境中的混凝土结构构件，为防止钢筋锈蚀，可在钢筋表面涂保护膜或采用高强度的混凝土。

（2）构造措施。

1）用于一、二和三类环境中设计使用年限为 50 年混凝土结构，应符合表 8.10 的规定。

表 8.10　　　　　　　　　　　　　混凝土耐久性的要求

环境类别		最大水灰比	最低混凝土强度	最大氯离子含量（%）	最大碱含量（kg/m³）
一		0.60	C20	0.3	不限制
二	a	0.55	C25	0.2	
	b	0.50(0.55)	C30(C25)	0.15	3.0
三	a	0.45(0.50)	C35(C30)	0.15	
	b	0.40	C40	0.1	

注　1. 氯离子含量是指其占水泥用量的百分比。
　　2. 预应力混凝土构件中的最大氯离子含量为 0.06%，最小水泥用量为 300kg/m³，混凝土强度等级应比表中所列提高两个等级。
　　3. 素混凝土构件的最小水泥用量不应小于表中对应数值减小 25kg/m³。
　　4. 当混凝土中加入活性掺合料或外加剂时，可适当降低最小水泥用量。
　　5. 当有可靠工程经验时，处于一类和二类环境中的混凝土强度等级可降低一个级别。
　　6. 当使用非碱性活性骨料时，对混凝土中的碱含量可不做限值。

2）对设计使用年限为 100 年及以上结构，混凝土的耐久性应符合表 8.11 规定。

表 8.11　　　　　　　　　　　　　混凝土耐久性的要求

环境类别	最低混凝土强度	最大氯离子含量	碱活性集料的最大碱含量（kg/m³）	保护层厚度
一	C30（预应力混凝土 C40）	0.06%	3.0	比规定增加 40%
二、三	应采取专门措施			

思　考　题

8.8　结构的目标可靠度的意义是什么？

8.9　承载能力极限状态的计算表达式与正常使用极限状态的计算表达式有何不同？为什么？

8.10　进行承载能力极限状态计算时，最大荷载效应如何确定？

8.11　正常使用极限状态的计算一般包括哪几个方面？

8.12　当设计民用住宅楼面梁时，应按哪类环境考虑？

8.13　结构为何要进行耐久性设计？

8.14　影响结构耐久性的因素有哪些？

8.15　耐久性设计包括哪些方面？

习　　题

8.2　某简支梁，计算跨度 $l_0 = 6m$，净跨 $l_n = 5.76m$，承受均布荷载，其中永久荷载

标准值 $g_k=2.4\mathrm{kN/m}$，可变荷载标准值 $g_k=6\mathrm{kN/m}$，结构安全级别为二级，试计算最大弯矩效应设计值和最大剪力效应设计值。

8.3　某工业厂房屋面板，计算跨度 $l_0=2.5\mathrm{m}$，净跨 $l_n=5.26\mathrm{m}$，每米宽的荷载如下：永久荷载标准值为 $g_k=2.14\mathrm{kN/m}$（包括板自重和上下面层），屋面可变荷载为 $q_{1k}=1.86\mathrm{kN/m}$，屋面积灰荷载 $q_{2k}=0.6\mathrm{kN/m}$，屋面可变荷载组合值系数为 0.7，准永久值系数为 0.4，屋面积灰荷载组合值系数为 0.9，准永久值系数为 0.8，结构安全级别为二级，试计算最大弯矩效应设计值、最大弯矩标准组合值和最大弯矩准永久组合值。

模块9　钢筋混凝土受弯构件设计计算

教学目标：
- 熟悉受弯构件梁和板的基本构造要求
- 理解适筋梁正截面各阶段受力特征及其与设计计算的联系
- 能进行单筋矩形截面、双筋矩形截面和 T 形截面受弯构件正截面承载能力设计计算
- 能进行受弯构件抗剪承载力计算
- 了解受弯构件的挠度计算和裂缝宽度验算方法

受弯构件是指承受弯矩和剪力为主的构件。在建筑结构中，梁和板是最常见的受弯构件，二者的区别仅在于，梁的截面高度一般大于截面宽度，而板的截面高度则远小于截面宽度。受弯构件是应用最广泛的构件。民用建筑中的楼盖和屋盖梁、板、楼梯以及门窗过梁，工业厂房中屋面大梁、吊车梁、连系梁，公路和铁路中的钢筋混凝土桥梁均为受弯构件。本模块主要学习钢筋混凝土受弯构件正截面承载力和斜截面承载力计算，及其变形和裂缝宽度验算。

单元9.1　梁板一般构造认识

9.1.1　板的一般构造要求

9.1.1.1　板的常见截面类型
板的常见截面类型有矩形板、槽形板、空心板等，如图9.1所示。

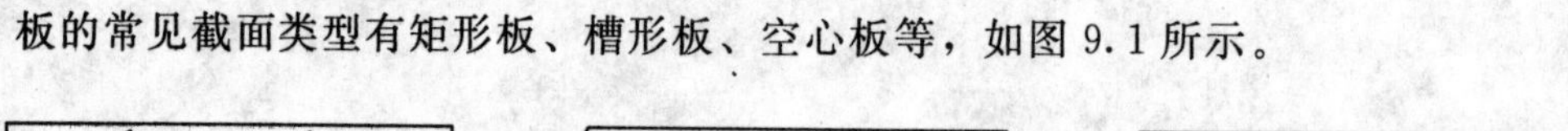

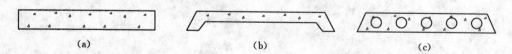

(a)　　　　　　　　　　(b)　　　　　　　　　　(c)

图 9.1　板的常见截面类型
(a) 矩形板；(b) 槽形板；(c) 空心板

9.1.1.2　板的厚度
板的厚度应满足承载力、刚度、抗裂和构造的要求。从刚度条件出发，板的厚度可以按照表9.1确定，根据构造要求按表9.2确定。

表 9.1　　　　　　　　　　　　　　　**板的跨厚比最大值**

板 的 种 类			
单向板	双向板	无梁支撑的有柱帽板	无梁支撑的无柱帽板
30	40	35	30

注　预应力板宜适当增加。

当板的荷载、跨度较大时宜适当减小。

表 9.2　　　　　　　　　　　　**现浇钢筋混凝土板的最小厚度**　　　　　　　　　　单位：mm

板 的 类 别		最小厚度	板 的 类 别		最小厚度
单向板	屋面板	60	密肋板	面板	50
	民用建筑楼板	60		肋高	250
	工业建筑楼板	70	悬臂板	悬臂长度不大于 500	60
	行车道下的楼板	80		悬臂长度 1200	100
双向板		80	无梁楼板		150
现浇空心楼盖					200

9.1.1.3　板的配筋

板中一般有两种钢筋，即受力钢筋和分布钢筋，如图 9.2 所示。

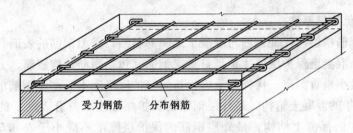

图 9.2　板的配筋

1. 受力钢筋

受力钢筋的作用主要是承受弯矩在板内产生的拉力，设置在板的受拉一侧，其数量通过计算确定。

板中的受力钢筋常采用 HPB300 钢筋，大跨度板常采用 HRB400 级钢筋，常用的直径为 6mm、8mm、10mm、12mm。其中，现浇板的受力钢筋直径不宜小于 8mm。为了使板内钢筋受力均匀，配置时应尽量采用小直径的钢筋。同一块板中采用不同直径的钢筋时，其种类一般不宜多于两种。

板中受力钢筋的间距一般在 70～200mm，当板厚大于 150mm 时，钢筋间距不宜大于 250mm，且不大于 1.5h。

2. 分布钢筋

分布钢筋是指垂直与受力钢筋，并布置在受力钢筋内侧的构造筋。其作用是将荷载均匀传递给受力钢筋，并与其一起形成钢筋骨架，同时也可抵抗因混凝土收缩及温度变化而在垂直受力钢筋方向产生的拉应力。

分布钢筋可按构造配筋。分布钢筋的配筋面积不小于受力钢筋截面面积的 15%，且不小于该方向板截面面积的 0.15%；其直径不宜小于 6mm，间距不宜大于 250mm。对于集中力荷载较大的情况，分布钢筋的截面面积应适当加大，其间距不宜大于 200mm。通常情况下的分布钢筋，可参照表 9.3 及表 9.4 中的相应数值并取两者中直径较大和间距较小者。

表 9.3　　　按受力钢筋截面面积 15% 求得分布钢筋的直径和间距

受力钢筋间距（mm）	受力钢筋直径				
	12	12/10	10	10/8	≤8
70，80	Φ8@200	Φ8@250	Φ6@160	Φ6@200	Φ6@250
90，100	Φ8@260	Φ6@160	Φ6@200	Φ6@250	
120，140	Φ6@200	Φ8@220	Φ6@250		
≥160	Φ6@250	Φ6@250			

表 9.4　　　按板截面面积 0.15% 求得分布钢筋的直径和间距

板厚（mm）	100	90	80	70	60
分布钢筋直径、间距	Φ6@180	Φ6@200	Φ6@230	Φ6@250	Φ6@250

9.1.1.4　板的保护层厚度

为了防止钢筋锈蚀和保证钢筋与混凝土之间的黏结，受力钢筋的表面必须具有足够的混凝土保护层。混凝土保护层厚度是指最外层钢筋（包括箍筋、构造筋、分布筋）的外缘到截面边缘的最小垂直距离。构件中受力钢筋的保护层厚度不应小于钢筋的直径 d。设计使用年限为 50 年的混凝土结构，最外层钢筋的保护层厚度应符合表 9.5 的规定；设计使用年限为 100 年的混凝土结构，最外层钢筋的保护层厚度不应小于表 9.5 中数值的 1.4 倍。表 9.5 中关于混凝土结构中环境类别划分见表 8.9。

表 9.5　　　混凝土保护层的最小厚度 c　　　　　　　单位：mm

环境类别	板、墙、壳	梁、柱、杆	环境类别	板、墙、壳	梁、柱、杆
一	15	20	三 a	30	40
二 a	20	25	三 b	40	50
二 b	25	35			

注　1. 混凝土强度等级不大于 C25 时，表中保护层厚度数值应增加 5mm。
　　2. 钢筋混凝土基础宜设置混凝土垫层，基础中钢筋的混凝土保护层厚度应从垫层顶面算起，且不应小于 40mm。

9.1.2　梁的一般构造要求

9.1.2.1　梁的常见截面类型

在工程上常用的梁截面类型有矩形、T 形、工字形和花篮形等，如图 9.3 所示。

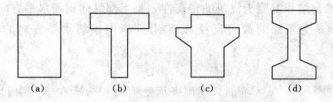

图 9.3　梁的常见截面类型

9.1.2.2　梁的截面尺寸

梁的截面尺寸要满足承载力、刚度和抗裂三方面的要求。

一般荷载作用下的梁可以参照表 9.6 初定梁高。常用梁高为 250mm、300mm、350mm、…、750mm、800mm、900mm、1000mm 等。

表 9.6　　　　　　　　　　　　　　　梁 的 截 面 高 度

项　次	构　件　种　类		简　支	梁端连续	悬　臂
1	整体肋形梁	次梁	$l_0/15$	$l_0/20$	$l_0/8$
		主梁	$l_0/12$	$l_0/15$	$l_0/6$
2	独立梁		$l_0/12$	$l_0/15$	$l_0/6$

注　1. l_0 为梁的计算跨度。

　　2. 梁的计算跨度 $l_0 > 9m$ 时，表中数值应乘以 1.2。

梁的截面宽度可由高宽比来确定：矩形截面 $h/b = 2.0 \sim 2.5$；T 形截面 $h/b = 2.5 \sim 4.0$。梁常用宽度为 120mm、150mm、180mm、200mm、220mm、250mm，之后以 50mm 模数递增。

9.1.2.3　梁的配筋

在一般的钢筋混凝土梁中，通常配置有纵向受力钢筋、箍筋、弯起钢筋及架立钢筋。当梁的截面高度较大时，还应在梁侧设置构造钢筋，如图 9.4 所示。

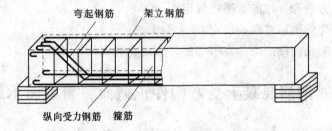

图 9.4　梁的配筋

1. 纵向受力钢筋

纵向受力钢筋通常布置于梁的受拉区，承受弯矩在梁内产生的内力，当弯矩较大时，可以在梁的受压区也布置受力钢筋，其直径和根数由计算确定。

梁中纵向受力钢筋宜采用 HRB400、HRB500、HRBF400、HRBF500 钢筋，也可采用 HRB335 钢筋，常用直径为 12～32mm；梁底部纵向受力钢筋一般不少于 2 根，同一构件中钢筋直径相差不宜小于 2mm，同一截面内受力钢筋直径也不宜相差太大。为保证钢筋与混凝土之间的黏结和混凝土浇筑的密实性，梁下部纵向钢筋水平方向的净间距，不应小于 25mm 和 d（d 为钢筋的最大直径）；梁上部纵向钢筋水平方向的净间距不应小于 30mm 和 $1.5d$。

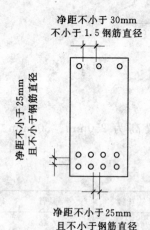

图 9.5　纵向受力钢筋
的净间距

2. 箍筋

箍筋只要用来承受剪力和弯矩在梁内引起的主拉应力，同时还可以固定受力钢筋的位置，并和其他钢筋一起形成钢筋骨架。箍筋的最小直径与梁高 h 有关，当 $h \leqslant 800mm$ 时，不宜小于 6mm；当 $h > 800mm$ 时，不宜小于 8mm。

3. 弯起钢筋

弯起钢筋由纵向受力钢筋弯起而成，在跨中承受正弯矩产生的拉力，在靠近支座的弯起段则用来承受弯矩和剪力共同产生的主拉应力。其弯起角度，当梁高 $h \leqslant 800mm$ 时，弯起角度一般采用 45°；当梁 $h > 800mm$ 时，弯起角度一般采用 60°。

4. 架立钢筋

架立钢筋设置在梁受压区的角部，与梁底纵向钢筋形成钢筋骨架，并承受由于混凝土收缩及温度变化而产生的拉力，防止产生裂缝。架立钢筋的直径与梁的跨度 l_0 有关。当 $l_0 < 4m$ 时，直径不宜小于 8mm；当 $l_0 = 4 \sim 6m$ 时，直径不宜小于 10mm；当 $l_0 > 6m$ 时，直径不宜小于 12mm。

9.1.2.4　梁的混凝土保护层厚度

梁的混凝土保护层厚度按照表 9.5 确定。

思　考　题

9.1　钢筋混凝土梁和板应配置哪几类钢筋，各种钢筋分别起什么作用？

9.2　板内受力筋和分布筋有哪些规定？

9.3　梁内各种类钢筋有哪些规定？

9.4　梁、板常见的截面类型有哪些？怎么确定截面的尺寸？

单元 9.2　钢筋混凝土受弯构件正截面、斜截面承载力计算

受弯构件在荷载作用下，可能发生两种破坏：一种是沿弯矩最大的截面破坏，如图 9.6（a）所示，破坏截面与构件的轴线垂直，称为正截面破坏；另一种沿剪力最大或弯矩和剪力都较大的截面破坏，如图 9.6（b）所示，破坏截面与构件的轴线斜交，称为斜截面破坏。

9.2.1　钢筋混凝土受弯构件正截面承载力计算

9.2.1.1　受弯构件正截面的破坏特征

试验表明，钢筋混凝土受弯构件正截面的破坏特征除了与钢筋和混凝土的强度有关

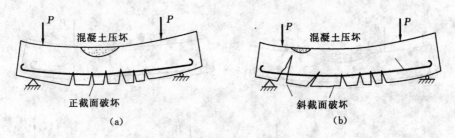

图 9.6　受弯构件的破坏形式

（a）正截面破坏；（b）斜截面破坏

外，主要与梁内纵向受拉钢筋配筋的含量有关。梁内的纵向受拉钢筋的含量用配筋率 ρ 表示，即

$$\rho = \frac{A_s}{bh_0} \tag{9.1}$$

其中

$$h_0 = h - a_s$$

式中　A_s 为纵向受拉钢筋的截面面积，如图 9.7 所示；b 为梁的截面宽度；h_0 为梁截面的有效高度。h 为梁的截面高度；a_s 为受拉钢筋重心至截面受拉边缘的距离。当纵向钢筋单层布置时，$A = c_s + \frac{d}{2}$，其中 c_s 为纵向受拉钢筋混凝土保护层厚度，可取箍筋保护层厚度 c 再加上箍筋直径 d_{sz}，d 为纵向受拉钢筋直径。

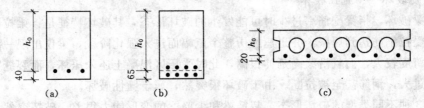

图 9.7　矩形梁的计算截面（单位：mm）

对于室内正常环境下的梁、板，当混凝土的强度等级不小于 C25 时，h_0 可近似取为

梁
$$h_0 = h - (40 \sim 45)(\text{mm})（单层钢筋）$$
$$h_0 = h - (65 \sim 70)(\text{mm})（双层钢筋）$$

板
$$h_0 = h - 20(\text{mm})$$

当混凝土强度等级不大于 C25 时，h_0 应按上述相应数值减去 5mm。

根据配筋率的不同，钢筋混凝土梁可以分为超筋梁、适筋梁和少筋梁 3 种，相应的有超筋破坏、适筋破坏和少筋破坏 3 种破坏形态，如图 9.8 所示。

1．超筋破坏——脆性破坏

超筋梁破坏，指梁配筋率过大时可能发生的破坏形态，其破坏特征是：破坏时压区混凝土被压坏，而拉区混凝土钢筋应力尚未达到屈服强度。破坏前梁的拉区混凝土的裂缝开展不宽，延伸不长，破坏是突然的，没有明显的预兆，属于脆性破坏。

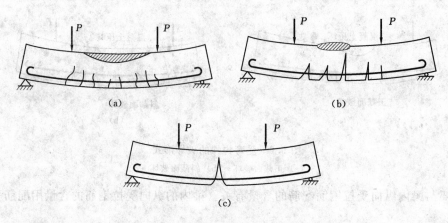

图 9.8　梁的 3 种破坏形式

（a）超筋梁破坏；（b）适筋梁破坏；（c）少筋梁破坏

2. 适筋破坏——塑性破坏

适筋梁破坏，指梁配筋率不过大也不过少时可能发生的破坏形态，其破坏特征是：受拉区钢筋首先达到屈服强度，其应力保持不变而产生显著的塑性伸长，直到受压区边缘混凝土的应变达到混凝土的极限压应变时，受压区出现纵向水平裂缝，随之压碎而破坏。破坏前梁的裂缝急剧开展，挠度较大，梁截面产生较大的塑性变形，因而有明显的破坏预兆，属于塑性破坏。

3. 少筋破坏——脆性破坏

少筋梁破坏，指梁配筋率过少时可能发生的破坏形态，其破坏特征是：梁拉区混凝土一开裂，受拉钢筋达到屈服，并迅速经历整个流幅而进入强化阶段，梁仅出现一条集中裂缝，不仅跨度较大，而且沿梁高延伸很高，此时受压区混凝土还未压坏，而裂缝宽度已很宽，挠度过大，钢筋甚至被拉断。由于破坏很突然，属于脆性破坏。

上述 3 种不同类型的破坏形态，超筋梁和少筋梁的变形能力很差，破坏突然，在实际工程中，应予以避免。

9.2.1.2　适筋梁正截面的 3 个工作阶段

适筋梁在加载至破坏过程中，随着荷载的增加及混凝土塑性变形的发展，其正截面上的应力和应变发展过程可分为以下 3 个工作阶段。

1. 第 Ⅰ 阶段——弹性工作阶段

当荷载很小时，梁截面上的内力很小，应力与应变成正比，截面的应力图形呈直线形式，如图 9.9（a）所示，为第 Ⅰ 阶段。

当荷载不断增加，梁截面上的内力也不断增大，由于受拉区混凝土出现塑性变形，受拉区的应力图形呈曲线形式。当荷载增大到某一数值时，受拉区边缘的混凝土达到其实际的抗拉强度和抗拉极限应变值 ε_{tu}。截面处在开裂前的临界状态，即将开裂的极限状态，称为第 Ⅰ_a 状态。此时，受压区混凝土的最大压应力远小于其抗压强度，受压区塑性变形不明显，其应力图形仍呈直线形式，如图 9.9（b）所示。相应地，截面所能承担的弯矩称为抗裂弯矩 M_{cr}。截面抗裂验算是以第 Ⅰ_a 状态时的应力状态作为依据的。

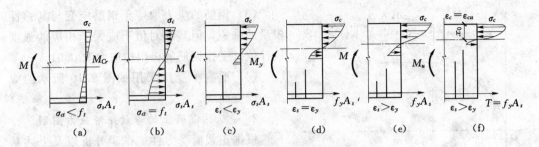

图 9.9 梁截面各阶段的应变和应力图

(a) I 阶段；(b) I_a 阶段；(c) II 阶段；(d) II_a 阶段；(e) III 阶段；(f) III_a 阶段

2. 第 II 阶段——带裂缝工作阶段

当弯矩继续增加时，受拉区混凝土的拉应变超过其抗拉极限应变值 ε_{tu}，于是受拉区出现裂缝。截面进入第 II 阶段，即带裂缝工作阶段。随着弯矩不断增加，裂缝逐渐向上扩展，中和轴逐渐上移，使梁正截面的受力特点产生明显变化。裂缝出现以后，在裂缝截面处，受拉区混凝土大部分退出工作，未开裂部分尽管可以继续承担部分拉力，但因靠中和轴很近，故其作用很小，拉力几乎全部由受拉钢筋承担。在裂缝出现的瞬间，钢筋应力突然增大很多。此时，由于受压应变不断增加，受压区混凝土呈现出一定的塑性特征，应力图形呈曲线分布，如图 9.9（c）所示。第 II 阶段的应力状态代表了受弯构件在使用时的应力状态，故把本阶段的应力状态作为正常使用阶段的变形和裂缝宽度验算的依据。

当弯矩继续增加，裂缝进一步开展，钢筋应力不断增大，直至达到屈服，这时截面所能承担的弯矩称为屈服弯矩 M_y。它标志着截面进入破坏阶段，即第 II 阶段的极限状态，用 II_a 表示，如图 9.9（d）所示。

3. 第 III 阶段——破坏阶段

纵向受拉钢筋屈服以后，截面的承载力无明显增加，但钢筋的应变迅速增大，这促使受拉区的混凝土裂缝迅速向上扩展，中和轴继续上移，受压区混凝土高度缩小，混凝土压应力迅速增大，其塑性特征表现得更加充分，压应力呈显著曲线分布，如图 9.9（e）所示，为第 III 阶段。

当荷载增加到混凝土受压区边缘纤维压应变达到混凝土极限压应变 ε_{cu} 时，受压区混凝土将出现一些纵向裂缝，混凝土被压碎甚至崩脱，截面破坏，也即达到第 III 阶段极限状态，用 III_a 表示，如图 9.9（f）所示。此时截面所承担的弯矩即为破坏弯矩 M_u，作为构件正截面承载力计算的依据。

9.2.1.3 受弯构件正截面承载力计算方法

适筋梁在加载至破坏过程中，随着荷载的增加及混凝土塑性变形的发展，其正截面上的应力和应变发展过程可分为以下 3 个工作阶段：

1. 基本假定

GB 50010—2010 规定，受弯构件正截面承载力计算应考虑以下 4 个基本假定：

（1）截面应变保持平面。

（2）不考虑受拉区混凝土的抗拉强度。

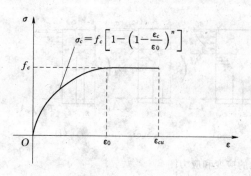

图 9.10　混凝土应力—应变曲线

（3）钢筋的应力取等于钢筋应变与其弹性模量的乘积，但其绝对值不应大于相应的强度设计值。受拉钢筋的极限拉应变取 0.01。

（4）混凝土受压采用如图 9.10 所示的应力—应变曲线。

2. 受压区混凝土的等效矩形应力图形

根据正截面受力性能试验分析以及上述基本假定，截面达到极限弯矩 M_u 时，受压区混凝土压应力图形为如图 9.11（b）所示曲线形，按此进行计算时其过程十分繁杂。为简化计算，可采用等效矩形压应力图形代换曲线形应力图形，如图 9.11（c）所示。

等效代换包括以下两个原则：

（1）压应力的合力大小相等，即等效矩形应力图形的面积与理论曲线应力图形的面积相等。

（2）压应力的合力作用点位置不变，即等效矩形应力图形的形心位置与理论曲线应力图形的形心位置相同。

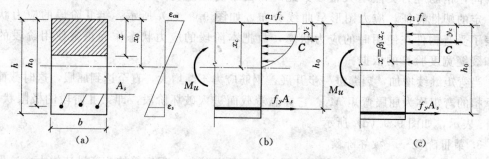

图 9.11　等效矩形应力图的换算

等效矩形应力图形的应力值取 $\alpha_1 f_c$，其受压区高度取 x，实际受压区高度取 x_c，令 $x = \beta_1 x_c$。通过计算统计分析，GB 50010—2010 规定系数 α_1、β_1 的值见表 9.7。

表 9.7　　　　受压区混凝土的等效矩形应力图形系数 α_1、β_1 值

混凝土强度等级	≤C50	C55	C60	C65	C70	C75	C80
α_1	1.0	0.99	0.98	0.97	0.96	0.95	0.94
β_1	0.8	0.79	0.78	0.77	0.76	0.75	0.74

3. 界限相对受压区高度系数 ξ_b

如前所述，当钢筋混凝土梁的受拉区钢筋达到屈服应变 $\varepsilon_s = \varepsilon_y$ 开始屈服时，受压区混凝土边缘纤维也同时达到其极限压应变 $\varepsilon_c = \varepsilon_{cu}$ 而破坏，此时称为界限破坏。

定义相对受压区高度为等效矩形应力图形的混凝土受压区高度 x 与截面有效高度的比值，即 $\xi = \dfrac{x}{h_0}$。界限相对受压区高度 ξ_b 是指界限破坏时等效受压区高度与截面有效高度之比，即 $\xi_b = \dfrac{x_b}{h_0}$。

有基本假定同时画出适筋梁、界限破坏和超筋梁破坏时截面的应变图形，如图 9.12 所示。可以看出，它们在受压区边缘的混凝土极限压应变 ε_{cu} 相同时，纵向受拉钢筋的应变却是不相同的，即破坏时受压区高度越大，钢筋的拉应变越小。

当 $\xi > \xi_b$ 或 $x > x_b$ 时，$\varepsilon_s < \varepsilon_y$，受拉钢筋未屈服，发生超筋破坏；当 $\xi = \xi_b$ 或 $x = x_b$ 时，$\varepsilon_s = \varepsilon_y$，受拉钢筋刚屈服，发生界限破坏；当 $\xi < \xi_b$ 或 $x < x_b$ 时，$\varepsilon_s > \varepsilon_y$，受拉钢筋屈服，发生适筋破坏。

可见，ξ_b 或 x_b 的值是区别构件破坏性质的一个特征值。各种钢筋混凝土构件的 ξ_b 值见表 9.8。

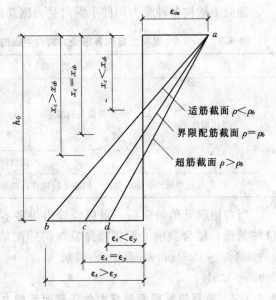

图 9.12　截面应变分布

表 9.8　　　　　　　相对界限受压区高度 ξ_b 取值

钢筋强度 \ 混凝土强度等级	≤C55	C60	C70	C80
HPB235	0.614	0.594	0.575	0.555
HPB300	0.576	0.556	0.537	0.518
HRB335 HRBF335	0.550	0.531	0.512	0.493
HRB400 HRBF400 RRB400	0.518	0.499	0.481	0.463
HRB500 HRBF500	0.482	0.464	0.447	0.430

4. 最大配筋率 ρ_{max}、最小配筋率 ρ_{min} 及经济配筋率

当 $\xi = \xi_b$ 时，相应的配筋率即为适筋梁的最大配筋率 ρ_{max}，其计算公式为

$$\rho_{max} = \xi_b \frac{\alpha_1 f_c}{f_y} \tag{9.2}$$

在工程设计中，为保证受弯构件不出现少筋破坏，必须控制截面的配筋率 υ 不小于某一限制，即最小配筋率 ρ_{min}。GB 50010—2010 规定的受弯构件纵向受拉钢筋的最小配筋率为

$$\rho_{min} = 0.45 \frac{f_t}{f_y}, \quad 且不小于 0.20\% \tag{9.3}$$

混凝土结构各种受力构件中纵向受力钢筋的最小配筋率 ρ_{min} 见表9.9。

表9.9   混凝土结构各种受力构件中纵向受力钢筋的最小配筋率 ρ_{min}

受力类型			ρ_{min}（%）
受压构件	全部纵向钢筋	强度等级 500MPa	0.5
		强度等级 400MPa	0.55
		强度等级 300MPa、335MPa	0.60
	一侧纵向钢筋		0.20
受弯构件、偏心受拉、轴心受拉构件一侧的受拉钢筋			0.20 和 $0.45 f_t / f_y$

当弯矩设计值给定后，可以设计出很多不同截面尺寸、不同配筋率的梁。为使总造价尽量低，结合我国工程实践经验，实际配筋率 ρ 应在一定范围内变动。对于实心板，$\rho = 0.4\% \sim 0.8\%$；对于矩形截面梁，$\rho = 0.6\% \sim 1.5\%$；对于 T 形截面梁，$\rho = 0.9\% \sim 1.8\%$。

9.2.1.4   单筋矩形截面受弯构件正截面承载力计算

1. 计算简图

只在矩形截面的受拉区配置根据计算需要的纵向受力钢筋，此类矩形截面的构件称为单筋矩形截面受弯构件，如图9.13所示。

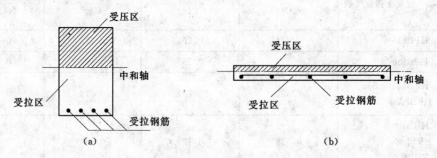

图9.13   单筋矩形截面

根据受弯构件正截面承载力计算原则，可以做出单筋矩形截面受弯构件承载力计算简图，如图9.14所示。

2. 基本公式及适用条件

如图9.14所示，构件处于静止平衡状态，须满足力和力矩平衡条件为

$$\alpha_1 f_c b x = f_y A_s \tag{9.4}$$

$$M \leqslant M_u = \alpha_1 f_c b x \left(h_0 - \frac{x}{2} \right) \tag{9.5}$$

或

$$M \leqslant M_u = f_y A_s \left(h_0 - \frac{x}{2} \right) \tag{9.6}$$

式中：M 为作用在截面上的弯矩设计值；M_u 为截面破坏时的极限弯矩；f_c 为混凝土轴心抗压强度设计时；f_y 为钢筋抗拉强度设计时；b 为矩形截面宽度；h_0 为截面有效高度；x

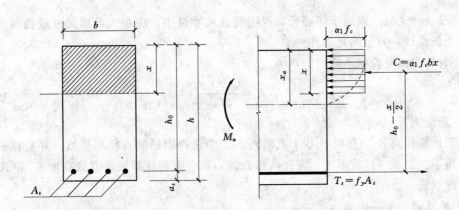

图 9.14　单筋矩形截面受弯构件正截面承载力计算

为混凝土受压区高度；A_s 为纵向受拉钢筋截面面积；α_1 为系数，当混凝土强度等级 ≤C50时取 1.0，当混凝土等级为 C80 时取 0.94，其间按线性内插法取用。

式（9.4）、式（9.5）、式（9.6）仅适用于适筋梁，而不适用于超筋梁和少筋梁。因此，基本公式的适用条件为：

（1）为防止出现超筋梁破坏情况，应满足

$$\rho \leqslant \rho_{\max} \quad 或 \quad \xi \leqslant \xi_b \text{ 或 } x \leqslant x_b \tag{9.7}$$

将 $x = x_b$ 代入式（9.5），即可得到单筋矩形截面能承受的最大弯矩设计值，即

$$M_u = \alpha_1 f_c bh_0^2 \xi_b (1 - 0.5\xi_b) \tag{9.8}$$

（2）为防止出现少筋梁破坏情况，应满足

$$\rho \geqslant \rho_{\min}$$

或

$$A_s \geqslant \rho_{\min} bh_0 \tag{9.9}$$

注意，此时计算 ρ 时采用全截面，即 $\rho = \dfrac{A_s}{bh}$。

3. 基本公式的应用

单筋矩形截面受弯构件正截面承载力基本公式应用于截面设计和截面复核。

（1）截面设计。截面设计是指根据截面上的设计弯矩，选定材料、确定截面尺寸和配筋的计算。

截面设计的计算步骤：

已知：弯矩设计 M，混凝土和钢筋材料级别，截面尺寸 $b \times h$。求：钢筋截面面积 A_s。

1）计算截面有效高度 h_0（可先假设单排放置钢筋）。

$$h_0 = h - a_s \tag{9.10}$$

2）计算截面受压区高度 x。

$$x = h_0 - \sqrt{h_0^2 - \frac{2M}{\alpha_1 f_c b}} \tag{9.11}$$

若 $x \leqslant x_b = \xi_b h_0$，则属于适筋梁；

若 $x>x_b=\xi_b h_0$，则属于超筋梁，说明截面尺寸过小，应加大截面尺寸或提高混凝土强度，重新设计，直至满足条件。

3）计算纵向受拉钢筋截面面积 A_s。

$$A_s=\frac{\alpha_1 f_c b x}{f_y} \tag{9.12}$$

4）选配钢筋。

根据计算得到 A_s，在附表 B.1 或附表 B.2 中选择钢筋的直径和根数，并复核一排是否能放得下。如果一排放不下，需按两排放置，则应重新计算截面有效高度 h_0 和 A_s，并再次选配钢筋。

5）验算最小配筋率 $\rho_{\min}$。

$$\rho=\frac{A_s}{bh}\geqslant\rho_{\min} \tag{9.13}$$

若 $\dfrac{A_s}{bh}<\rho_{\min}$，说明截面尺寸过大，应适当减小截面尺寸。当截面尺寸不能减小时，则应按最小配筋率配筋，即 $A_s=\rho_{\min}bh$。

【例 9.1】　已知矩形截面梁 $b\times h=250\text{mm}\times500\text{mm}$，设计弯矩 $M=180\text{kN}\cdot\text{m}$，钢筋选用 HRB400 级，混凝土选用 C30 强度等级。试求所需要的纵向受拉钢筋截面面积 A_s。

解： 由已知条件可查表 7.2、表 7.4、表 9.8 得，$f_t=1.27\text{N/mm}^2$，$f_y=360\text{N/mm}^2$，$f_c=14.3\text{N/mm}^2$，$\alpha_1=1.0$，$\xi_b=0.518$。

（1）计算截面的有效高度 h_0。

先假设纵向受拉钢筋为单层布置，$h_0=h-a_s=500-40=460(\text{mm})$。

（2）计算混凝土受压区高度 x，并判断是否属于超筋梁。

$$x=h_0-\sqrt{h_0^2-\frac{2M}{\alpha_1 f_c b}}=460-\sqrt{460^2-\frac{2\times180\times10^6}{1.0\times14.3\times250}}=127(\text{mm})$$

$$x=127\text{mm}<0.518\times460=238.3(\text{mm})$$

不属于超筋梁。

（3）计算纵向受拉钢筋截面面积 A_s。

$$A_s=\frac{\alpha_1 f_c b x}{f_y}=\frac{1.0\times14.3\times250\times127}{360}=1261.2(\text{mm}^2)$$

（4）选配钢筋，选用 4 Φ 20（$A_s=1256\text{mm}^2$）。

（5）验算最小配筋率，判别是否属于少筋梁。

$$\rho_{\min}=0.45\frac{f_t}{f_y}=0.45\times\frac{1.27}{360}=0.16\%<0.20\%（取\ \rho_{\min}=0.20\%）$$

$$A_{s,\min}=\rho_{\min}bh=0.002\times250\times500=250(\text{mm}^2)<A_s=1256\text{mm}^2$$

不属于少筋梁。

（6）验算钢筋构造要求。

钢筋净间距（取纵向钢筋混凝土保护层厚度 $c=25\text{mm}$，n—根数，d—直径）

$$S_n=\frac{b-2c-\sum nd}{n-1}=\frac{250-2\times25-4\times20}{3}=40(\text{mm})>25\text{mm}，满足构造要求，纵向受$$

拉钢筋布置如图 9.15 所示。

（2）截面复核。截面复合是指已知截面尺寸、混凝土和钢筋在截面上的位置，要求计算截面的承载力 M_u 或复核控制截面承受某弯矩设计值 M 是否安全。

截面复核的计算步骤：

已知：截面尺寸 $b \times h$，混凝土和钢筋的材料级别、钢筋截面面积 A_s 及布置。求：截面承载能力。

1）检查钢筋布置是否符合规范要求，计算截面有效高度 h_0。

图 9.15　矩形截面纵向钢筋
布置图（单位：mm）

2）计算截面受压区高度 x，判断梁的类别。

$$x = \frac{f_y A_s}{\alpha_1 f_c b} \tag{9.14}$$

若 $A_s \geqslant \rho_{min} bh$ 且 $x \leqslant x_b = \xi_b h_0$，则属于适筋梁；

若 $x > x_b = \xi_b h_0$，则属于超筋梁；

若 $A_s < \rho_{min} bh$，且则属于少筋梁。

3）计算截面受弯承载力 M_u。

适筋梁　　　　$$M_u = \alpha_1 f_c bx (h_0 - x/2) \tag{9.15}$$

超筋梁　　　　$$\left. \begin{array}{l} x = \xi_b h_0 \\ M_u = \alpha_1 f_c bx (h_0 - x/2) \end{array} \right\} \tag{9.16}$$

4）判别截面受弯承载力是否安全。若 $M \leqslant M_u$，则截面承载力安全；否则不安全。

【例 9.2】 已知钢筋混凝土矩形截面梁，$bh = 250\text{mm} \times 500\text{mm}$，配筋情况如图 9.16 所示，4 Φ 16（$A_s = 804\text{mm}^2$），级别为 HRB500 级，混凝土强度等级为 C25。试求此截面所能承受的弯矩值。

解： 由已知条件分别查表 7.2、表 7.4、表 8.9 得，$f_t = 1.27\text{N/mm}^2$，$f_y = 435\text{N/mm}^2$，$f_c = 11.9\text{N/mm}^2$，$\alpha_1 = 1.0$，$\xi_b = 0.482$。

（1）检查钢筋布置是否符合规范要求，计算截面的有效高度 h_0。

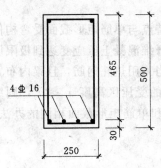

图 9.16　纵向钢筋
布置图（单位：mm）

$$\rho_{min} = 0.45 \frac{f_t}{f_y} = 0.45 \times \frac{1.27}{435} = 0.13\% < 0.20\% \text{（取 } \rho_{min} = 0.20\%\text{）}$$

$$\rho = \frac{A_s}{bh} = \frac{804}{250 \times 500} \times 100\% = 0.64\% > \rho_{min} = 0.2\%$$

$$b_{min} = 2 \times 25 + 4 \times 16 + 3 \times 25 = 173(\text{mm}) < b = 250\text{mm}$$

已知纵向受拉钢筋为单层布置，取箍筋混凝土保护层为 25mm（参考表 9.5），

$$h_0 = h - a_s = 500 - 43 = 457(\text{mm})$$

$$a_s = c + d_{sv} + \frac{d}{2} = 25 + 10 + \frac{16}{2} = 43(\text{mm})$$

（2）计算截面受压区高度 x，判断梁的类别。

$$x=\frac{f_y A_s}{\alpha_1 f_c b}=\frac{435\times804}{1.0\times11.9\times250}=117.6(\text{mm})<\xi_b h_0=0.482\times457=220.3(\text{mm})$$

则次梁属于适筋梁。

（3）计算截面受弯承载力 M_u。

$$M_u=\alpha_1 f_c bx(h_0-x/2)=1.0\times11.9\times250\times117.6\times(457-117.6/2)=139.3(\text{kN}\cdot\text{m})$$

9.2.1.5 双筋矩形截面受弯构件正截面承载力计算

在受拉区配置纵向受拉钢筋的同时，在受压区也按计算配置一定数量的受压钢筋 A_s'，以协助受压区混凝土承担一部分压力的截面，称为双筋截面梁，如图 9.17 所示。

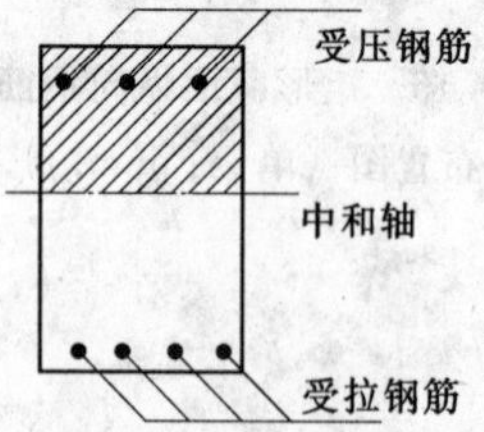

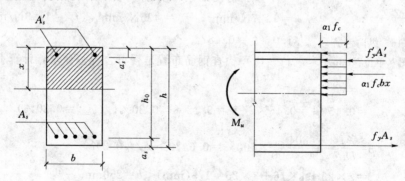

图 9.17　双筋矩形截面配筋示意图

双筋截面一般适用于下列情况：

（1）当荷载较大而截面尺寸受到限制，且混凝土强度等级受到施工条件的限制不便提高，用单筋截面已经无法满足设计要求时；

（2）当构件在同一截面可能承受变号弯矩作用，如在风荷载和地震荷载的作用下；

（3）由于构造上的需要，要在截面受压区配置一定数量的受力钢筋来提高截面的延性时。

一般情况下，采用受压钢筋来承受截面的部分压力是不经济的。除了上述情况外，一般不宜采用双筋截面。

1. 计算简图

试验表明，双筋矩形截面受弯构件正截面破坏时的受力特点与单筋矩形截面受弯构件相类似，也是受拉钢筋先达到屈服强度，然后是受压区边缘纤维混凝土压应变达到极限压应变而压碎破坏。对配置在截面受压区的纵向受压钢筋，应当采用热轧钢筋，且梁内布置的封闭箍筋能够约束纵向受压钢筋的侧向压屈，同时混凝土的受压区高度 $x\geqslant2a_s'$，则纵向受压钢筋的压应力能够达到抗压强度设计值 f_y'。所以采用和单筋矩形截面相同的办法，双筋矩形截面的计算简图如图 9.18 所示。

图 9.18　双筋矩形截面受弯承正截面载力计算简图

2. 基本公式及适用条件

根据力和力矩平衡方程，可以列出基本公式：

$$\alpha_1 f_c bx+f_y'A_s'=f_y A_s \tag{9.17}$$

$$M \leqslant M_u = \alpha_1 f_c b x \left(h_0 - \frac{x}{2} \right) + f_y' A_s' (h_0 - a_s') \tag{9.18}$$

式中　f_y' 为钢筋抗压强度设计时；A_s' 为纵向受压钢筋截面面积；a_s' 为受压钢筋的合力作用点至受压区边缘的距离。

基本公式的使适用条件为：

1）为防止超筋破坏，应满足

$$x \leqslant x_b \quad \text{或} \quad \xi \leqslant \xi_b \tag{9.19}$$

2）为保证受压钢筋的强度充分利用，应满足

$$x \geqslant 2a_s' \tag{9.20}$$

双筋截面因布置的钢筋较多，一般不会出现少筋破坏情况，无须进行最小配筋率的验算。

3. 基本公式的运用

双筋矩形截面受弯构件正截面承载力基本公式应用于截面设计和截面复核。

（1）截面设计。

情况①：已知弯矩设计 M，混凝土和钢筋材料级别，截面尺寸 $b \times h$。求：受拉钢筋截面面积 A_s 和受压钢筋截面面积 A_s'。

由已知条件可知，式（9.17）和式（9.18）中有 x、A_s 和 A_s' 3 个未知数，不能直接求解，需要补充一个条件才能求解。为使钢筋的总用钢量 $A_s + A_s'$ 最小，应充分利用混凝土的抗压能力，同时满足 $\xi = \xi_b$，则 $x = x_b = \xi_b h_0$，代入式（9.18）可得

$$A_s' = \frac{M - \xi_b (1 - 0.5\xi_b) \alpha_1 f_c b h_0^2}{f_y' (h_0 - a_s')} \tag{9.21}$$

若 $A_s' \leqslant 0$，则说明不需要配饰受压钢筋，可按照单筋梁计算。

若 $A_s' > 0$，则需要按照双筋截面计算，则受拉钢筋截面面积为

$$A_s = \frac{\alpha_1 f_c b h_0 \xi_b + f_y' A_s'}{f_y} \tag{9.22}$$

【例 9.3】　已知某钢筋混凝土梁为矩形截面，$b \times h = 200\text{mm} \times 400\text{mm}$。采用 C30 混凝土强度等级，HRB400 级钢筋，构件安全等级为二级。截面的弯矩设计值 $M = 180\text{kN} \cdot \text{m}$，试计算该截面所需要的钢筋截面面积。

解：查表可得，$\alpha_1 = 1.0$；$f_c = 14.3\text{N/mm}^2$；$f_y = f_y' = 360\text{N/mm}^2$；$\xi_b = 0.518$。

（1）计算截面的有效高度 h_0。因弯矩设计值比较大，假设受拉钢筋按双层布置，取 $a_s = 65\text{mm}$，$a_s' = 45\text{mm}$，则

$$h_0 = h - a_s = 400 - 65 = 335 \text{(mm)}$$

（2）验算是否需要采用双筋截面。单筋矩形截面最大正截面承载力为

$$M_u = \alpha_1 f_c b h_0^2 \xi_b (1 - 0.5\xi_b) = 1.0 \times 14.3 \times 200 \times 335^2 \times 0.518 \times (1 - 0.5 \times 0.518)$$

$$= 123.2 \text{(kN} \cdot \text{m)} < M = 180\text{kN} \cdot \text{m}$$

说明需要采用双筋截面。

（3）计算受拉和受压钢筋截面面积。

令 $x = x_b = \xi_b h_0 = 0.518 \times 335 = 176.12 \text{(mm)} > 2a_s' = 90\text{mm}$，由式（9.21）和式（9.22）得

$$A'_s = \frac{M - \xi_b(1 - 0.5\xi_b)\alpha_1 f_c b h_0^2}{f'_y(h_0 - a'_s)}$$

$$= \frac{180 \times 10^6 - 0.518 \times (1 - 0.5 \times 0.518) \times 1.0 \times 14.3 \times 200 \times 335^2}{360 \times (335 - 45)}$$

$$= 544(\text{mm}^2) > 0$$

$$A_s = \frac{\alpha_1 f_c b h_0 \xi_b + f'_y A'_s}{f_y} = \frac{0.518 \times 1.0 \times 14.3 \times 200 \times 335 + 360 \times 544}{360}$$

$$= 1922.6(\text{mm}^2)$$

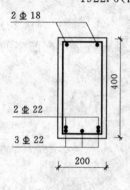

图 9.19　双筋截面纵向
钢筋布置图
（单位：mm）

（4）选配钢筋。受压钢筋选用 2 Φ 18（$A'_s = 509\text{mm}^2$）并兼作架立筋；受拉钢筋选用 5 Φ 22（$A_s = 1900\text{mm}^2$），按照双层设置，截面的配筋示意图如图 9.19 所示。

情况②：已知弯矩设计 M，混凝土和钢筋材料级别，截面尺寸 $b \times h$，受压钢筋的截面面积 A'_s 及布置。求：受拉钢筋截面面积 A_s。

此类问题往往是由于变号弯矩的需要，或是构造要求，已在受压区配置截面面积为 A'_s 的受压钢筋，应充分利用 A'_s 而减少受拉钢筋 A_s，以达到节约钢筋的目的。计算步骤如下：

由给定 A'_s 计算 A_{s2}、M_{u2}。

$$A_{s2} = \frac{f'_y A'_s}{f_y} \tag{9.23}$$

$$M_{u2} = f'_y A'_s (h_0 - a'_s) \tag{9.24}$$

然后计算 M_{u1}。

$$M_{u1} = M - M_{u2} = \alpha_1 f_c b x (h_0 - x/2) \tag{9.25}$$

从式（9.25）中解出 x，代入公式 $\alpha_1 f_c b x = f_y A_s$ 求得 A_{s1}。

$$A_{s1} = \frac{\alpha_1 f_c b x}{f_y} \tag{9.26}$$

最后可得 $A_s = A_{s1} + A_{s2}$。

在计算受压区高度 x 时，可能遇到下列两种情形：

1）若 $x > \xi_b h_0$，说明原有的受压钢筋 A'_s 数量太少，可以按照 A'_s 未知的情况①重新进行求解。

2）若 $x < 2a'_s$，说明 A'_s 不能达到设计强度，此时可以近似认为混凝土合力作用点在受压钢筋合力点处，即取 $x = 2a'_s$，则

$$A_s = \frac{M}{f_y(h_0 - a'_s)} \tag{9.27}$$

【例 9.4】　已知钢筋混凝土梁，矩形截面尺寸 $b \times h = 200\text{mm} \times 500\text{mm}$。截面承担的弯矩设计值 $M = 210\text{kN} \cdot \text{m}$，采用 C25 混凝土，钢筋 HRB400，构件的安全等级为二级。已知在受压区配置有 2 Φ 18（$A'_s = 509\text{mm}^2$）的钢筋，计算此截面受拉钢筋的截面面积。

解：查表 7.2、表 7.4、表 8.9 可得，$\alpha_1 = 1.0$；$f = 11.9\text{N/mm}^2$；$f_y = f'_y = 360\text{N/mm}^2$；$\xi_b = 0.518$。

1）计算截面有效高度 h_0。假设受拉钢筋按双层布置，取 $a_s=60\text{mm}$，$a_s'=35\text{mm}$，则

$$h_0=h-a_s=500-60=440(\text{mm})$$

2）计算 A_{s2}、M_{u2}。

$$A_{s2}=\frac{f_y'A_s'}{f_y}=\frac{509\times360}{360}=509(\text{mm}^2)$$

$$M_{u2}=f_y'A_s'(h_0-a_s')=360\times509\times(440-35)=74.2(\text{kN}\cdot\text{m})$$

3）计算 M_{u1}，解出 x，并计算 A_{s1}。

$$M_{u1}=M-M_{u2}'=\alpha_1 f_c bx(h_0-x/2)=210.0-61.8=148.2(\text{kN}\cdot\text{m})$$

$$\alpha_s=\frac{M_{u1}}{\alpha_1 f_c bh_0^2}=\frac{148.2\times10^6}{1.0\times11.9\times200\times440^2}=0.322$$

$$\xi=1-\sqrt{1-2\alpha_s}=1-\sqrt{1-2\times0.322}=0.403<\xi_b=0.518$$

$$x=\xi h_0=0.403\times440=177.3(\text{mm})>2a_s=70(\text{mm})，则$$

$$A_{s1}=\frac{\alpha_1 f_c bx}{f_y}=\frac{1.0\times11.9\times200\times177.3}{360}=1172(\text{mm}^2)$$

4）计算 A_s。

$$A_s=A_{s1}+A_{s2}=1172+509=1681(\text{mm}^2)$$

5）选配钢筋。选用 3 ⏀ 22＋2 ⏀ 16 ［$A_s=1140+603=$ 1743（mm^2）］，截面的配筋布置示意图如图 9.20 所示。

（2）截面复核。已知混凝土和钢筋材料级别、截面尺寸 $b\times h$、受拉钢筋截面面积 A_s 和受压钢筋截面面积 A_s'。求正截面受弯承载力 M_u。

由式（9.17）求出受压区高度 x：

$$x=\frac{f_y A_s-f_y'A_s'}{\alpha_1 f_c b} \qquad (9.28)$$

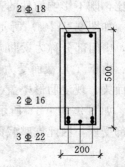

图 9.20　双筋截面纵向
钢筋布置图

（单位：mm）

1）若 $2a_s'\leqslant x\leqslant\xi_b h_0$，则代入式（9.18）求 M_u，$M_u=$ $\alpha_1 f_c bx\left(h_0-\dfrac{x}{2}\right)+f_y'A_s'(h_0-a_s')$。

2）若 $x>\xi_b h_0$，说明属于超筋梁，取 $x=\xi_b h_0$ 代入式（9.18）求 M_u，$M_u=\alpha_1 f_c b\xi_b h_0\times$ $(h_0-0.5\xi_b h_0)+f_y'A_s'(h_0-a_s')$。

3）若 $x<2a_s'$，由式（9.27）求 M_u，$M_u=A_s f_f(h_0-a_s')$。

4）将求出的 M_u 与截面实际承受的弯矩 M 进行比较，若 $M_u\geqslant M$，则截面安全，若 $M_u<M$，则截面不安全。

【例 9.5】　钢筋混凝土梁的截面尺寸 $b\times h=200\text{mm}\times400\text{mm}$，混凝土采用 C25，钢筋采用 HRB400 级，受拉钢筋配置 3 ⏀ 20（$A_s=941\text{mm}^2$），受压钢筋未 2 ⏀ 14（$A_s'=308\text{mm}^2$），承受的弯矩设计值 $M=100\text{kN}\cdot\text{m}$，试验算该截面是否安全。

解：查表 7.2、表 7.4、表 8.9 可得，$\alpha_1=1.0$；$f_c=11.9\text{N/mm}^2$；$f_y=f_y'=360\text{N/mm}^2$；$\xi_b=0.518$。

（1）计算截面的有效高 h_0。

取 $a_s=a_s'=35\text{mm}$，则 $h_0=h-a_s=400-35=365(\text{mm})$

（2）计算截面的受压区高度 x。

$$x=\frac{f_yA_s-f'_yA'_s}{\alpha_1 f_c b}=\frac{360\times941-360\times308}{1.0\times11.9\times200}=91.7(\text{mm})>2a'_s=80(\text{mm})$$

$$\text{且 } x=91.7\text{mm}<\xi_b h_0=0.518\times365=189.1(\text{mm})$$

$$M_u=\alpha_1 f_c bx\left(h_0-\frac{x}{2}\right)+f'_yA'_s(h_0-a'_s)$$

$$=1.0\times11.9\times200\times91.7\times(365-0.5\times91.7)+360\times308\times(365-35)$$

$$=106.24(\text{kN}\cdot\text{m})>100\text{kN}\cdot\text{m}$$

所以截面安全。

9.2.1.6 T形截面受弯构件正截面承载力计算

1. 概述

矩形截面受弯构件承载力计算中，在截面拉区出现裂缝后，认为开裂区的混凝土退出工作，拉力全部由受拉钢筋承担。这样就相当于把受拉区混凝土的一部分挖去，并把原有的纵向受拉钢筋集中布置，形如图 9.21（a）所示的 T 形截面。该截面与原有的矩形截面相比，既不影响构件的正截面承载力，而且节约混凝土减轻自重。

如图 9.21（a）所示，T 形截面的伸出部分称为翼缘，翼缘宽度为 b'_f，翼缘厚度为 h'_f；中间部分称为梁肋或腹板，肋宽为 b，肋高为 h。

由于 T 形截面受力比矩形截面合理，所以在工程中运用十分广泛。一般用于吊车梁、屋面梁、现浇肋形楼盖、槽形板、预制空心板等结构中。

如图 9.21（b）所示，对于现浇肋形楼盖的连续梁，由于支座处承受负弯矩，梁截面下部受压，因此支座截面 1—1 按照矩形截面计算，而跨中截面 2—2 按照 T 形截面计算。

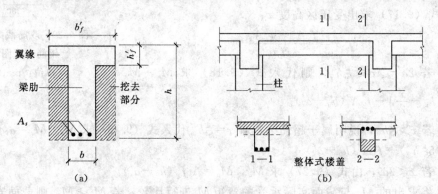

图 9.21 T形截面梁

在理论上，T 形截面翼缘宽度 b'_f 越大，截面受力性能越好。因为在弯矩 M 作用下，b'_f 越大则受压区高度 x 越小，内力臂也越大，因而可减小受拉钢筋的截面面积。但是，试验和理论分析均表明，翼缘内混凝土的纵向压应力沿翼缘方向分布不均匀，如图 9.22（a）、（b）所示，离肋部越远压应力越小。因此在设计中把翼缘宽度限制在一定范围内，称为翼缘计算宽度 b'_f，在此范围内压应力是均匀分布的，如图 9.22（c）、（d）所示。

T 形截面翼缘计算宽度 b'_f 的取值与翼缘厚度、梁的跨度和受力情况等因素有关。计算时按表 9.10 所列情况中的最小值取用。

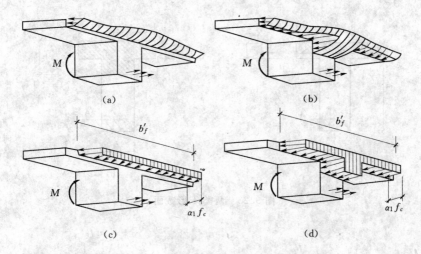

图 9.22 T 形截面应力分布和翼缘计算宽度

（a）、（c）中和轴在翼缘内；（b）、（d）中和轴在腹板内

表 9.10　　　　　　　　T 形、工字形及倒 L 形截面受弯构件翼缘计算宽度 b'_f

考 虑 情 况		T 形、工字形截面		倒 L 形截面
		肋形梁（板）	独立梁	肋形梁（板）
按计算跨度 l_0 考虑		$l_0/3$	$l_0/3$	$l_0/6$
按梁（肋）净距 S_n 考虑		$b+S_n$	—	$b+S_n/2$
按翼缘高度 h'_f 考虑	$h'_f/h_0 \geqslant 0.1$	—	$b+12h'_f$	—
	$0.1 > h'_f/h_0 \geqslant 0.05$	$b+12h'_f$	$b+6h'_f$	$b+5h'_f$
	$h'_f/h_0 < 0.05$	$b+12h'_f$	b	$b+5h'_f$

注　1. 表中 b 为梁的腹板厚度。

　　2. 肋形梁跨内设有间距小于纵肋间距的横肋时，可不考虑表中 3 的规定。

　　3. 加腋的 T 形、工形和倒 L 形截面，当受压区加腋的高度 h_h 不小于 h'_f 且加腋的长度 b_h 不大于 $3h_h$ 时，其翼缘
　　　计算宽度可按表中情况 3 的规定分别增加 $2h_h$（T 形、工形截面）和 b_h（倒 L 形截面）。

　　4. 独立梁受压区的翼缘板在荷载作用下经验算沿纵肋方向可能产生裂缝时，其计算宽度应取腹板宽度 b。

2. 基本公式及其适用条件

（1）两类 T 形截面的判别。根据 T 形截面梁受力后受压区高度 x 的大小，可分为两类 T 形截面：第一类 T 形截面和第二类 T 形截面。

1）第一类 T 形截面：中和轴在翼缘内，如图 9.23（a）所示，即 $x \leqslant h'_f$。

2）第二类 T 形截面：中和轴在翼缘内，如图 9.23（b）所示，即 $x > h'_f$。

为了判别 T 形截面属于哪一类 T 形截面，分析两类截面的界限情况，即 $x = h'_f$，如图 9.24 所示，由力和力矩平衡条件可得

$$\alpha_1 f_c b'_f h'_f = f_y A_s \tag{9.29}$$

$$M_u = \alpha_1 f_c b'_f h'_f (h_0 - h'_f/2) \tag{9.30}$$

根据式（9.29）和式（9.30），可按下述方法对两类 T 形截面进行判别。当满足下列条件之一时，属于第一类 T 形截面有

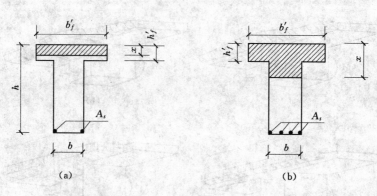

图 9.23　两类 T 形截面

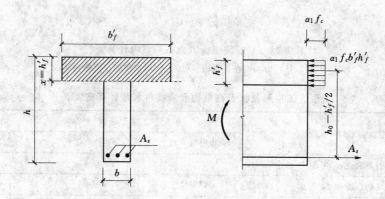

图 9.24　两类 T 形截面的界限

$$x \leqslant h'_f \tag{9.31}$$

$$f_y A_s \leqslant \alpha_1 f_c b'_f h'_f \tag{9.32}$$

$$M_u \leqslant \alpha_1 f_c b'_f h'_f (h_0 - h'_f/2) \tag{9.33}$$

反之，属于第二类 T 形截面，有

$$x > h'_f \tag{9.34}$$

$$f_y A_s > \alpha_1 f_c b'_f h'_f \tag{9.35}$$

$$M_u > \alpha_1 f_c b'_f h'_f (h_0 - h'_f/2) \tag{9.36}$$

（2）第一类 T 形截面。第一类 T 形截面的受压区在翼缘内，截面为矩形，如图 9.25 所示，可参照矩形截面公式进行计算，只需将公式中的 b 用 b'_f 代替即可

$$\alpha_1 f_c b'_f x = f_y A_s \tag{9.37}$$

$$M \leqslant M_u = \alpha_1 f_c b'_f x \left(h_0 - \frac{x}{2} \right) \tag{9.38}$$

适用条件

防止超筋破坏　　　　　　　　　　$x \leqslant x_b$ 或 $\xi \leqslant \xi_b$ $\tag{9.39}$

防止少筋破坏　　　　　　　　　　$A_s \geqslant \rho_{\min} bh$ $\tag{9.40}$

（3）第二类 T 形截面。第二类 T 形截面的计算简图如图 9.26 所示，根据力和力矩平衡条件得

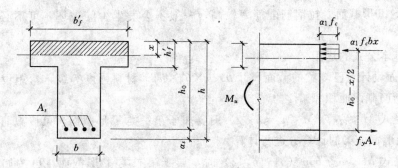

图 9.25 第一类 T 形截面计算简图

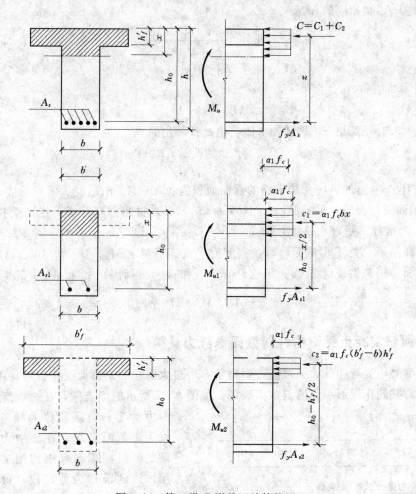

图 9.26 第二类 T 形截面计算简图

$$\alpha_1 f_c (b'_f - b) h'_f + \alpha_1 f_c bx = f_y A_s \tag{9.41}$$

$$M \leqslant M_u = \alpha_1 f_c (b'_f - b) h'_f \left(h_0 - \frac{h'_f}{2} \right) + \alpha_1 f_c bx \left(h_0 - \frac{x}{2} \right) \tag{9.42}$$

适用条件

防止超筋破坏 $\qquad\qquad x \leqslant x_b$ 或 $\xi \leqslant \xi_b$ $\qquad\qquad$ (9.43)

65

第二类 T 形截面受拉钢筋配筋率较高，一般不会发生少筋破坏，可不必验算最小配筋率要求。

（4）基本公式的运用。

1）截面设计。已知梁的截面尺寸 $b \times h \times b'_f \times h'_f$，材料强度等级，弯矩设计值 M，求纵向受拉钢筋截面面积 A_s。

当满足式 $M_u \leqslant \alpha_1 f_c b'_f h'_f (h_0 - h'_f/2)$ 时，属于第一类 T 形截面，可按截面尺寸为 $b'_f \times h$ 的单筋矩形截面梁的计算方进行计算。

当满足式 $M_u > \alpha_1 f_c b'_f h'_f (h_0 - h'_f/2)$ 时，属于第二类 T 形截面，可按如下步骤进行计算：

a. 计算 A_{s2} 和相应的 M_{u2}。

$$A_{s2} = \frac{\alpha_1 f_c (b'_f - b) h'_f}{f_y} \tag{9.44}$$

$$M_{u2} = \alpha_1 f_c (b'_f - b) h'_f (h_0 - h'_f/2) \tag{9.45}$$

b. 计算 M_{u1} 和 A_{s1}。

$$M_{u1} = M - M_{u2} \tag{9.46}$$

由式（9.46）解出 x，即得出 ξ 值，由此计算出 A_{s1}：

$$A_{s1} = \frac{\xi b h_0 \alpha_1 f_c}{f_y} \tag{9.47}$$

c. 计算 A_s。总的纵向受拉钢筋的截面面积为：$A_s = A_{s1} + A_{s2}$。

2）截面复核。已知梁的截面尺寸 $b \times h \times b'_f \times h'_f$，材料强度等级，纵向受拉钢筋截面面积 A_s，求梁截面受弯承载能力 M_u。

当截面为第一类 T 形截面，可按宽度为 b'_f 的矩形梁求 M_u。

当截面为第二类 T 形截面，可先计算 M_{u1} 和 A_{s1}，再计算 A_{s2} 和 M_{u2}，最后计算 M_u。

其中：$A_{s1} = \frac{\alpha_1 f_c (b'_f - b) h'_f}{f_y}$，$A_{s2} = A_s - A_{s1}$，$M_u = M_{u1} + M_{u2}$。

9.2.2 钢筋混凝土受弯构件斜截面承载力计算

钢筋混凝土受弯构件除了可能产生由于弯矩过大引起的正截面受弯破坏，还可能产生弯矩和剪力共同作用下引起的斜截面破坏。如图 9.27 所示的简支梁，在两个集中力之间，剪力为零，该区段称为纯弯段，可能发生正截面破坏；在集中力到支座之间的区段，既有弯矩作用又有剪力作用，该区段称为剪弯段，可能发生斜截面破坏。

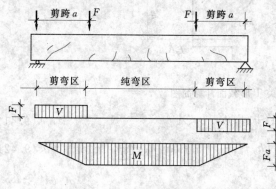

图 9.27 简支梁对称荷载受力图

斜截面承载力包括斜截面受剪承载力和斜截面受弯承载力，应同时满足斜截面抗剪承载力 $V \leqslant V_u$ 和斜截面抗弯承载力 $M \leqslant M_u$ 的要求。斜截面抗剪承载力主要通过配置箍筋和弯起钢筋来满足，箍筋和弯起钢筋统称为腹筋，如图 9.28 所示；斜截面抗弯承载力通过构造措施来保证。

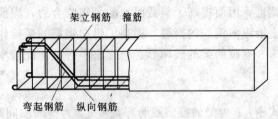

图 9.28 钢筋混凝土梁的钢筋骨架

1. 受弯构件斜截面破坏形态

影响受弯构件斜截面承载力的因素很多，有腹筋和纵筋的含量、混凝土强度等级、荷载种类和作用方式、截面形式及剪跨比 λ 等。其中剪跨比 $\lambda=a/h_0$，a 称为剪跨（即集中荷载至支座的距离），h_0 为截面有效高度。

受弯勾结案斜截面破坏形态主要取决于箍筋数量和剪跨比 λ。根据箍筋数量和剪跨比 λ 的不同，可分为剪压破坏、斜压破坏和斜拉破坏三种类型。

（1）剪压破坏。当梁内箍筋数量适当，且剪跨比 λ 适中（$\lambda=1\sim3$）时，将发生剪压破坏，如图 9.29（a）所示。其破坏特征是随着荷载的增加，在剪跨区段首先出现一批与截面下边缘垂直的裂缝，随后斜向延伸并形成一条临界斜裂缝。随着荷载进一步增加，与临界斜裂缝相交的箍筋应力达到屈服强度，临界斜裂缝继续向上发展并延伸，直至剪压区混凝土被压碎而破坏。

（2）斜压破坏。当梁内箍筋数量配置过多或剪跨比较小（$\lambda<1$）时，将发生斜压破坏，如图 9.29（b）所示。随着荷载的增加，在剪弯区段腹部混凝土首先开裂，并产生若干条相互平行的斜裂缝，将腹部混凝土分割为若干斜向短柱而压碎，破坏时箍筋应力尚未达到屈服强度。

（3）斜拉破坏。当梁内箍筋数量配置过少且剪跨比较大（$\lambda>3$）时，将发生斜拉破坏，如图 9.29（c）所示。斜裂缝一旦出现，箍筋应力立即达到屈服强度，斜裂缝将迅速延伸到截面顶部，形成临界斜裂缝，把梁斜向劈成两部分，破坏很突然，具有明显的脆性破坏特征。

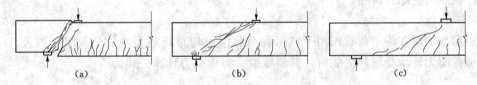

(a)　　　　　　　　(b)　　　　　　　　(c)

图 9.29 梁斜截面破坏形态

(a) 剪压破坏；(b) 斜压破坏；(c) 斜拉破坏

从上述 3 种破坏形态分析可知，只有剪压破坏能充分发挥箍筋和混凝土的强度，因此斜截面受剪承载力主要以剪压破坏作为计算依据，而斜压和斜拉破坏应避免。

2. 有腹筋梁的斜截面抗剪承载力计算公式

对有配箍筋、弯起钢筋的有腹筋梁，在斜裂缝发生以前，腹筋的应力很小，因而腹筋对阻止斜裂缝的作用很小，但是，在斜裂缝发生后，腹筋大大加强了斜截面的抗剪强度。原因主要有：与斜裂缝相交的腹筋可以直接承受剪力；腹筋可以阻止斜裂缝开展，加大了破坏前斜裂缝顶端混凝土残余截面，从而提高了混凝土的抗剪能力；由于腹筋减小了裂缝宽度，因而提高了斜截面上的骨料咬合力；腹筋还限制纵向钢筋的竖向位移，阻止了混凝土沿纵向钢筋的撕裂，提高了纵向钢筋的销栓作用。

有腹筋梁的破坏形态与配箍率有关。配箍率的计算表达式为

$$\rho_{sv}=\frac{A_{sv}}{bs}=\frac{nA_{svl}}{bs} \tag{9.48}$$

式中：b 为梁的截面或肋部宽度；s 为箍筋的间距；A_{sv} 为配置在同一截面内箍筋各肢的全部截面面积，$A_{sv}=nA_{svl}$；A_{svl} 为单肢箍筋的截面面积；n 为箍筋肢数。

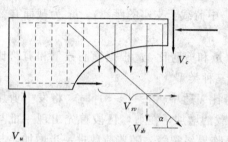

图 9.30　斜截面抗剪计算简图

当发生剪压破坏时，取出斜裂缝至支座之间的一段隔离体，如图 9.30 所示。假定梁的斜截面受剪承载力 V_u 由斜裂缝上剪压区混凝土的抗剪能力 V_c，与斜裂缝相交的箍筋的抗剪能力 V_{sv} 和与斜裂缝相交的弯起钢筋的抗剪能力 V_{sb} 三部分组成。由平衡条件 $\sum Y=0$ 可得

$$V_u=V_c+V_{sv}+V_{sb} \tag{9.49}$$

当仅仅配有箍筋时，需要满足

$$V_u\leqslant V_c+V_{sv}=V_{cs} \tag{9.50}$$

当配有箍筋和弯起钢筋时，需要满足

$$V_u\leqslant V_c+V_{sv}+V_{sb}=V_{cs}+V_{sb} \tag{9.51}$$

式中：V_u 为斜截面的剪力设计值；V_c 为混凝土所承担的剪力设计值；V_{sv} 为箍筋所承担的剪力设计值；V_{sb} 为弯起钢筋所承担的剪力设计值；V_{cs} 为箍筋和弯起钢筋所承担的剪力设计值。

《混凝土结构设计规范》（GB 50010—2010）建议宜优先选用箍筋作为受剪钢筋，下面就介绍仅配置箍筋时斜截面的受剪承载力的计算公式。

当矩形、T 形和工字形截面受弯构件符合下列条件时，可不必进行斜截面受剪承载力计算，按照构造配置箍筋。

$$V_{cs}\leqslant 0.7f_tbh_0 \tag{9.52}$$

矩形截面梁在均布荷载作用下或多种荷载但以均布荷载为主的情况下，以及 T 形和工字形截面无论承受何种荷载时，其斜截面受剪承载力计算公式为

$$V_{cs}\leqslant 0.7f_tbh_0+1.25f_{yv}\frac{A_{sv}}{s}h_0 \tag{9.53}$$

集中荷载作用下的矩形截面独立梁，其截面受剪承载力计算公式为

$$V_{cs}\leqslant \frac{1.75}{\lambda+1}f_tbh_0+f_{yv}\frac{A_{sv}}{s}h_0 \tag{9.54}$$

式中：f_{yv} 为箍筋的抗拉强度设计值；f_t 为混凝土抗拉强度设计值；b 为矩形截面的宽度，T 形、工字形截面的腹板宽度；λ 为计算截面的剪跨比，当 $\lambda<1.5$ 时取 $\lambda=1.5$，当 $\lambda>3$ 时取 $\lambda=3$。

式（9.53）和式（9.54）仅适用于剪压破坏的情况，为防止斜压破坏和斜拉破坏，还应规定其上、下限值。

（1）为防止配箍量过大而发生斜压破会的条件——最小截面尺寸限值。

当 $\dfrac{h_w}{b} \leqslant 4.0$ 时，应满足

$$V_{cs} \leqslant 0.25\beta_c f_c b h_0 \qquad (9.55)$$

当 $\dfrac{h_w}{b} \geqslant 6.0$ 时，应满足

$$V_{cs} \leqslant 0.2\beta_c f_c b h_0 \qquad (9.56)$$

当 $4.0 < \dfrac{h_w}{b} < 6.0$ 时，可按照线性内插法确定。

上二式中：β_c 为混凝土强度影响系数，当混凝土强度等级不超过 C50 时取 1.0，当混凝土强度等级为 C80 时取 0.8，其他的可按照线性内插法确定；h_w 为截面的腹板高度，矩形截面有效高度 h_0，T 形截面取有效高度减去翼缘高度，工字形截面取腹板净高。

（2）为防止配箍量过小而发生斜拉破坏的条件——最小配箍率 $\rho_{sv \cdot min}$ 的限制。

配箍率应满足

$$\rho_{sv} = \frac{A_{sv}}{bs} = \frac{nA_{sv1}}{bs} \geqslant \rho_{sv \cdot min} = 0.24\frac{f_t}{f_{yv}} \qquad (9.57)$$

同时，箍筋还应满足最小直径和最大间距 s_{max} 的要求，见表 9.11。

表 9.11　　　　　　　　　梁中箍筋最小直径 d 和最大间距 s_{max}　　　　　　单位：mm

梁高 h	箍筋直径 d	梁高 h	$V_{cs} > 0.7f_t b h_0$	$V_{cs} \leqslant 0.7f_t b h_0$
$h \leqslant 800$	6	$150 < h \leqslant 300$	150	200
		$300 < h \leqslant 500$	200	300
$h > 800$	8	$500 < h \leqslant 800$	250	350
		$h > 800$	300	400

斜截面受剪承载力计算步骤：

已知：剪力设计值 V，截面尺寸 $b \times h$，混凝土强度等级，纵向受力筋布置，箍筋级别。求箍筋数量。

（1）复核截面尺寸。截面尺寸应满足式（9.55）或式（9.56），否则应加大截面尺寸或提高混凝土强度等级。

（2）确定是否需要按计算配置箍筋。如满足式（9.52）的要求，可不必进行些截面承载力计算，直接按照构造要求配置箍筋；否则按计算配置箍筋。

（3）计算箍筋。对于一般梁，由式（9.53）或式（9.54）可得

$$\frac{A_{sv}}{s} = \frac{nA_{sv1}}{s} \geqslant \frac{V - 0.7f_t b h_0}{1.25f_{yv}h_0} \qquad (9.58)$$

$$\frac{A_{sv}}{s} = \frac{nA_{sv1}}{s} \geqslant \frac{V - \dfrac{1.75}{1+\lambda}f_t b h_0}{f_{yv}h_0} \qquad (9.59)$$

计算出 $\dfrac{A_{sv}}{s}$ 后，先根据构造要求选定箍筋直径 d 和箍筋肢数 n，进而计算出箍筋间距 $s(s \leqslant s_{max})$。

（4）验算配箍率。配箍率应满足式（9.57）。

【例 9.6】　某矩形截面简支梁，截面尺寸 $b \times h = 250\text{mm} \times 550\text{mm}$，净跨 $l_n = 5.16\text{m}$，混凝土强度等级 C25，箍筋 HPB300 级，承受均布荷载设计值 $q = 80\text{kN/m}$（包括梁的自重），根据正截面受弯承载力计算配置的纵向钢筋为 4 Φ 22。试求箍筋用量。

解：查表可得，$f_t = 1.27\text{N/mm}^2$；$f_c = 11.9\text{N/mm}^2$；$f_y = 360\text{N/mm}^2$；$f_{yv} = 270\text{N/mm}^2$；$\beta_c = 1.0$。

（1）计算支座边缘剪力设计值。

$$V = \frac{ql_n}{2} = \frac{1}{2} \times 80 \times 5.16 = 206(\text{kN})$$

（2）验算截面尺寸。

$$h_0 = 550 - 35 = 515\text{mm}, \quad h_w/b = 515/250 = 2.06 < 4$$

则

$$0.25\beta_c f_c bh_0 = 0.25 \times 1.0 \times 11.9 \times 250 \times 515 = 383(\text{kN}) > V = 206.4\text{kN}$$

截面尺寸满足要求。

（3）判断是否需要计算配置箍筋。

$$0.7f_t bh_0 = 0.7 \times 1.27 \times 250 \times 515 = 114.5(\text{kN}) < 206.4\text{kN}$$

所以需要计算配置箍筋。

（4）确定箍筋数量。

$$\frac{A_{sv}}{s} = \frac{nA_{sv1}}{s} \geqslant \frac{V - 0.7f_t bh_0}{1.25f_{yv}h_0} = \frac{206.4 \times 10^3 - 114.5 \times 10^3}{1.25 \times 270 \times 515} = 0.529(\text{mm}^2/\text{mm})$$

选用 Φ 8 的双肢箍筋（$A_{sv1} = 50.3\text{mm}^2$）。

$$s \leqslant \frac{nA_{sv}}{0.529} = \frac{2 \times 50.3}{0.529} = 190(\text{mm})$$

取 $s = 150\text{mm} < s_{\max} = 200(\text{mm})$。

（5）验算配箍率。

$$\rho_{sv} = \frac{A_{sv}}{bs} = \frac{nA_{sv1}}{bs} = \frac{2 \times 50.3}{250 \times 150} = 0.27\% > \rho_{sv \cdot \min} = 0.24\frac{f_t}{f_{yv}} = 0.24 \times \frac{1.27}{270} = 0.13\%$$

选用 Φ 8@150（$n = 2$），沿梁长均匀布置。

3. 构造要求

纵向受拉钢筋是按照正截面最大弯矩计算确定的，如果纵向受力钢筋在梁的全跨内配置，既不弯起，又不切断，则沿梁全长任何截面都不会发生弯曲破坏，也能满足任何斜截面的受弯承载力。但是在弯矩较小的截面上，钢筋的利用率不充分，从而浪费钢筋，不经济。所以在实际工程中常在钢筋不需要的地方弯起或截断，以节约钢筋用量。

为了保证斜截面受弯承载力，需要确定纵向受拉钢筋的弯起或截断的位置，并对锚固等构造措施作出相应的规定。一般绘制正截面的抵抗弯矩图予以判断。

在梁的底部承受正弯矩的纵向钢筋弯起后承受剪力或作为支座承受负弯矩的钢筋。在弯起时，弯起钢筋一般不宜放在梁的边缘，也不宜采用过粗直径的钢筋；为了防止弯起钢筋间距过大，以致可能出现不与弯起钢筋相交的斜裂缝使弯起钢筋无从发挥其抗剪作用，从支座边到第一排弯起钢筋的弯点，以及从前一排弯起钢筋的弯起点到后一排弯起钢筋的弯起点的间距 s 应满足 $s \leqslant s_{max}$；为了保证斜截面受弯承载力，弯起钢筋的弯起点可设在按正截面受弯承载力计算不需要该钢筋的截面之前，但弯起钢筋与梁中心线的交点应位于不需要该钢筋的截面之外；同时，弯起点与按计算充分利用该钢筋的截面之间的距离不应小于 $0.5h_0$。

纵向受拉钢筋不宜在梁跨中受拉区截断，因为在截断处钢筋的截面面积突然减小，会导致混凝土的拉应力突然增大，在纵向钢筋截断处易出现裂缝。因此，对于梁底部承受正弯矩的钢筋，当计算不需要的部分，通常将其弯起，作为受剪钢筋或承受支座负弯矩的钢筋，不采用截断形式。

对于钢筋混凝土梁支座截面负弯矩纵向受拉钢筋不宜在受拉截断。当必须截断时，可按弯矩图的变化，通过计算将不需要的纵向受拉钢筋分批截断，并应符合以下规定：

（1）当 $V \leqslant 0.7 f_t b h_0$ 时，应延伸至按正截面受弯承载力计算不需要该钢筋的截面以外不小于 $20d$ 处截断，且从该钢筋强度充分利用截面伸出的长度不应小于 $1.2l_a$，其中 l_a 为受拉钢筋的锚固长度，具体计算取值可参照《混凝土结构设计规范》（GB 50010—2010）中式 8.3.1 - 3。

（2）当 $V > 0.7 f_t b h_0$ 时，应延伸至按正截面受弯承载力计算不需要该钢筋的截面以外不小于 h_0 且不小于 $20d$ 处截断，且从该钢筋强度充分利用截面伸出的长度不应小于 $1.2l_a + h_0$。

（3）若按上述确定的截断点仍位于负弯矩受拉区内，则应延伸至按正截面受弯承载力计算不需要该钢筋的截面以外不小于 $1.3h_0$ 且不小于 $20d$ 处截断，且从该截面强度充分利用截面伸出长度不应小于 $1.2l_a + 1.7h_0$。

为保证钢筋混凝土构件正常可靠地工作，防止纵向受力钢筋在支座处被拔出导致破坏，简支梁和连续梁简支端的纵向受力钢筋，其伸入梁支座范围内的锚固长度 l_{as} 应符合下列规定：

当 $V \leqslant 0.7 f_t b h_0$ 时，$l_{as} \geqslant 5d$；当 $V > 0.7 f_t b h_0$ 时，对带肋钢筋 $l_{as} \geqslant 12d$；对光面钢筋 $l_{as} \geqslant 15d$。d 为钢筋的直径。

如纵向受力钢筋伸入梁支座范围内的锚固长度不符合上述规定时，应采取在钢筋上加焊锚固钢板或将钢筋端部焊接在梁端预埋件上等有效锚固措施。

思　考　题

9.5　简述超筋梁、适筋梁和少筋梁的破坏特征，在设计中如何防止出现超筋梁和少筋梁？

9.6　适筋梁正截面受力全过程可划分为几个阶段？各个阶段主要特点是什么？

9.7　受弯构件正截面承载力计算作了哪些基本假定？

9.8　单筋矩形截面受弯构件正截面承载力计算公式的适用条件有哪些？

9.9　单筋矩形截面的受弯构件正截面承载力计算公式有哪些运用及其步骤？

9.10　在哪些情况下才采用双筋截面？

9.11　怎么判别两类 T 形截面梁？现浇肋形楼盖的连续梁，在哪些位置需要按照 T

形截面进行计算？

9.12　受弯构件斜截面破坏有哪几种？它们的破坏特征如何？怎样防止各种破坏形态的发生？

习　　题

9.1　已知矩形截面梁尺寸 $b \times h = 250\text{mm} \times 500\text{mm}$，设计弯矩 $M = 170\text{kN} \cdot \text{m}$，钢筋选用 HRB400 级，混凝土选用 C30 强度等级。试求所需要的纵向受拉钢筋截面面积 A_s。

9.2　已知钢筋混凝土矩形截面梁尺寸 $b \times h = 200\text{mm} \times 500\text{mm}$，钢筋为 HRB500 级，截面受拉区配有 4 Φ 25 纵向受力筋，混凝土强度等级为 C25。试求此截面所能承受的弯矩值。

9.3　已知某钢筋混凝土梁矩形截面尺寸 $b \times h = 200\text{mm} \times 500\text{mm}$。采用 C30 混凝土强度等级，HRB400 级钢筋，构件安全等级为二级。截面的弯矩设计值 $M = 240\text{kN} \cdot \text{m}$，试计算该截面所需要的钢筋截面面积。

9.4　已知钢筋混凝土梁，矩形截面尺寸 $b \times h = 200\text{mm} \times 500\text{mm}$。截面承担的弯矩设计值 $M = 190\text{kN} \cdot \text{m}$，采用 C25 混凝土，钢筋 HRB400，构件的安全等级为二级。已知在受压区配置有 2 Φ 20 钢筋，计算此截面受拉钢筋的截面面积。

9.5　某 T 形截面梁，已知 $b \times h \times b'_f \times h'_f = 200\text{mm} \times 600\text{mm} \times 400\text{mm} \times 100\text{mm}$，混凝土强度等级采用 C25，钢筋采用 HRB400 级。试确定该梁的配筋。（1）承受的弯矩设计值 $M = 150\text{kN} \cdot \text{m}$；（2）承受的弯矩设计值 $M = 280\text{kN} \cdot \text{m}$。

9.6　某矩形截面简支梁，截面尺寸 $b \times h = 250\text{mm} \times 600\text{mm}$，净跨 $l_n = 5.4\text{m}$，混凝土强度等级 C25，箍筋 HPB300 级，承受均布荷载设计值 $q = 85\text{kN/m}$（包括梁的自重），根据正截面受弯承载力计算配置的纵向钢筋为 4 Φ 25。试求箍筋用量。

单元 9.3　钢筋混凝土受弯构件挠度和裂缝验算

9.3.1　概述

钢筋混凝土结构构件，除了为保证结构的安全性进行承载力计算外，还应考虑其适用性和耐久性的功能而进行正常使用极限状态的验算，即对结构的挠度和裂缝进行验算。

钢筋混凝土受弯构件的挠度应满足下式要求：

$$f_{\max} \leqslant f_{\lim} \tag{9.60}$$

式中：$f_{\max}$ 为按荷载效应的标准值组合并考虑长期作用影响计算的受弯构件的最大挠度值；$f_{\lim}$ 为受弯构件的挠度限制，按照表 9.12 采用。

表 9.12　　　　　　　　　　　　　　　受弯构件的挠度限制

项　次	构件类型	挠　度　限　制
1	吊车梁：手动吊车 电动吊车	$l_0/500$ $l_0/600$

项　次	构件类型	挠度限制
2	屋盖、楼盖及楼梯构件： 当 $l_0 < 7m$ 时 当 $7m \leqslant l_0 \leqslant 9m$ 时 当 $l_0 > 9m$ 时	$l_0/200(l_0/250)$ $l_0/250(l_0/300)$ $l_0/300(l_0/400)$

注　1. l_0 为构件的计算跨度。

　　2. 表中括号内数值适用于对挠度有较高要求的构件。

　　3. 计算悬臂构件的挠度限制时，其计算跨度按实际悬臂长度的两倍取用。

钢筋混凝土构件的裂缝宽度应满足下式要求

$$\omega_{max} \leqslant \omega_{lim} \tag{9.61}$$

式中：ω_{max} 为按荷载效应的标准值组合并考虑长期作用影响计算的最大裂缝宽度值；ω_{lim} 为结构构件的最大裂缝宽度限制，按照表 9.13 采用。

表 9.13　　　　　　　　　结构构件的裂缝控制等级和最大裂缝宽度限制

环境类别	钢筋混凝土结构		预应力混凝土构件	
	裂缝控制等级	ω_{lim}（mm）	裂缝控制等级	ω_{lim}（mm）
一	三	0.3（0.4）	三	0.2
二	三	0.2	三	—
三	三	0.2	一	—

注　1. 表中规定适用于采用热轧钢筋的钢筋混凝土构件和采用预应力钢丝、钢绞线及热处理钢筋的预应力混凝土构件。

　　2. 对处于年平均相对湿度小于 60% 地区一类环境下的受弯构件，其最大裂缝宽度可采用括号内的数值。

　　3. 表中的最大裂缝宽度限制，用于验算荷载作用引起的最大裂缝宽度。

影响挠度和裂缝宽度的主要因素如下：

（1）纵向钢筋的应力。裂缝宽度与钢筋应力近似呈线性关系。

（2）纵向钢筋的直径。当构件内受拉钢筋截面相同时，采用较细且密的钢筋，裂缝宽度变小。

（3）纵向钢筋表面形状。带肋钢筋的黏结强度较光圆钢筋大得多，可减小裂缝宽度。

（4）纵向钢筋的配筋率。构件受拉区混凝土截面的纵向钢筋配筋率越大，裂缝宽度越小。

（5）保护层厚度。保护层越厚，裂缝宽度越大。

9.3.2　受弯构件的挠度和裂缝宽度验算

9.3.2.1　受弯构件的挠度验算

钢筋混凝土受弯构件挠度值的计算公式为

$$f = \alpha \frac{M_k l_0^2}{B} \tag{9.62}$$

式中：f 为梁中最大挠度；α 为挠度系数，与荷载形式有关。对均布荷载作用下的简支梁，$\alpha = 5/48$；M_k 为按荷载效应的标准组合计算的弯矩，取计算区段内的最大弯矩值；l_0

为梁的计算跨度；B 为长期刚度。

$$B=\frac{M_k}{M_q(\theta-1)+M_k}B_s \qquad (9.63)$$

式中：M_q 为按荷载效应的准永久组合计算的弯矩，取计算区段内的最大弯矩值；θ 为挠度增大系数；B_s 为短期刚度。

$$B_s=\frac{E_sA_sh_0^2}{1.15\varphi+0.2+\dfrac{6\alpha_E\rho}{1+3.5\gamma_f'}} \qquad (9.64)$$

式中：h_0 为截面的有效高度；φ 为纵向受拉钢筋应变不均匀系数，当 $\varphi<0.4$ 时，取 $\varphi=0.4$；当 $\varphi>1.0$ 时，取 $\varphi=1.0$；α_E 为钢筋弹性模量与混凝土弹性模量的比值；r_f' 为受压翼缘面积与腹板有效面积比值。

$$\varphi=1.1-\frac{0.65f_{tk}}{\rho_{te}\sigma_{sk}} \qquad (9.65)$$

式中　f_{tk} 为混凝土轴心抗拉强度标准值；ρ_{te} 为按有效受拉混凝土截面面积计算的纵向钢筋配筋率；σ_{sk} 为按荷载效应的标准组合作用计算的裂缝截面处纵向受拉钢筋的拉应力。

$$\rho_{te}=\frac{A_s}{A_{te}} \qquad (9.66)$$

式中：A_{te} 为有效受拉区混凝土的面积，其值可按下式计算

当 $\rho_{te}<0.01$ 时，取 $\rho_{te}=0.01$。

$$A_{te}=0.5bh+(b_f-b)h_f \qquad (9.67)$$

$$\sigma_{sk}=\frac{M_k}{0.87h_0A_s} \qquad (9.68)$$

$$\theta=2-0.4\frac{\rho'}{\rho} \qquad (9.69)$$

式中：ρ、ρ' 为纵向受拉、受压钢筋的配筋率，其值按下式计算

$$\rho=\frac{A_s}{bh_0},\quad \rho'=\frac{A_s'}{bh_0} \qquad (9.70)$$

当 $\rho'=0$ 时，$\theta=2.0$；当 $\rho'=\rho$ 时，$\theta=1.6$；当受压翼缘 $h_f'\neq0$ 时，θ 值应增加 20%。

$$\gamma_f'=\frac{(b_f'-b)h_f'}{bh_0} \qquad (9.71)$$

【例 9.7】 一矩形截面受弯构件，两端简支，受均布荷载作用，计算跨度 $l_0=6500\text{mm}$。截面尺寸 $b\times h=250\text{mm}\times500\text{mm}$，混凝土强度等级为 C25，纵向受拉钢筋为 4 Φ 22 钢筋，保护层厚度 $c=25\text{mm}$。承受荷载的长期效应组合作用的弯矩值 $M_q=95\text{kN}\cdot\text{m}$，荷载的短期效应组合作用的弯矩值 $M_k=120\text{kN}\cdot\text{m}$，要求使用阶段的挠度不超过 $l_0/250$，试验算是否满足要求。

解：（1）基本参数及计算相关系数：$E_s=2\times10^5\text{N/mm}^2$，$E_c=2.8\times10^4\text{N/mm}^2$，$f_{tk}=1.75\text{N/mm}^2$，$\alpha_E=E_s/E_c=7.14$，$a_s=c+d/2=25+22/2=36(\text{mm})$，$A_s=1521\text{mm}^2$，$h_0=h-a_s=500-36=464(\text{mm})$，$\rho=\dfrac{A_s}{bh_0}=\dfrac{1521}{250\times464}=0.0131$。

（2）求解钢筋应变的不均匀系数。

$$A_{te} = 0.5bh = 0.5 \times 250 \times 500 = 62500 (\text{mm}^2)$$

$$\rho_{te} = A_s/A_{te} = 1521/62500 = 0.0243$$

$$\sigma_{sk} = \frac{M_k}{0.87h_0A_s} = \frac{120 \times 10^6}{0.87 \times 464 \times 1521} = 195 (\text{N/mm}^2)$$

$$\varphi = 1.1 - \frac{0.65f_{tk}}{\rho_{te}\sigma_{sk}} = 1.1 - \frac{0.65 \times 1.75}{0.0243 \times 195} = 0.86$$

（3）求解短期刚度 B_s（其中 $\gamma_f' = 0$）。

$$B_s = \frac{E_sA_sh_0^2}{1.15\varphi + 0.2 + \dfrac{6\alpha_E\rho}{1+3.5\gamma_f'}} = \frac{2 \times 10^5 \times 1521 \times 464^2}{1.15 \times 0.86 + 0.2 + 6 \times 7.14 \times 0.0131}$$

$$= 37.58 \times 10^{12} (\text{N} \cdot \text{mm}^3)$$

（4）求解长期刚度（其中 $\rho' = 0$，$\theta = 2$）。

$$B = \frac{M_k}{M_q(\theta-1)+M_k}B_s = \frac{120 \times 10^6}{95 \times 10^6 \times (2-1) + 120 \times 10^6} \times 37.58 \times 10^{12}$$

$$= 20.97 \times 10^{12} (\text{N} \cdot \text{mm}^3)$$

（5）计算最大挠度。

$$f = \alpha\frac{M_kl_0^2}{B} = \frac{5}{48} \times \frac{120 \times 10^6 \times 6500^2}{20.97 \times 10^{12}} = 25 (\text{mm}) < \frac{l_0}{250} = \frac{6500}{250} = 26 (\text{mm})$$

满足要求。

9.3.2.2 受弯构件的裂缝宽度验算

钢筋混凝土受弯构件裂缝宽度值的计算公式为

$$\omega_{\max} = 2.1\varphi\frac{\sigma_{sk}}{E_s}(2.7C_s + 0.1\frac{d}{\rho_{te}})\nu \tag{9.72}$$

式中：C_s 为最外层纵向受拉钢筋外边缘到近边的距离，当 $C_s < 20\text{mm}$ 时，取 $C_s = 20\text{mm}$；d 为钢筋折算直径，$d = 4A_s/u$，u 为受拉钢筋的总周长；ν 为纵向受拉钢筋表面特征系数：对变形钢筋，取 $\nu = 0.7$；对光面钢筋，取 $\nu = 1.0$。

【例 9.8】 一矩形截面受弯构件，截面尺寸 $bh = 250\text{mm} \times 500\text{mm}$，混凝土强度等级为 C30，纵向受拉钢筋为 4 Φ 18 的 II 级钢筋，纵向受拉钢筋保护层厚度 $C_s = 25\text{mm}$。按荷载的短期效应组合作用的弯矩值 $M_k = 99.1\text{kN} \cdot \text{m}$，最大裂缝允许值为 0.3mm，试验算裂缝宽度是否满足要求。

解：（1）基本参数及计算相关系数：$E_s = 2 \times 10^5 \text{N/mm}^2$，$f_{tk} = 2\text{N/mm}^2$，$\alpha_E = E_s/E_c = 7.14$，$a_s = 35\text{mm}$，$A_s = 1018\text{mm}^2$，$h_0 = h - a_s = 500 - 35 = 465 (\text{mm})$，$\nu = 0.7$。

（2）求解钢筋应变的不均匀系数。

$$A_{te} = 0.5 \times 200 \times 500 = 50000 (\text{mm}^2)$$

$$\rho_{te} = A_s/A_{te} = 1018/50000 = 0.0204$$

$$\sigma_{sk} = \frac{M_k}{0.87h_0A_s} = \frac{99.1 \times 10^6}{0.87 \times 465 \times 1018} = 241 (\text{N/mm}^2)$$

$$\varphi = 1.1 - \frac{0.65f_{tk}}{\rho_{te}\sigma_{sk}} = 1.1 - \frac{0.65 \times 2.0}{0.0204 \times 241} = 0.84$$

（3）计算最大裂缝宽度。

$$\omega_{max} = 2.1\varphi\frac{\sigma_{sk}}{E_s}(2.7C_s + 0.1\frac{d}{\rho_{te}})\nu$$

$$= 2.1 \times 0.84 \times \frac{241}{2 \times 10^5} \times \left(2.7 \times 25 + 0.1 \times \frac{18}{0.0204}\right) \times 0.7 = 0.23(mm) < 0.3mm$$

满足裂缝宽度要求。

模块 10 钢筋混凝土受压构件设计计算

教学目标：

- 熟悉 GB 50010—2010 对钢筋混凝土受压构件的基本构造要求
- 理解轴心受压构件、偏心受压构件的受力性能
- 掌握轴心受压构件、偏心受压构件正截面承载力的计算方法
- 会进行受压构件正截面钢筋的计算和选配

构件受到的压力如果平行于构件的轴线或与轴线重合，则该构件称为受压构件。工程中的受压构件很多，如柱、墙、基础和桁架上弦杆等，对于钢筋混凝土结构而言，受压构件以柱和墙见得最多。钢筋混凝土柱属于竖向构件，承受上部梁、板等传来的荷载，一旦发生破坏后果很严重。本模块主要讨论钢筋混凝土柱的承载力计算方法。

单元 10.1 轴心受压构件承载力计算

10.1.1 受压构件的分类

构件受到的压力如果平行于构件的轴线或与轴线重合，则该构件称为受压构件。根据压力作用的位置不同，受压构件可分为以下两大类：

（1）轴心受压：压力和构件截面重心重合，如图 10.1（a）所示。

实际上，由于钢筋混凝土受压构件由钢筋和混凝土两种材料组成，重心与形心不重合，再加上施工时的误差，使得压力不可能和截面重心绝对重合，为简化计算，当压力作用线偏离构件截面形心不大时，都可看作轴心受压。

（2）偏心受压：压力偏离构件截面形心，存在着不可忽略的偏心距。

若压力偏离其中一条形心轴，但作用在另外一条形心轴上，则称为单向偏心，如图 10.1（b）所示；若压力不在任何一条形心轴上，则称为双向偏心，如图 10.1（c）所示。实际上若根据力的平移定理，将偏心力从实际作用位置平移到构件的轴线上，再加上一个力偶可以与原偏心力等效。因此若作用在构件截面的力不是一个偏心集中力，而是一个轴心压力和一个与作用面与截面垂直的力偶，也可看作偏心受压。若框架结构中的框架边柱与框架梁刚接，则框架梁对框架柱的作用力既有压力又有力偶，因此框架边柱也是一个典型的偏心受压构件。

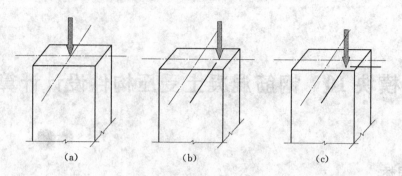

图 10.1　轴心受压和偏心受压构件

（a）轴心受压；（b）单向偏心受压；（c）双向偏心受压

10.1.2　受压构件的构造要求

10.1.2.1　截面形式与尺寸

1. 截面形式

轴心受压构件和偏心受压构件由于受力性能不同，因此在截面形式上有所不同。

（1）轴心受压。轴心受压构件一般采用方形、矩形或圆形截面。

（2）偏心受压。偏心受压构件常采用矩形截面，截面长边布置在弯矩作用方向，为了减轻自重，预制装配式受压构件也把截面做成工形或其他形式，如图 10.2 所示。

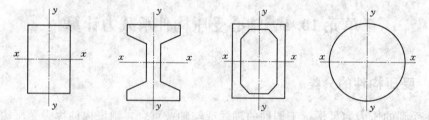

图 10.2　受压构件的截面形式

2. 截面尺寸

（1）为防止失稳，受压构件的长细比不能太大，一般应控制 $l_0/b \leqslant 30$ 和 $l_0/h \leqslant 25$（l_0 为构件计算长度，b 为截面短边尺寸，h 为截面长边尺寸）。

（2）对于偏心受压构件，为提高受力性能和方便钢筋布置，截面的长短边比值宜为 $1.5 \leqslant h/b \leqslant 3.0$。

（3）为施工方便，截面尺寸应符合模数要求。边长在 800mm 以下时以 50mm 为模数，在 800mm 以上时以 100mm 为模数。

10.1.2.2　混凝土材料

混凝土强度等级对受压构件的承载力影响较大，为了减少截面尺寸并节省钢材，宜采用强度等级较高的混凝土，一般情况下受压构件采用 C20～C30 等级的混凝土，当受力钢筋的强度不低于 400MPa 时，混凝土级别不应低于 C30。

10.1.2.3　纵向钢筋

钢筋混凝土柱内配置的纵向钢筋常用 HRB400、HRB500、HRBF400、HRBF500 级，也可采用 HRB335、HRBF335、HPB300 和 RRB400 钢筋，不应采用更高等级的钢筋，这是因为破坏时钢筋的变形受到混凝土变形的限制，难以发挥高强度的性能。为使受力合理和施工方便，纵向钢筋还应符合下列要求：

（1）方形、矩形截面柱纵向钢筋的根数不得少于 4 根，每边不得少于 2 根，圆柱中纵向钢筋不应少于 6 根；纵向受力钢筋直径不应小于 12mm，工程中常用钢筋直径为 12～32mm，宜粗不宜细，因为粗直径钢筋能形成劲性较好的骨架，防止构件横向压曲。

（2）在轴向受压时沿截面周边均匀布置；在偏心受压时沿截面短边均匀布置。

（3）每侧纵筋的配筋率不低于 0.2%，且全部纵筋配筋率不低于 0.6%。

（4）现浇立柱纵向钢筋的净距不应小于 50mm，同时中距也不应大于 300mm。在水平位置上浇筑的装配式柱，其净距与梁相同。

（5）当偏心受压柱的长边大于或等于 600mm 时，应在长边中间设置直径为 10～16mm，间距不大于 500mm 的纵向构造钢筋，同时相应地设置拉筋或复合箍筋。

（6）纵向受力构件在接长时，同一搭接区段内接头数不宜超过 4 个，否则应错开接头。

10.1.2.4 箍筋

受压构件中的箍筋除了能固定纵向受力箍筋的位置外，还能防止纵向受力箍筋在混凝土被压碎之前压曲，保证纵向受力钢筋与混凝土共同受力。

钢筋混凝土柱中的箍筋一般宜采用 HRB400、HRBF400、HRB500、HRBF500 钢筋；也可采用 HRB335、HRBF335 和 HPB300 钢筋。

在构造上应满足下列要求：

（1）箍筋的形式。受压构件中箍筋应为封闭式，并与纵筋形成整体骨架，如图 10.3 所示。

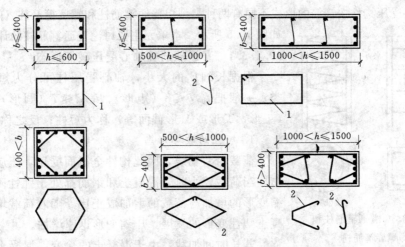

图 10.3 箍筋配筋图（单位：mm）

1—基本箍筋；2—复合箍筋

（2）箍筋的直径。对于热轧钢筋，箍筋的直径不应小于 $d/4$，且不应小于 6mm，d 为纵向钢筋的最大直径。

（3）箍筋的间距。箍筋的间距不应大于构件截面的短边尺寸 b，不宜大于 400mm，且不宜大于 15d。其中 d 为纵向钢筋的最小直径。

（4）当全部纵向受力钢筋的配筋率超过 3％时，则箍筋直径 d 不宜小于 8mm，且应焊成封闭环式，末端应作 135°弯钩；箍筋间距 s 不应大于 200mm，且不应大于 10d。其中，d 为纵向钢筋的最小直径。

（5）复合箍筋的设置。当截面各边纵向钢筋过多、截面尺寸较大时，应在基本箍筋基础上，设置附加箍筋。箍筋及复合箍筋如下图 10.3 所示。

（6）纵向钢筋绑扎搭接范围内箍筋的间距应满足 $s \leqslant 10d$ 且 $s \leqslant 200$mm，其中，d 为搭接钢筋中的最小直径。

（7）对截面形状复杂的柱，禁止采用有内折角的箍筋，若有内折角时，箍筋布置如图 10.4 所示。

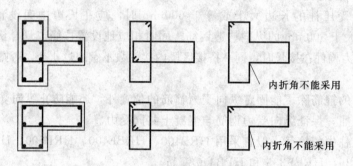

图 10.4　T 形和 L 形截面箍筋的形式

10.1.3　轴心受压构件的正截面承载力计算

轴心受压构件按箍筋的形式不同有两种类型：普通箍筋柱和螺旋箍筋柱（间接箍筋柱），如图 10.5 所示。本单元主要讨论普通箍筋柱的计算问题。

10.1.3.1　普通箍筋柱轴心受压破坏形态

根据长细比的大小，轴心受压柱可分为短柱和长柱两类。一般把 $l_0/b \leqslant 8$（矩形）、$l_0/d \leqslant 7$（圆形）或 $l_0/i \leqslant 28$（工形、T 形或 L 形截面等）称为短柱；反之称为长柱。

1. 短柱的破坏形态

荷载沿着轴线，因此构件全截面受压，压应变呈均匀分布。当荷载较小时，混凝土和钢筋都处于弹性阶段，柱子压缩变形的增加与荷载的增加成正比。随着荷载增加，由于混凝土塑性变形的发展，压缩变形迅速增加。

若长时间加载，由于混凝土的徐变，混凝土的应力会逐步减小，而钢筋的应力会逐步增大。

图 10.5　普通箍筋柱和
螺旋箍筋柱
（a）普通箍筋柱；（b）螺旋箍筋柱

最后，当荷载达到极限荷载时，构件的混凝土达到极限压应变，柱子四周会出现明显的纵向裂缝，混凝土保护层脱落，箍筋间的纵筋向外凸，混凝土被压碎，构件破坏。其破坏形态如图 10.6 所示。

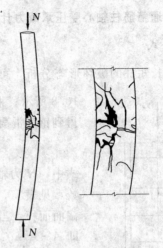

图 10.6　短柱的破坏形态　　　　　　图 10.7　长柱的破坏形态

2. 长柱的破坏形态

对于长细比较大的柱子，由于不可避免地存在着初始偏心距，在荷载作用下，将产生侧向挠度，侧向挠度会加大初始偏心距。随着荷载的增大，侧向挠度随之增大，偏心距也跟着继续增大，截面上的弯矩也继续增大，最后在轴心压力和附加弯矩作用下，长柱发生破坏。破坏时，凹侧出现纵向裂缝，然后混凝土被压碎，纵向钢筋向外凸出，挠度急速增大，凸边混凝土开裂，裂缝贯通柱子发生破坏。

长细比越大，侧向挠度增加越快，有可能发生失稳破坏。长柱的破坏形态如图 10.7 所示。

很明显，由于侧向挠度会使截面产生弯矩，因此相同情况下长柱的承载会明显低于短柱，长细比越大，承载力降低得越多。GB 50010—2010 规定，用稳定系数 φ 来表示长柱的承载力降低程度，即 $\varphi = \dfrac{N_{长柱}}{N_{短柱}}$。稳定系数主要和构件的长细比有关，其对应关系见表 10.1。

表 10.1　　　　　　　　　稳定系数和长细比的对应关系

长　　细　　比			稳定系数	长　　细　　比			稳定系数
l_0/b	l_0/d	l_0/i	φ	l_0/b	l_0/d	l_0/i	φ
$\leqslant 8$	$\leqslant 7$	$\leqslant 28$	1.0	30	26	104	0.52
10	8.5	35	0.98	32	28	111	0.48
12	10.5	42	0.95	34	29.5	118	0.44
14	12	48	0.92	36	31	125	0.40
16	14	55	0.87	38	33	132	0.36
18	15.5	62	0.81	40	34.5	139	0.32
20	17	69	0.75	42	36.5	146	0.29
22	19	76	0.70	44	38	153	0.26
24	21	83	0.65	46	40	160	0.23
26	22.5	90	0.60	48	41.5	167	0.21
28	24	97	0.56	50	43	174	0.19

注　表中 l_0 为构件计算高度（与支座形式有关，具体见本书模块 5），b 为矩形截面短边尺寸，d 为圆截面直径，i 为截面最小回转半径 $\left(i = \sqrt{\dfrac{I_{\min}}{A}}\right)$。若长细比不是表中数值，可用内插法计算 φ。

10.1.3.2　普通箍筋柱轴心受压承载力计算公式

1. 基本公式

根据以上长短柱的破坏形态分析，可以作出破坏时破坏截面上的应力分布图，如图

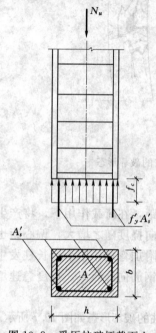

图 10.8　受压柱破坏截面上的应力分布图

10.8 所示。根据竖向力的平衡条件和结构功能函数（$S \leqslant R$）得到钢筋混凝土长短柱承载力统一的计算公式

$$N \leqslant N_u = 0.9\varphi(f_c A + f_y' A_s') \tag{10.1}$$

式中：N 为轴心压力设计值；N_u 为构件承载力；φ 为稳定系数，见表 10.1；f_c 为混凝土轴心抗压强度设计值；A 为构件截面面积，当配筋率大于 3% 时，应扣减纵向钢筋的截面积，即 $A - A_s'$；f_y' 为纵向受力钢筋抗压强度设计值；A_s' 为纵向受力钢筋总截面积。

2. 截面设计——确定纵向受力钢筋

截面设计的基本步骤如下：

（1）确定构件的计算长度 l_0 和长细比，并根据长细比查表 10.1 得稳定系数 φ（若 N 未知，则应先根据荷载情况计算出 N）。

（2）由式（10.1），得到纵向受力钢筋截面积

$$A_s' = \frac{\dfrac{N}{0.9\varphi} - f_c A}{f_y'}$$

（3）根据构造要求选配钢筋。

（4）验算配筋率是否符合构造要求，若不符合可调整构件截面面积。

【例 10.1】　某轴心受压柱，截面尺寸 $b \times h = 400\text{mm} \times 400\text{mm}$，计算长度 $l_0 = 5.6\text{m}$，采用混凝土强度等级为 C25，HRB335 级纵向受力钢筋钢筋，承受轴向力设计值 $N = 1890\text{kN}$，试进行截面设计。

解： 查表 7.2、表 7.4：$f_c = 11.9\text{N/mm}^2$，$f_y' = 300\text{N/mm}^2$

（1）计算长细比和稳定系数。

$l_0/b = 5600/400 = 14$，查表 10.1，得 $\varphi = 0.92$

（2）计算纵筋截面面积 A_s'。

$$A_s' = \frac{\dfrac{N}{0.9\varphi} - f_c A}{f_y'} = \frac{\dfrac{1890 \times 10^3}{0.9 \times 0.92} - 11.9 \times 400 \times 400}{300}$$

$$= 1262(\text{mm}^2)$$

（3）选配钢筋。选配 4 ⌀ 20，$A_s' = 1256\text{mm}^2$

（4）验算配筋率。

$$\rho' = \frac{A_s'}{A} = \frac{1256}{400 \times 400} = 0.8\% > 0.6\%$$

截面每一侧配筋率：

$$\rho' = \frac{0.5A'_s}{A} = \frac{0.5 \times 1256}{400 \times 400} = 0.4\% > 0.2\%，可以。$$

截面配筋图如图 10.9 所示。

3. 承载力复核

已知截面尺寸和配筋，判断构件是否能够承受给定的轴心压力设计值。

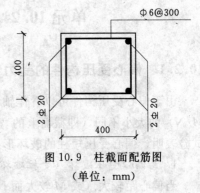

图 10.9 柱截面配筋图
（单位：mm）

【例 10.2】 已知某钢筋混凝土轴心受压柱，截面尺寸 $b \times h = 350\text{mm} \times 350\text{mm}$，计算长度 $l_0 = 4.2\text{m}$，采用混凝土强度等级为 C30，HRB400 级纵向受力钢筋，承受轴向力设计值 $N = 1890\text{kN}$，已配 4 Φ 22（$A'_s = 1520\text{mm}^2$），试复核截面是否安全。

解： 由已知条件查表 7.2、表 7.4，$f_c = 14.3\text{N/mm}^2$，$f'_y = 400\text{N/mm}^2$

（1）计算长细比和稳定系数

$l_0/b = 4200/3500 = 12$，查表 10.1，得 $\varphi = 0.95$

（2）计算构件的抗压承载力 N_u

$$\begin{aligned}
N_u &= 0.9\varphi(f_c A + f'_y A'_s) \\
&= 0.9 \times 0.95 \times (14.3 \times 350 \times 350 + 400 \times 1520) \\
&= 2017586(\text{N}) \\
&= 2017.586(\text{kN}) > N = 1600\text{kN}
\end{aligned}$$

因此，承载力符合要求。

思 考 题

10.1 为何钢筋混凝土受压构件宜采用较高等级的混凝土，但不宜采用高强度钢筋？

10.2 轴心受压长柱的破坏与短柱的破坏有什么不同？

10.3 稳定系数与哪些因素有关？

10.4 要提高轴心受压长柱的承载力，采用哪些措施最好？

习 题

10.1 某轴心受压柱，截面尺寸 $b \times h = 400\text{mm} \times 500\text{mm}$，计算长度 $l_0 = 4.2\text{m}$，采用混凝土强度等级为 C25，HRB400 级纵向受力钢筋，承受轴向力设计值 $N = 2160\text{kN}$，试进行截面设计。

10.2 已知钢筋混凝土框架柱，轴心受压，截面尺寸 $b \times h = 400\text{mm} \times 500\text{mm}$，计算长度 $l_0 = 5.2\text{m}$，采用混凝土强度等级为 C25，HRB400 级纵向受力钢筋，已配有 4 Φ 22（$A'_s = 1520\text{mm}^2$）的纵向受力钢筋，承受轴向力设计值 $N = 2160\text{kN}$，试复核截面是否安全。

单元 10.2　偏心受压构件承载力计算

10.2.1　偏心受压构件的受力特点

由于偏心受压构件可以看作轴心受压和弯曲的复合受力构件，因此初始偏心距（$e_0 = M/N$）的大小不同（即截面上的弯矩和轴力相对大小不同），可能引起不同的破坏形态。试验表明，偏心受压短柱的破坏形态有大偏心受压破坏和小偏心受压破坏两类。

1. 大偏心受压破坏（受拉破坏）

当偏心距较大（或 M 较大而 N 较小），且纵向受力钢筋配置适量时，构件在 M 和 N 共同作用下，截面部分受拉部分受压，破坏时由于混凝土的抗拉强度很低，因此首先在受拉区出现垂直轴线的横向裂缝（拉裂缝），随着轴向力的不断增加，受拉钢筋首先达到屈服。钢筋屈服后的塑性变形迅速增大，将使裂缝明显加宽并进一步向受压一侧延伸，从而导致受压区面积急剧减小，受压区混凝土的压应力急剧增大，最后混凝土被压碎，构件破坏。这种破坏形态在破坏前有明显的预兆，类似于钢筋混凝土适筋梁的破坏形态，破坏前构件有明显的变形，因此属于延性破坏，如图 10.10（a）所示。

2. 小偏心受压破坏（受压破坏）

（1）当偏心距较小（或 M 较小而 N 较大）时，截面大部分受压而少部分受拉，受拉区可能首先横向拉裂缝，但由于中和轴靠近受拉钢筋，导致受拉钢筋应变较小不足以达到屈服。同时受压区压应力较大，直到受压区混凝土的压应变达到极限压应变被压碎，受压钢筋达到屈服，构件破坏，如图 10.10（b）所示。

（2）偏心距较大，但受拉钢筋配置数量较多时，当轴向力增加到一定程度时，虽然首先受拉区出现横向拉裂缝，但由于受拉钢筋数量过多导致受力钢筋中的拉应力较小，达不到屈服强度，直到受压区混凝土被压碎，受压钢筋达到抗压屈服强度，构件破坏，如图 10.10（c）所示。

（3）当偏心距很小时，截面全部受压，没有受拉区。由于靠近轴向力一侧的压应力较大，构件破坏时该侧的混凝土先被压碎，受压钢筋应力达到屈服强度，压应力较小一侧的钢筋压应力通常达不到屈服强度，如图 10.10（d）所示。

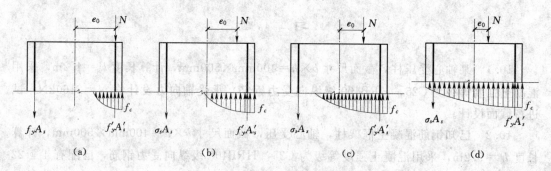

图 10.10　大小偏心受压破坏截面应力图

上述 3 种小偏心受压情况，破坏时的应力状态虽有所不同，但破坏特征却相似，即构件的破坏是由受压区混凝土的压碎引起的，破坏时，压应力较大一侧的受压钢筋的压应力达到屈服强度，而另一侧的钢筋不论受拉还是受压，其应力一般都达不到屈服强度。这种破坏没有明显的预兆，类似于钢筋混凝土超筋梁，称为脆性破坏。

综上可知，大偏心受压与小偏心受压破坏形态的相同之处为截面的最终破坏都是受压区边缘混凝土达到其极限压应变而被压碎；不同之处在于截面受拉部分和受压部分谁先发生破坏，前者是受拉钢筋先屈服，所以又称"受拉破坏"，而后受压区混凝土被压碎。后者是受压区混凝土先被压碎，所以又称"受压破坏"。

3. 大小偏心破坏的界限

大偏心受压破坏形态与小偏心受压破坏形态之间存在着一种界限破坏状态，其主要特征是在受拉钢筋应力达到屈服强度，受压区混凝土达到极限压应变被压碎，称为"界限破坏"。

按平截面假定，可以推出受拉钢筋达到屈服与压区混凝土达到极限压应变同时发生时的界限相对受压区高度 ξ_b 的计算公式（同适筋梁相同）。

当 $\xi < \xi_b$ 或 $x < x_b$ 时，属于大偏心受压破坏；

当 $\xi > \xi_b$ 或 $x > x_b$ 时，属于小偏心受压破坏；

当 $\xi = \xi_b$ 或 $x = x_b$ 时，属于界限破坏。

10.2.2　偏心受压构件的轴力—弯矩的相关性

偏心受压构件的截面承载力不仅取决于截面尺寸和材料强度等级，还取决于内力 M 和 N 的相对大小。对于给定的偏心受压构件，达到承载能力极限状态时，截面承受的压力 N_u 和弯矩 M_u 是相互关联的，构件可以在不同的 N 和 M 组合下达到极限状态。在进行构件截面配筋时，往往要考虑多种内力组合，研究 N 和 M 的对应关系可以判断出哪些内力组合对截面起控制作用，从而选择最危险的内力组合进行配筋设计。

N_u—M_u 相关曲线反映了钢筋混凝土受压构件在压力和弯矩共同作用下正截面承载力的规律，具有以下特点：

（1）当弯矩为零时，轴向承载力 N_u 达到最大值，即为轴心受压承载力 N_u，对应图 10.11 中的 A 点；当轴力为零时，构件为纯弯曲时的承载力 M_u，对应图 10.11 中的 C 点。

（2）曲线上任意一点的坐标（M_u，N_u）代表此截面在该内力组合下恰好达到承载能力极限状态。如果作用于截面上的内力坐标位于图 10.11 中曲线的内侧（如 d 点），说明该点对应的内力作用下未达到承载力极限状态，是安全的。若位于曲线外侧（如 e 点），则表明截面在该点对应的内力作用下承载力不足。

（3）曲线 BC 段对应大偏心受压，N_u 随 M_u 的增大而增大，即 M_u 值相同，则 N_u 越大越安全，越小越危险。

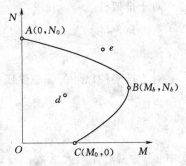

图 10.11　偏压构件弯矩—
轴力相关曲线

（4）曲线 AB 段对应小偏心受压，N_u 随 M_u 的增大而减小，即 M_u 值相同，N_u 越大越危险，N_u 越小越安全。

在实际工程中，偏心受压构件的同一截面可能会遇到许多种内力组合，有的组合使截面大偏心受压，有的组合使截面小偏心受压，理论上常把以下组合作为最不利组合：①±M_{max} 和相应 N；②N_{max} 和相应 M；③N_{min} 和相应 M。

10.2.3　偏心受压构件正截面承载力计算

10.2.3.1　偏心距增大系数

当偏心受压柱长细比较小 $l_0/h \leqslant 8$ 时为短柱，受压时横向挠度较小可以忽略不计，即截面上只有初始弯矩而没有附加弯矩。但长柱受压时横向挠度较大不能忽略不计，此时截面上既有初始弯矩，也有因侧向挠度引起的附加弯矩，计算时要考虑这一因素。

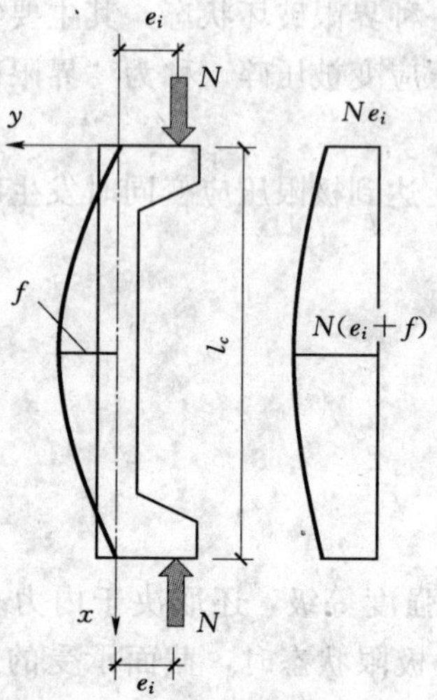

破坏截面上的实际偏心距包括两项，如图 10.12 所示：

（1）初始偏心距 e_i，$e_i = e_0 + e_a$。e_0 为轴向力对截面中心的偏心距，$e_0 = M/N$；e_a 为附加偏心距，综合考虑荷载作用位置的不定性、混凝土质量的不均匀性和施工误差等因素的影响，其值取偏心方向截面尺寸的 1/30 和 20mm 中的较大者。

（2）构件产生侧向挠度引起的偏心距 f。则截面上的最大偏心距为 $e_i + f$，即

$$e_i + f = \eta e_i \tag{10.2}$$

因此要计算实际偏心距，需要计算偏心距增大系数 η。《混凝土结构设计规范》（GB 50010—2010）给出的偏心距

图 10.12　实际偏心距图

增大系数的计算公式如下：

对于排架柱

$$\eta = 1 + \frac{1}{1500 \frac{e_i}{h_0}} \left(\frac{l_0}{h}\right)^2 \zeta_c \tag{10.3}$$

对于排架柱以外的偏心受压柱

$$\eta = 1 + \frac{1}{1300 \frac{e_i}{h_0}} \left(\frac{l_0}{h}\right)^2 \zeta_c \tag{10.4}$$

式中：η 为偏心距增大系数，按式 10.3 计算；h_0 为截面有效高度；$\frac{l_0}{h}$ 为构件长细比；ζ_c 为考虑偏心时的截面曲率修正系数，$\zeta_c = \frac{0.5 f_c A}{N}$，当 $\zeta_c > 1$ 时取 $\zeta_c = 1$。

需要指出的是，上述计算的偏心距增大系数是针对于长柱的，对于偏心受压短柱，不考虑侧向挠度的影响，因此 $\eta = 1.0$，无须计算。

10.2.3.2　偏心受压构件非对称配筋正截面承载力计算

偏心受压构件正截面承载力计算时采取和钢筋混凝土受弯构件相同的假定，同样用等

效矩形应力图来代替实际的曲线应力图。

1. 大偏心受压（$\xi \leqslant \xi_b$）

根据前述大偏心受压构件的破坏形态（破坏时受拉侧纵筋屈服应力达到 f_y、受压侧纵筋屈服应力达到 f_y' 和混凝土被压碎），可以得到等效之后的破坏截面应力分布图，如图 10.13 所示。

（1）基本计算公式

$$N \leqslant N_u = \alpha_1 f_c bx + f_y' A_s' - f_y A_s \qquad (10.5)$$

$$M \leqslant N_u e = \alpha_1 f_c bx(h_0 - 0.5x) + f_y' A_s'(h_0 - a_s') \qquad (10.6)$$

式中：N 为实际作用的轴心压力设计值；N_u 为构件截面抗压承载力设计值；x 为受压区计算高度；A_s、A_s' 分别为受拉区和受压区纵筋的截面积；e 为偏心压力至受压钢筋合力作用点的距离，即 $e = \eta e_i + \dfrac{h}{2} - a_s$；$\eta$ 为偏心距增大系数，见式 10.3。

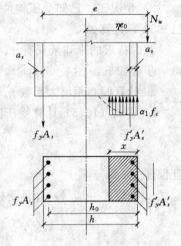

图 10.13 大偏心受压构件
破坏截面应力图

（2）适用条件。

1）为保证为大偏心受压（受拉纵筋屈服），$x \geqslant x_b$ 或 $x \leqslant h_0 \xi_b$。

2）与双筋截面梁相似，为保证受压纵筋屈服，$x \geqslant 2a_s'$，若不满足可取 $x = 2a_s'$。

（3）截面设计。进行截面设计首先需要判断受压构件是否为大偏心受压，但判断条件是 $x \leqslant h_0 \xi_b$，由于 x 在计算之前是未知量，因此这个判别条件不适用。可采用下述方法进行判别：

若 $\eta e_i \geqslant 0.3h_0$，为大偏心受压；

若 $\eta e_i < 0.3h_0$，为小偏心受压。

需要指出的是，上述判别条件只是在截面计算高度 x 未知时才采用的，是一种近似的判别方法，有时会出现 $\eta e_i \geqslant 0.3h_0$ 而 $x > h_0 \xi_b$，此时仍为小偏心受压。

计算方法如下：

1）情况一：已知受压构件计算长度、截面尺寸、材料等级、轴心压力 N 和弯矩 M，计算 A_s 和 A_s'。

此时待求的未知量有 x、A_s 和 A_s' 三个，只有两个方程，所以无法求解。此时从经济性角度考虑（尽量节省钢筋），可使 $x = x_{\max} = h_0 \xi_b$ 进行求解。

步骤如下：

a. 计算偏心距增大系数 η。

b. 判别大小偏心，即 $\eta e_i \leqslant 0.3h_0$。

c. 按式（10.5）计算受压纵筋截面积，并验算配筋率

$$A_s' = \frac{Ne - \alpha_1 f_c b h_0^2 \xi_b (1 - 0.5\xi_b)}{f_y'(h_0 - a_s')}$$

d. 再按式（10.4）计算受拉纵筋截面积，并验算配筋率

$$A_s = \frac{\alpha_1 f_c b h_0 \xi_b + f_y' A_s' - N}{f_y}$$

e. 配筋。

2）情况二：已知受压构件计算长度、截面尺寸、材料等级、轴心压力 N 和弯矩 M，已知 A'_s，计算 A_s。

此时待求的未知量只有 x、A_s 两个，可以直接求解。

步骤如下：

a. 计算偏心距增大系数 η。

b. 按式（10.5）计算受压区高度 x，并判别大小偏心

$$x = h_0 - \sqrt{h_0^2 - \frac{2\left[Ne - f'_y A'_s (h_0 - a'_s)\right]}{\alpha_1 f_c b}} \leqslant h_0 \xi_b$$

且保证 $x \geqslant 2a'_s$。

c. 再按式（10.4）计算受拉纵筋截面积

$$A_s = \frac{\alpha_1 f_c b x + f'_y A'_s - N}{f_y}$$

d. 验算配筋率并配筋。

【例 10.3】　某框架受压柱截面尺寸 $bh = 300\text{mm} \times 400\text{mm}$，计算高度 $l_0 = 3.6\text{m}$ 弯矩设计值 $M = 165\text{kN} \cdot \text{m}$，轴向压力设计值 $N = 310\text{kN}$，混凝土强度等级 C25，钢筋采用 HRB400 级，构件处于一类环境，$a_s = a'_s = 35\text{mm}$。求：A_s 和 A'_s。

解：按情况一考虑。

查表 $\alpha_1 = 1.0$，$f_c = 11.9\text{N/mm}^2$，$f_y = f'_y = 400\text{N/mm}^2$，$\xi_b = 0.550$，$h_0 = 400 - 35 = 365\text{mm}$

（1）计算偏心距增大系数。

$$e_0 = \frac{M}{N} = \frac{165 \times 10^6}{310 \times 10^3} = 532.3\,(\text{mm})$$

$$e_a = \max\left\{\frac{h}{30}, 20\right\} = 20\,(\text{mm})$$

$$e_i = e_0 + e_a = 605 + 20 = 625\,(\text{mm})$$

$$\zeta_c = \frac{0.5 f_c A}{N} = \frac{0.5 \times 11.9 \times 300 \times 400}{310 \times 10^3} = 2.3 > 1\,(\text{取}\ \xi_1 = 1)$$

$$\eta = 1 + \frac{1}{1300 \frac{e_0}{h_0}}\left(\frac{l_0}{h}\right)^2 \zeta = 1 + \frac{1}{1300 \times \frac{532.3}{365}} \times \left(\frac{3600}{400}\right)^2 \times 1$$

$$= 1.043$$

（2）判断大小偏心。

$$\eta e_0 = 1.043 \times 532.3 = 555\,(\text{mm}) > 0.3 h_0 = 109.5\,(\text{mm})$$

因此判断为大偏心受压。

（3）取

$$x = h_0 \xi_b = 365 \times 0.550 = 200.75\,(\text{mm})$$

$$e = \eta e_0 + \frac{h}{2} - a_s = 555 + \frac{400}{2} - 35 = 720\,(\text{mm})$$

$$A'_s = \frac{Ne - \alpha_1 f_c b h_0^2 \xi_b (1 - 0.5\xi_b)}{f'_y (h_0 - a'_s)}$$

$$= \frac{310 \times 10^3 \times 720 - 1.0 \times 11.9 \times 300 \times 365^2 \times 0.550 \times (1-0.5 \times 0.550)}{400 \times (365-35)}$$

$$= 254.2(\text{mm}^2) > 0.002 \times 300 \times 365 = 219(\text{mm}^2)$$

（4）计算 A_s'。

$$A_s = \frac{\alpha_1 f_c b h_0 \xi_b + f_y' A_s' - N}{f_y}$$

$$= \frac{1.0 \times 11.9 \times 300 \times 365 \times 0.550 + 400 \times 254.3 - 310 \times 10^3}{400}$$

$$= 1271(\text{mm}^2) < 0.02 \times 300 \times 365 = 2190(\text{mm}^2)$$

受拉钢筋 A_s 选用 4 Φ 20（$A_s = 1256\text{mm}^2$）；

受压钢筋 A_s' 选用 2 Φ 16（$A_s' = 402\text{mm}^2$）。

截面配筋图如图 10.14 所示。

【例 10.4】 某框架受压柱截面尺寸 $b \times h = 400\text{mm} \times 600\text{mm}$，计算高度 $l_0 = 3.6\text{m}$ 弯矩设计值 $M = 320\text{kN} \cdot \text{m}$，轴向压力设计值 $N = 640\text{kN}$，混凝土强度等级 C25，钢筋采用 HRB400 级，$a_s = a_s' = 35\text{mm}$，靠近纵向力一侧已配置 2 Φ 20 的纵筋（$A_s' = 628\text{mm}^2$）。求：A_s。

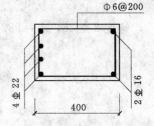

图 10.14　柱截面配筋图
（单位：mm）

解： 按情况二考虑

查表 $\alpha_1 = 1.0$，$f_c = 11.9\text{N/mm}^2$，$f_y = f_y' = 400\text{kN/mm}^2$，$\xi_b = 0.550$，$h_0 = 565\text{mm}$

（1）计算偏心距增大系数 η

$$e_0 = \frac{M}{N} = \frac{320 \times 10^6}{640 \times 10^3} = 500(\text{mm})$$

$$e_a = \max\left\{\frac{h}{30}, 20\right\} = 20(\text{mm})$$

$$e_i = e_0 + e_a = 605 + 20 = 625(\text{mm})$$

$$e_0 = 500\text{mm} > 0.3h_0 = 169.5(\text{mm})$$

故初判为大偏心受压。

$$\zeta_c = \frac{0.5 f_c A}{N} = \frac{0.5 \times 11.9 \times 400 \times 600}{640 \times 10^3} = 2.23 > 1(\text{取 } \xi = 1)$$

$$\eta = 1 + \frac{1}{1300 \dfrac{e_0}{h_0}} \left(\frac{l_0}{h}\right)^2 \zeta = 1 + \frac{1}{1300 \times \dfrac{500}{565}} \times \left(\frac{3600}{600}\right)^2 \times 1$$

$$= 1.031$$

（2）按式（10.5）计算受压区计算高度 x，并判别大小偏心

$$e = \eta e_0 + \frac{h}{2} - a_s' = 1.031 \times 500 + \frac{600}{2} - 35 = 780.5(\text{mm})$$

$$x = h_0 - \sqrt{h_0^2 - \frac{2[Ne - f_y' A_s'(h_0 - a_s')]}{\alpha_1 f_c b}}$$

$$= 565 - \sqrt{565^2 - \frac{2 \times [640 \times 10^3 \times 780.5 - 400 \times 628 \times (565 - 35)]}{1 \times 11.9 \times 400}}$$

$$= 158.4 (mm) < h_0 \xi_b = 565 \times 0.550 = 310.75 (mm)$$

故的确为大偏心受压，且 $x \geqslant 2a'_s = 70mm$。

（3）计算受拉纵筋截面积

$$A_s = \frac{\alpha_1 f_c b h_0 x + f'_y A'_s - N}{f_y}$$

$$= \frac{1 \times 11.9 \times 400 \times 158.4 + 400 \times 628 - 640 \times 10^3}{400}$$

$$= 913 (mm^2)$$

（4）验算配筋率并配筋

$$A_s \leqslant 0.02 \times 400 \times 565 = 4520 (mm^2)$$

选配 2 Φ 25，$A_s = 982mm^2$，截面配筋图如图 10.15 所示。

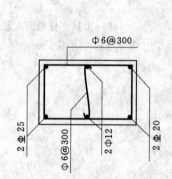

图 10.15　柱截面配筋图

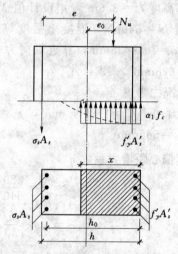

图 10.16　小偏心受压破坏截面上的应力分布图

2. 小偏心受压（$\xi > \xi_b$）

根据前述小偏心受压构件的破坏形态（破坏时受拉侧纵筋未屈服其应力 σ_s 未知可能受拉也可能受拉、受压侧纵筋屈服应力达到 f'_y 和混凝土被压碎），可以得到等效之后的破坏截面应力分布图，如图 10.16 所示。

GB 50010—2010 给出 σ_s 的计算公式如下

$$\sigma_s = \frac{\xi - \beta_1}{\xi_b - \beta_1} f_y \tag{10.7}$$

式中：σ_s 为离纵向压力较远一侧纵向钢筋的应力，可能受拉可能受压，应保证 $-f'_y \leqslant \sigma_s \leqslant f_y$；$\xi$ 为受压区计算高度，$\xi = x/h_0$，应保证 $x \leqslant h$；β_1 为见《模块 9—钢筋混凝土受弯构件设计计算》，对普通钢筋混凝土受压构件，$\beta_1 = 0.8$。

（1）基本计算公式

$$N \leqslant N_u = \alpha_1 f_c b x + f'_y A'_s - \sigma_s A_s \tag{10.8}$$

$$M \leqslant N_u e = \alpha_1 f_c b x (h_0 - 0.5x) + f'_y A'_s (h_0 - a'_s) \tag{10.9}$$

式中各符号同大偏心受压。

（2）适用条件。

1）为保证为小偏心受压（受拉纵筋屈服），$x > x_b$ 或 $x > h_0 \xi_b$。

2）当偏心距较小，而纵向压力较大时，构件发生反向弯曲，即附加挠度方向与初始偏心距相反，此时可能出现离偏心力较远一侧的混凝土先发生破坏的情况。为避免这一情况发生，远侧纵筋 A_s 还应满足：

$$A_s \geqslant \frac{N \left[\dfrac{h}{2} - (e_0 - e_a) - a'_s \right] - \alpha_1 f_c b h \left(h'_0 - \dfrac{h}{2} \right)}{f'_y (h'_0 - a_s)} \tag{10.10}$$

（3）截面设计。待求的未知量有 x（或 ξ）、A_s 和 A'_s 3 个，只有两个方程，因此无法求解。此时考虑到离纵向压力较远一侧的钢筋没有屈服，应该少用。可令 $A_s = \rho_{\min} b h = 0.002bh$ 进行求解。只有两个未知量，方程有唯一解答。联立式（10.7）、式（10.8）、式（10.9），可得到解答为

$$x = \frac{-B \pm \sqrt{B^2 - 4AC}}{2A} \tag{10.11}$$

其中
$$A = 0.5 \alpha_1 f_c b$$

$$B = -\alpha_1 f_c b a'_s - f_y A_s \frac{1 - \dfrac{a'_s}{h_0}}{\xi_b - \beta_1}$$

$$C = -N \left(\eta e_i - \frac{h}{2} + a'_s \right) + f_y A_s \frac{\beta_1 (h_0 - a'_s)}{\xi_b - \beta_1}$$

（4）对于小偏心受压构件，还应验算垂直于弯矩作用平面的轴心受压承载力，见本模块单元 1。

3. 承载力复核

由于荷载有两个，因此承载力复核分为两种情况：

（1）给定 N，求最大 M（或 e_0）。

（2）给定 e_0，求最大 N。

由于截面已知，因此无论哪一种承载力复核情况，计算都比较简单。

【例 10.5】 某一矩形截面偏心受压框架柱，所处的环境为二类 a，计算长度 $l_0 = 4.2\text{m}$，截面尺寸 $b \times h = 400\text{mm} \times 600\text{mm}$，轴向力设计值 $N = 720\text{kN}$，混凝土为 C25，纵向受力钢筋为 HRB400，配筋情况：A_s 为 3 ⊕ 22（$A_s = 1140\text{mm}^2$），A'_s 为 3 ⊕ 25（$A_s = 1473\text{mm}^2$），试计算该截面能承受的最大弯矩设计值。

解： 查表 $\alpha_1 = 1.0$，$f_c = 11.9\text{N/mm}^2$，$f_y = f'_y = 400\text{N/mm}^2$，$\xi_b = 0.550$，取 $a_s = a'_s = 40\text{mm}$，则 $h_0 = 560\text{mm}$，假定为大偏心受压

则
$$x = \frac{N + f_y A_s - f'_y A'_s}{\alpha_1 f_c b} = \frac{720 \times 10^3 + 400 \times 1140 - 400 \times 1473}{1 \times 11.9 \times 400}$$

$$= 123.3 \text{(mm)} < h_0 \xi_b = 560 \times 0.550 = 308 \text{(mm)}$$

确为大偏心受压。

$$M \leqslant \alpha_1 f_c bx(h_0 - 0.5x) + f'_y A'_s(h_0 - a'_s)$$
$$= 1 \times 9.6 \times 400 \times 123.3 \times (560 - 0.5 \times 161.5) + 1473 \times 400 \times (560 - 40)$$
$$= 587.7 \times 10^6 (\text{kN} \cdot \text{m})$$
$$= 587(\text{kN} \cdot \text{m})$$

10.2.3.3　偏心受压构件对称配筋正截面承载力计算

对称配筋是指截面两侧的配筋相同，即 $A_s = A'_s$，$f_y = f'_y$。

在实际工程中，偏心受压构件在各种不同荷载（如风荷载、地震作用、竖向荷载）作用下，在同一截面内可能分别承受正负号的弯矩，即截面在一种荷载组合下为受拉的部位，在另一种荷载组合下可能变为受压。当正负弯矩值数值相差不大，宜采用对称配筋。对于装配式柱为了保证吊装时不会出错，一般也采用对称配筋。

对称配筋也分为大偏心受压和小偏心受压两种。

1. 大偏心受压

（1）计算公式。根据大偏心受压特点，由于 $A_s = A'_s$，$f_y = f'_y$，则基本计算公式可变为

$$N \leqslant N_u = \alpha_1 f_c bx \tag{10.12}$$
$$M \leqslant N_u e = \alpha_1 f_c bx(h_0 - 0.5x) + f'_y A'_s(h_0 - a'_s) \tag{10.13}$$

公式的使用条件同前述非对称配筋大偏心受压。

（2）截面设计。

1）直接由式（10.12）求出 x，并判断大小偏心。

$x = \dfrac{N}{\alpha_1 f_c b}$，若 $x < h_0 \xi_b$ 为大偏心受压，反之为小偏心受压。若 $x < 2a'_s$，取 $x = 2a'_s$。

2）计算偏心距最大系数 η。

3）由式（10.13）计算出 $A'_s(A_s = A'_s)$。

4）验算配筋率并配筋。

【例 10.6】 某框架受压柱截面尺寸 $b \times h = 300\text{mm} \times 400\text{mm}$，计算高度 $l_0 = 3.6\text{m}$，弯矩设计值 $M = 165\text{kN} \cdot \text{m}$，轴向压力设计值 $N = 310\text{kN}$，混凝土强度等级 C25，钢筋采用 HRB400 级，处于一类环境。试进行截面设计。

解： 查表 $\alpha_1 = 1.0$，$f_c = 11.9\text{N/mm}^2$，$f_y = f'_y = 300\text{N/mm}^2$，$\xi_b = 0.550$，$h_0 = 400 - 35 = 365\text{mm}$

（1）计算 x。

$$x = \frac{N}{\alpha_1 f_c b} = \frac{310 \times 10^3}{1 \times 11.9 \times 300} = 86.8\text{mm} > 2a'_s = 70(\text{mm})$$

且　　　　　　　　$x < h_0 \xi_b = 365 \times 0.55 = 200.75(\text{mm})$

因此为大偏心受压。

（2）计算偏心距增大系数。

$$e_0 = \frac{M}{N} = \frac{165 \times 10^6}{310 \times 10^3} = 532.3(\text{mm})$$

$$e_a = \max\left\{\frac{h}{30}, 20\right\} = 20(\text{mm})$$

$$e_i = e_0 + e_a = 605 + 20 = 625(\text{mm})$$

$$\zeta = \frac{0.5 f_c A}{N} = \frac{0.5 \times 11.9 \times 300 \times 400}{310 \times 10^3} = 2.3 > 1 (\text{取 } \xi_c = 1)$$

$$\eta = 1 + \frac{1}{1300 \frac{e_0}{h_0}} \left(\frac{l_0}{h}\right)^2 \zeta_c = 1 + \frac{1}{1300 \times \frac{532.3}{365}} \times \left(\frac{3600}{400}\right)^2 \times 1$$

$$= 1.043$$

（3）计算 A_s'。

$$e = \eta e_0 + \frac{h}{2} - a_s = 555.2 + \frac{400}{2} - 35 = 720.2(\text{mm})$$

$$A_s' = \frac{Ne - \alpha_1 f_c bx (h_0 - 0.5x)}{f_y'(h_0 - a_s')}$$

$$= \frac{310 \times 10^3 \times 720.2 - 1.0 \times 11.9 \times 300 \times 86.8 \times (365 - 0.5 \times 86.8)}{400 \times (365 - 35)}$$

$$= 936.4(\text{mm}^2)$$

（4）验算配筋率并配筋

$$A_s' = 936.4\text{mm}^2 > 0.002 \times 300 \times 365 = 219(\text{mm}^2)$$

$$A_s' = 936.4\text{mm}^2 < 0.02 \times 300 \times 365 = 2190(\text{mm}^2)$$

A_s' 和 A_s 均选用 3 Φ 20（$A_s = 942\text{mm}^2$）。

截面配筋图如图 10.17 所示。

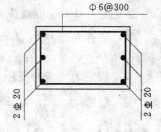

图 10.17　柱截面配筋图

2. 小偏心受压

（1）计算公式。

根据小偏心受压构件特点，对称配筋时计算公式为

$$N \leqslant N_u = \alpha_1 f_c bx + f_y' A_s' - \sigma_s A_s \qquad (10.14)$$

$$M \leqslant N_u e = \alpha_1 f_c bx (h_0 - 0.5x) + f_y' A_s'(h_0 - a_s') \qquad (10.15)$$

公式适用条件同非对称配筋小偏心受压。

（2）截面设计。

将 $\sigma_s = \frac{\xi - \beta_1}{\xi_b - \beta_1} f_y$ 代入方程组后可变为

$$N \leqslant N_u = \alpha_1 f_c bh_0 \xi + f_y' A_s' - \frac{\xi - \beta_1}{\xi_b - \beta_1} A_s' \qquad (10.16)$$

$$M \leqslant N_u e = \alpha_1 f_c bh_0^2 \xi(1 - 0.5\xi) + f_y' A_s'(h_0 - a_s') \qquad (10.17)$$

由式（10.17），可以计算出

$$A_s' = \frac{Ne - \alpha_1 f_c bh_0^2 \xi(1 - 0.5\xi)}{f_y'(h_0 - a_s')}$$

对于 HRB335 级钢筋，$\xi_{\min} = 0.55$，$\xi_{\max} \approx 1$，则 $\xi(1 - 0.5\xi) \approx 0.4 \sim 0.5$；

对于 HRB400 级钢筋，$\xi_{\min} = 0.518$，$\xi_{\max} \approx 1$，则 $\xi(1 - 0.5\xi) \approx 0.39 \sim 0.5$。

由此可以看出 $\xi(1-0.5\xi)$ 的变化范围较小，为简化计算，可用迭代法近似求出 ξ

$$\xi=\frac{N-\alpha_1 f_c b h_0 \xi_b}{\dfrac{Ne-0.43\alpha_1 f_c b h_0^2}{(\beta_1-\xi_b)(h_0-a_s')}+\alpha_1 f_c b h_0}+\xi_b$$

代入式（10.17）可计算出 A_s'。

计算步骤如下：

1）判断大小偏心，可先假定为大偏心受压计算 x 进行判别。

2）计算偏心距最大系数 η。

3）计算 ξ。

$$\xi=\frac{N-\alpha_1 f_c b h_0 \xi_b}{\dfrac{Ne-0.43\alpha_1 f_c b h_0^2}{(\beta_1-\xi_b)(h_0-a_s')}+\alpha_1 f_c b h_0}+\xi_b$$

4）计算 A_s'。

$$A_s'=\frac{Ne-\alpha_1 f_c b h_0^2 \xi(1-0.5\xi)}{f_y'(h_0-a_s')}$$

5）验算配筋率并配筋。

6）对于小偏心受压构件，还应验算垂直于弯矩作用平面的轴心抗压承载力，此时应将两侧的全部纵筋都视为受压纵筋。

【例 10.7】　某钢筋混凝土偏心受压框架柱，截面尺寸 $b\times h=300\text{mm}\times500\text{mm}$，计算长度 $l_0=6.5\text{m}$，承受的轴心压力设计值 $N=1260\text{kN}$，弯矩设计值 $M=240\text{kN}\cdot\text{m}$，采用 C30 混凝土，HRB400 级纵向受力钢筋，试按对称配筋进行截面设计（$a_s=a_s'=40\text{mm}$）。

解：查表 $\alpha_1=1.0$，$f_c=14.3\text{N/mm}^2$，$f_y=f_y'=400\text{N/mm}^2$，$\xi_b=0.550$，$h_0=500-40=460\text{mm}$

（1）假定为大偏心受压。

则　　　　$x=\dfrac{N}{\alpha_1 f_c b}=\dfrac{1260\times10^3}{1\times9.6\times300}=437.5>h_0\xi_b=460\times0.55=253(\text{mm})$

因此为小偏心受压。

（2）计算偏心距最大系数 η。

$$e_0=\frac{M}{N}=\frac{240\times10^6}{1260\times10^3}=190.5(\text{mm})$$

$$e_a=\max\left\{\frac{h}{30},20\right\}=20(\text{mm})$$

$$e_i=e_0+e_a=605+20=625(\text{mm})$$

$$\zeta_c=\frac{0.5f_cA}{N}=\frac{0.5\times14.3\times300\times500}{1260\times10^3}=0.851$$

$$\eta=1+\frac{1}{1300\dfrac{e_0}{h_0}}\left(\frac{l_0}{h}\right)^2\zeta_c=1+\frac{1}{1300\times\dfrac{190.5}{460}}\times\left(\frac{6500}{500}\right)^2\times0.851$$

$$=1.267$$

$$e=\eta e_i+\frac{h}{2}-a_s'=1.267\times190.5+\frac{500}{2}-40=451.4(\text{mm})$$

（3）计算 ξ。

$$\xi = \frac{N - \alpha_1 f_c b h_0 \xi_b}{\dfrac{Ne - 0.43 \alpha_1 f_c b h_0^2}{(\beta_1 - \xi_b)(h_0 - a_s')} + \alpha_1 f_c b h_0} + \xi_b$$

$$= \frac{1260 \times 10^3 - 1 \times 14.3 \times 300 \times 460 \times 0.55}{\dfrac{1260 \times 10^3 \times 451.4 - 0.43 \times 1 \times 14.3 \times 300 \times 460^2}{(0.8 - 0.55)(460 - 40)} + 1 \times 14.3 \times 300 \times 460} + 0.55$$

$$= 0.574$$

（4）计算 A_s'。

$$A_s' = \frac{Ne - \alpha_1 f_c b h_0^2 \xi(1 - 0.5\xi)}{f_y'(h_0 - a_s')}$$

$$= \frac{1260 \times 10^3 \times 451.4 - 1 \times 14.3 \times 300 \times 460^2 \times 0.574 \times (1 - 0.5 \times 0.574)}{400 \times (460 - 40)}$$

$$= 1174 (\text{mm}^2)$$

（5）验算配筋率并配筋。

$$A_s' = 1174 \text{mm}^2 > 0.002 \times 300 \times 460 = 276 (\text{mm}^2)$$

$$A_s' = 1174 \text{mm}^2 < 0.02 \times 300 \times 460 = 2760 (\text{mm}^2)$$

A_s' 和 A_s 均选用 4 Φ 20（$A_s = 1256 \text{mm}^2$）。

截面配筋图如图 10.18 所示。

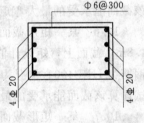

图 10.18 柱截面配筋图

（6）验算垂直于弯矩作用平面的轴心抗压承载力。

$l_0/b = 6500/300 = 21.7$，查表 10.1 并用直线内插法，得稳定系数 $\varphi = 0.7075$。

$$N_u = 0.9\varphi(f_c A + f_y' A_s')$$

$$= 0.9 \times 0.7075 \times (9.6 \times 300 \times 500 + 2 \times 300 \times 2372)$$

$$= 1823 \times 10^3 N = 1823 (\text{kN}) > N = 1260 \text{kN}$$

垂直于弯矩作用平面的轴心抗压承载力符合要求。

思 考 题

10.5 大小偏心受压构件的破坏特征分别是什么？

10.6 偏心受压长柱时如何考虑侧向挠度对截面承载力的影响？与轴心受压长柱有何不同？

10.7 偏心距增大系数与哪些因素有关？

10.8 偏心受压构件的截面承载力复核方法与轴心受压构件有何不同？

10.9 什么情形下会出现偏心受压构件远离偏心力一侧的混凝土先被压坏？应如何防止？

10.10 在建立小偏心受压构件承载力计算公式时，是如何考虑未屈服钢筋的应力的？

10.11 解释偏心受压构件的 $M-N$ 相关曲线的含义。

10.12 不同的情形下，分别有哪些判别大小偏心受压的方法？

10.13　大小偏心受压构件承载力计算公式的适用条件分别是什么？

10.14　采用对称配筋有什么好处？

习　　题

10.3　已知柱截面尺寸 $bh = 400\text{mm} \times 600\text{mm}$，荷载设计值作用下的纵向压力 $N = 600\text{kN}$，弯矩 $M = 180\text{kN·m}$，混凝土强度等级为 C25（$f_c = 11.9\text{N/mm}^2$），纵向钢筋采用 HRB400 级，（$f_y = f_y' = 400\text{N/mm}^2$），$\xi_b = 0.550$，柱的计算长度 $l_0 = 3.6\text{m}$，求：受压钢筋截面积 A_s' 和受拉钢筋截面面积 A_s。（$a_s = a_s' = 40\text{mm}$）

10.4　已知柱截面尺寸 $b \times h = 400\text{mm} \times 600\text{mm}$，荷载设计值作用下的纵向压力 $N = 600\text{kN}$，初始偏心距 $e_0 = 400\text{mm}$，混凝土强度等级为 C30（$f_c = 14.3\text{N/mm}^2$），纵向钢筋采用 HRB400 级，（$f_y = f_y' = 400\text{N/mm}^2$），$\xi_b = 0.550$，柱的计算长度 $l_0 = 4.2\text{m}$，已配置受压钢筋 $A_s' = 628\text{mm}^2$（2 Φ 20），求：受拉钢筋截面面积 A_s。（$a_s = a_s' = 40\text{mm}$）

10.5　某一矩形截面偏心受压柱，截面尺寸 $b \times h = 400\text{mm} \times 600\text{mm}$，计算长度 $l_0 = 4.8\text{m}$，轴向力设计值 $N = 720\text{kN}$，混凝土为 C30（$f_c = 14.3\text{N/mm}^2$），纵向受力钢筋为 HRB400，情况为：A_s 为 3 Φ 22（$A_s = 1140\text{mm}^2$），A_s' 为 4 Φ 22（$A_s = 1520\text{mm}^2$），试计算该截面能承受的最大弯矩设计值。（$a_s = a_s' = 40\text{mm}$）

10.6　某一矩形截面偏心受压柱，截面尺寸 $b \times h = 400\text{mm} \times 600\text{mm}$，计算长度 $l_0 = 4.8\text{m}$，截面上弯矩设计值 $M = 360\text{kN·m}$，混凝土为 C25（$f_c = 11.9\text{N/mm}^2$），纵向受力钢筋为 HRB400，情况为：A_s 为 3 Φ 22（$A_s = 1140\text{mm}^2$），A_s' 为 2 Φ 22（$A_s = 760\text{mm}^2$），试计算该截面能承受的最大轴力设计值。（$a_s = a_s' = 40\text{mm}$）

10.7　某一矩形截面偏心受压柱，截面尺寸 $b \times h = 400\text{mm} \times 600\text{mm}$，计算长度 $l_0 = 7.2\text{m}$，截面上轴向力设计值 $N = 1720\text{kN}$，弯矩设计值 $M = 360\text{kN·m}$，混凝土为 C25（$f_c = 11.9\text{N/mm}^2$），纵向受力钢筋为 HRB400，情况为：A_s 为 3 Φ 22（$A_s = 1140\text{mm}^2$），A_s' 为 4 Φ 22（$A_s = 1520\text{mm}^2$），试复核该截面是否安全。（$a_s = a_s' = 40\text{mm}$）

10.8　已知一矩形截面偏心受压柱的截面尺寸 $b \times h = 300\text{mm} \times 400\text{mm}$，柱的计算长度 $l_0 = 4.0\text{m}$，混凝土强度等级为 C30（$f_c = 14.3\text{N/mm}^2$），采用 HRB400 级钢筋配筋，轴心压力设计值 $N = 720\text{kN}$，弯矩设计值 $M = 180\text{kN·m}$，采用对称配筋，试计算进行截面设计。（$a_s = a_s' = 40\text{mm}$）

10.9　已知一矩形截面偏心受压柱的截面尺寸 $b \times h = 300\text{mm} \times 400\text{mm}$，柱的计算长度 $l_0 = 3.0\text{m}$，$a_s = a_s' = 40\text{mm}$，混凝土强度等级为 C30（$f_c = 14.3\text{N/mm}^2$），采用 HRB400 级钢筋配筋，轴心压力设计值 $N = 960\text{kN}$，弯矩设计值 $M = 180\text{kN·m}$，采用对称配筋，试计算进行截面设计。（$a_s = a_s' = 40\text{mm}$）

模块 11   预应力混凝土一般知识

教学目标：

- 熟悉预应力构件的特点、应用范围
- 会选取预应力混凝土材料
- 能正确估算各种应力损失
- 会正确应用预应力构件构造规定

在模块 9 和模块 10 中研究了普通钢筋混凝土结构中最为普遍的板、梁、柱等构件设计计算。普通钢筋混凝土结构在使用上具有许多长处，目前仍是工业与民用建筑结构的主要形式之一。但是，普通钢筋混凝土结构也有很多弱点，主要是抗裂性能差，混凝土的受拉极限应变只有 $(0.1\sim0.15)\times10^{-3}$，而钢筋达到屈服强度时的应变却达到 $(1.0\sim2.5)\times10^{-3}$，两者相差悬殊。所以构件在正常使用阶段大多是带裂缝工作的，一般情况下，只要裂缝宽度不超过 $0.2\sim0.3mm$，并不影响结构的使用和耐久性。但是，对于使用上需要严格限制裂缝宽度或不允许出现裂缝的构件，普通混凝土就无法满足要求。为了满足变形和裂缝控制的要求，则需要增加构件的截面尺寸和用钢量，这将导致构件的截面尺寸和自重过大，使普通混凝土结构用于大跨度或承受动力荷载成为不可能或很不经济。另外，在普通钢筋混凝土采用高强度钢筋是不合理的，提高混凝土的强度等级对增加其极限拉应变的作用极其有限。工程实践证明，采用预应力混凝土结构是解决上述问题的良好方法。

单元 11.1   预应力混凝土认识

11.1.1   预应力混凝土的基本工作原理

所谓预应力混凝土结构，就是在外荷载作用之前，预先对由外荷载引起的混凝土受拉区施加以压应力，用产生的预压应力来抵消外荷载引起的部分或全部拉应力。这样，在外荷载作用下，裂缝就能延缓出现或不致发生，即使发生了，裂缝宽度也不会过宽。

下面以图 6.1 简支梁（受弯构件）为例，来说明预应力混凝土的基本原理。

在外荷载作用之前，预先在梁的受拉区施加一对大小相等、方向相反的偏心预压力 N，使梁的下部产生预压应力 σ_c，如图 11.1（a）所示；在外荷载作用下，梁下部产生拉应力 σ_a，如图 6.1（b）所示；这样梁截面的最终应力分布将是二者的叠加，如图 11.1（c）所示。由于预加压力 N 的大小可控制，就可通过对预加压力 N 的控制来达到裂缝控制等级的要求，使梁下部应力是压应力（$\sigma_c - \sigma_{a} > 0$）或数值较小的拉应力（$\sigma_c - \sigma_{a} < 0$）。

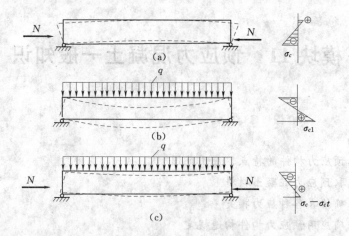

图 11.1　预应力简支梁的基本受力原理
(a) 预加应力作用；(b) 使用荷载作用；(c) 预加应力和使用荷载共同作用

11.1.2　预应力混凝土结构的优缺点

预应力混凝土结构的优点：

（1）抗裂性和耐久性好。由于对构件施加预应力，延缓了裂缝的出现，减少了构件发生锈蚀的可能性，增加了结构的耐久性，扩大了构件的使用范围，并提高了构件抵抗不良环境的能力。

（2）刚度大。因为混凝土不开裂，提高了构件的刚度，预加偏心应力产生的反拱可以减少构件的总挠度。

（3）节约材料、减轻自重。预应力混凝土结构充分利用高强钢筋和高强混凝土，减少了钢筋用量和构件截面尺寸，减轻结构的自重，对大跨度结构具有明显的优越性。

预应力混凝土结构的缺点：

（1）施工工艺较复杂，对质量要求高，需技术熟练的专业队伍。

（2）需要专业的设备，且对设备的精度要求高。

（3）成本相对较高，尤其对构件需用数量少时。

11.1.3　预应力混凝土结构分类

对预应力钢筋混凝土构件主要依据截面应力状态分为以下 4 种：

（1）全预应力混凝土。在全部荷载效应的短期组合下，截面不出现拉应力。

（2）有效预应力混凝土。在全部荷载即荷载效应的短期组合下，截面拉应力不超过混凝土规定的抗拉强度；在荷载效应的长期组合下，不出现拉应力。

（3）部分预应力混凝土。允许出现裂缝，但最大裂缝宽度不得超过允许的限值。

（4）钢筋混凝土。预压应力为零时的混凝土。

施加预应力一般采用对钢筋的预张拉，利用钢筋的弹性回缩对构件施以压力，这种钢筋称为预应力钢筋，根据预应力钢筋和混凝土之间有无黏结作用，又可分为有黏结预应力混凝土和无黏结预应力混凝土构件，无黏结预应力混凝土在施工时，将预应力钢筋外表面涂以沥青、油脂或其他润滑防锈材料，再套以塑料套管或塑料包膜后，将它如同普通钢筋一样放入模板即可浇筑混凝土，因此施工非常方便。

11.1.4 预应力的施加方法

对混凝土施加预压力一般通过张拉钢筋，利用钢筋拉伸后的弹性回缩，使混凝土受到压力。根据张拉钢筋和浇注混凝土的先后顺序，可把施加预应力的方法分为先张法和后张法两类。

1. 先张法

在混凝土浇筑之前对钢筋张拉的方法为先张法。其施工工序如下：

（1）在专门的台座上张拉钢筋，并将张拉后的钢筋固定在台座的传力架上，如图 11.2 (a)、(b) 所示。

（2）在张拉好的钢筋周围绑筋（构件中配置的非预应力钢筋）、支模、浇筑混凝土并对其养护，如图 11.2 (c) 所示。

（3）混凝土达到一定强度后（一般不低于设计的混凝土强度等级的 75%），切断并放松钢筋，预应力钢筋在回缩时对混凝土施加预压应力，如图 11.2 (d) 所示。

在先张法构件中，预应力是靠钢筋与混凝土之间的黏结力传递的。

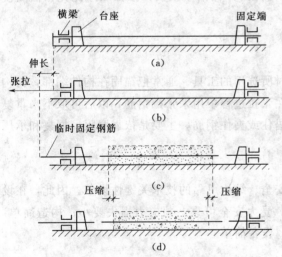

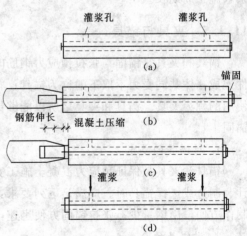

图 11.2　先张法工序示意图
(a) 钢筋就位；(b) 钢筋张拉；(c) 钢筋临时固定，
浇筑混凝土并养护；(d) 放松钢筋，
钢筋回缩，对混凝土施加预压力

图 11.3　后张法工序示意图
(a) 浇筑构件，预留孔道，穿入钢筋；
(b) 安装张拉设备；(c) 张拉钢筋；
(d) 锚固钢筋，孔道压力灌浆

2. 后张法

后张法是指先浇筑混凝土构件，然后直接在构件上张拉预应力钢筋的方法。其施工工序如下：

（1）先浇筑混凝土，并在构件中穿筋孔道和灌浆孔，如图 11.3 (a) 所示。

（2）待混凝土达到规定的强度后，将预应力钢筋穿入孔道，直接在构件上对预应力筋进行张拉，同时混凝土受到预压，如图 11.3（b）所示。

（3）待预应力钢筋张拉到设计规定的应力后，用锚具将钢筋锚固在构件上，如图 11.3（c）所示。

（4）最后在预留孔道内压力灌注水泥浆，以防止钢筋锈蚀并使预应力钢筋与混凝土形成整体，如图 11.3（d）所示。

后张法是靠工作锚具来传递和保持预加应力的。

3. 先张法与后张法比较

（1）先张法的优缺点。

1）主要优点：张拉工序简单；不需永久性锚具，用钢量少；可成批生产，生产效率高，特别是需用量较大的中小型构件。

2）主要缺点：需专门张拉台座，一次性投资较大；预应力钢筋多为直线布置，折线或曲线布筋较困难。

（2）后张法的优缺点。

1）主要优点：不需专门台座，适宜于只能在现场制作的大型构件；钢筋可根据不同荷载性质布置成各种形状。

2）主要缺点：所用永久性锚具要附在构件内，耗钢量较大；张拉工序比先张法要复杂，施工周期长。

11.1.5　夹具与锚具

锚具和夹具是锚固与张拉预应力钢筋时所选用的工具。通常把锚固在构件端部，与构件连成一体共同受力不取下的称为锚具；在张拉过程中用来张拉钢筋，以后可取下来重复使用的称为夹具。锚具和夹具之所以能够锚住或夹住钢筋，主要是依靠摩阻、握裹和承压锚固。

1. 对锚具的要求

锚具和夹具是保证预应力混凝土施工安全、结构可靠的技术关键性设备。因此，在设计、制造或选择锚具时。应满足下列要求：受力安全可靠；预应力损失要小；构造简单、制作方便，用钢量少；张拉锚固方便迅速，设备简单。

2. 对锚具的分类

锚具的形式繁多，锚具的型式繁多，按其构造形式及锚固原理，可分为 3 种基本类型：

（1）锚块锚塞型。这类锚具由锚块和锚塞两部分组成，如图 11.4 所示。

（2）螺杆螺帽型。这类锚具由螺杆、螺帽和垫板三部分组成，如图 11.5 所示。

（3）镦头型锚具。这类锚具由张拉端和固定端两部分组成，如图 11.6 所示。

11.1.6　孔道成型与灌浆材料

后张有黏结预应力钢筋的孔道成型方法分为抽拔性和预埋型两类。

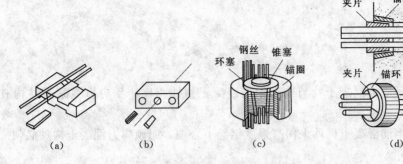

图 11.4 锚块锚塞型锚具

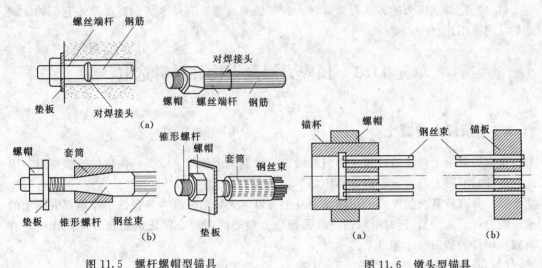

图 11.5 螺杆螺帽型锚具

图 11.6 镦头型锚具
(a) 张拉端镦头锚；(b) 固定端镦头锚

抽拔型是在浇筑混凝土前预埋钢管或充水（充压）的橡胶管，在浇筑混凝土后并达到一定强度时拔抽出预埋管，便形成了预留在混凝土中的孔道。适用于直线形孔道。

预埋型是在浇筑混凝土前预埋金属波纹管（或塑料波纹管），如图 11.7 所示，在浇筑混凝土后不再拔出而永久留在混凝土中，便形成了预留孔道。适用于各种线形孔道。

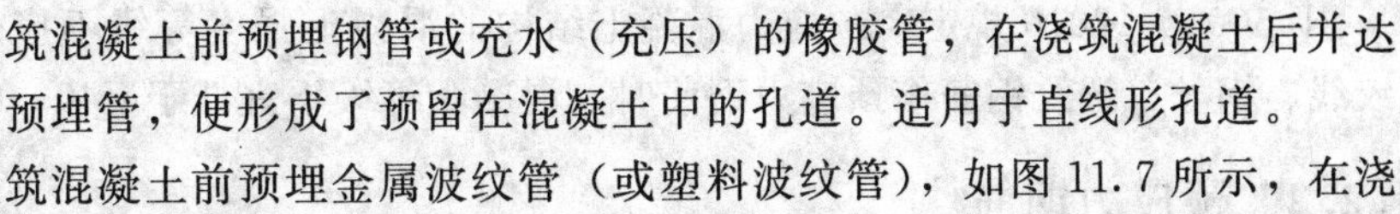

金属波纹管   SBG 塑料波纹管及连接套管

图 11.7 孔道成型材料

预留孔道的灌浆材料应具有流动性、密实性和微膨胀性，一般采用 32.5 或 32.5 以上标号的普通硅酸盐水泥，水灰比为 0.4～0.45，宜掺入 0.01％水泥用量的铝粉作膨胀剂。

当预留孔道的直径大于 150mm 时，可在水泥浆中掺入不超过水泥用量 30％的细砂或研磨得很细的石灰石。

思　考　题

11.1　何为预应力混凝土？与普通钢筋混凝土构件相比，预应力混凝土结构有何优缺点？

11.2　为何钢筋混凝土构件采用高强度钢筋不合理，而预应力混凝土构件必须采用高强度材料？

11.3　预应力混凝土分为哪几类？各有何特点？

11.4　施加预应力的方法有哪几种？先张法和后张法有什么区别？试简述它们的优缺点及应用范围。

单元 11.2　预应力混凝土构件材料选取

11.2.1　预应力混凝土

预应力混凝土构件通过预应力钢筋的张拉对混凝土预压，以提高构件的抗裂能力，因此，构件对混凝土的要求较高，具体如下：

（1）具有较高的强度。采用高强混凝土可以增大黏结强度（先张法）和端部混凝土的承压能力（后张法），同时可以适应高强预应力钢筋的需要，保证钢筋充分发挥作用，有效减少构件的截面尺寸和自重。

（2）收缩、徐变小，以减少预应力损失。

（3）快凝、早强，使之能尽早施加预应力，加快施工进度，提高设备利用率。

GB 50010—2010 规定，预应力混凝土结构的混凝土强度等级不应低于 C30；当采用钢绞线、钢丝、螺纹钢筋作预应力钢筋时，混凝土等级不宜低于 C40。

11.2.2　预应力钢筋

预应力混凝土构件中预应力钢筋应满足下列要求：

（1）具有较高的强度。预应力的大小取决于预应力钢筋张拉应力的大小，构件在制作和使用过程中会产生各种预应力损失，要达到预期的效果必须采用较高的张拉应力，这就要求预应力钢筋有较高的抗拉强度。

（2）具有一定的塑性。为避免预应力混凝土构件发生脆性破坏，要求构件破坏前有较大的变形能力，预应力钢筋必须具有足够的塑性性能，尤其是处于低温或受到冲击荷载作用的构件。

（3）具有良好的加工性能。要求预应力钢筋具有良好的可焊性，并且钢筋在镦粗后不影响原来的物理力学性能。

（4）与混凝土有良好的黏结强度。先张法构件主要通过预应力钢筋和混凝土之间的黏结力来实现对混凝土的预压，要求预应力钢筋具有良好的外形。

目前，我国常用的预应力钢筋有：预应力钢丝、钢绞线、螺纹钢筋、冷拔低碳钢丝、冷拉钢筋、冷轧带肋钢筋等。GB 50010—2010 规定，预应力钢筋宜采用中强度预应力钢丝、消除应力钢丝、钢绞线、预应力螺纹钢筋。当采用其他钢筋时应符合专门规程或规定。

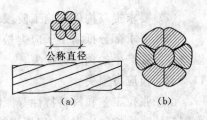

图 11.8　钢绞线

思　考　题

11.5　预应力混凝土构件对混凝土性能要求有哪些？

11.6　常用的预应力钢筋有哪些种类？

单元 11.3　张拉控制应力和预应力损失计算

11.3.1　预应力钢筋张拉控制应力

张拉控制应力 σ_{con} 是指张拉钢筋时，张拉设备（如千斤顶油压表）所指示出的总张拉力除以预应力钢筋的截面面积所得的应力值。它是预应力钢筋在进行张拉时控制达到的最大应力值。

张拉控制应力 σ_{con} 越高，对混凝土建立的预压应力值就越大，构件的抗裂性越好，刚度越大。因此，仅从此角度考虑，σ_{con} 取得高些是有利的。但是，如果 σ_{con} 定得过高将会出现以下问题：

（1）构件的延性降低。构件的开裂荷载和极限荷载很接近，使构件在破坏前无明显的预兆，构件的延性差。

（2）个别钢筋或钢丝被拉断。由于张拉的不准确和工艺上有时要求超张拉，且预应力钢筋的实际屈服强度并非根根相同等因素，张拉时有可能使钢筋应力达到甚至超过实际屈服强度，而使钢筋产生塑性变形或脆断。

为此，GB 50010—2010 规定，预应力钢筋的张拉控制应力 σ_{con} 一般情况下不宜超过表 11.1 规定的张拉控制应力限值。

表 11.1　　　　　　　　　　张 拉 控 制 应 力 限 值

钢 筋 种 类	张 拉 方 法	
	先张法	后张法
消除应力钢丝、钢绞线	$0.75f_{ptk}$	$0.75f_{ptk}$
中强度预应力钢丝	$0.70f_{ptk}$	$0.65f_{ptk}$
预应力螺纹钢筋	$0.85f_{pyk}$	$0.80f_{pyk}$

当符合下列情况之一时，表 11.1 中的张拉控制应力限值可提高 $0.05f_{ptk}$ 或 $0.05f_{pyk}$：

（1）要求提高构件在施工阶段的抗裂性能而在使用阶段受压区内设置的预应力筋。

（2）要求部分抵消由于应力松弛、摩擦、钢筋分批张拉以及预应力钢筋与台座之间的温差等因素产生的预应力损失。

11.3.2　预应力损失

由于张拉工艺和材料特性等原因，从张拉钢筋开始直到构件使用的整个过程中，预应力钢筋的张拉控制应力 σ_{con} 将慢慢降低，这种现象称为预应力损失。

预应力损失将降低预应力混凝土构件的预应力效果，加之其影响因素繁多。因此，在设计和施工预应力构件时，应正确计算预应力损失，并设法减少预应力损失。

预应力损失用 σ_l 表示，根据引起损失的原因可分为六类，下面分别说明各项损失值的计算和减少损失的措施。

1. 张拉端锚具变形和钢筋内缩引起的预应力损失 σ_{l1}

对预应力钢筋进行张拉达到张拉控制应力后，用锚具把预应力钢筋锚固在台座或构件上。由于预应力钢筋回弹使锚具、垫板与构件之间的缝隙被压紧时，预应力钢筋在锚具中的内缩造成钢筋应力的降低，由此形成的预应力损失称为 σ_{l1}。GB 50010—2010 规定，对于预应力直线形，σ_{l1} 按下式计算

$$\sigma_{l1} = \frac{a}{l} E_s \tag{11.1}$$

式中：a 为张拉端锚具变形和钢筋内缩值，mm，按表 11.2 采用；l 为张拉端至锚固端之间的距离，mm；E_s 为预应力钢筋的弹性模量，N/mm²。

表 11.2　　　　　　　　　　　　锚具变形和钢筋内缩值 a　　　　　　　　　　　　单位：mm

锚　具　类　型		a
支承式锚具 （钢丝束镦头锚具等）	螺帽缝隙	1
	每块后加垫板的缝隙	1
夹片式锚具	有预压时	5
	无预压时	6～8

注　1. 表中的锚具变形和钢筋内缩值也可根据实测数据确定。

　　　2. 其他类型的锚具变形和钢筋内缩值应根据实测数据确定。

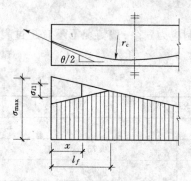

图 11.9　圆弧形曲线预应力钢筋因锚具变形和钢筋内缩引起的预应力损失示意图

如图 11.9 所示，后张法预应力曲线钢筋或折线钢筋由于锚具变形和钢筋内缩引起的损失 σ_{l1} 按下式计算

$$\sigma_{l1} = 2\sigma_{con} l_f \left(\frac{\mu}{r_c} + k \right) \left(1 - \frac{x}{l_f} \right) \tag{11.2}$$

反向摩擦影响长度 l_f（m）按下式计算

$$l_f = \sqrt{\frac{a E_s}{1000 \sigma_{con} (\mu / r_c + k)}} \tag{11.3}$$

式中：r_c 为圆弧形曲线预应力钢筋的曲率半径，m；x 为张拉端至计算截面的距离，且符合 $x \leqslant l_f$ 的规定，m；μ 为预应力钢筋与孔道壁之间的摩擦系数，按表 11.3 采用；k 为考虑孔道每米长度局部偏差的摩擦系数，按表

11.3 采用。

其他符号意义同前。

表 11.3 摩擦系数

孔道成型方式	k	μ	孔道成型方式	k	μ
预埋金属波纹管	0.0015	0.25	抽芯成型	0.0014	0.55
预埋钢管	0.001	0.30	无黏结预应力筋	0.004	0.09

注 1. 表中系数也可根据实测数据确定。

2. 当采用钢丝束的钢质锥形锚具及类似形式的锚具时，尚应考虑锚杯口处的附加摩擦损失，其值可根据实测数据确定。

为减小锚具变形引起的预应力损失，除认真按照施工程序操作外，还可采用如下减小损失的方法：选择变形小或预应力钢筋滑移小的锚具，减少垫板的块数；对于先张法选择长的台座。

2. 预应力钢筋与孔道壁之间的摩擦引起的预应力损失 σ_{l2}

用后张法张拉预应力钢筋时，由于钢筋与孔道壁之间产生摩擦力，致使预应力钢筋截面的应力随距张拉端距离的增加而减小，这种应力损失称为摩擦损失 σ_{l2}。σ_{l2} 按下式计算

$$\sigma_{l2} = \sigma_{con}\left(1 - \frac{1}{e^{kx+\mu\theta}}\right) \tag{11.4}$$

当 $kx + \mu\theta \leqslant 0.3$ 时，σ_{l2} 可按以下近似公式计算

$$\sigma_{l2} = (kx + \mu\theta)\sigma_{con} \tag{11.5}$$

式中：x 为从张拉端至计算截面的孔道长度，可近似取该段孔道在纵轴上的投影长度，m；θ 为从张拉端至计算截面曲线孔道部分切线的夹角，如图 11.10 所示，rad。

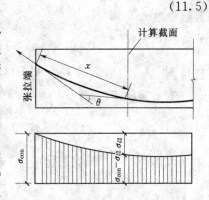

图 11.10 摩擦引起的预应力损失

其他符号意义同前。

减小摩擦损失的方法有：①采用两端张拉，如图 11.11 所示。可使预应力损失 σ_{l2} 减小一半左右；②采用"超张拉"工艺。超张拉程序为：$0 \rightarrow 1.05\sigma_{con}$（持续 2min）$\rightarrow \sigma_{con}$。采用超张拉可使摩擦损失减小，比一次张拉的应力分布更均匀。

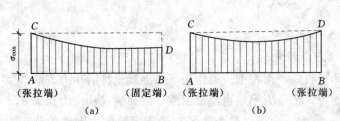

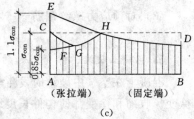

图 11.11 一端张拉、两端张拉及超张拉对减小摩擦损失的影响

3. 混凝土加热养护时预应力钢筋与台座间温差引起的预应力损失 σ_{l3}

在先张法构件的制作过程中，为加快设备周转，缩短生产周期，混凝土浇筑后常采用蒸汽养护的方法来加速混凝土的凝固。升温时，混凝土尚未硬结，由于钢筋温度高于台座的温度，钢筋将产生相对伸长，预应力钢筋中的应力将降低，造成预应力损失。降温时，混凝土已结硬，与钢筋之间已建立起黏结力，两者一起回缩，故钢筋应力的损失值将不能恢复。

设预应力筋与两端台座之间的温差为 $\Delta t \text{℃}$，钢筋的线膨胀系数 $\alpha = 1 \times 10^{-5}/\text{℃}$，钢筋的弹性模量 $E_s = 2 \times 10^5 \text{N/mm}^2$，则 σ_{l3} 的计算公式为

$$\sigma_{l3} = \varepsilon_s E_s = 2\Delta t \tag{11.6}$$

减小损失 σ_{l3} 的措施有：①采用两段升温养护的方法。先在常温下养护，当混凝土达到一定强度后再升温养护，此时钢筋和混凝土已结为整体共同伸缩，不再引起该项预应力损失；②在钢模上张拉钢筋。钢筋锚固在钢模上，升温时两者温度相同，可不考虑由于温差引起的损失。

4. 预应力钢筋的应力松弛引起的预应力损失 σ_{l4}

预应力钢筋应力松弛是指钢筋在高应力作用下，在钢筋长度不变的条件下，钢筋应力随时间增长而降低的现象。钢筋应力松弛使预应力值降低，造成的预应力损失称为 σ_{l4}。试验表明，松弛损失与张拉控制应力值大小、钢筋种类、张拉方式等有关。σ_{l4} 分别按下列方法计算：

（1）对消除应力钢丝、钢绞线

普通松弛

$$\sigma_{l4} = 0.4\left(\frac{\sigma_{con}}{f_{ptk}} - 0.5\right)\sigma_{con} \tag{11.7}$$

低松弛

当 $\sigma_{con} \leqslant 0.7 f_{ptk}$ 时

$$\sigma_{l4} = 0.125\left(\frac{\sigma_{con}}{f_{ptk}} - 0.5\right)\sigma_{con} \tag{11.8}$$

当 $0.7 f_{ptk} < \sigma_{con} \leqslant 0.8 f_{ptk}$ 时

$$\sigma_{l4} = 0.20\left(\frac{\sigma_{con}}{f_{ptk}} - 0.575\right)\sigma_{con} \tag{11.9}$$

（2）对中强度预应力钢丝

$$\sigma_{l4} = 0.08\sigma_{con}$$

（3）对预应力螺纹钢筋

$$\sigma_{l4} = 0.03\sigma_{con}$$

5. 混凝土收缩、徐变引起的预应力损失 σ_{l5}

混凝土在空气中硬结时发生体积收缩，而在预压力作用下，混凝土将沿压力方向产生徐变。收缩和徐变都使构件长度缩短，预应力钢筋也随着回缩，因而造成预应力损失 σ_{l5}。

GB 50010—2010 规定：混凝土收缩、徐变引起受拉区和受压区预应力钢筋的预应力损失 σ_{l5}、σ_{l5}'（N/mm^2）可按下列公式计算。

（1）先张法构件

$$\sigma_{l5}=\frac{60+340\dfrac{\sigma_{pc}}{f'_{cu}}}{1+15\rho} \tag{11.10}$$

$$\sigma'_{l5}=\frac{60+340\dfrac{\sigma'_{pc}}{f'_{cu}}}{1+15\rho'} \tag{11.11}$$

（2）后张法构件

$$\sigma_{l5}=\frac{55+300\dfrac{\sigma_{pc}}{f'_{cu}}}{1+15\rho} \tag{11.12}$$

$$\sigma'_{l5}=\frac{55+300\dfrac{\sigma'_{pc}}{f'_{cu}}}{1+15\rho'} \tag{11.13}$$

式中　σ_{pc}、σ'_{pc} 分别为受拉区、受压区预应力钢筋在各自合力点处混凝土法向压应力；f'_{cu} 为施加预应力时的混凝土立方体抗压强度；ρ、ρ' 分别为受拉区、受压区预应力钢筋和非预应力钢筋的配筋率。

其中 σ_{pc} 的计算公式为

先张法
$$\sigma_{pc}=\frac{N_{p0}}{A_0}\pm\frac{N_{p0}e_{p0}}{I_0}y_0 \tag{11.14}$$

后张法
$$\sigma_{pc}=\frac{N_p}{A_n}\pm\left(\frac{N_pe_{pn}}{I_n}\pm\frac{M_2}{I_n}\right)y_0 \tag{11.15}$$

式中有关参数含义和计算取值详见 GB 50010—2010 第 10.1.6 条及第 10.1.7 条。

ρ 计算公式为

先张法
$$\rho=\frac{A_p+A_s}{A_0},\quad \rho'=\frac{A'_p+A'_s}{A_0} \tag{11.16}$$

后张法
$$\rho=\frac{A_p+A_s}{A_n},\quad \rho'=\frac{A'_p+A'_s}{A_n} \tag{11.17}$$

式中：A_0 为先张法用混凝土换算面积；A_n 为后张法用混凝土净截面面积。

对于对称配置预应力钢筋和非预应力钢筋的构件，配筋率 ρ、ρ' 应按钢筋总截面面积的一半计算。

混凝土收缩、徐变引起的预应力损失是各项损失中最大的一项，为减少该项损失，通常采取的措施有：采用高标号水泥，减少水泥用量，降低水灰比，采用干硬性混凝土；采用级配较好的骨料，加强振捣，提高混凝土的密实性；加强养护，以减少混凝土的收缩。

6. 用螺旋式预应力钢筋的环形截面由于混凝土的局部挤压引起的预应力损失 σ_{l6}

采用环形配筋的预应力混凝土构件，如图 11.12 所示，由于预应力筋对混凝土的局部压陷，使构件直径减小，造成预应力筋应力损失。预应力损失 σ_{l6} 的大小与环形构件的直径 d 有关，GB 50010—2010 规定，当直径 d

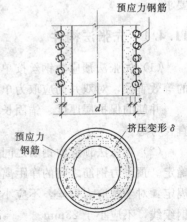

图 11.12　螺旋式预应力钢筋对环形构件的局部挤压变形

≤3m 时，取 $\sigma_{l6}=30N/mm^2$；当直径 $d>3m$ 时，可不考虑此项损失。

前述六项预应力损失有的只在先张法构件中产生，有的只在后张法构件中产生，有的两种构件都有。通常按对混凝土产生预压力的时间先后把预应力损失分成两批，即把发生在混凝土预压之前的预应力损失称为第一批损失，用 σ_{lI} 表示；发生在混凝土预压之后的预应力损失称为第二批损失，用 σ_{lII} 表示。GB 50010—2010 规定，预应力构件在各阶段的预应力损失值宜按表 11.4 的规定进行组合。

GB 50010—2010 要求按上述规定计算得到的预应力总损失值小于下列数值时，按下列数值取用。先张法：$100N/mm^2$；后张法：$80N/mm^2$。

表 11.4　　各阶段预应力损失值的组合

预应力损失的组合	先 张 法 构 件	后 张 法 构 件
混凝土预压前（第一批）的损失	$\sigma_{l1}+\sigma_{l2}+\sigma_{l3}+\sigma_{l4}$	$\sigma_{l1}+\sigma_{l2}$
混凝土预压后（第二批）的损失	σ_{l5}	$\sigma_{l4}+\sigma_{l5}+\sigma_{l6}$

思　考　题

11.7　什么是张拉控制应力？其取值原则是什么？

11.8　预应力损失有哪几种？各种损失产生的原因是什么？计算方法及减小措施如何？

11.9　先张法、后张法各有哪几种损失？哪些属于第一批，哪些属于第二批？

单元 11.4　预应力混凝土构件构造认识

预应力混凝土构件除需满足按受力要求及有关钢筋混凝土构件的构造要求外，还必须满足有张拉工艺、锚固方式、配筋种类、数量、布置形式、放置位置等方面提出的构造要求。

11.4.1　先张法构件

（1）先张法预应力钢丝按单根方式配筋困难时，可采用相同直径钢丝并筋方式。并筋的等效直径，对双并筋应取为单根直径的 1.4 倍，对三并筋应取为单根直径的 1.7 倍。

并筋的保护层厚度、锚固长度、预应力传递长度及正常使用极限状态验算均应按等效直径考虑。

（2）先张法预应力钢筋之间的净距应根据浇筑混凝土、施加预应力及钢筋锚固等要求确定。预应力钢筋之间的净距离不应小于其公称直径或等效直径的 2.5 倍，且应符合下列规定：对于预应力钢丝，不应小于 15mm；对于三股钢绞线，不应小于 20mm；对于七股钢绞线，不应小于 25mm。

（3）对先张法预应力混凝土构件，为防止放松钢筋时外围混凝土产生劈裂裂缝，对预应力筋端部周围的混凝土应采取下列加强措施：

1）对单根预应力钢筋，在构件端部设置螺旋筋。

2）对分散布置的多根预应力钢筋，在构件端部设 10d（d 为预应力钢筋的公称直径）且不小于 100mm 范围内，应设置 3～5 片与预应力筋垂直的钢筋网。

3）对采用预应力钢丝配筋的薄板，在端部 100mm 范围内应适当加密横向钢筋。

11.4.2 后张法构件

（1）后张法预应力钢筋所用锚具的形式和质量应符合国家现行有关标准的规定。其钢筋配筋方式有直线形、曲线形和折线形 3 种，如图 11.13 所示。

（2）后张法预应力钢丝束、钢绞线束的预留孔道应符合下列规定：

1）对预制构件，孔道之间的水平净距离不宜小于 50mm；孔道至构件边缘的净距离不宜小于 30mm。且不宜小于孔道直径的一半。

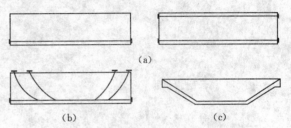

图 11.13 预应力构件的不同配筋方式
(a) 直线形；(b) 曲线形；(c) 折线形

2）在现浇混凝土梁中，预留孔道在竖直方向的净距离不应小于孔道外径，水平方向的净距离不应小于 1.5 倍孔道直径；从孔壁算起的混凝土保护层厚度，梁底不宜小于 50mm，梁侧不宜小于 40mm。

3）预留孔道的内经应比预应力钢丝束或钢绞线束外经及需穿过孔道的连接器外径大 6～15mm。

4）在构件两端及跨中应设置灌浆孔或排气孔，其孔距不宜大于 12mm。

5）凡制作时需要预先起拱的构件，预留孔道宜随构件同时起拱。

（3）对后张法预应力混凝土构件的端部锚固区，应按下列规定配置间接钢筋：

1）应进行局部受压承载力计算，并配置间接钢筋，其体积配筋率不应小于 0.5%。

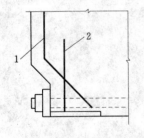

图 11.14 端部的间接配筋
1—折线构造钢筋；
2—竖向构造钢筋

2）在局部受压区间接钢筋配置区以外，在构件端部长度 l 不小于 3e（e 为截面重心线上部或下部预应力钢筋的合力点至临近边缘的距离）但不大于 1.2h（h 为构件端部截面高度）、高度为 2e 的附加配筋区范围内，应均匀配置附加箍筋或网片，其体积配筋率不应小于 0.5%，如图 11.14 所示。

（4）在后张法预应力混凝土构件的端部宜按下列规定布置钢筋：

1）宜将一部分预应力钢筋靠近支座处弯起，弯起的预应力钢筋宜沿构件端部均匀布置。

2）当构件端部预应力钢筋需集中布置在截面下部或集中布置在下部和上部时，应在构件端部 0.2h（h 为构件端部截面高度）范围内设置附加竖向焊接钢筋网、封闭式箍筋或其他形式的构造钢筋。

（5）后张法预应力混凝土构件中，曲线预应力钢丝束、钢绞线束的曲率半径不宜小于4m；对折线配筋的构件，在预应力钢筋弯折处的曲率半经可适当减小。

（6）构件端部尺寸应考虑锚具的布置、张拉设备的尺寸和局部受压的要求，必要时应适当加大。

模块 12　钢筋混凝土梁板结构

教学目标：

- 能认识各种钢筋混凝土梁板结构的形式
- 能进行单向板设计计算，熟悉受力钢筋和构造钢筋的设置位置及构造要求。
- 掌握楼梯、雨篷的结构计算要点及配筋构造。

梁板结构是建筑工程中应用最为广泛的一种结构，例如房屋中的楼（屋）盖、楼梯、阳台、雨篷、地下室底板、挡土墙，桥梁的桥面结构，特种结构中水池的顶盖、池壁和底板等。钢筋混凝土楼盖是建筑结构中的重要组成部分，本模块着重讲述建筑结构中的楼（屋）盖设计计算和构造要求。

单元 12.1　钢筋混凝土梁板结构概述

钢筋混凝土楼盖是典型的梁板结构，按其施工方法的不同可分为现浇整体式、预制装配式和装配整体式 3 种。

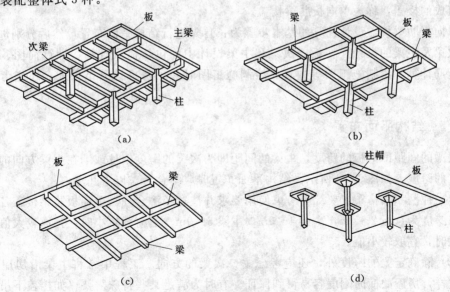

图 12.1　现浇楼盖的结构形式

（a）单向板肋梁楼盖；（b）双向板肋梁楼盖；（c）井式楼盖；（d）无梁楼盖

现浇整体式楼盖的混凝土为现场浇筑，楼盖的整体性好，抗震性能强，防水性能好，具有很强的适应性。但需较多模板，施工较为复杂。随着施工技术的不断革新和抗震对楼盖整体性要求的提高，目前现浇整体式楼盖成为应用最为广泛的楼盖形式。现浇整体式楼盖按其受力和支撑情况的不同可分为单向板肋梁楼盖、双向板肋梁楼盖和井式楼盖和无梁楼盖 4 种，如图 12.1 所示。

预制装配式楼盖采用混凝土预制构件，施工速度快，便于工业化生产。但楼盖的整体性、抗震性、防水性较差，不便于开设孔洞。高层建筑及抗震设防要求高的建筑均不宜采用。

装配整体式楼盖是在各预制构件吊装就位后，再在板面作配筋现浇层而形成的叠合式楼盖。这样做可节省模板，楼盖的整体性也较好，但费工、费料，建筑工程中采用较少。

思　考　题

12.1　钢筋混凝土楼盖结构有哪几种类型？它们各自的受力特点如何？

12.2　现浇整体式楼盖按其受力和支撑情况分为哪些类型？

单元 12.2　整体式单向板肋梁楼盖设计计算

四边支承板按其长边 l_2 短边 l_1 之比不同分为单向板和双向板两种。当板的长边 l_2 与短边 l_1 之比较大时，板上荷载主要沿短边方向传递，可忽略荷载沿长边方向的传递，称为单向板。GB 50010—2010 规定，当 $l_2/l_1 \leqslant 2$ 时应按双向板计算；当 $2 < l_2/l_1 < 3$ 时，宜按双向板计算；当 $l_2/l_1 \geqslant 3$ 时，可按短边方向受力的单向板计算。由单向板及支承其的主次梁组成的楼盖，称为单向板肋梁楼盖。

单向板肋梁楼盖设计计算的基本步骤为：首先进行结构平面布置，然后分别进行单向板、次梁及主梁的设计。在板、次梁和主梁设计中均包括荷载计算、计算简图、内力计算、配筋计算和绘制施工图等内容。绘制施工图时除了考虑计算结果外，还应考虑构造要求。

12.2.1　结构平面布置

次梁的间距即为板的跨度，主梁的间距即为次梁的跨度，柱或墙在主梁方向的间距即为主梁的跨度。如图 12.2 所示。结构平面布置时应综合考虑以下几点：

（1）柱网和梁格布置要综合考虑使用要求并注意经济合理。单向板肋梁楼盖各种构件的经济跨度为：板 2～4m，次梁 4～6m，主梁 6～9m。当荷载较小时，宜取较大值；当荷载较大时，宜取较小值。

（2）除确定梁的跨度外，还应考虑主、次梁的方向。工程中常将主梁沿房屋横向布置，这样，房屋的横向刚度容易得到保证。有时为满足某些特殊需要（如楼盖下吊有纵向设备管道）也可将主梁沿房屋纵向布置以减小层高。一般情况下，主梁的跨中宜布置两根次梁，这样可使主梁的弯矩图较为平缓，有利于节约钢筋。

（3）结构布置应尽量简单、规整和统一，以减少构件类型且便与设计计算及施工，易于实现适用、经济及美观的要求。为此，梁板尽量布置成等跨；板厚及梁截面尺寸在各跨内宜尽量统一。

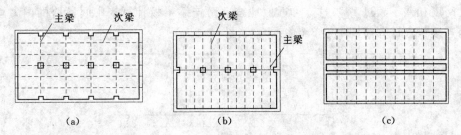

图 12.2　单向板肋梁楼盖的组成

12.2.2　结构内力计算

连续板、梁的内力计算方法有弹性理论计算法和塑性理论计算法两种。弹性理论计算法是假定钢筋混凝土梁板为匀质弹性体，用结构力学方法计算。塑性理论计算法考虑钢筋混凝土的塑性性质，较弹性理论计算法能改善配筋、节约材料。但它不可避免地导致构件在使用阶段的裂缝过宽及变性较大，因此在下列情况下不能采用塑性理论计算法进行设计：

（1）直接承受动力荷载的结构。

（2）裂缝控制等级为一级或二级的结构构件。

（3）处于重要部位的结构，如主梁。

12.2.2.1　计算简图的确定

在计算内力之前，首先应确定结构构件的计算简图。内容包括：支承条件、计算跨度和跨数、荷载计算等。

1. 支承条件

当梁、板为砖墙或砖柱承重时，由于其嵌固作用很小，可按铰支座考虑。板与次梁或次梁与主梁虽然整浇在一起，但支座对构件的约束并不太强，为简化计算起见，通常也假定为铰支座。主梁与柱整浇在一起时，支座的确定与梁和柱的线刚度比有关，当梁与柱的线刚度之比大于 5 时，柱可视为主梁的铰支座；否则应按框架结构计算。

2. 计算跨度和跨数

梁板的计算跨度按下列规定取用：

当按弹性理论计算时，计算跨度一般可取支座中心线的距离。按塑性理论计算时，一般可取为净跨。但当边支座为砌体时，按弹性理论计算的边跨计算跨度取法如下（塑性理论计算时不计入 $\frac{b}{2}$）

板

$$l_0 = l_n + \frac{b}{2} + \left(\frac{a}{2} \text{ 和 } \frac{h}{2} \text{ 较小者} \right) \tag{12.1}$$

梁

$$l_0 = l_n + \frac{b}{2} + \left(\frac{a}{2} \text{ 和 } 0.025 l_n \text{ 较小者} \right) \tag{12.2}$$

式中：l_0 为计算跨度；l_n 为净跨度；b 为板或梁的中间支座的宽度；a 为板或梁在边支座的搁置长度；h 为板的厚度。

对于 5 跨和 5 跨以内的连续梁板，按实际跨数考虑；超过 5 跨时，当各跨荷载及刚度相同、跨度相差不超过 10% 时，可近似地按 5 跨连续梁板计算；中间各跨的内力均认为与 5 跨连续梁板计算简图中第 3 跨相同，如图 12.3 所示。

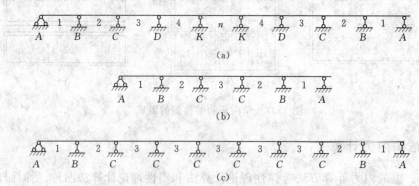

图 12.3　连续梁、板的计算简图

（a）实际简图；（b）计算简图；（c）考虑配筋结构时的简图

3. 荷载计算

作用于楼盖上的荷载有恒荷载和活荷载两种。恒荷载包括结构自重、构造层重和永久性设备重等。楼盖恒荷载标准值按构件几何尺寸及材料重度计算确定。活荷载包括使用时的人群和临时性设备等重量。计算屋盖时活荷载还需考虑雪荷载。活载标准值可查 GB 50009—2001 取用。

连续单向板承受自重和均布活荷载作用，计算时通常取 1m 宽的板带为计算单元。

次梁除自重外，还承受板传来的恒荷载和活荷载，次梁负荷范围宽度为次梁的间距。

主梁除自重外，还承受次梁传来的集中力。为简化计算，主梁的自重也可折算为集中荷载并入次梁传来的集中力中。

单向板肋梁楼盖梁、板的荷载情况如图 12.4 所示。

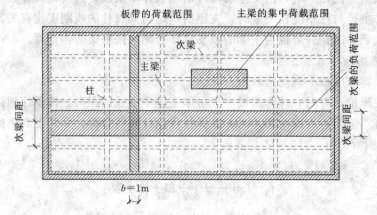

图 12.4　单向板肋梁楼盖梁、板的荷载情况

12.2.2.2　弹性理论计算法

1. 荷载的最不利组合

由于连续梁板上的活荷载在各跨的分布是随机的，图 12.5 为当活荷载布置在不同跨时梁的弯矩图和剪力图。根据图 12.5 可研究活荷载如何布置能使各计算截面上的内力最不利，即活荷载的最不利布置位置的选择。

活荷载最不利布置的原则如下：

（1）求某跨跨中最大正弯矩时，应在该跨布置，然后再隔跨布置。

（2）求某跨跨中最小弯矩时，应在该跨的邻跨布置，然后再隔跨布置。

（3）求某支座最大负弯矩和支座边最大剪力时，应在该支座两边布置，然后再隔跨布置。

2. 内力系数表

为简化计算，对等跨度连续梁板（跨度相差在 10% 以内）在不同布置的荷载作用下的内力系

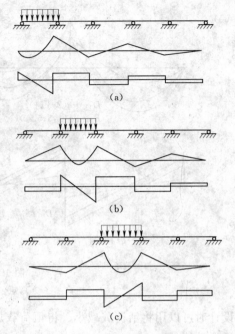

图 12.5　单跨承载时连续梁的内力

数，可直接查《等截面等跨连续梁在常用荷载作用下按弹性分析的内力系数表》（见附录 C），然后按照下式计算各截面的弯矩和剪力值。计算支座弯矩时取支座左右跨度的平均值作为计算跨度（或取其中较大值）。

在均布及三角形荷载作用下：

$$M = 表中系数 \times ql^2 \tag{12.3}$$

$$V = 表中系数 \times ql \tag{12.4}$$

在集中荷载作用下：

$$M = 表中系数 \times Fl \tag{12.5}$$

$$V = 表中系数 \times F \tag{12.6}$$

上四式中：q 为均布荷载，kN/m；F 为集中荷载，kN。

3. 内力包络图

以恒荷载作用下的内力图为基础，分别将恒荷载作用下的内力与各种活荷载不利布置情况下的内力进行组合，求得各组合的内力，并将各组合的内力图叠画在同一条基线上，所得外包线形成的图形称为内力包络图。内力包络图用来表示连续梁在各种荷载最不利布置下各截面可能产生的最大内力值。图 12.6 为三跨连续梁的弯矩包络图和剪力包络图，根据弯矩包络图配置纵筋，根据剪力包络图配置箍筋，可达到既安全又经济的目的。但为简便起见对于配筋量不大的梁如次梁，也可不作内力包络图，而按最大内力配筋，并按经验方法确定纵筋的弯起和截断位置。

4. 荷载调整

计算简图中，将板和梁连接的支承简化为铰支座，实际上，当连续梁板与其支座整浇时，它在支座处的转动受到一定的约束，并不像铰支座那样自由转动，由此引起的误差，

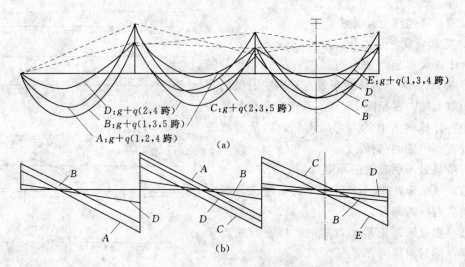

图 12.6　内力包络图

(a) 弯矩包络图；(b) 剪力包络图

设计时可以用将活荷载减小、将恒荷载加大的折算荷载的方法来进行调整。折算荷载可按下式计算：

对于板

$$g' = g + \frac{1}{2}q \tag{12.7}$$

$$q' = \frac{1}{2}q \tag{12.8}$$

对于次梁

$$g' = g + \frac{1}{4}q \tag{12.9}$$

$$q' = \frac{3}{4}q \tag{12.10}$$

上四式中：g、q 为实际均布恒载和活载；g'、q' 为折算均布恒载和活载。

当现浇板或次梁的支座为砖砌体、钢梁或预制混凝土梁时，支座对现浇梁板并无转动约束，这时不可采用折算荷载。另外，因主梁较重要，且支座对主梁的约束一般较小，故主梁不考虑折算荷载问题。

5. 支座截面内力的计算

梁或板按弹性理论计算的支座截面内力为支座中心线处的最大内力，由于在支座范围内构件的截面有效高度较大，故破坏一般发生在支座边缘截面处，应取支座边缘截面为其控制截面，支座截面的弯矩和剪力可近似地按下式计算

$$M_{\text{边}} = M - V_0 \frac{b}{2} \tag{12.11}$$

$$V_{\text{边}} = V - (g + q)\frac{b}{2} \tag{12.12}$$

式中：M、V 为支座中心处的弯矩、剪力；b 为支座宽度；V_0 为按简支梁考虑的支座边缘剪力。

12.2.2.3 塑性理论计算法

按弹性理论计算连续梁板时，存在一些问题：弹性理论研究的是匀质弹性材料，而钢筋混凝土是由钢筋和混凝土两种弹塑性材料组成，这样用弹性理论计算必然不能反映结构的实际工作状况，而且与截面计算理论不相协调；按弹性理论计算连续梁时，各截面均按其最不利活荷载布置来进行内力计算并且配筋，由于各种最不利荷载组合不同时发生，所以各截面钢筋不能同时被充分利用；利用弹性理论计算出的支座弯矩一般大于跨中弯矩，支座处配筋拥挤，给施工造成一定的困难。为充分考虑钢筋混凝土构件的塑性性能，提出按塑性理论计算内力的方法。

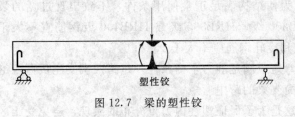

图 12.7　梁的塑性铰

1. 塑性铰

如图 12.7 所示集中荷载作用下的钢筋混凝土简支梁，当荷载加至跨中受拉钢筋屈服后，混凝土垂直裂缝迅速发展，受拉钢筋明显被拉长，受压区混凝土被压缩，在塑性变形集中产生的区域，犹如形成了一个能够转动的"铰"，直到受压区混凝土压碎，构件才告破坏。上述梁中，塑性变形集中产生的区域称为塑性铰。

与理想铰相比，塑性铰具有以下特点：

(1) 理想铰不能传递弯矩，而塑性铰能传递一定的弯矩。

(2) 塑性铰是单向铰，仅能沿弯矩作用方向发生有限的转动。

对于静定结构，任一截面出现塑性铰后，即可使其变成几何可变体系而丧失承载力。对于超静定结构，由于存在多余联系，构件某一截面出现塑性铰，并不能使其立即变成几何可变体系，仍能继续承受增加的荷载，直到其他截面也出现塑性铰，使其成为几何可变体系，才丧失承载力。

2. 钢筋混凝土超静定结构的塑性内力重分布

在钢筋混凝土超静定结构中，由于构件开裂后引起的刚度变化以及塑性铰的出现，在构件各截面间将产生塑性内力重分布。使各截面内力与弹性分析结果不一致。以如图 12.8 所示两跨连续梁为例（各跨内距中间支座 1/3 跨处均受一个集中荷载 P 作用），说明超静定结构的塑性内力重分布过程。

该梁按弹性理论计算所得的支座与跨中最大弯矩分别为：$M_B = -0.185Pl$，$M_1 = 0.010Pl$。若在配筋时，支座钢筋按 $M_B = -0.148Pl$ 配置，跨中钢筋按 $M_1 = 0.123Pl$ 配置。随着荷载的增加，当荷载使得

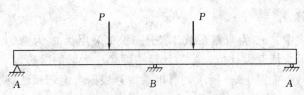

图 12.8　超静定结构的塑性内力重分布

支座弯矩 $M_B = -0.148Pl$ 时，支座 B 钢筋屈服，出现塑性铰。荷载继续增大时，支座 B 维持 M_B 不增而 M_1 增加。当 $M_1 = 0.123Pl$ 时，跨中也将出现塑性铰，此时结构变为几何可变体系而破坏。可见，用塑性理论分析内力时，由于塑性铰的出现，构件中出现的内力与弹性理论分析的结果会不一致。

3. 按塑性内力重分布设计的基本原则

按塑性内力重分布方法设计多跨连续梁、板时，可考虑连续梁、板具有的塑性内力重分布特性，采用弯矩调幅法将某些截面的弯矩（一般将支座截面弯矩）调整降低后配筋。这样既可以节约钢材，又能保证结构安全可靠，还可以避免支座钢筋过于拥挤而造成施工困难。设计时应遵循以下基本原则：

（1）满足刚度和裂缝宽度的要求：为使结构满足正常使用条件，不致出现过宽的裂缝，弯矩调低的幅度不能太大，对 HPB300 级、HRB335 级或 HRB400 级钢筋宜不大于20%，且应不大于 25%，对冷拉、冷拔和冷轧钢筋应不大于 15%；

（2）确保结构安全可靠：调幅后的弯矩应满足静力平衡条件，每跨两端支座负弯矩绝对值的平均值与跨中弯矩之和应不小于简支梁的跨中弯矩；

（3）塑性铰应有足够的转动能力：这是为了保证塑性内力重分布的实现，避免受压区混凝土过早被压坏，要求混凝土相对受压区高度不应超过 0.35，且不宜小于 0.10。并宜采用 HPB300 级、HRB335 级或 HRB400 级钢筋。

4. 等跨连续梁板按塑性理论计算内力的方法

对工程中常用的承受均布荷载的等跨连续梁板，可采用内力系数直接计算弯矩和剪力，如图 12.9 所示。

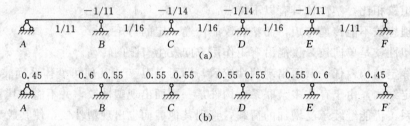

图 12.9　板和次梁按塑性理论计算的内力系数
(a) 弯矩系数；(b) 剪力系数

设计时按照式（12.13）和式（12.14）计算内力，对于跨度相差不超过 10% 的不等跨连续梁板，也可近似按下式计算，在计算支座弯矩时可取支座左右跨度的较大值作为计算跨度。

弯矩 $$M = a_m(g+q)l_0^2 \tag{12.13}$$

剪力 $$V = a_v(g+q)l_n \tag{12.14}$$

式中：a_m 为弯矩系数，按图 12.9 采用；a_v 为剪力系数，按图 12.9 采用；g、q 为均布恒、活载设计值；l_0 为计算跨度；l_n 为梁的净跨度。

如图 12.9 所示，弯矩系数是根据弯矩调幅法将支座弯矩调低约 25% 的结果，适用于 $g/q > 0.3$ 的结构。当 $g/q \leqslant 0.3$ 时，调幅应 $\leqslant 15\%$，支座弯矩系数需适当增大。

12.2.3　截面设计和构造要求

12.2.3.1　板

1. 板的计算

（1）通常取 1m 宽板带作为计算单元计算荷载及配筋。

（2）板内剪力较小，一般可以满足抗剪要求，设计时不必进行斜截面受剪承载力计算。

（3）四周与梁整体连接的单向板，因受支座的反推力作用，该推力可减少板中各计算截面的弯矩，设计时其中间跨的跨中截面及中间支座截面的计算弯矩可减少 20%。但边跨跨中及第一内支座的弯矩不予降低。

2. 板的构造要求

（1）板厚。因板是楼盖中的大面积构件，从经济角度考虑应尽可能将板设计得薄一些，但其厚度必须满足规范对于最小板厚的规定。

（2）板的支承长度。板在砖墙上的支承长度一般不小于板厚及 120mm，且应满足受力钢筋在支座内的锚固长度。

（3）受力钢筋。一般采用 HPB300、HRB335 级钢筋，直径常用 8mm、10mm、12mm、14mm、16mm。支座负钢筋直径不宜过小。

受力钢筋间距，一般不小于 70mm；当板厚不大于 150mm 时，其间距不宜大于 200mm；当板厚大于 150mm 时，其间距不宜大于 1.5 倍的板厚，且不宜大于 250mm。伸入支座的正弯矩钢筋，其间距不应大于 250mm，截面面积不小于跨中受力钢筋截面面积的 1/3。

连续板受力钢筋的配筋方式有分离式和弯起式两种，如图 12.10 所示。采用弯起式配筋时，板的整体性好，且可节约钢筋，但施工复杂。

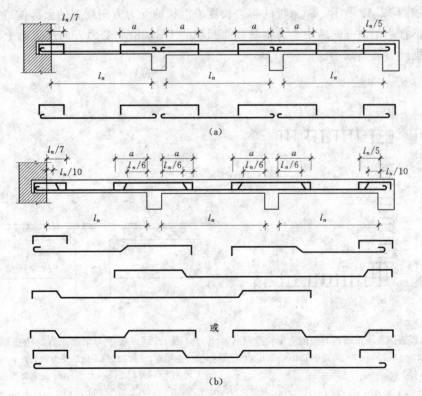

图 12.10　连续板受力筋的配筋方式

(a) 分离式；(b) 弯起式

分离式配筋由于其施工简单，一般板厚不大于 120mm，且所受动荷载不大时采用分

离式配筋。

等跨或跨度相差不超过 20% 的连续板可直接根据图 12.10 确定钢筋弯起和切断的位置。当支座两边的跨度不等时，支座负筋伸入某一侧的长度应以另一侧的跨度来计算；为简便起见，也可均取支座左右跨较大的跨度计算。若跨度相差超过 20%，或各跨荷载相差悬殊，则必须根据弯矩包络图来确定钢筋的位置。如图 12.10 所示，当 $q/g \leqslant 3$ 时，$a = l_n/4$；当 $q/g > 3$ 时，$a = l_n/3$，其中 q 为均布荷载，g 为均布恒载。

（4）构造钢筋。

1）分布钢筋。分布钢筋是与受力钢筋垂直的钢筋，并位于受力钢筋内侧；其截面面积不宜小于受力钢筋截面面积的 15%，且不宜小于该方向板截面面积的 0.15%；间距不宜大于 250mm，直径不宜小于 6mm。在受力钢筋的弯折处也应布置分布钢筋；当板上集中荷载较大或为露天构件时，其分布钢筋宜适当加密，取间距为 150~200mm。

2）板面构造钢筋。板面构造钢筋有嵌入墙内的板面构造钢筋、垂直于主梁的板面构造钢筋等。

GB 50010—2010 规定，对于嵌入承重砌体墙内的现浇板，需配置间距不宜大于 200mm，直径不应小于 8mm（包括弯起钢筋在内）的构造钢筋，其伸出墙边长度不应小于 $l_1/7$。对两边嵌入墙内的板角部分，应双向配置上述构造钢筋，伸出墙面的长度应不小于 $l_1/4$，如图 12.11 所示，l_1 为板的短边长度。沿板的受力方向配置的上部构造钢筋，其截面面积不宜小于该方向跨中受力钢筋截面面积的 1/3；沿非受力方向配置的上部构造钢筋，可根据经验适当减小。

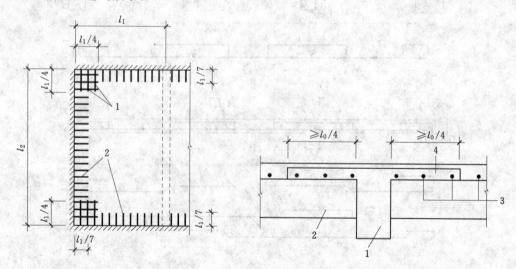

图 12.11　板嵌固在承重墙内时板的上部构造钢筋
1—双向Φ8@200；2—构造钢筋Φ8@200

图 12.12　板中与梁肋垂直的构造钢筋
1—主梁；2—次梁；3—板的受力钢筋；4—间距不大于 200mm、直径不大于 8mm 板上部构造钢筋

板面沿主梁方向应配置间距不大于 200mm、直径不小于Φ8 的构造钢筋，单位长度内的总截面面积，应不小于板跨中单位长度内受力钢筋截面面积的 1/3，伸出主梁两边的长度不小于板的计算跨度 l_0 的 1/4，如图 12.12 所示。

12.2.3.2 次梁

1. 次梁的计算

（1）正截面承载力时，跨中可按 T 形截面计算，支座只能按矩形截面计算。

（2）一般可仅设置箍筋抗剪，而不设弯筋。

（3）截面尺寸满足高跨比（1/18～1/12）和宽高比（1/3～1/2）的要求时，一般不必作挠度和裂缝宽度验算。

2. 构造要求

（1）次梁伸入墙内的长度一般应不小于 240mm，次梁的钢筋组成及其布置如图 12.13 所示。

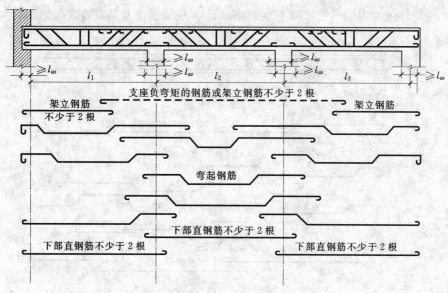

图 12.13 次梁的钢筋组成及布置

（2）当连续次梁相邻跨度差不超过 20%，承受均布荷载，且活载与恒载之比不大于 3 时，其进行纵向受力钢筋的弯起和切断如图 12.14 所示；当不符合上述条件时，原则上应按弯矩包络图确定纵筋的弯起和截断位置。

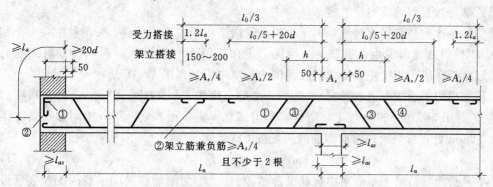

图 12.14 次梁的配筋构造要求

①、④—弯起钢筋可同时用于抗弯及抗剪；②—架立筋兼负筋

不小于 $A_s/4$，且不少于 2 根；③—弯起钢筋可同时用于抗弯及抗剪

12.2.3.3　主梁

1. 主梁的计算

（1）主梁跨中可按 T 形截面计算正截面承载力，支座按矩形截面计算。

（2）由于支座处板、次梁和主梁的钢筋重叠交错，且主梁负筋位于次梁负筋之下，因此，主梁支座处的截面有效高度有所减小，当钢筋单排布置时，$h_0 = h - (50 \sim 60)$（mm），当钢筋双排布置时，$h_0 = h - (70 \sim 90)$（mm）。

（3）主梁截面尺寸满足高跨比（$1/14 \sim 1/8$）和宽高比（$1/3 \sim 1/2$）的要求时，一般不必作挠度和裂缝宽度验算。

2. 构造要求

（1）主梁伸入墙内的长度一般不小于 370mm。主梁的钢筋及其布置如图 12.15 所示。

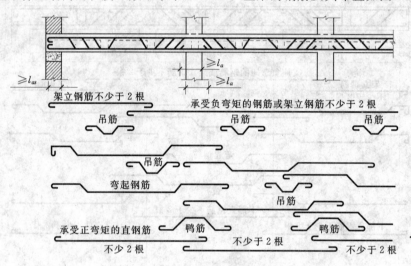

图 12.15　主梁配筋构造要求

（2）主梁纵筋的弯起和截断，原则上应在弯矩包络图上进行，并应满足有关构造要求，主梁下部的纵向受力钢筋伸入支座的锚固长度也应满足有关构造要求。

（3）主梁的受剪钢筋宜优先采用箍筋，但当剪力很大、箍筋间距过小时也可在近支座处设置部分弯起钢筋或鸭筋抗剪。

（4）在次梁与主梁交接处，由于主梁承受次梁传来的集中荷载，可能使主梁中下部产生约 45°的斜裂缝而发生局部破坏。因此，应在主梁上的次梁截面两侧设置附加横向钢筋，以承受次梁作用于主梁截面高度范围内的集中力，如图 12.16 所示。

附加横向钢筋应布置在长度 $s = 3b + 2h_1$ 的范围内，b 为次梁宽度，h_1 为主次梁的底面高差。GB 50010—2010 规定，附加横向钢筋宜优先采用箍筋，第一道附加箍筋在距次梁侧 50mm 处布置。附加横向钢筋的用量按下式计算

$$F \leqslant m A_{sv} f_{yv} + 2 A_{sb} f_y \sin a_s \tag{12.15}$$

式中：F 为次梁传给主梁的集中荷载设计值；f_{yv}、f_y 为附加箍筋、吊筋的抗拉强度设计值；A_{sb} 为附加吊筋的截面面积；a_s 为附加吊筋与梁纵轴线的夹角，一般为 45°，梁高大于 800mm 时为 60°；A_{sv} 为每道附加箍筋的截面面积，$A_{sv} = n A_{sv1}$，n 为每道箍筋的肢数，A_{sv1}

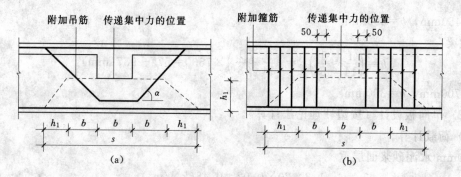

图 12.16　集中荷载作用时主梁附加横向钢筋（单位：mm）

为单肢箍的截面面积；m 为在宽度 s 范围内的附加箍筋道数。

12.2.4　单向板肋梁楼盖设计实例

某工业厂房现浇钢筋混凝土肋形楼盖，如图 12.17 所示。楼面做法：20mm 厚水泥砂浆面层；钢筋混凝土现浇楼板；12mm 厚纸筋石灰板底粉刷。墙厚为 370mm。楼板活荷载标准值为 $8.0kN/m^2$，采用混凝土强度等级为 C30，板中钢筋为 HPB300，梁中受力钢筋为 HRB335，其他钢筋为 HPB300。

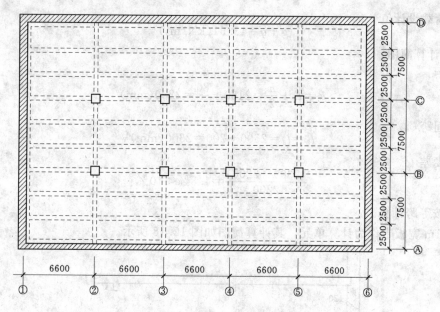

图 12.17　楼盖结构平面布置图（单位：mm）

解：（1）各构件截面尺寸。

板厚

$$\frac{l_0}{40}=\frac{2500}{40}=62.5(\text{mm})，取 \ h=80\text{mm}$$

次梁

$$h=\left(\frac{1}{18}\sim\frac{1}{12}\right)l_0=\left(\frac{1}{18}\sim\frac{1}{12}\right)\times6600=351\sim550(\text{mm})$$

取 $h=450\text{mm}$，$b=200\text{mm}$

主梁

$$h=\left(\frac{1}{14}\sim\frac{1}{8}\right)l_0=\left(\frac{1}{14}\sim\frac{1}{8}\right)\times 7500=575\sim937(\text{mm})$$

取 $h=700\text{mm}$，$b=300\text{mm}$

（2）单向板设计（按塑性理论法计算）。

1）荷载计算。

20mm 水泥砂浆面层重

$$1.2\times20\times0.02=0.48(\text{kN/m}^2)$$

80mm 钢筋混凝土板重

$$1.2\times25\times0.08=2.4(\text{kN/m}^2)$$

12mm 纸筋石灰粉底重

$$1.2\times16\times0.012=0.23(\text{kN/m}^2)$$

恒荷载设计值

$$g=3.11\text{kN/m}^2$$

活荷载设计值

$$q=1.3\times8=10.4(\text{kN/m}^2)$$

总荷载设计值

$$g+q=13.51(\text{kN/m}^2)$$

2）计算简图。

边跨

$$l_0=l_n+\frac{h}{2}=2160+\frac{80}{2}=2200(\text{mm})$$

中间跨

$$l_0=l_n=2500-200=2300(\text{mm})$$

跨度差

$$\frac{(2300-2200)}{2200}=4.8\%<10\%$$

可按等跨计算。

取 1m 宽板带作为计算单元，其计算简图如图 12.18 所示。

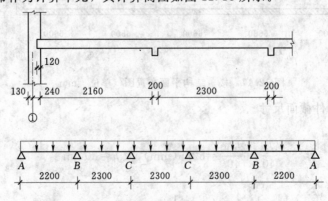

图 12.18　楼板设计计算简图（单位：mm）

3）弯矩设计值。

边跨跨中

$$M_1 = \frac{1}{11}(q+g)l_0^2 = \frac{1}{11} \times 13.51 \times 2.3^2 = 6.50(\text{kN} \cdot \text{m})$$

第一内支座

$$M_B = -\frac{1}{14}(q+g)l_0^2 = -\frac{1}{14} \times 13.51 \times 2.3^2 = -5.11(\text{kN} \cdot \text{m})$$

中间跨中及中间支座

$$M_2 = M_3 = -M_c = \frac{1}{16}(q+g)l_0^2 = \frac{1}{16} \times 13.51 \times 2.3^2 = 4.47(\text{kN} \cdot \text{m})$$

4）配筋计算。

$b=1000\text{mm}$，$h=80\text{mm}$，$h_0=80-20=60\text{mm}$，$f_c=14.3\text{N/mm}^2$，$f_y=270\text{N/mm}^2$。
计算过程见表 12.1。因板的内区格四周与梁整体连接，故其弯矩值可降低 20%。

表 12.1 板 的 配 筋 计 算

截 面	第一跨中	支座 B	第二、三跨中	支座 C
弯矩设计值 （N·mm）	6500000	−5110000	4470000 （3580000）	−4470000 （−3580000）
$\alpha_s = \dfrac{M}{\alpha_1 f_c b h_0^2}$	0.126	0.099	0.087 （0.070）	0.087 （0.070）
ξ	0.135	0.104	0.091 （0.073）	0.091 （0.073）
$A_S = \dfrac{\alpha_1 f_c b h_0 \xi}{f_y}$ （mm²）	429	331	289 （232）	289 （232）
选配钢筋 ①～②、⑤～⑥轴线	Φ8/10@100 （644mm²）	Φ8@100 （503mm²）	Φ6/8@100 （393mm²）	Φ6/8@100 （393mm²）
选配钢筋 ②～③、③～④、④～⑤、轴线	Φ8/10@100 （644mm²）	Φ8@100 （503mm²）	Φ6@100 （283mm²）	Φ6@100 （283mm²）

1. 次梁设计（塑性计算法）

（1）荷载计算。

板传来的恒荷载设计值

$$3.11 \times 2.5 = 7.775(\text{kN/m})$$

次梁自重设计值

$$1.2 \times 25 \times 0.2 \times (0.45 - 0.08) = 2.22(\text{kN/m})$$

次梁粉刷重设计值

$$1.2 \times 16 \times 0.012 \times (0.45 - 0.08) \times 2 = 0.17(\text{kN/m})$$

恒荷载总设计值

$$g = 10.17\text{kN/m}$$

活荷载设计值

$$q = 10.4 \times 2.5 = 26(\text{kN/m})$$

总荷载设计值

$$g+q=10.17+26=36.17(\text{kN/m})$$

（2）计算简图。主梁截面为 $300\text{mm}\times700\text{mm}$，则次梁计算跨度为

边跨

$$l_0=l_n+\frac{a}{2}=6210+\frac{240}{2}=6330(\text{mm})<1.025l_n=1.025\times6210=6365(\text{mm})。$$

取 $l_0=6330(\text{mm})$

中间跨

$$l_0=l_n=6600-300=6300(\text{mm})$$

跨度差

$$\frac{(6330-6300)}{6300}=0.48\%<10\%$$

可按等跨计算。

次梁计算简图如图 12.19 所示。

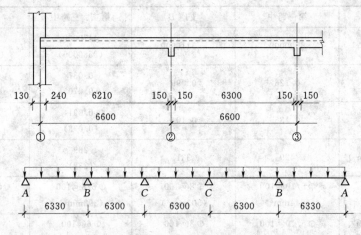

图 12.19　次梁设计计算简图（单位：mm）

（3）内力计算。

1）弯矩设计值。

边跨跨中及第一内支座

$$M_1=-M_B=\frac{1}{11}(q+g)l_0^2=\frac{1}{11}\times36.17\times6.33^2=131.75(\text{kN}\cdot\text{m})$$

中间跨中及中间支座

$$M_2=M_3=-M_c=\frac{1}{16}(q+g)l_0^2=\frac{1}{16}\times36.17\times6.3^2=89.72(\text{kN}\cdot\text{m})$$

2）剪力设计值。

$$V_A=0.4(q+g)l_n=0.4\times36.17\times6.21=89.85(\text{kN})$$

$$V_{Bl}=0.6(q+g)l_n=0.6\times36.17\times6.21=134.77(\text{kN})$$

$$V_{Br}=-V_{Cl}=0.5(q+g)l_n=0.5\times36.17\times6.3=113.94(\text{kN})$$

（4）正截面受弯承载力计算。支座截面按矩形截面 $b\times h=200\text{mm}\times450\text{mm}$ 计算，跨

中截面按 T 形截面计算，其受压翼缘计算宽度取值如下

边跨

$$b_f' = \frac{l_0}{3} = \frac{6330}{3} = 2110 < (b+s_0) = 200+2300 = 2500 (mm)$$

中间跨

$$b_f' = \frac{l_0}{3} = \frac{6300}{3} = 2100 (mm)$$

故取 $b_f' = 2100mm$

梁高 $h = 450mm$，取 $h_0 = 450-40 = 410mm$，跨中 $h_f' = 80mm$。

判别 T 形截面类型

$$\alpha_1 f_c b_f' h_f' \left(h_0 - \frac{h_f'}{2} \right) = 1.0 \times 14.3 \times 2100 \times 80 \times \left(410 - \frac{80}{2} \right) = 889 kN \cdot m，因为此值大于$$

各跨中弯矩设计值，所以各跨中截面均属于第一类 T 形截面，次梁正截面承载力计算及
配筋见表 12.2。

表 12.2　　　　　　　　　　　　次梁正截面承载力计算

截　　面	1	B	2	C
弯矩设计值（N·mm）	131750000	−131750000	89724000	−89724000
$\alpha_s = \frac{M}{\alpha_1 f_c b_f' h_0^2}$	0.026 ($b_f' = 2100$)	0.274 ($b_f' = b = 200$)	0.017 ($b_f' = 2100$)	0.187 ($b_f' = b = 200$)
ξ	0.026	0.328	0.017	0.209
$A_S = \frac{\alpha_1 f_c b_f' h_0 \xi}{f_y}$ （mm²）	1067	1282	697	817
选配钢筋	3 ⌀ 22 (1140mm²)	4 ⌀ 20 (1256mm²)	2 ⌀ 22 (760mm²)	3 ⌀ 20 (941mm²)

（5）斜截面承载力计算

验算截面尺寸

$$h_w = h_0 - 80 = 410 - 80 = 330 (mm)$$

$$\frac{h_w}{b} = \frac{330}{200} = 1.65 < 4$$

$$0.25\beta_c f_c b h_0 = 0.25 \times 1.0 \times 14.3 \times 200 \times 410 = 293.15 (kN) > V_{Bl} = 134.77kN$$

故各截面尺寸均满足要求。

$$0.7 f_t b h_0 = 0.7 \times 1.43 \times 200 \times 410 = 82.08 (kN) < V_A = 89.85kN$$

故各截面均需按计算配置箍筋。

第一跨：取 $V = V_{Bl} = 134.77kN$

$$\frac{n A_{sv1}}{S} = \frac{V_{Bl} - 0.7 f_t b h_0}{f_{yv} h_0} = \frac{134770 - 82080}{270 \times 410} = 0.476 (mm^2/mm)$$

选用 ⌀ 6 双肢箍，$n A_{SV1} = 2 \times 28.3 = 56.6 (mm^2)$

$$S = \frac{56.6}{0.476} = 119 (mm)$$

取 $S=110\mathrm{mm}<S_{max}=200\mathrm{mm}$

$$\rho_{sv}=\frac{nA_{sv}}{bs}=\frac{56.6}{200\times110}=0.257\%>\rho_{sv,min}=0.24\frac{f_t}{f_{yv}}=0.24\times\frac{1.43}{270}=0.127\%$$

其余跨：取 $V=V_{Br}=113.94\mathrm{kN}$

$$\frac{nA_{sv1}}{S}=\frac{V_{Br}-0.7f_tbh_0}{f_{yv}h_0}=\frac{113940-82080}{270\times410}=0.288(\mathrm{mm^2/mm})$$

选用 $\Phi6$ 双肢箍，$nA_{SV1}=2\times28.3=56.6(\mathrm{mm^2})$

$$\frac{56.6}{0.288}=196(\mathrm{mm})$$

取 $S=110\mathrm{mm}$ 　　　　　　$\rho_{sv}>\rho_{sv,min}$

2. 主梁设计（弹性计算法）

（1）荷载计算。

次梁传来的集中荷载

$$10.17\times6.6=67.12(\mathrm{kN})$$

主梁自重

$$1.2\times25\times0.3\times(0.7-0.08)\times2.5=13.95(\mathrm{kN})$$

主梁粉刷重

$$1.2\times16\times0.012\times(0.7-0.08)\times2.5\times2=0.714(\mathrm{kN})$$

恒荷载设计值

$$G=81.786\mathrm{kN}$$

活荷载设计值

$$Q=26\times6.6=171.60(\mathrm{kN})$$

总荷载设计值

$$G+Q=253.40(\mathrm{kN})$$

（2）计算简图。

柱截面为 $400\mathrm{mm}\times400\mathrm{mm}$，则主梁计算跨度为

边跨

$$l_0=l_n+\frac{a}{2}+\frac{b}{2}=7060+\frac{370}{2}+\frac{400}{2}=7445(\mathrm{mm})>1.025l_n+\frac{b}{2}$$

$$=1.025\times7060+200=7437(\mathrm{mm})。$$

取 $l_0=7437\mathrm{mm}$。

中间跨

$$l_0=7500\mathrm{mm}$$

各跨度差小于 10%，可按等跨计算。计算简图如图 12.20 所示。

（3）内力计算。

按弹性计算法查本教材《等截面等跨连续梁在常用荷载作用下按弹性分析的内力系数表》（见附录 C），弯矩和剪力计算公式为

$$M=k_1Gl_0+k_2Ql_0$$

$$V=k_1G+k_2Q$$

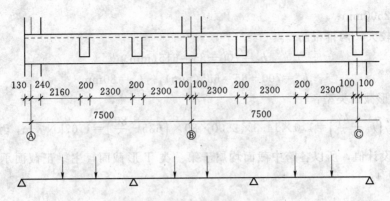

图 12.20　主梁设计计算简图（单位：mm）

主梁的内力计算及最不利内力组合见表 12.3。

表 12.3　　　　　　　　　　　　　主 梁 的 内 力 计 算 表

序号	荷 载 简 图	弯矩（kN·m）			剪力（kN）		
		k/M_1	k/M_B	k/M_2	k/V_A	k/V_{Bl}	k/V_{Br}
①	G G　G G　G G	0.244 148.41	−0.267 −163.09	0.067 41.10	0.733 59.95	−1.267 −103.62	1.000 81.786
②	Q Q　Q Q　Q Q	0.244 311.39	−0.267 −342.19	0.067 86.23	0.733 125.78	−1.267 −217.42	1.000 171.60
③	Q Q　　　　Q Q	0.288 368.82	−0.133 −170.45	−0.133 −171.17	0.866 148.61	−1.134 −194.60	—
④	Q Q	—	−0.133 −170.45	0.200 257.40	−0.133 −22.82	−0.133 −22.82	1.000 171.60
⑤	Q Q　　Q Q	0.229 292.25	−0.311(0.089) −398.58(114.06)	0.170 218.79	0.689 118.23	−1.311 −224.97	1.222 209.70
⑥	Q Q	0.274 349.68	−0.178 −227.16	—	0.822 141.06	−1.178 −202.15	0.222 38.10
最不利内力组合		①+③ 517.23	①+⑤ −561.60 ①+⑤ −49.03	①+④ 298.50 ①+③ −130.07	①+③ 208.59	①+⑤ −328.59	①+⑤ 291.49

（4）主梁正截面受弯承载力计算。

支座截面按矩形截面 $b×h=300\text{mm}×700\text{mm}$ 计算，跨中截面按 T 形截面计算，其受压翼缘计算宽度取值如下

$$b'_f=\frac{l_0}{3}=\frac{7500}{3}=2500<(b+s_0)=300+6300=6900(\text{mm})$$

取 $b_f' = 2500\text{mm}$

因弯矩较大，两排布筋：

支座 $\qquad\qquad\qquad h_0 = 700 - 85 = 615(\text{mm})$

跨中： $\qquad\qquad h_0 = 700 - 65 = 635(\text{mm})，\quad h_f' = 80\text{mm}$

判别 T 形截面类型：

$\alpha_1 f_c b_f' h_f' \left(h_0 - \dfrac{h_f'}{2}\right) = 1.0 \times 14.3 \times 2500 \times 80 \times \left(635 - \dfrac{80}{2}\right) = 1707\text{kN} \cdot \text{m}$，因为此值大于

各跨中弯矩设计值，所以各跨中截面均属于第一类 T 形截面，主梁正截面承载力计算及配筋见表 12.4：

表 12.4　　　　　　　　　　　　　　　主梁正截面承载力计算

截　面	边跨跨中	B、C 支座	中　间　跨　中	
弯矩设计值（N·mm）	517230000	−561670000	298500000	−130070000
$M - \dfrac{V_0 b}{2}$（N·mm）		−512380000	—	—
$b_f' h_0$（bh_0）	2500×635	300×615	2500×635	300×615
$\alpha_s = \dfrac{M}{\alpha_1 f_c b_f' h_0^2}$	0.036	0.316	0.020	0.075
ξ	0.037	0.393	0.020	0.078
$A_s = \dfrac{\alpha_1 f_c b_f' h_0 \xi}{f_y}$（$\text{mm}^2$）	2799	3456	1513	686
选配钢筋	6 Φ 25 (2945mm²)	2 Φ 22+6 Φ 25 (3705mm²)	4 Φ 22 (1520mm²)	2 Φ 22 (760mm²)

（5）主梁斜截面承载力计算。

验算截面尺寸

$$\frac{h_w}{b} = \frac{615 - 80}{300} = 1.8 < 4$$

$0.25\beta_c f_c bh_0 = 0.25 \times 1.0 \times 14.3 \times 300 \times 615 = 659.59(\text{kN}) > V_{Bl} = 328.59\text{kN}$

V_{Bl} 为各截面最大剪力，故各跨截面尺寸均满足要求。不设弯筋，只设箍筋。

$0.7 f_t bh_0 = 0.7 \times 1.43 \times 300 \times 615 = 184.68(\text{kN}) < V_{Br} = 291.49\text{kN}$

故各跨均需按计算配置箍筋。

AB 跨取 $\qquad\qquad V = V_{Bl} = 328.59(\text{kN} \cdot \text{m})$

$$\frac{n A_{sv1}}{S} = \frac{V_{Bl} - 0.7 f_t bh_0}{f_{yv} h_0} = \frac{328590 - 184680}{270 \times 615} = 0.867(\text{mm}^2/\text{mm})$$

选用 Φ 8 双肢箍，$n A_{sv1} = 2 \times 50.3 = 100.6(\text{mm}^2)$

$$S = \frac{100.6}{0.867} = 116(\text{mm})$$

取 $S = 100\text{mm}$

$$\rho_{sv} = \frac{n A_{sv}}{bs} = \frac{100.6}{300 \times 100} = 0.335\% > \rho_{sv,\min} = 0.24\frac{f_t}{f_{yv}} = 0.24 \times \frac{1.43}{270} = 0.127\%$$

BC 跨：取 $V = V_{Br} = 291.49(\text{kN} \cdot \text{m})$

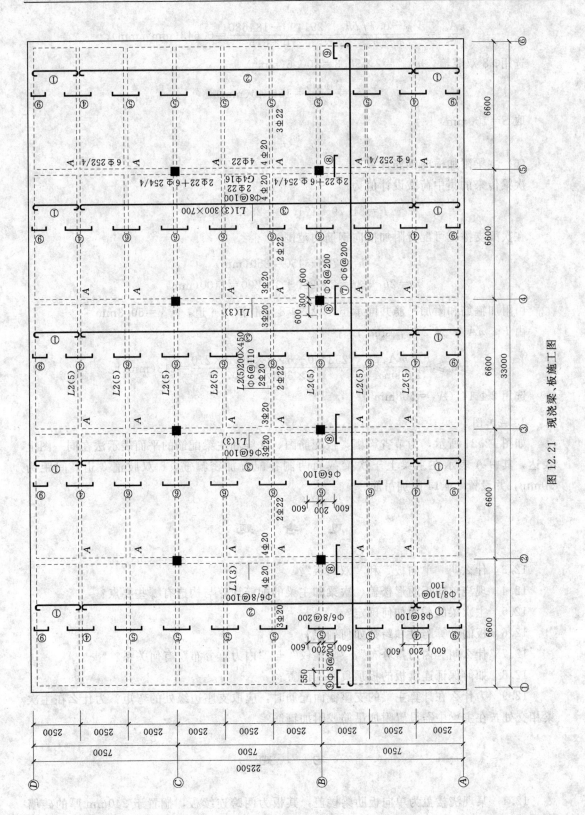

图 12.21 现浇梁、板施工图

131

$$\frac{nA_{sv1}}{S}=\frac{V_{Bl}-0.7f_tbh_0}{f_{yv}h_0}=\frac{291490-184680}{270\times615}=0.643(\text{mm}^2/\text{mm})$$

选用Φ8双肢箍，$nA_{sv1}=2\times50.3=100.6(\text{mm}^2)$

$$S=\frac{100.6}{0.643}=156.45(\text{mm})$$

取 $S=100\text{mm}$。

$$\rho_{sv}>\rho_{sv,\min}$$

（6）主梁附加横向钢筋计算。

次梁传来的集中荷载设计值为

$$F=81.79+171.60=253.40(\text{kN})$$

在次梁支撑处可配置附加横向钢筋的范围为

$$h_1=700-450=250(\text{mm})$$
$$s=2h_1+3b=2\times250+3\times200=1100(\text{mm})$$

由附加箍筋和附加吊筋共同承担，设置Φ8双肢箍共 6 道，$A_{sv1}=50.3\text{mm}^2$

由 $F\leqslant mA_{sv}f_{yv}+2A_{sb}f_y\sin a_s$，有

$$A_{sb}\geqslant\frac{F-mA_{sv}f_{yv}}{2f_y\sin\alpha_s}=\frac{253400-6\times2\times50.3\times270}{2\times300\times0.707}=213(\text{mm}^2)$$

选用 2Φ14（$A_{sb}=308\text{mm}^2$）

3. 施工图

如图 12.21 所示，为节省篇幅，板配筋图、次梁和主梁配筋的平面表示法在同一图上表达，其中 A 表示在主梁上于次梁截面两侧各配置加密箍筋Φ8双肢箍 3 道，间距为 50mm，并设置 2Φ14 附加吊筋。

思 考 题

12.3　什么叫"单向板"和"双向板"？

12.4　现浇单向板肋形楼盖、次梁和主梁的配筋计算与构造有哪些要点？

12.5　主次梁的截面如何确定？

12.6　板的计算跨度和跨数如何确定？

12.7　什么叫"内力重分布"？"塑性铰"与"内力重分布"有何关系？

12.8　如何保证连续板的板顶负筋的位置？

12.9　为什么在计算主梁的支座截面配筋时，应取支座边缘处的弯矩？为什么在主次梁相交处，在主梁中需设置附加吊筋或附加箍筋？

习 题

12.1　某现浇楼盖为单向板肋梁楼盖，其板为两跨连续板，搁置于 240mm 厚的砖墙

上，连续板左跨净跨度为 3m，右跨净跨度为 4m，面层采用 20mm 厚水泥砂浆抹面，板底采用 15mm 厚混合砂浆粉底，板面活荷载为 3kN/m²，试设计此板。

单元 12.3　整体式双向板肋梁楼盖设计计算

12.3.1　双向板的受力特征

双向板在板的两个方向都存在弯矩作用，因此，双向板沿两个方向都应该配置受力钢筋。

双向板的受力情况较为复杂，在承受均布荷载的四边简支的矩形板中，第一批裂缝出现在板底中央且平行于长边方向（正方形板裂缝出现在板底中央），荷载继续增加时，裂缝逐渐延伸，并沿 45°方向向四周扩散，然后板顶四角出现圆弧形裂缝，导致板的破坏。如图 12.22 所示。

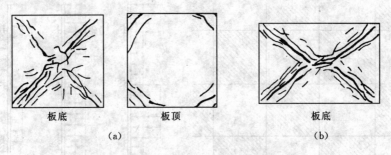

图 12.22　简支双向板破坏时的裂缝分布
(a) 方形板；(b) 矩形板

12.3.2　双向板结构内力计算

双向板内力计算方法有弹性理论计算方法和塑性理论计算方法两种。由于塑性理论计算方法存在一定的局限性，因而在工程中较少采用，本书仅介绍弹性理论计算方法。

12.3.2.1　单跨双向板的计算

为简化计算，单跨双向板的内力计算一般可直接查用《双向板按弹性分析的计算系数表》（见附录 D）。本单元给出了常用的几种支承情况下的计算系数，通过查表得出计算系数后，每米宽度内的弯矩可由下式计算

$$M = 表中系数 \times (g+q)l^2 \tag{12.16}$$

式中：M 为跨中及支座单位板宽内的弯矩；g、q 为均布恒、活载的设计值；l 为板沿短边方向的计算跨度。

必须指出，附表 D 是根据材料泊松比 $\nu=0$ 编制的。对于跨中弯矩，尚需考虑横向变形的影响，对于混凝土，GB 50010—2010 规定 $\nu=0.2$。按下式计算

$$m_{x,v} = m_x + \nu m_y$$

$$m_{y,v} = m_y + vm_x$$

式中：$m_{x,v}$、$m_{y,v}$ 为考虑横向变形，跨中沿 l_x、l_y 方向单位板宽的弯矩。

12.3.2.2　多区格双向板的计算

多区格双向板内力的计算一般采用"实用计算法"进行。

实用计算法的基本方法是：考虑多区格双向板活荷载的不利位置布置，然后利用单跨板的计算系数表进行计算。

1. 跨中最大正弯矩

活荷载最不利位置为"棋盘式"布置，如图 12.23 所示。为便于利用单跨板计算表格，将活荷载分解成正对称活载和反对称活载两部分，如图 12.23 (b)、(c) 所示，则板的跨中弯矩的计算方法如下：

对于内区格，跨中弯矩等于四边固定板在 $g+q/2$ 荷载作用下的弯矩与四边简支板在 $q/2$ 荷载作用下的弯矩之和。

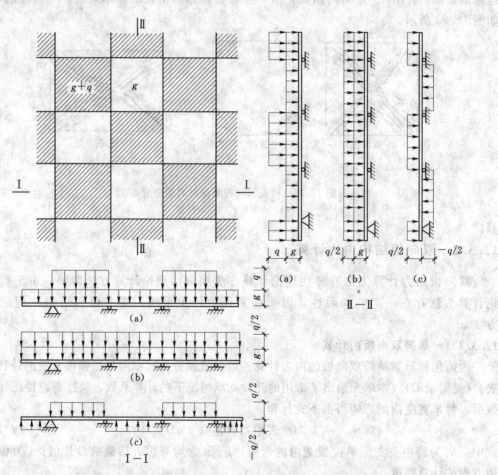

图 12.23　连续双向板计算简图

对于边区格和角区格，其外边界条件，应按实际情况考虑：一般可视为简支，有较大边梁时可视为固定端。

2. 支座最大负弯矩

求支座最大负弯矩时，取活荷载满布的情况考虑。内区格的四边均可看作固定端，边、角区格的外边界条件则应按实际情况考虑。当相邻两区格的情况不同时，其共用支座的最大负弯矩近似取为两区格计算值的平均值。

12.3.3 截面配筋计算要点和构造要求

12.3.3.1 截面配筋计算要点

（1）双向板在两个方向均配置受力筋，且长筋配在短筋的内层，故在计算长筋时，截面的有效高度 h 小于短筋。

（2）对于四周与梁整体连结的双向板，除角区格外，考虑周边支承梁对板推力的有利影响，可将计算所得的弯矩按以下规定予以折减：

1）中间跨跨中截面及中间支座折减系数为 0.8。

2）边跨跨中截面及楼板边缘算起的第二支座截面：

当 $l_c/l < 1.5$ 时，折减系数为 0.8；

当 $1.5 \leq l_c/l \leq 2$ 时，折减系数为 0.9。

式中，l_c 为沿楼板边缘方向的计算跨度；l 为垂直于楼板边缘方向的计算跨度。

3）角区格的各截面弯矩不应折减。

12.3.3.2 截面配筋的构造要求

1. 板的板厚

双向板的厚度一般不宜小于 80mm，且不大于 160 mm。同时，为满足刚度要求，简支板还应不小于 $l/45$，连续板不小于 $l/50$，l 为双向板的较小计算跨度。

2. 受力钢筋

受力钢筋常用分离式。短筋承受的弯矩较大，应放在外层，使其有较大的截面有效高度。支座负筋一般伸出支座边 $l_x/4$，l_x 为短向净跨。

当配筋面积较大时，在靠近支座 $l_x/4$ 的边缘板带内的跨中正弯矩钢筋可减少 50%。

3. 构造钢筋

底筋双向均为受力钢筋，但支座负筋还需设分布筋。当边支座视为简支计算，但实际上受到边梁或墙约束时，应配置支座构造负筋，其数量应不少于 1/3 受力钢筋和 Φ8@200，伸出支座边 $l_x/4$，l_x 为双向板的短向净跨度。

12.3.4 双向板支承梁的构造要求

双向板的荷载就近传递给支承梁。支承梁承受的荷载可从板角作 45°角平分线来分块。因此，长边支承梁承受的是梯形荷载，短边支承梁承受的是三角形荷载。支承梁的自重为均布荷载。如图 12.24 所示。

梁的荷载确定后，其内力可按照结构力学的方法计算，当梁为单跨时，可按实际荷载直接计算内力。当梁为多跨且跨度差不超过 10% 时，可将梁上的三角形或梯形荷载按照《建筑结构静力计算手册》折算成等效均布荷载，从而计算出支座弯矩。最后，按照取隔离体的办法，按实际荷载分布情况计算出跨中弯矩。

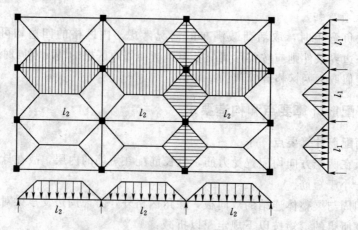

图 12.24　双向板楼盖中梁所承受的荷载

12.3.5　设计实例

某厂房钢筋混凝土现浇双向板肋形楼盖的结构平面布置如图 12.25 所示，楼板厚 120mm，恒载设计值 $g=5\text{kN/m}^2$，楼面活荷载设计值 $q=6\text{kN/m}^2$，采用强度等级为 C30 的混凝土和 HPB300 级钢筋。试按弹性理论进行设计并绘制配筋图。

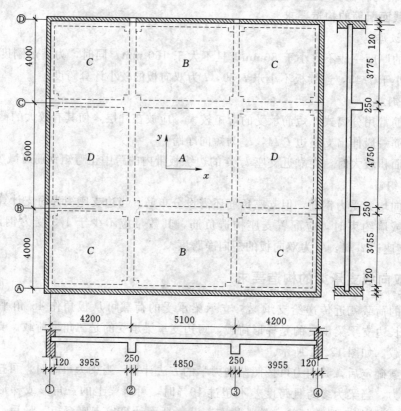

图 12.25　双向板肋形楼盖结构平面布置图（单位：mm）

解：根据结构的对称性，对图示各区格分类编号为 A、B、C、D 4 种。

区格 A $l_x=5.1\text{m}$，$l_y=5.0\text{m}$，$l_y/l_x=5.0/5.1=0.98$，由附录 D 查得四边固定时的弯矩系数和四边简支时的弯矩系数，见表 12.5。

表 12.5 四边固定和四边简支的弯矩系数

l_y/l_x	支承条件	α_x	α_y	α_x'	α_y'
0.98	四边固定	0.0174	0.0185	-0.0519	-0.0528
	四边简支	0.0366	0.0385	—	—

取钢筋混凝土的泊松比 $\nu=0.2$，则可求得 A 区格的跨中弯矩和支座弯矩如下：

$$m_x=0.0174\left(g+\frac{q}{2}\right)l_y^2+0.0366\frac{q}{2}l_y^2+0.2\left[0.0185\left(g+\frac{q}{2}\right)l_y^2+0.0385\frac{q}{2}l_y^2\right]$$

$$=[0.0174\times(5+3)+0.0366\times3]\times5.0^2$$

$$+0.2\times[0.0185\times(5+3)+0.0385\times3]\times5.0^2$$

$$=6.225+0.2\times6.5875=7.54(\text{kN}\cdot\text{m})$$

$$m_y=6.5875+0.2\times6.225=7.83(\text{kN}\cdot\text{m})$$

$$m_x'=-0.0519\times(5+6)\times5.0^2=-14.27(\text{kN}\cdot\text{m})$$

$$m_y'=-0.0528\times(5+6)\times5.0^2=-14.52(\text{kN}\cdot\text{m})$$

区格 B $l_x=5.1\text{m}$，$l_y=3.755+0.125+0.06=3.94$（m），$l_y/l_x=3.94/5.1=0.77$，由附录 D 查得三边固定一边简支时和四边简支时的弯矩系数，见表 12.6。

表 12.6 三边固定一边简支和四边简支的弯矩系数

l_y/l_x	支承条件	α_x	α_y	α_x'	α_y'
0.77	三边固定一边简支	0.0218	0.0337	-0.0720	-0.0811
	四边简支	0.0324	0.0596	—	—

$$m_x=0.0218\left(g+\frac{q}{2}\right)l_y^2+0.0324\frac{q}{2}l_y^2+0.2\left[0.0337\left(g+\frac{q}{2}\right)l_y^2+0.0596\frac{q}{2}l_y^2\right]$$

$$=[0.0218\times(5+3)+0.0324\times3]\times3.94^2+0.2$$

$$\times[0.0337\times(5+3)+0.0596\times3]\times3.94^2$$

$$=4.2162+0.2\times6.9608=5.61(\text{kN}\cdot\text{m})$$

$$m_y=6.9608+0.2\times4.2162=7.80(\text{kN}\cdot\text{m})$$

$$m_x'=-0.0720\times(5+6)\times3.94^2=-12.29(\text{kN}\cdot\text{m})$$

$$m_y'=-0.0811\times(5+6)\times3.94^2=-13.85(\text{kN}\cdot\text{m})$$

区格 C $l_x=3.955+0.125+0.06=4.14\text{m}$，$l_y=3.755+0.125+0.06=3.94$（m），$l_y/l_x=3.94/4.14=0.95$，由附录 D 查得两邻边固定两邻边简支和四边简支时的弯矩系数，见表 12.7。

表 12.7　　　　　　　两邻边固定两邻边简支和四边简支的弯矩系数

l_y/l_x	支承条件	α_x	α_y	α_x'	α_y'
0.95	两邻边固定两邻边简支	0.0244	0.0267	-0.0698	-0.0726
	四边简支	0.0364	0.0410	—	—

$$m_x = 0.0244\left(g+\frac{q}{2}\right)l_y^2 + 0.0364\frac{q}{2}l_y^2 + 0.2\left[0.0267\left(g+\frac{q}{2}\right)l_y^2 + 0.0410\frac{q}{2}l_y^2\right]$$
$$= [0.0244\times(5+3)+0.0364\times3]\times3.94^2 + 0.2$$
$$\times[0.0267\times(5+3)+0.0410\times3]\times3.94^2$$
$$= 4.7254 + 0.2\times5.2252 = 5.77(\text{kN}\cdot\text{m})$$
$$m_y = 5.2252 + 0.2\times4.7254 = 6.17(\text{kN}\cdot\text{m})$$
$$m_x' = -0.0698\times(5+6)\times3.94^2 = -11.92(\text{kN}\cdot\text{m})$$
$$m_y' = -0.0726\times(5+6)\times3.94^2 = -12.40(\text{kN}\cdot\text{m})$$

区格 D　$l_x = 3.955 + 0.125 + 0.06 = 4.14\text{m}$，$l_y = 5.0\text{m}$，$l_x/l_y = 4.14/5.0 = 0.83$，由附录 D 查得三边固定一边简支时和四边简支时的弯矩系数，见表 12.8。

表 12.8　　　　　　　三边固定一边简支和四边简支的弯矩系数

l_x/l_y	支承条件	α_x	α_y	α_x'	α_y'
0.83	三边固定一边简支	0.0288	0.0228	-0.0735	-0.0693
	四边简支	0.0528	0.0342	—	—

$$m_x = 0.0288\left(g+\frac{q}{2}\right)l_y^2 + 0.0528\frac{q}{2}l_y^2 + 0.2\left[0.0228\left(g+\frac{q}{2}\right)l_y^2 + 0.0342\frac{q}{2}l_y^2\right]$$
$$= [0.0288\times(5+3)+0.0528\times3]\times4.14^2 + 0.2$$
$$\times[0.0228\times(5+3)+0.0342\times3]\times4.14^2$$
$$= 6.6639 + 0.2\times4.8848 = 7.64(\text{kN}\cdot\text{m})$$
$$m_y = 4.8848 + 0.2\times6.6639 = 6.22(\text{kN}\cdot\text{m})$$
$$m_x' = -0.0735\times(5+6)\times4.14^2 = -13.86(\text{kN}\cdot\text{m})$$
$$m_y' = -0.0693\times(5+6)\times4.14^2 = -13.07(\text{kN}\cdot\text{m})$$

选用 Φ10 钢筋作为受力主筋，则短跨方向跨中截面的 $h_0 = h - 20 = 100\text{mm}$；长跨方向跨中截面的 $h_0 = 90\text{mm}$；支座截面 h_0 均为 100mm。

根据截面弯矩设计值的折减规定，C 区格弯矩不予折减，A 区格跨中及支座弯矩折减 20%，边区格跨中截面及第一内支座截面上，由于平行于楼板边缘方向的计算跨度与垂直于楼板边缘方向的计算跨度之比均小于 1.5，所以其弯矩也可减少 20%。

计算截面配筋时，近似取内力臂系数 $\gamma s = 0.9$，则

$$A_s = \frac{m}{\gamma_s f_y h_0} = \frac{m}{0.9 f_y h_0} = \frac{m}{0.9\times270 h_0} = \frac{m}{243 h_0}$$

截面配筋计算结果见表 12.9，配筋图如图 12.26 所示，边缘板带配筋可减半。

表 12.9　　　　　　　　　　　　　　　　**板 的 截 面 配 筋 计 算**

截　　面		h_0 (mm)	m (kN·m/m)	A_s (mm²/m)	配筋	实配 (mm²/m)
区格 A	l_x 方向	90	7.54×0.8=6.032	276	Φ10@200	393
	l_y 方向	100	7.83×0.8=6.262	258	Φ10@200	393
区格 B	l_x 方向	90	5.61×0.8=4.488	205	Φ10@200	393
	l_y 方向	100	7.80×0.8=6.24	257	Φ10@200	393
区格 C	l_x 方向	90	5.77	264	Φ10@200	393
	l_y 方向	100	6.17	254	Φ10@200	393
区格 D	l_x 方向	90	7.64×0.8=6.112	252	Φ10@200	393
	l_y 方向	90	6.22×0.8=4.976	228	Φ10@200	393
A—B		100	(14.52+13.85)/2×0.8=11.35	467	Φ10@110	714
A—D		100	(14.27+13.86)/2×0.8=11.25	463	Φ10@110	714
B—C		100	(12.29+11.92)/2=12.11	498	Φ10@110	714
C—D		100	(12.40+13.07)/2=12.74	524	Φ10@110	714

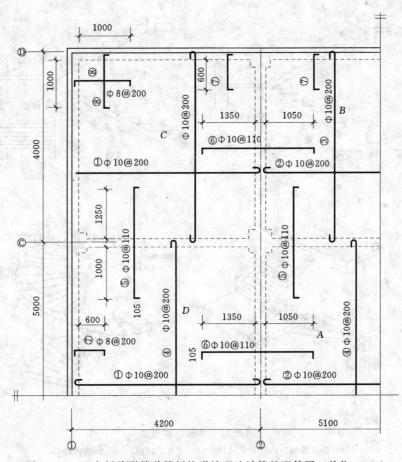

图 12.26　双向板肋形楼盖楼板按弹性理论计算的配筋图（单位：mm）

思　考　题

12.10　单跨双向板有哪些计算步骤？

12.11　计算多区格双向板跨中最大弯矩和支座最小负弯矩时，做出了哪些假定？

单元 12.4　楼 梯 设 计 计 算

楼梯是多高层房屋的主要竖向交通设施，多采用钢筋混凝土楼梯，钢筋混凝土楼梯有现浇整体式和预制装配两种，其中预制装配式钢筋混凝土楼梯由于整体性较差，现已很少采用。

现浇整体式钢筋混凝土楼梯按其结构形式和受力特点分为板式楼梯和梁式楼梯、剪刀式楼梯、螺旋式楼梯等，如图 12.27 所示。楼梯的平面布置、踏步尺寸、栏杆形式等由建筑设计确定。本单元主要介绍工程中常用的现浇板式楼梯和梁式楼梯的结构设计计算。

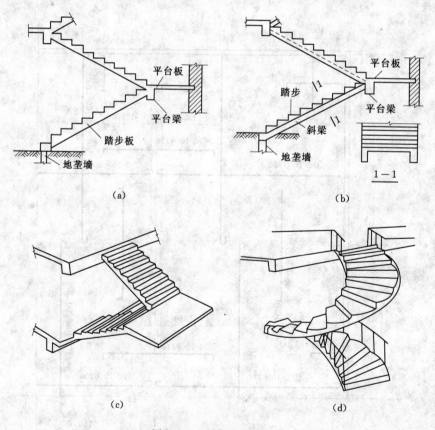

图 12.27　楼梯结构形式

（a）板式楼梯；（b）梁式楼梯；（c）剪刀式楼梯；（d）螺旋式楼梯

12.4.1 现浇板式楼梯

12.4.1.1 结构组成

板式楼梯由梯段板、平台板和平台梁组成。梯段板支承在平台梁上和楼层梁上，底层下端一般支承在地垄墙上。板式楼梯的优点是下表面平整，施工支模较方便，外观比较轻巧。当楼梯跨度不大时可采用板式楼梯。

12.4.1.2 设计要点

1. 梯段板

梯段板由平台梁支撑，按斜放的简支构件计算，梯段板计算时取斜板的水平投影跨度 l_0。梯段板厚度取 l_0 的 $1/30 \sim 1/25$。

计算梯段板时，可取 1 米宽板带或以整个梯段板作为计算单元。

虽然斜板按简支计算，但由于梯段与平台梁整浇，平台对斜板的变形有一定约束作用，故计算板的跨中弯矩时，也可以近似取 $M_{max} = (g+q)l_0^2/10$。为避免板在支座处产生裂缝，应在板上面配置一定量的板面负筋，一般取 $\Phi 8@200mm$，长度为伸入斜板 $l_n/4$。分布钢筋可采用 $\Phi 6$ 或 $\Phi 8$，每级踏步一根，放置在受力钢筋内侧。

2. 平台板和平台梁

平台板大多为单向板，可取 1m 宽板带进行计算。平台板一端与平台梁整体连接，另一端可能支承在砖墙上时，跨中弯矩可近似取 $M_{max} = (g+q)l_0^2/8$；平台板另一端如与过梁整浇，可取 $M_{max} = (g+q)l_0^2/10$。当为双向板时，可按四周简支的双向板计算。考虑到板支座的转动会受到一定约束，应配置一定量构造负筋，一般为 $\Phi 8@200mm$，伸出支承边缘长度为 $l_n/4$，如图 12.28 所示。

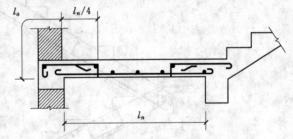

图 12.28 平台板配筋

平台梁承受梯段板和平台板传来的均布荷载与平台梁自重，一般按简支梁计算，其构造要求与一般梁相同。

12.4.2 现浇梁式楼梯

12.4.2.1 结构组成

梁式楼梯由踏步板、斜梁、平台板和平台梁组成。踏步板支承在斜梁上，斜梁支承在平台梁和楼层梁上。当楼梯跨度较大或活荷载较大时可采用梁式楼梯，但梁式楼梯外观比较笨重，施工也较复杂。

12.4.2.2 设计要点

1. 踏步板

踏步板按两端简支在斜梁上的单向板考虑，计算时一般取一个踏步作为计算单元，踏步板为梯形截面，板的计算高度可近似取平均高度 $h = (h_1 + h_2)/2$，如图 12.29 所示。板厚一般不小于 30~40mm，每一踏步一般需配置不少于 2Φ6 的受力钢筋，沿斜向布置Φ6 分布钢筋，间距不大于 300mm。

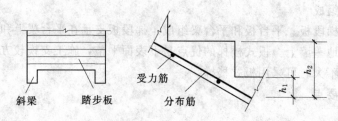

图 12.29　踏步板配筋

2. 斜梁

斜梁的内力计算特点与梯段斜板相同。踏步板可能位于斜梁截面高度的上部，也可能位于下部，计算时可近似取为矩形截面。斜边梁的配筋构造图如图 12.30 所示。

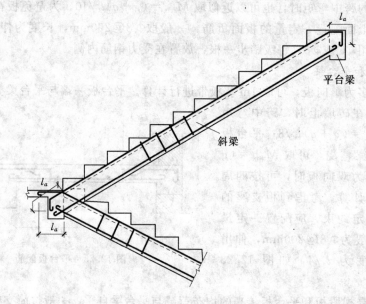

图 12.30　斜梁配筋

3. 平台板和平台梁

平台板计算同板式楼梯相同。平台梁主要承受斜边梁传来的集中荷载（由上、下楼梯斜梁传来）和平台板传来的均布荷载，平台梁一般按简支梁计算。

12.4.3　楼梯设计实例

某办公楼采用现浇板式楼梯，层高 3.3m，踏步尺寸 150mm×300mm。其平面布置如图 12.31 所示，楼梯段和平台板构造做法：30mm 水磨石层面，15mm 厚混合水泥砂浆板底抹灰；楼梯上的均布荷载标准值 q=2.5kN/m²。混凝土采用 C30，板纵向受力钢筋和梁箍筋采用 HPB300，梁的纵向受力钢筋采用 HRB335，环境类别为一类。试设计该楼梯。

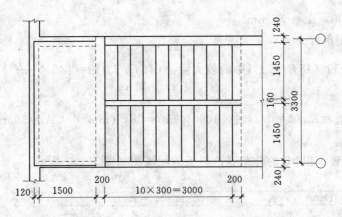

图 12.31 楼梯结构平面图（单位：mm）

解：

1. 楼梯斜板设计

斜板厚 $\qquad h = \dfrac{l}{28} = \dfrac{3000}{28} = 107.14$（取 $h = 110$mm）

斜板长 $\qquad l' = \sqrt{3^2 + 1.65^2} = 3.424$（m）

（1）荷载计算（取 1m 宽板计算）。

恒载标准值：

水磨石面层 $\qquad (0.3 + 0.15) \times 0.65 / 0.3 = 0.975$（kN/m）

混凝土踏步 $\qquad 0.3 \times 0.15 / 2 \times 25 / 0.3 = 1.875$（kN/m）

混凝土斜板 $\qquad 0.11 \times 25 \times 3.424 / 3.0 = 3.139$（kN/m）

板底抹灰 $\qquad 0.015 \times 17 \times 3.424 / 3.0 = 0.291$（kN/m）

$\qquad\qquad\qquad\qquad\qquad\qquad\qquad 6.28$（kN/m）

活荷载标准值：2.5kN/m

荷载设计值：取荷载分项系数

$$\gamma_G = 1.2, \quad \gamma_Q = 1.4$$

$$p = 1.2 \times 6.28 + 1.4 \times 2.5 = 11.04 \text{（kN/m）}$$

（2）截面设计。

1）配筋计算。

斜板的水平计算跨度 $l_0 = 3.0$m，弯矩设计值

$$M = \frac{1}{10} \times 11.04 \times 3.0^2 = 9.89 \text{（kN·m）}$$

$$h_0 = 110 - 20 = 90 \text{（mm）}$$

$$\alpha_s = \frac{M}{\alpha_1 f_c b h_0^2} = \frac{9.89 \times 10^6}{1.0 \times 14.3 \times 1000 \times 90^2} = 0.085$$

$$\xi = 1 - \sqrt{1 - 2\alpha_s} = 1 - \sqrt{1 - 2 \times 0.085} = 0.09 < \xi_b = 0.576$$

$$A_s = \xi b h_0 \frac{\alpha_1 f_c}{f_y} = 0.09 \times 1000 \times 90 \times \frac{1.0 \times 14.3}{270} = 429 \text{（mm}^2\text{）}$$

选配Φ8@100，$A_s = 503\text{mm}^2$。

2）验算适用条件

ρ_{min} 取 0.2% 和 $(45f_t/f_y)$% 中的较大值，$(45f_t/f_y)\% = \left(45 \times \dfrac{1.43}{270}\right)\% = 0.24\%$，故取 $\rho_{min} = 0.24\%$。

$$A_{s,min} = \rho_{min}bh = 0.24\% \times 1000 \times 110 = 264 \text{（mm}^2) < A_s = 503\text{mm}^2$$

满足要求。

每个踏步布置 1 根Φ8 的分布筋，斜板的配筋图如图 12.32 所示。

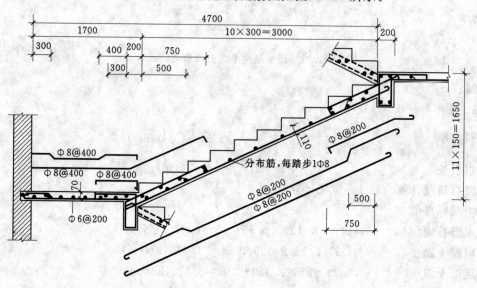

图 12.32　楼梯斜板及平台板配筋图（单位：mm）

2. 平台板设计

平台板厚 h 取 70mm，取 1m 宽的板带计算。

（1）荷载计算。

恒载标准值：

水磨石面层

$$0.65 \times 1 = 0.65(\text{kN/m})$$

混凝土板

$$0.07 \times 25 \times 1 = 1.75(\text{kN/m})$$

板底抹灰

$$0.015 \times 17 \times 1 = 0.26(\text{kN/m})$$

$$2.66\text{kN/m}$$

活荷载标准值：2.5kN/m。

荷载设计值

$$p = 1.2 \times 2.66 + 1.4 \times 2.5 = 6.69(\text{kN/m})$$

（2）截面设计。

1)配筋计算。

平台板的计算跨度

$$l = l_0 + h/2 = 1.5 + 0.07/2 = 1.54(\text{m})$$

$$h_0 = 70 - 20 = 50(\text{mm})$$

弯矩设计值

$$M = \frac{1}{8}pl^2 = \frac{1}{8} \times 6.69 \times 1.54^2 = 1.98(\text{kN} \cdot \text{m})$$

$$\alpha_s = \frac{M}{\alpha_1 f_c b h_0^2} = \frac{1.98 \times 10^6}{1.0 \times 14.3 \times 1000 \times 50^2} = 0.055$$

$$\xi = 1 - \sqrt{1 - 2\alpha_s} = 1 - \sqrt{1 - 2 \times 0.055} = 0.057 < \xi_b = 0.576$$

$$A_s = \xi b h_0 \frac{\alpha_1 f_c}{f_y} = 0.057 \times 1000 \times 50 \times \frac{1.0 \times 14.3}{270} = 150.9(\text{mm}^2)$$

选配 $\phi 8@200$, $A_s = 251\text{mm}^2$。

2)验算适用条件。$\rho_{\min}$ 取 0.2% 和 $(45f_t/f_y)\%$ 中的较大值，$(45f_t/f_y)\% = \left(45 \times \frac{1.43}{270}\right)\% = 0.24\%$，故取 $\rho_{\min} = 0.24\%$。

$$A_{s,\min} = \rho_{\min}bh = 0.24\% \times 1000 \times 70 = 168(\text{mm}^2) < A_s = 251\text{mm}^2$$

满足要求。

分布筋选用 $\phi 6@200$，平台板的配筋图如图 12.32 所示。

3. 平台梁的设计

平台梁的计算跨度

$$l = l_n + a = (3.3 - 0.24) + 0.24 = 3.3 > l = 1.05 \times 3.06 = 3.21(\text{m})$$

取 $l = 3.21\text{m}$。

平台梁的截面尺寸

$$h = \frac{l}{12} = \frac{3210}{12} = 268(\text{mm})$$

取 $b \times h = 200\text{mm} \times 350\text{mm}$。

（1）荷载计算。

恒荷载标准值：

斜板传来

$$6.28 \times 3.0/2 = 9.42(\text{kN/m})$$

平台板传来

$$2.66 \times (1.5/2 + 0.2) = 2.53(\text{kN/m})$$

梁自重

$$0.2 \times (0.35 - 0.07) \times 25 = 1.4(\text{kN/m})$$

梁侧抹灰

$$0.015 \times (0.35 - 0.07) \times 2 \times 17 = 0.14(\text{kN/m})$$

$$13.49\text{kN/m}$$

活荷载标准值

$$2.5 \times (0.35/2 + 1.5/2 + 0.2) = 6.13 (\text{kN/m})$$

则平台梁的荷载设计值为

$$p = 1.2 \times 13.49 + 1.4 \times 6.13 = 24.77 (\text{kN/m})$$

（2）截面设计。

1）内力计算

弯矩设计值

$$M = \frac{1}{8} p l^2 = \frac{1}{8} \times 24.77 \times 3.21^2 = 31.90 (\text{kN} \cdot \text{m})$$

剪力设计值

$$V = \frac{1}{2} p l_0 = \frac{1}{2} \times 24.77 \times 3.06 = 42.49 (\text{kN})$$

2）正截面承载力计算。

a. 平台梁配筋计算。

截面近似按矩形计算

$$h_0 = 350 - 40 = 310 (\text{mm})$$

$$\alpha_s = \frac{M}{\alpha_1 f_c b h_0^2} = \frac{31.90 \times 10^6}{1.0 \times 14.3 \times 200 \times 310^2} = 0.116$$

$$\xi = 1 - \sqrt{1 - 2\alpha_s} = 1 - \sqrt{1 - 2 \times 0.116} = 0.124 < \xi_b = 0.550$$

$$A_s = \xi b h_0 \frac{\alpha_1 f_c}{f_y} = 0.124 \times 200 \times 310 \times \frac{1.0 \times 14.3}{300} = 366 (\text{mm}^2)$$

选配 2 Φ 16，$A_s = 402 \text{mm}^2$。

b. 验算适用条件。

$\rho_{\min}$ 取 0.2% 和 $(45 f_t / f_y)$% 中的较大值，$(45 f_t / f_y)$% $= \left(45 \times \frac{1.43}{300}\right)$% $= 0.21$%，故取 $\rho_{\min} = 0.21$%。

$$A_{s,\min} = \rho_{\min} b h = 0.21\% \times 200 \times 350 = 147 (\text{mm}^2) < A_s = 402 \text{mm}^2$$

满足要求。

3）斜截面承载力计算。

a. 验算截面尺寸是否符合要求。

$$0.25 \beta_c f_c b h_0 = 0.25 \times 1.0 \times 14.3 \times 200 \times 310 = 221.65 \times 10^3 (\text{N}) = 221.65 (\text{kN}) > V = 42.49 \text{kN}$$

截面尺寸满足要求。

b. 判别是否需要按计算配置腹筋

$$0.7 f_c b h_0 = 0.7 \times 14.3 \times 200 \times 310 = 62.06 \times 10^3 (\text{N}) = 62.06 \text{kN} > V = 42.49 \text{kN}$$

需要按构造配置腹筋，箍筋选用双肢箍 ϕ 6@200。

c. 验算适用条件

$$\rho_{sv} = \frac{nA_{sv1}}{bs} = \frac{2 \times 28.3}{200 \times 200} = 0.142\% > \rho_{sv,min} = 0.24\frac{f_t}{f_{yv}} = 0.24 \times \frac{1.43}{270} = 0.127\%$$

选择箍筋间距和直径均满足构造要求。

平台梁的配筋图如图 12.33 所示。

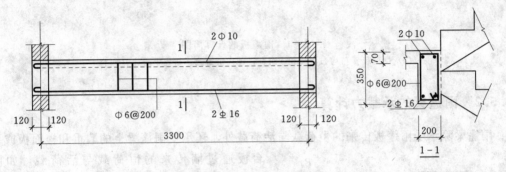

图 12.33　平台梁配筋图（单位：mm）

思　考　题

12.12　简述板式楼梯短的计算要求。

12.13　简述梁式踏步板的计算要求。

单元 12.5　雨 篷 设 计 计 算

钢筋混凝土雨篷根据悬挑长度的大小，采用不同的结构形式。当悬挑较长时，在雨篷中布置悬挑边梁来支撑雨篷板，这种方案可按梁板结构计算其内力；当悬挑较小时，则布置雨篷梁来支撑悬挑的雨篷板。雨篷梁除支撑雨篷板外，还承受上部墙体的重量和楼面梁板或平台传来的荷载。此外，雨篷是一种悬挑结构，故除雨篷梁、板的承载力需作计算外，还必须进行整体的抗倾覆验算。

12.5.1　雨篷板的承载力计算

雨篷板所承受的恒载包括板的自重和抹灰层重，活荷载分为两种情况：标准值为 $0.5kN/m^2$ 的等效均布荷载或标准值为 1kN 的板端集中检修活荷载。两种荷载情况下的计算简图如图 12.34 所示，其中 g 和 q 分别为均布恒载和均布活载的设计值，P 为板端集中活荷载的设计值。

雨篷板承载力按悬臂受弯构件计算，取其挑出长度为计算跨度，并取 1m 宽板带为计算单元。雨篷板只需进行正截面承载力计算，最大弯矩发生在板的根部截面，设计时分别计算两种活荷载作用时根部弯矩，并取两个弯矩中的较大值进行配筋计算，受力筋置于板的上部。

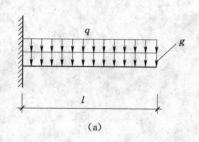 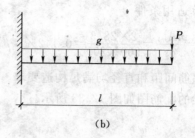

$$(a) \qquad\qquad (b)$$

图 12.34　雨篷板的计算简图

（a）恒荷载 g 与均布活荷载 q 组合；（b）恒荷载 g 与集中荷载 P 组合

12.5.2　雨篷梁的承载力计算

雨篷梁除承受雨篷板传来的恒荷载与活荷载外，还承受雨篷梁上的墙重和楼面板或平台板通过墙传来的恒荷载与活荷载，如图 12.35 所示。

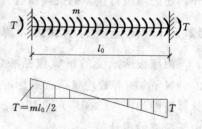

图 12.35　雨篷梁受荷图

梁板荷载与墙体自重按下列规定采用：

（1）对砖和小型砌块砌体，当梁、板下墙体高度 $h_w < l_n$ 时（l_n 为过梁净跨），应计入梁、板传来的荷载。若 $h_w \geqslant l_n$ 可不考虑梁、板荷载。

（2）对砖砌体，当过梁上的墙体高度 $h_w < l_n/3$ 时，按墙体均布自重采用；当墙体高度 $h_w \geqslant l_n/3$ 时，按高度为 $l_n/3$ 墙体的均布自重考虑。

（3）对混凝土砌块砌体，当过梁上的墙体高度 $h_w < l_n/2$ 时，按墙体均布自重采用；当墙体高度 $h_w \geqslant l_n/2$ 时，应按高度为 $l_n/2$ 墙体的均布自重考虑。

过梁的荷载确定以后，即可按跨度为 $1.05l_n$ 的简支梁计算弯矩和剪力。

由于雨篷梁是带有外挑悬臂板的过梁。不仅受弯矩和剪力作用，还承受扭矩，如图 12.36 所示，属于弯剪扭构件。

雨篷梁上的扭矩由悬臂板上的恒载和活载产生。如计算所得板上的均布恒载产生的均布扭矩为 m_g，均布活载产生的均布扭矩为 m_q，板端集中活载 P（作用在洞边板端时为最不利）产生的集中扭矩为 M_P，则雨篷梁端扭矩 T 取下面扭矩值中较大值计算

$$T = \frac{1}{2}(m_g + m_q)l_n$$

或

$$T = \frac{1}{2}m_g l_n + M_P$$

图 12.36　雨篷梁上的扭矩分布

雨篷梁的弯矩 M、剪力 V 和扭矩 T 求得后，即可按弯、剪、扭构件的承载力计算方法计算纵筋和箍筋。

12.5.3 雨篷的抗倾覆验算

雨篷是悬挑结构，雨篷上的荷载可使雨篷绕如图 12.37 所示 O 点转动而产生倾覆力矩 M_{OV}，而梁自重、墙重以及梁板传来的恒荷载设计值将产生绕 O 点的抗倾覆力矩 M_r，O 点到雨篷板根部的距离，当 $l_1 \geqslant 2.2h_b$ 时，$x_0 = 0.3h_b$（h_b 为雨篷板根部的厚度），且不大于 $0.13l_1$；当 $l_1 < 2.2h_b$ 时，$x_0 = 0.13l_1$。抗倾覆要求需满足下式：

$$M_{OV} \leqslant M_r$$

式中：M_{OV} 为按雨篷板上不利荷载组合计算的绕 O 点的倾覆力矩，对恒荷载和活荷载应分别乘以荷载分项系数；M_r 为按恒荷载标准值计算的绕 O 点的抗倾覆力矩，此时，荷载分项系数采用 0.8，即 $M_r = 0.8G_r(l_2 - x_0)$。G_r 可按如图 12.37 阴影部分所示范围的恒荷载（包括砌体与楼面传来的）标准值计算。

当条件不满足时，可适当增加雨篷量的支撑长度，以增大墙体自重。

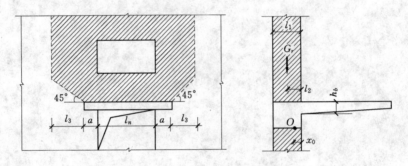

图 12.37 雨篷的抗倾覆荷载

12.5.4 雨篷构造要求

悬臂板式雨篷应满足以下构造要求：板的根部厚度不小于 $l_s/12$ 和 80mm，端部厚度不小于 60mm；板的受力筋必须置于板的上部，最小不得少于 Φ8@200，伸入支座长度 l_a；梁的箍筋必须搭接良好，如图 12.38 所示。

悬臂板式雨篷带竖直构造翻边时应考虑积水荷载，积水荷载最少取 1.5kN/m²，翻边的钢筋应放置在雨篷内侧并做好锚固，如图 12.39 所示。

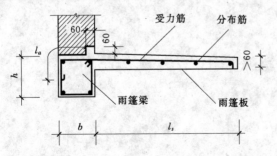

图 12.38 雨篷截面及配筋构造（单位：mm）

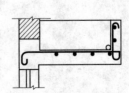

图 12.39 带翻边的雨篷配筋

思 考 题

12.14　雨篷板有哪些计算要点和构造要求？

12.15　雨篷梁有哪些计算要点和构造要求？

模块 13　钢筋混凝土单层工业厂房结构

教学目标：

- 了解单层厂房结构形式、结构组成及传力途径
- 初步具有单层厂房的结构平面布置能力
- 熟悉排架柱、牛腿的配筋构造
- 了解排架结构相关构件（如屋架、吊车梁等）的选型

在工业建筑中，单层厂房是最普遍、也是最基本的一种形式。本模块主要介绍钢筋混凝土单层工业厂房的结构布置及其构件的设计计算要点与配筋构造。

单元 13.1　单层厂房结构的组成分析

13.1.1　单层厂房的结构形式

在工业建筑中，单层厂房主要用于冶金、机械、化工、纺织等工业厂房。单层厂房一般设有较重的机械和设备，产品较重且轮廓尺寸较大，大型设备直接安装在地面上，便于产品的加工和运输。

13.1.1.1　单层厂房的特点

单层厂房，生产工艺流程较多，车间内部运输频繁，并且大多有较重的机械设备和产品。因此，单层厂房不仅要满足生产工艺的要求，而且还要满足布置起重运输设备、生产设备的要求。其特点为跨度大、高度高，结构构件承受的荷载大，构件尺寸大，耗材多，此外设计时还要考虑动荷载作用。

13.1.1.2　单层厂房的结构形式

单层工业厂房按承重结构的材料可分为：混合结构、混凝土结构和钢结构。一般来说，无吊车或吊车起重量不大于 50kN、跨度不大于 15m，柱顶标高不大于 8m，无特殊工艺要求的小型厂房，可采用混合结构（砖柱、钢筋混凝土屋架或木屋架或轻钢屋架）；当吊车起重量不小于 2500kN、跨度不小于 36m 的大型厂房或有特殊工艺要求的厂房（如设有 100kN 以上锻锤的车间以及高温车间的特殊部位等），一般采用钢屋架、钢筋混凝土柱或全钢结构；其他大部分厂房可采用钢筋混凝土结构，优先采用装配式和预应力混凝土结构。

钢筋混凝土单层厂房主要有两种结构类型：排架结构和刚架结构，如图 13.1 所示。

排架结构是由屋架或屋面梁、柱、基础等构件组成，柱与屋架铰接，与基础刚接。根

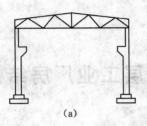
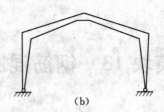

图 13.1 钢筋混凝土单层工业厂房的两种结构类型
(a) 排架结构；(b) 刚架结构

据生产工艺和使用要求的不同，排架结构可做成等高、不等高等多种形式，如图 13.2 所示；根据结构材料的不同，排架可分为：钢—钢筋混凝土排架、钢筋混凝土排架和钢筋混凝土—砖排架。此类结构能承受较大的荷载作用，在冶金和机械工业厂房中得到广泛应用，其跨度可达 30m，高度可达 20~30m，吊车吨位可达 150t 或 150t 以上。

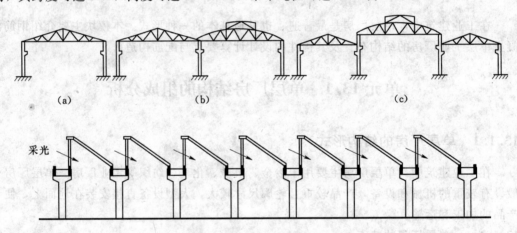

图 13.2 钢筋混凝土排架

刚架结构的主要特点是梁与柱刚接，柱与基础通常为铰接。刚架结构的刚度较差，仅适用于屋盖较轻的厂房或吊车吨位不超过 10t，跨度不超过 10m 的轻型厂房或仓库等。

13.1.2 排架结构的组成分析、传力途径及设计内容

13.1.2.1 排架结构的组成分析

钢筋混凝土排架结构的单层厂房应用最为广泛，如图 13.3 所示的屋面板、屋架、吊车梁、连系梁、柱、基础等结构构件组成。

1. 屋盖结构

屋盖结构分无檩和有檩两种，无檩体系由大型屋面板、屋面梁或屋架（包括屋盖支撑）组成；有檩体系由小型屋面板、檩条、屋架（包括屋盖支撑）组成。屋盖结构有时还有天窗架、托架，其主要作用是维护和承重（承受屋盖结构的自重、屋面活载、雪载和其他荷载，并将这些荷载传给排架柱），以及采光和通风等。

2. 横向平面排架

横向平面排架是厂房的基本承重结构，由横梁（屋面梁或屋架）、横向柱列及基础组成，厂房结构承受的竖向荷载（结构自重、屋面活载、雪载和吊车竖向荷载等）及横向水平荷载（风载和吊车横向制动力、地震作用）主要通过它将荷载传至基础和地基，如图13.4 所示。

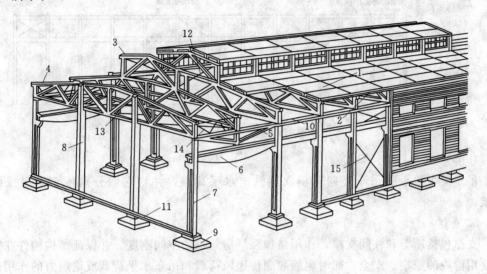

图 13.3 单层厂房结构组成

1—屋面板；2—天沟板；3—天窗架；4—屋架；5—托架；6—吊车梁；7—排架柱；8—抗风柱；
9—基础；10—连系梁；11—基础梁；12—天窗架垂直支撑；13—屋架下弦横向水平支撑；
14—屋架端部垂直支撑；15—柱间支撑

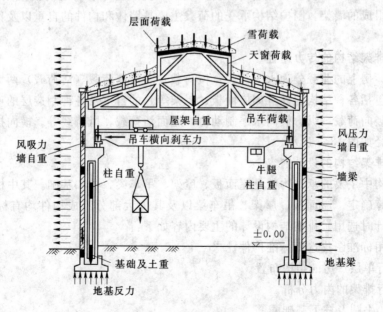

图 13.4 单层厂房的横向排架及受荷示意图

3. 纵向平面排架

纵向平面排架由纵向柱列、基础、连系梁、吊车梁和柱间支撑等组成，作用是保证厂房结构的纵向稳定性和刚度，并承受作用在山墙和天窗端壁并通过屋盖结构传来的纵向风载、吊车纵向水平荷载，如图 13.5 所示，还承受纵向地震作用以及温度应力等。

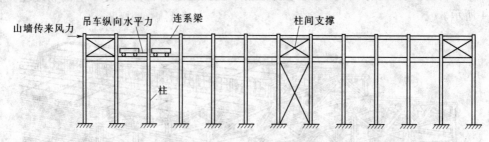

图 13.5　纵向排架示意图

4. 吊车梁

吊车梁主要承受吊车竖向和横向或纵向水平荷载，并将它们分别传至横向或纵向排架。

5. 支撑

支撑包括屋盖和柱间支撑，作用是加强厂房结构的空间刚度，并保证结构构件在安装和使用阶段的稳定、安全，同时也能起到传递风荷载和吊车水平荷载或地震力的作用。

6. 基础

基础的作用是承受柱和基础梁传来的荷载并将它们传至地基。

7. 围护结构

围护结构是纵墙和横墙（山墙）以及由墙梁、抗风柱（有时还有抗风梁或抗风桁架）和基础梁等组成的墙架。围护结构承受的荷载主要是墙体和构件的自重以及作用在墙面上的风荷载。

13.1.2.2　排架结构的传力途径

作用在厂房上的荷载分为永久荷载（恒荷载）和可变荷载（活荷载）两大类。

恒荷载包括各种结构构件（如屋面板、屋架等）的自重及各种制造层的重量等。活荷载包括吊车竖向荷载，纵、横向水平制动力，屋面活荷载，风荷载等。横向排架和纵向排架的传力途径如图 13.6 所示。

13.1.2.3　排架结构的设计内容

排架结构中主要的承重构件是屋面板、屋架、吊车梁、柱和基础。其中柱和基础一般需要通过计算确定。屋面板、屋架、吊车梁以及其他大部分组成构件均有标准图或通用图，可供设计时选用。排架结构设计的主要内容如下：

（1）利用标准图集选用标准构件。

（2）进行单层厂房的结构布置。

（3）进行排架的内力分析。

（4）柱、牛腿及柱下基础配筋。

（5）绘制结构构件布置图以及柱和基础的施工图。

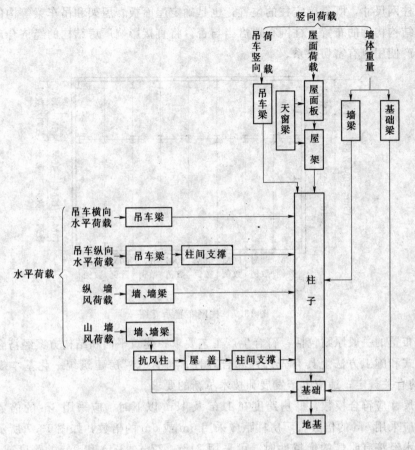

图 13.6 单层厂房主要荷载的传力途径

<h2 style="text-align:center">思 考 题</h2>

13.1 单层厂房的结构形式有哪几种？各自的特点是什么？

13.2 单层厂房通常由哪几部分组成？

单元 13.2 单层厂房的结构布置

单层厂房的结构布置包括屋盖结构（屋面板、天沟板、屋架、天窗架及其支撑等）布置；吊车梁、柱（包括抗风柱）及柱间支撑等布置；圈梁、连系梁及过梁布置；基础和基础梁布置。

13.2.1 结构的柱网布置

厂房承重柱（或承重墙）的纵向和横向定位轴线，在平面上排列所形成的网格，称为柱网。柱网布置就是确定纵向定位轴线之间（跨度）和横向定位轴线之间（柱距）的尺寸。确定柱网尺寸，既是确定柱的位置，也是确定屋面板、屋架和吊车梁等构件的跨度并涉及厂房结构构件的布置。柱网布置恰当与否，将直接影响厂房结构的经济合理性和先进性，对生产使用也有密切关系。

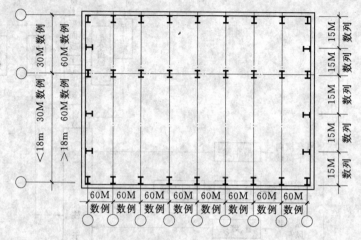

图 13.7　柱网布置示意图

柱网布置的一般原则包括：符合生产工艺要求；建筑平面和结构方案经济合理；在厂房结构形式和施工方法上具有先进性和合理性；符合《厂房建筑统一化基本规则》（TJ 6—74）的有关规定；适应生产发展和技术革新的要求。

柱网尺寸应符合模数，厂房跨度在 18m 及 18m 以下时，应采用 3m 的倍数；在 18m 以上时，应采用 6m 的倍数。厂房柱距应采用 6m 或 6m 的倍数，如图 13.7 所示。当工艺布置和技术经济有明显的优越性时，可采用 21m、27m、33m 和 9m 的跨度或其他柱距。从经济指标、材料消耗、施工条件等方面来衡量，一般情况下采用 6m 柱距比 12m 柱距优越。从工业发展趋势来看，扩大柱距对增加车间有效面积，提高设备布置和工艺布置的灵活性，减少结构构件的数量等，都较为有利。但由于构件尺寸增大，也给制作、运输和吊装带来不便。12m 柱距是 6m 柱距的扩大模数，在大小车间相结合时，两者可配合使用。此外，与 9m 柱距相比，12m 柱距可以利用现有设备做成 6m 屋面板系统（有托架梁）；当条件具备时又可直接采用 12m 屋面板（无托架梁）。因此，在选择 12m 柱距和 9m 柱距时，应优先采用前者。

13.2.2　变形缝

变形缝包括伸缩缝、沉降缝和防震缝 3 种。

气温变化时，长度和宽度过大的厂房结构内部将产生很大的温度应力，严重的可将墙面、屋面等拉裂。为减小厂房结构中的温度应力，可设置伸缩缝，将厂房结构分成几个温度区段。伸缩缝应从基础顶面开始，将两个温度区段的上部结构构件完全分开。并留出一定宽度的缝隙，使上部结构在气温变化时，水平方向可以自由地发生变形，如图 13.8 所示。温度区段的形状，应力求简单，并使伸缩缝的数量最少。伸缩缝之间的距离取决于结构类型和温度变化情况。GB 50010—2010 对钢筋混凝土结构伸缩缝的最大间距作了规定。

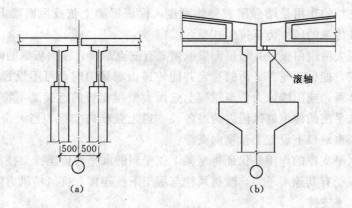

图 13.8　单层厂房伸缩缝的构造（单位：mm）
（a）双柱式（横向伸缩缝）；（b）滚轴式（纵向伸缩缝）

　　如厂房相邻两部分高度相差很大（如 10m 以上）、两跨间吊车起重量相差悬殊，地基承载力或下卧层土质有较大差别，或厂房各部分的施工时间先后相差很长，厂房应设置沉降缝。沉降缝应将建筑物从屋顶到基础全部分开。沉降缝可兼作伸缩缝。

　　防震缝是为减轻厂房地震灾害而采取的有效措施。当厂房平、立面布置复杂或结构高度或刚度相差很大，以及在厂房侧边建生活间、变电所、炉子间等附属建筑时，应设置防震缝将相邻部分分开。地震区的厂房，其伸缩缝和沉降缝均应符合防震缝的宽度要求。

13.2.3　支撑布置

　　支撑是装配式钢筋混凝土单层厂房结构中连系主要结构构件以构成整体的重要组成部分。实践证明，如果支撑布置不当，不仅会影响厂房的正常使用，甚至可能引起工程事故，因此对支撑布置应予以足够的重视。

　　本部分主要讲述支撑的作用和布置原则，各类支撑的具体布置方法及与其他构件的连接构造，可参阅有关标准图集。

13.2.3.1　屋盖支撑

　　屋盖支撑包括屋面梁或屋架间的垂直支撑、水平系杆，屋面梁（屋架）上、下弦平面内的横向支撑，屋面梁（屋架）下弦水平面内的纵向水平支撑。

　　1. 屋面梁或屋架间的垂直支撑及水平系杆

　　垂直支撑和下弦水平系杆的作用是保证屋架的整体稳定（抗倾覆）以及防止在吊车工作时（或有其他振动荷载）屋架下弦的侧向颤动。上弦水平系杆的作用是保证屋架上弦或屋面梁受压翼缘的侧向稳定（防止局部失稳）。

　　当屋面梁（或屋架）的跨度 $l>18m$ 时，应在第一或第二柱间设置端部垂直支撑并在下弦设置通长水平系杆；当 $l\leqslant18m$，且无天窗时，可不设垂直支撑和水平系杆，仅对梁支座进行抗倾覆验算即可。当为梯形屋架时，除按上述要求处理外，必须在伸缩缝区段两端第一或第二柱间内，在屋架支座处设置端部垂直支撑。

2. 屋面梁（屋架）间的横向支撑

上弦横向支撑的作用是增强屋盖整体刚度，保证屋架上弦或屋面梁上翼缘的侧向稳定，并将抗风柱传来的风力传至排架柱顶。

当屋面采用大型屋面板，并与屋面梁或屋架有三点焊接且屋面板纵肋间的空隙用 C20 细石混凝土灌实，能保证屋盖平面的稳定并能传递山墙风力时，可不设置上弦横向支撑。当屋面为有檩体系，或山墙风力传至屋架上弦而大型屋面板的连接又不符合上述要求时，则应在屋架上弦平面的伸缩缝区段内两端各设一道上弦横向支撑，当天窗通过伸缩缝时，应在伸缩缝处天窗缺口下设置上弦横向支撑。

下弦横向水平支撑的作用是保证将屋架下弦受到的水平力传至排架柱顶。当屋架下弦设有悬挂吊车或受有其他水平力，或抗风柱与屋架下弦连接，抗风柱风力传至下弦时，应设置下弦横向水平支撑。

3. 屋面梁（屋架）间的纵向水平支撑

下弦纵向水平支撑设置的目的是提高厂房刚度，保证横向水平力的纵向分布，增强排架的空间工作性能。设计时应根据单层厂房跨度、跨数和高度，屋盖承重结构方案，吊车吨位及工作制等因素在下弦平面端节点中设置。如厂房同时设有横向支撑，纵向水平支撑应尽可能同横向支撑形成封闭支撑体系，如图 13.9（a）所示；设有托架时必须设置纵向水平支撑，如图 13.9（b）所示；如果只在部分柱间设有托架，则在设有托架的柱间和两端相邻的一个柱间必须设置纵向水平支撑，如图 13.9（c）所示，以承受屋架传来的横向风力。

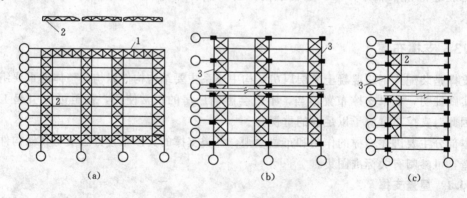

图 13.9　各类支撑平面图

（a）下部纵横向支撑形成封闭支撑体系；（b）设有托架的纵向水平支撑；（c）部分柱间设有托架

1—下弦横向水平支撑；2—下弦纵向水平支撑；3—托梁

13.2.3.2　柱间支撑

柱间支撑的主要作用是提高厂房的纵向刚度和稳定性。对于有吊车的厂房，柱间支撑分为上柱支撑和下柱支撑，上柱支撑位于吊车梁上部，承受作用在山墙上的风力并保证厂房上部的纵向刚度；下柱支撑位于吊车梁下部，承受上柱支撑传来的力和吊车梁传来的吊车纵向制动力，并传至基础。

对于一般单层厂房，凡属下列情况之一者，应设置柱间支撑：

（1）设有臂式吊车或 30kN 及大于 30kN 的悬挂式吊车。

（2）吊车工作级别为 A6～A8 或吊车工作级别为 A1～A5 且在 100kN 或大于 100kN 时。

（3）厂房跨度在 18m 及大于 18m 或柱高在 8m 以上时。

（4）纵向柱列的总数在 7 根以下时。

（5）露天吊车栈桥的柱列。

当柱间内设有强度和稳定性足够的墙体，且其与柱连接紧密能起整体作用，同时吊车起重量较小（≤50kN）时，可不设柱间支撑。柱间支撑应设在伸缩缝区段的中央或临近中央的柱间。这样有利于在温度变化或混凝土收缩时，厂房可自由变形，而不致发生过大的温度或收缩应力。当柱顶纵向水平力没有简捷途径（如连系梁）传递时，则必须设置一根道通长的纵向受压水平系杆。柱间支撑杆件应与吊车梁分离，以免受吊车梁竖向变形的影响。

柱间支撑宜用交叉形式，交叉倾角通常在 35°～55°，如图 13.10（a）所示。当柱间因交通、设备布置或柱距较大而不宜或不能采用交叉式支撑时，可采用如图 13.10（b）所示的门架式支撑。

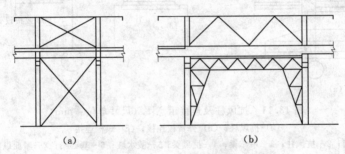

（a）　　　　　　　　　　　　　　（b）

图 13.10　柱间支撑的形式
（a）交叉支撑；（b）门架支撑

柱间支撑一般采用钢结构，杆件截面尺寸应经强度和稳定性验算。

13.2.4　抗风柱布置

单层厂房的端墙（山墙）受风面积较大，一般需设抗风柱将山墙分成几个区格，使墙面受到的风荷载的一部分直接传至纵向柱列；另一部分则经抗风柱下端直接传至基础或经抗风柱上端通过屋盖系统传至纵向柱列。

当厂房高度和跨度均不大（柱顶在 8m 以下，跨度为 9～12m）时，可在山墙设置砖壁柱作为抗风柱；当厂房高度和跨度较大时，一般都设置钢筋混凝土抗风柱。当厂房的高度很大时，为不使抗风柱的截面尺寸过大，可加设水平抗风梁或钢抗风桁架，作为抗风柱的中间铰支点，如图 13.11（a）所示。

抗风柱一般与基础刚接、屋架上弦铰接，也可与下弦铰接或同时与上、下弦铰接。抗风柱与屋架连接必须满足两个要求：一是在水平方向必须有可靠的连接以保证有效地传递风载；二是在竖向允许有一定的相对位移，以防厂房与抗风柱沉降不均匀时产生不利影响。因此，抗风柱和屋架常采用竖向可以移动，水平向又有较大刚度的弹簧板连接，如图 13.11（b）所示；当厂房沉降较大时，宜采用螺栓连接，如图 13.11（c）所示。

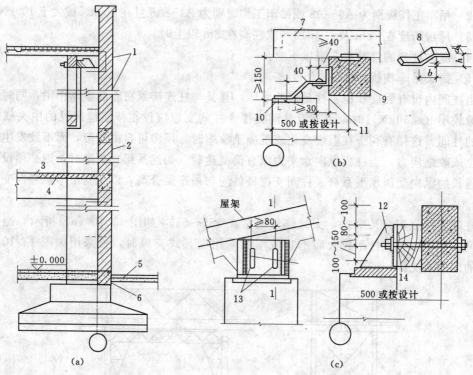

图 13.11　抗风柱及连接示意图（尺寸单位：mm）

(a) 抗风柱；(b) 弹簧板连接；(c) 螺栓连接

1—锚拉钢筋；2—抗风柱；3—吊车梁；4—抗风梁；5—散水坡；6—基础梁；7—屋面纵筋或檩条；

8—弹簧板；9—屋架上弦；10—柱中预埋件；11—螺栓；12—加劲板；13—长圆孔；14—硬木块

13.2.5　圈梁、连系梁、过梁和基础梁布置

当用砖砌体作为厂房围护墙时，一般要设置圈梁、连系梁、过梁及基础梁。圈梁的作用是将墙体同厂房柱箍在一起，以加强厂房的整体刚度，防止由于地基的不均匀沉降或较大振动荷载从而对厂房产生不利影响。圈梁设置于墙体内，和柱连接仅起拉结作用。圈梁不承受墙体重量，柱上不设置支承圈梁的牛腿。

圈梁的布置与墙体高度、对厂房刚度的要求以及地基情况有关。对于一般单层厂房，可根据下述原则布置：对无桥式吊车的厂房，当墙厚不大于 240mm，檐高为 5～8m 时，应在檐口附近布置一道，当檐高大于 8m 时，宜增设一道；对有桥式吊车或有极大振动设备的厂房，除在檐口或在窗顶布置外，还宜在吊车梁处或墙中适当位置增设一道，当外墙高度大于 15m 时，应适当增设。

圈梁应连续设置在墙体的同一平面上，并尽可能沿整个建筑物形成封闭状。当圈梁被门窗洞口切断时，应在洞口上部墙体中设置一道附加圈梁，两者搭接长度应满足 GB 50010—2010 要求。

连系梁的作用是连系纵向柱列，以增强厂房的纵向刚度并传递风载到纵向柱列。此外，连系梁还承受其上部墙体的重量。连系梁通常采用预制，两端搁置在柱牛腿上，可采用螺栓连接或焊接连接。

过梁的作用是承托门窗洞口上部墙体重量。为节约材料、简化施工，厂房结构布置应尽可能将圈梁、连系梁和过梁结合起来，使一个构件在厂房中能起到两种或三种构件的作用。

围护墙体的重量一般用基础梁来承托，而不是另做墙基础。基础梁底部距土壤表面应预留 100mm 的空隙，使围护墙可随柱基础一起沉降。当基础梁下有冻胀性土时，应在梁下铺设一层干砂、碎砖或矿渣等松散材料，并预留 50～150mm 的空隙。一般不要求基础梁与柱连接，将基础梁直接放置在柱基础杯口上，当基础埋置较深时，可放置在基础上面的混凝土垫块上，如图 13.12 所示。

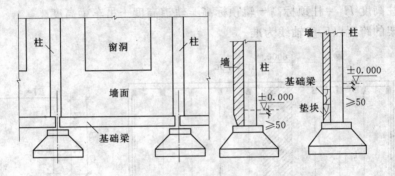

图 13.12　基础梁的布置（尺寸单位：mm）

连系梁、过梁和基础梁的选用，均可查国标、省标或地区标准图集。

思　考　题

13.3　什么叫柱距、跨度？

13.4　变形缝分为哪几种？分别在什么情况下设置？

13.5　单层厂房有哪些支撑？它们的作用是什么？

单元 13.3　排架结构的内力分析

单层厂房排架结构为空间结构，可视为横向平面排架与纵向平面排架的组合。由于纵向排架柱较多、抗侧刚度较大、每根柱子受力不大，所以一般情况下不需计算，仅在考虑抗震和温度应力时加以验算。结构的主要荷载由横向排架承担，所以重点讨论其计算方法。横向平面排架的内力分析的主要内容包括：确定计算简图、荷载计算、控制截面内力计算和内力组合。

13.3.1　排架计算简图

13.3.1.1　基本假定

为简化排架的内力分析计算，结合实际构造特点，对钢筋混凝土排架作出如下假定：

（1）柱下端固接于基础顶面，上端与屋架或屋面梁铰接。

（2）屋面梁或屋架无轴向变形，即轴向刚度无限大的刚性连杆。横梁两端处柱的水平位移相等（跨变排架应考虑横梁轴向变形的影响）。

13.3.1.2　计算简图

进行内力计算时，从任意相邻的柱距中线截取一个典型区段作为计算单元，如图13.13（a）所示，除吊车等移动的荷载外，作用于这一计算单元内的荷载完全由该平面排架承担。

如图 13.13（b）所示单跨排架计算简图，柱轴线取上部和下部柱截面重心的连线，屋面梁和屋架用一根没有轴向变形的刚杆表示，其中：

（1）柱总高 H＝柱顶标高＋基底标高的绝对值—基础高度。

（2）上柱高度 H_1＝柱顶标高－轨顶标高＋轨道高度＋吊车梁高度。

（3）排架的跨度以厂房轴线为准。

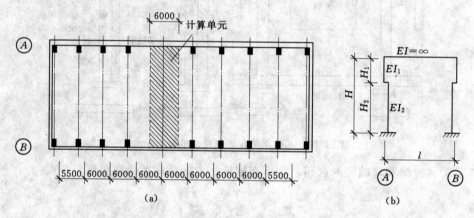

图 13.13　排架的计算单元和计算简图（单位：mm）

13.3.2　排架荷载计算

13.3.2.1　永久荷载（恒荷载）

（1）屋盖结构自重传来的荷载 G_1，其大小可通过标准图集或生产厂家的说明书查得，屋盖结构自重通过屋架的支点作用于柱顶，作用点位于厂房定位轴线内侧 150mm 处。如图 13.14 所示。

（2）上柱自重 G_2，其大小可根据截面尺寸、钢筋混凝土容重及上柱高度计算，其作用位置为上柱中心线。

（3）下柱自重 G_3，其大小可根据截面尺寸、钢筋混凝土容重及下柱高度（含牛腿，近似）计算，其作用位置为下柱中心线。

（4）吊车梁和轨道零件自重 G_4，其大小可通过标准图集或生产厂家的说明书查得，其作用位置为吊车梁中心线。

13.3.2.2　可变荷载（活荷载）

厂房的可变荷载包括：屋面活荷载、吊车荷载和风荷载。

1. **屋面活荷载**

屋面活荷载包括屋面均布活荷载、雪荷载和积灰荷载 3 部分。

（1）屋面均布活荷载：水平投影面上的屋面均布活荷载按《建筑结构荷载规范》（GB

50009—2001) 选用。

（2）雪荷载：屋面水平投影面上的雪荷载标准值，S_k 应按下式计算

$$S_k = \mu_r S_0 \qquad (13.1)$$

式中：S_k 为雪荷载标准值，kN/m^2；μ_r 为屋面积雪分布系数，应根据不同屋面形式，根据 GB 50009—2001 查得；排架计算时可按积雪全跨均布考虑取 $\mu_r = 1$；S_0 为基本雪压（kN/m^2）；它是以一般空旷平坦地面上统计所得 50 年一遇最大积雪自重为标准值确定的。根据 GB 50009—2001 中的全国基本雪压分布图查得。

（3）积灰荷载：当设计生产中有大量排灰的厂房及临近建筑物时，应考虑积灰荷载。对于具有一定除尘设施和保证清灰制度的机械、冶金、水泥等厂房的屋面，其水平投影面上的屋面积灰荷载应按 GB 50009—2001 的规定取值。

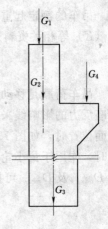

图 13.14　恒荷载作用位置

进行排架计算时，屋面均布活荷载不应与雪荷载同时考虑，仅取其中最大值。积灰荷载应与雪荷载或者与屋面均布活荷载的较大值同时考虑。

2. 吊车荷载

吊车荷载与吊车工作频繁程度及其他因素有关，根据吊车荷载达到其额定值的程度，将吊车的工作级别分为 A1～A8 级。吊车按其结构形式分为梁式吊车和桥式吊车两种，单层工业厂房一般采用桥式吊车。

桥式吊车由大车（桥架）和小车组成，大车沿厂房纵向行驶，小车带着吊钩在大车的轨道上沿厂房横向行驶，小车上装有带吊钩的卷扬机。作用在排架上的吊车荷载有吊车竖向荷载和吊车水平荷载两类。

（1）吊车竖向荷载 D_{max}、D_{min} 是指吊车满载运行时可能加于厂房结构上的最大压力。该最大压力是由桥式吊车在厂房运行到某一特定位置所作用于排架柱上的竖向荷载。当小车所吊重物为最大额定起重量（即吊车满载），且运行到大车某一侧的极限位置时，小车所在一侧的每个大车轮压为吊车的最大轮压，以 P_{max} 表示。另一侧的为最小轮压，以 P_{min} 表示，如图 13.15 所示。

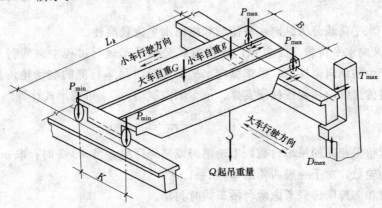

图 13.15　吊车轮压示意图

吊车的额定起重量（Q）、大车重量（G）、小车重量（g）以及最大轮压（P_{max}）、轮距（K）等相关资料通常由制造厂提供。对于四轮吊车，其最小轮压可按下式计算

$$P_{min} = \frac{G+g+Q}{2} - P_{max} \qquad (13.2)$$

吊车荷载是移动荷载，因此，其最大竖向荷载 D_{max} 和最小竖向荷载 D_{min} 应利用吊车梁支座反力的影响线来进行计算。当两台吊车靠紧并行且其中一台的内轮正好运行到排架柱顶面位置时，如图 13.16 所示，作用于最大轮压一侧排架柱上的即为最大竖向荷载 D_{max}。同时，作用于最小轮压一侧的排架柱上为最小竖向荷载 D_{min}。当厂房有多台吊车工作时，其 $D_{max \cdot k}$ 及 $D_{min \cdot k}$ 可按下式计算

$$D_{max \cdot k} = P_{max} \sum y_i \qquad (13.3)$$

$$D_{min \cdot k} = P_{min} \sum y_i = D_{max \cdot k} \frac{P_{min}}{P_{max}} \qquad (13.4)$$

式中：$\sum y_i$ 为吊车各轮子下反力影响线坐标之和；$D_{max \cdot k}$，$D_{min \cdot k}$ 为吊车的最大、最小竖向荷载标准值。

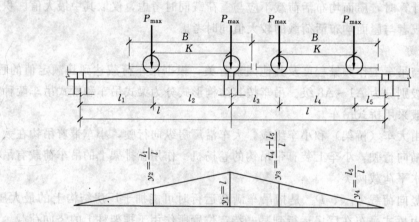

图 13.16　吊车梁支反力影响线

当厂房有多台吊车共同工作时，对一层吊车单跨厂房的每个排架，参与组合的吊车台数不宜多于 2 台；对一层吊车的多跨厂房的每个排架，参与组合的吊车台数不宜多于 4 台。

（2）吊车水平荷载分为纵向水平荷载和横向水平荷载两种。

1）吊车纵向水平荷载 T_0：其纵向水平荷载是由吊车运行过程中突然刹车或启动时，吊车和吊物产生的纵向惯性力。吊车纵向水平荷载是由吊车每侧的制动轮传至两侧轨道，并通过吊车梁传递纵向柱列或柱间支撑。吊车纵向制动力 T_0 可按下式计算

$$T_0 = m \frac{n \times P_{max}}{10} \qquad (13.5)$$

式中：m 为起重量相同的吊车台数，不论单跨或多跨厂房，当 $m > 2$ 时，取 $m = 2$；n 为吊车每册的制动轮数，对于一般四轮吊车，$n = 1$。

对于单跨和多跨厂房只考虑两台吊车同时刹车。

2）吊车横向水平荷载 T_{max}：横向水平荷载是由小车吊起起重量以后，在启动和刹车

时产生的惯性力。吊车横向水平荷载是通过大车车轮及轨道传至两侧吊车梁，后由吊车梁与柱的连接钢板传给柱。

GB 50009—2001 规定，横向水平荷载应等分大车桥架两端，分别由轨道上的车轮平均传至轨道，其方向与轨道垂直，并考虑正反两个方向的刹车情况。因此，对于四轮吊车，每个轮子传至吊车轨道上的横向水平荷载（T_k）可按下式计算

$$T_k = \frac{a}{4}(Q+g) \tag{13.6}$$

式中：a 为吊车横向水平荷载系数，按下列规定采用。

对于软钩吊车：当 $Q \leqslant 10t$ 时，$a=0.12$；当 $Q=16\sim50t$ 时，$a=0.10$；当 $Q\geqslant75t$ 时，$a=0.08$；

对于硬钩吊车：$a=0.20$。

GB 50009—2001 规定，考虑多台吊车水平荷载时，对单跨或多跨厂房的每个排架，参与组合的吊车台数不应多于 2 台。因此，有每个轮子的 T_k 对排架柱产生的最大横向水平荷载标准值（$T_{\max k}$），应按反力影响线求得，可按正式计算

$$T_{\max} = T_k \sum y_i = T_k \frac{D_{\max}}{P_{\max}} \tag{13.7}$$

3. 风荷载

作用在厂房外表面的风荷载，将在厂房的迎风面产生正压风（风压力）。而在背风面和侧面形成负压争区（风吸力），通过四周围护墙体及屋面传递给排架柱。

风荷载的大小与建筑地点、厂房高度及地面粗糙度等因素有关。垂直作用于建筑物表面上的风荷载标准值可按下式计算

$$\omega_k = \beta_z \mu_s \mu_z \omega_0 \tag{13.8}$$

式中：ω_0 为基本风压，kN/m^2，根据 GB 50009—2001 查取；β_z 为高度 z 处的风振系数，即考虑风荷载动力效应影响，对于单层厂房可不考虑风振系数；μ_s 为风荷载体型系数，应根据不同厂房体型在 GB 50009—2001 中查取相应的系数，一般垂直于风向的迎风面取 0.8，背风面取 -0.5。对于各种外形不同的厂房，风压体型系数根据 GB 50009—2001 查取；μ_z 为风荷载高度变化系数，应根据地面粗糙度类别 A、B、C、D 四类在 GB 50009—2001 的规定取用。

A 类：近海、海面、海岛、海岸及沙漠地区。

B 类：田野、乡村、丛林、丘陵以及房屋分布比较稀疏的中小城镇和大城市郊区。

C 类：有密集建筑群的大城市郊区。

D 类：有密集建筑群且房屋较高的城市市区。

作用在厂房排架上的风荷载可简化为如图 13.17 所示的形式。作用于柱顶以下计算单元范围内的墙面上的风荷载，按均布荷载考虑（按柱顶标高确定其 μ_z），分别用 q_1、q_2 表示；作用于柱顶以上的风荷载（包括屋面风荷载合力的水平分力及屋

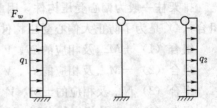

图 13.17 风荷载计算简图

架端部高度范围内墙体迎风面和背风面风荷载的合力），通过屋架以集中荷载的形式作用于柱顶，用 F_w 表示。

13.3.3　排架内力计算

单层厂房的横向排架有两种基本形式，即等高排架和不等高排架。等高排架计算常采用剪力分配法计算内力，不等高排架采用力法计算内力。

13.3.4　排架柱最不利内力组合

内力组合的目的是求出柱子各控制截面最不利的弯矩 M、轴向力 N、剪力 V 等内力值，柱截面的配筋计算。

13.3.4.1　控制截面的确定

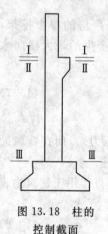

图 13.18　柱的
控制截面

控制截面是指对柱的配筋计算起控制作用的截面。在多种荷载作用下，排架柱的内力沿柱高变化。工程实践与试验研究证明：单阶柱中，对于上柱，其底截面的内力一般比其他截面的内力大，通常取上柱柱顶截面为控制截面，如图 13.18 的 Ⅰ—Ⅰ 截面所示；对于下柱，在吊车竖向荷载作用下，牛腿顶面处弯矩最大，在风荷载和吊车横向水平荷载作用下，柱底截面弯矩最大。因此，通常取图 13.18 中的 Ⅱ—Ⅱ、Ⅲ—Ⅲ 截面作为下柱的控制截面。

13.3.4.2　荷载组合

荷载组合就是考虑各种荷载同时出现的可能性，以便把各控制截面所对应的内力相组合。对于一般的排架、框架结构，荷载组合主要有如下 4 种方式：

（1）恒荷载＋0.85（屋面荷载＋吊车荷载＋风荷载）。

（2）恒荷载＋0.85（吊车荷载＋风荷载）。

（3）恒荷载＋0.85（屋面荷载＋风荷载）。

（4）恒荷载＋风荷载。

一般在吊车起重量不大的厂房中，（3）、（4）两种组合常起控制作用。

13.3.4.3　内力组合

内力组合是在荷载组合的基础上，组合出控制截面的最不利内力：当按承载力极限状态计算时，应采用荷载效应的基本组合和偶然组合；当按正常使用极限状态验算时，应根据不同情况采用荷载效应的标准组合、频遇组合或准永久组合。

排架柱一般为偏心受压构件，因此应进行下述 4 种内力组合。其中组合（1）、（2）及组合（4）是为了防止大偏心受压构件破坏，组合（3）是为了防止小偏心受压破坏。

组合（1）＋M_{max} 及相应的 N、V。

组合（2）－M_{max} 及相应的 N、V。

组合（3）N_{max} 及相应的 ±M、V。

组合（4）N_{min} 及相应的 ±M、V。

进行内力组合时，应注意以下事项：

（1）永久荷载必须参与每一种组合。

（2）组合目标应明确。例如，进行第（1）种组合时，应以得到＋M_{max} 为组合目标来分析荷载组合，然后计算出相应荷载组合下的 M（即 M_{max}）、N 和 V。

（3）当以 N_{max} 或 N_{min} 为组合目标时，应使用相应的 M 尽可能地大。

（4）考虑吊车荷载时，若要组合 F_h，则必须组合 D_{max} 或 D_{min}；反之，若要组合 D_{max} 或 D_{min}，则不一定要组合 F_h。

（5）风荷载及吊车横向水平荷载均有向左及向右两种情况，只能选择其中一种参与组合。

思　考　题

13.6　单层厂房的主要荷载有哪些？如何计算排架上的荷载？

13.7　内力组合应注意哪些问题？

单元 13.4　单层厂房柱设计

13.4.1　柱的形式和截面尺寸

单层厂房柱的形式，如图 13.19 所示。

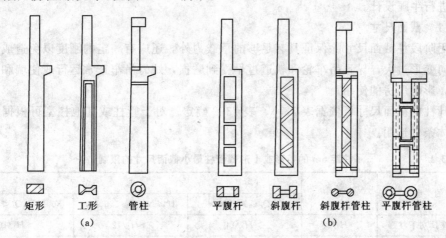

矩形　　工形　　管柱　　　　平腹杆　　斜腹杆　斜腹杆管柱　平腹杆管柱
（a）　　　　　　　　　　　　　　（b）

图 13.19　柱的形式
（a）单肢柱；（b）双肢柱

矩形截面柱：外形简单，施工方便，但自重大，经济指标差，主要用于截面高度 $h \leqslant 700\text{mm}$ 的偏压柱。

Ⅰ形柱：能较合理地利用材料，在单层厂房中应用较多，已有全国通用图集可供设计者选用。但当截面高度 $h \geqslant 1600\text{mm}$ 后，自重较大，吊装较困难，故使用范围受到一定限制。

双肢柱：分为平腹杆与斜腹杆两种。前者构造简单，制造方便，在一般情况下受力合理，且腹部整齐的矩形孔洞便于布置工艺管道，故应用较广泛。当承受较大水平荷载时，宜采用具有桁架受力特点的斜腹杆双肢柱。

管柱：分为圆管和方管（外方内圆）混凝土柱，以及钢管混凝土柱 3 种。前两种采用离心法生产，质量好，自重轻，但受高速离心制管机的限制，且节点构造较复杂；后一种利用方钢管或圆钢管内浇膨胀混凝土后，可形成自应力（预应力）钢管混凝土柱，可承受较大荷载作用。

单层厂房柱的形式虽然很多，但在同一工程中，柱型及规格宜统一，以便为施工创造有利条件。通常应根据有无吊车、吊车规格、柱高和柱距等因素，做到受力合理、模板简单、节约材料、维护简便，同时要因地制宜，考虑制作、运输、吊装及材料供应等具体情况。

柱截面形式一般可按柱截面高度 h 参考以下原则选用：

当 $h \leqslant 500mm$ 时，采用矩形。

当 $600mm \leqslant h \leqslant 800mm$ 时，采用矩形或 I 形。

当 $900mm \leqslant h \leqslant 1200mm$ 时，采用 I 形。

当 $1300mm \leqslant h \leqslant 1500mm$ 时，采用 I 形或双肢柱。

当 $h \geqslant 1600mm$ 时，采用双肢柱。

13.4.2　柱的设计

柱的设计一般包括确定柱截面尺寸、截面配筋设计、构造、绘制施工图等。当有吊车时还需进行牛腿设计。

13.4.2.1　截面尺寸

使用阶段柱截面尺寸除保证具有足够的承载力外，还应有一定的刚度以免造成厂房横向和纵向变形过大，导致吊车轮和轨道过早受到磨损，妨碍吊车正常运行或使墙和屋盖产生裂缝，影响厂房的使用。

设计柱的截面尺寸可依据表 13.1、表 13.2 确定。对于管柱或其他柱型可根据经验和工程具体条件选用。

表 13.1　　　　　　　柱距 6m 的矩形或 I 形截面柱最小截面尺寸的限制

柱的类型	b	h		
		$Q_k \leqslant 100kN$	$100kN < Q_k < 300kN$	$300kN < Q_k < 500kN$
有吊车厂房下柱	$> H_l/25$	$> H_l/14$	$> H_l/12$	$> H_l/10$
露天吊车柱	$> H_l/25$	$> H_l/10$	$> H_l/8$	$> H_l/7$
单跨无吊车厂房柱	$> H/30$	$> 1.5H/25$（或 $0.06H$）		
多跨无吊车厂房	$> H/30$	$> H/20$		
仅承受风载与 自重的山墙抗风柱	$> H_b/40$	$> H_l/25$		
同时承受由连系梁传来 山墙重的山墙抗风柱	$> H_b/30$	$> H_l/25$		

注　1. H_l 为下柱高度（牛腿顶面至基础顶面）。
　　2. H 为柱全高（柱顶面至基础顶面）。
　　3. H_b 为山墙抗风柱从基础顶面到柱平面外（宽度）方向支撑点的高度。

表 13.2　　　　　**6m 柱距中级工作制吊车单层厂房柱截面形式和尺寸参考表**

吊车起重量 (kN)	轨顶标高 (m)	边柱 （mm×mm）		中柱 （mm×mm×mm）	
		上柱	下柱	上柱	下柱
≤50	6~8	□400×400	Ⅰ400×600×100	□400×400	Ⅰ400×600×100
100	8	□400×400	Ⅰ400×700×100	□400×600	Ⅰ400×800×150
	10	□400×400	Ⅰ400×800×150	□400×600	Ⅰ400×800×150
150~200	8	□400×400	Ⅰ400×800×150	□400×600	Ⅰ400×800×150
	10	□400×400	Ⅰ400×900×150	□400×600	Ⅰ400×1000×150
	12	□500×400	Ⅰ500×1000×200	□500×600	Ⅰ500×1200×200
300	8	□400×400	Ⅰ400×1000×150	□400×600	Ⅰ400×1000×150
	10	□400×500	Ⅰ400×600×150	□500×600	Ⅰ500×1200×200
	12	□500×500	Ⅰ500×1000×200	□500×600	Ⅰ500×1200×200
	14	□600×500	Ⅰ600×1200×200	□600×600	Ⅰ600×1200×200
500	10	□500×500	Ⅰ500×1200×200	□500×700	双500×1600×300
	12	□500×600	Ⅰ500×1400×200	□500×700	双500×1600×300
	14	□600×600	Ⅰ600×1400×200	□600×700	双600×1800×300

Ⅰ形柱的翼缘高度不宜小于 120mm，腹板厚度不应小于 100mm，在高温或侵蚀性环境中，翼缘和腹板的尺寸均应适当增大。Ⅰ形柱的腹板可以开孔洞，当孔洞的横向尺寸小于柱截面高度的一半，竖向尺寸小于相邻两孔洞中距的一半时，柱的刚度可按实腹工形柱计算，进行承载力计算时应扣除孔洞的削弱部分。

当开孔尺寸超过上述范围时，应按双肢柱计算。

13.4.2.2　截面配筋设计

根据排架内力计算求得的控制截面的最不利内力组合 M、N 和 V，按偏心受压构件进行截面配筋计算。由于柱截面在排架方向有正反方向相近的弯矩，并避免施工中主筋放错，一般采用对称配筋。采用刚性屋盖的单层厂房柱和露天栈桥柱的计算长度 l_0 可按表 13.3 取用。

表 13.3　　　　**采用刚性屋盖的单层工业厂房柱、露天吊车柱和栈桥柱的计算长度 l_0**

项次	柱的类型		排架方向	垂直排架方向	
				有柱间支撑	无柱间支撑
1	无吊车厂房柱	单跨	1.5H	1.0H	1.2H
		两跨及多跨	1.25H	1.0H	1.2H
2	有吊车厂房柱	上柱	$2.0H_u$	$1.25H_u$	$1.5H_u$
		下柱	$1.0H_l$	$0.8H_l$	$1.0H_l$
3	露天吊车柱和栈桥柱		$2.0H_l$	$1.0H_l$	—

注　1. H 为从基础顶面算起的柱全高；H_l 为从基础顶面至装配式吊车梁底面或现浇式吊车梁顶面的柱下部高度；H_u 为从装配式吊车梁底面或从现浇式吊车梁顶面算起的柱上部高度。

　　2. 表中有吊车厂房排架柱的计算长度，当计算中不考虑吊车荷载时，可按无吊车厂房的计算长度采用，但上柱的计算长度仍按有吊车厂房采用。

13.4.2.3　吊装运输阶段的验算

单层厂房往往采用预制柱，现场吊装装配。柱在吊装运输时的受力状态与其使用阶段不同，应进行施工阶段的承载力及裂缝宽度验算。

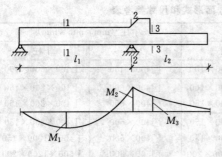

图 13.20　柱的吊装验算

如图 13.20 所示，吊点一般设在变阶处，故应按图中的 1—1、2—2、3—3 三个截面进行吊装时的承载力和裂缝宽度验算。吊装时柱的混凝土强度一般按设计强度的 70% 考虑，当吊装验算要求高于设计强度的 70% 方可吊装时，应在设计图上予以说明。进行承载力验算时，考虑到施工荷载下的受力状态为临时性质，安全等级可降一级使用，柱自重采用设计值并乘以动力系数 1.5。

吊装运输阶段应看受弯构件验算承载力和裂缝宽度是否满足要求。当柱截面验算钢筋不满足要求时，可在该局部区段附加配筋。

13.4.3　牛腿设计

单层厂房排架柱一般都带有短悬臂（牛腿）以支承吊车梁、屋架及连系梁等，如图 13.21 所示。

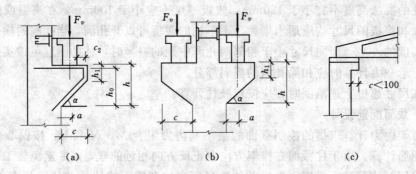

图 13.21　几种常见的牛腿形式（单位：mm）

(a) 柱牛腿；(b) 中柱牛腿；(c) 支撑屋架牛腿

13.4.3.1　牛腿尺寸的确定

牛腿的宽度与柱宽相同，牛腿的高度 h 按抗裂要求根据经验和构造要求假定，因牛腿承受荷载很大，设计时应使其在使用荷载下不出现裂缝。根据试验回归分析，可得以下截面尺寸计算公式

$$F_{vk} \leqslant \beta\left(1 - 0.5\,\frac{F_{hk}}{F_{vk}}\right)\frac{f_{tk}bh_0}{0.5 + \dfrac{a}{h_0}} \tag{13.9}$$

式中：F_{vk} 为作用于牛腿顶部按荷载特效应标准组合计算的竖向力值；F_{hk} 为作用于牛腿顶部按荷载效应标准组合计算的水平拉力值；β 为裂缝控制系数，对于支撑吊车梁的牛腿，取 $\beta=0.65$；对于其他牛腿，取 $\beta=0.80$；a 为竖向力的作用点至下柱边缘的水平距离，此时应考虑安装偏差 20mm；当考虑安装偏差后的竖向力作用点仍位于下柱截面以内时，取 $a=0$；b 为牛腿宽度；h 为牛腿与下柱交接处的垂直截面的有效高度，$h_0=h_1-a_s+c\tan a$，当 $a>45°$ 时，取 $a=45°$，c 为下柱边缘到牛腿外缘的水平长度。

牛腿尺寸的构造要求如图 13.22 所示。

13.4.3.2　牛腿的配筋计算与构造要求

牛腿的纵向受力钢筋由承受竖向力所需的受拉钢筋和承受水平拉力所需的水平锚筋组成，钢筋的总面积 A_s 应按下式计算

$$A_s \geqslant \frac{F_v a}{0.85 f_y h_0} + 1.2 \frac{F_h}{f_y} \qquad (13.10)$$

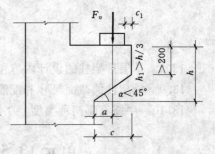

图 13.22　牛腿尺寸构造要求
（单位：mm）

式中：F_v 为作用在牛腿顶部的竖向力设计值；F_h 为作用在牛腿顶部的水平拉力设计值；a 为竖向力作用点至下柱边缘的水平距离，当 $a < 0.3 h_0$ 时，取 $a = 0.3 h_0$。

承受竖向力所需的纵向受力钢筋的配筋率，按牛腿的有效截面计算不应小于 0.2% 及 $0.45 ft / fy$，也不宜大于 0.6%；其数量不宜少于 4 根，直径不宜小于 12mm。纵向受拉钢筋的一端伸入柱内，并应具有足够的锚固长度 l_a。另一端沿牛腿外缘弯折，并伸入下柱 150mm，如图 13.23 所示。

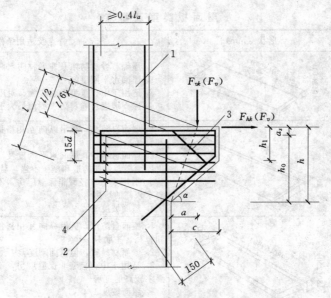

图 13.23　牛腿配筋的构造要求（尺寸单位：mm）
1—上柱；2—下柱；3—弯起钢筋；4—水平箍筋

牛腿内应按构造要求设置水平箍筋及弯起钢筋。水平箍筋宜选用直径 6～12mm 的钢筋，在牛腿高度范围内均匀布置，间距一般为 100～150mm。任何情况下，在上部 $\frac{2}{3} h_0$ 范围内的水平箍筋的总截面面积不宜小于承受竖向力的受拉钢筋截面面积的 1/2。

当牛腿的剪跨比 $a / h_0 \geqslant 0.3$ 时，宜设置弯起钢筋。弯起钢筋宜用变形钢筋，并应配置在牛腿上部 $l/6$ 至 $l/2$ 之间主拉力较集中的区域，以保证充分发挥其作用。弯起钢筋的截面面积 A_{sb} 不宜小于承受竖向力的受拉钢筋截面面积的 1/2，数量不少于 2 根，直径不宜小于 12mm。纵向受拉钢筋不得下弯兼作弯起钢筋。

思　考　题

13.8　单层排架柱的设计内容包括哪些方面？

13.9　排架柱的截面尺寸和配筋应怎样确定？

13.10　牛腿有哪两种类型？牛腿的尺寸和配筋如何确定？

单元 13.5　其他承重构件的选型

钢筋混凝土单层厂房结构的构件，除排架柱和基础外，屋面板、屋架、吊车梁等构件都可在结构构件标准图集中选择合适的标准构件。

13.5.1　屋面板

屋面板的类型及特点见表 13.4。

表 13.4　　　　　　　　　　　　　　　　　　屋面板类型及特点

序号	构件名称	形状（mm）	特点及适用条件
1	预应力混凝土屋面板		1. 屋面有卷材防水及非卷材防水两种 2. 屋面水平刚度好 3. 适用于中、重型振动较大、对屋面要求较高的厂房 4. 屋面坡度：卷材防水屋面最大 1/5，非卷材防水 1/4
2	预应力混凝土 F 屋面板		1. 屋面自防水，板沿纵向互相搭接，横缝及脊缝加盖瓦和脊瓦 2. 屋面材料省，屋面水平刚度及防水效果较预应力混凝土屋面板差，如构造和施工不当，易飘雨、飘雪 3. 适用于中、轻型非保温厂房，不适用屋面刚度和防水要求较高的厂房 4. 屋面坡度 1/4
3	预应力混凝土单肋板		1. 屋面自防水，板沿纵向互相搭接，横缝及脊缝加盖瓦和脊瓦，主肋只有一个 2. 屋面材料省，但屋面刚度差 3. 适用于中、轻型非保温厂房，不适用屋面刚度和防水要求较高的厂房 4. 屋面坡度 1/4～1/3
4	钢丝网水泥波形瓦		1. 在纵、横向互相搭接，加脊瓦 2. 屋面材料省，施工方便，但刚度差，运输、安装不当，易损坏 3. 适用轻型厂房，不适用有腐蚀性气体、有较大振动、对屋面刚度和隔热要求高的厂房 4. 屋面坡度 1/5～1/3
5	石棉水泥瓦		1. 质量轻，耐火及防腐蚀性好，施工方便，但刚度差，易损坏 2. 适用轻型厂房，仓库 3. 屋面坡度 1/5～1/2.5

172

13.5.2　屋架与屋面梁

屋架与屋面梁的类型及特点，见表 13.5。

表 13.5　　　　　　　　　　　　　混凝土屋架与屋面梁类型

序号	构件名称	形　状	跨度（m）	特点及适用条件
1	预应力混凝土单坡屋面梁		6 9	1. 自重较大 2. 适用于跨度不大、有较大振动或有腐蚀性介质的厂房 3. 屋面坡度 1/8～1/2
2	预应力混凝土双坡屋面梁		12 15 18	
3	钢筋混凝土两铰拱屋架		9 12 15	1. 上弦为钢筋混凝土构件，下弦为角钢，顶节点刚接，自重较轻，构造简单，应防止下弦受压 2. 适用于跨度不大的中、轻型厂房 3. 屋面坡度：卷材防水 1/5，非卷材防水 1/4
4	预应力混凝土三铰拱屋架		9 12 15 18	上弦为先张法预应力混凝土构件，下弦为角钢，其他同上
5	钢筋混凝土折线形屋架（卷材防水）		15 18 21 24	1. 外形较合理，屋面坡度合适 2. 适用于卷材防水屋面的中型厂房 3. 屋面坡度 1/3～1/2
6	预应力混凝土折线形屋架（卷材防水）		15 18 21 24 27 30	1. 外形较合理，屋面坡度合适，自重较轻 2. 适用于卷材防水屋面的中、重型厂房 3. 屋面坡度 1/15～1/5

13.5.3　吊车梁

吊车梁的类型及适用范围，见表 13.6。

表 13.6　　　　　　　　　　　　　吊车梁类型

序号	构件名称	形　状	跨度（m）	适用起重量（t）
1	钢筋混凝土吊车梁		6	轻级：3～50 中级：3～30 重级：5～205
2	先张法预应力混凝土等截面吊车梁		6	轻级：5～125 中级：5～75 重级：5～50

续表

序号	构件名称	形　状	跨度（m）	适用起重量（t）
3	先张法预应力混凝土等截面吊车梁		6	轻级：15～100 中级：5～100 重级：5～50
4	先张法预应力混凝土鱼腹式吊车梁		6	中级：15～125 重级：10～100
5	先张法预应力混凝土鱼腹式吊车梁		12	中级：5～200 重级：5～50

13.5.4　基础

基础的类型及特点，见表 13.7。

表 13.7　　　　　　　　　单层厂房排架柱常用的几种基础类型

序号	名称	形　式	特　点	适　用　条　件
1	杯形基础		施工简便	适用于地基土较均匀，地基承载力较大、荷载不大的一般厂房
2	壳形基础		壁薄，受力性能较好，省料，但施工较复杂	适用于轴向荷载大而弯矩小的柱下基础，或烟囱、水塔等独立构筑物基础
3	条形基础	（a）现浇柱条形基础 （b）预制柱条形基础	刚度大，能调整纵向柱列的不均匀沉降，但材料耗用量比独立基础大	地基承载力小而柱荷载较大时，或为了减小地基不均匀变形时
4	爆扩短桩基础		荷载通过端部扩大	短桩传递到好的土层山，能节约土方和混凝土，适用于冻土或地基表层松软合适、持力层较深而柱荷载有较大的情况

序号	名称	形　式	特　点	适　用　条　件
5	桩基础		通过打入地基的钢筋混凝土长桩，将上部荷载传到桩尖和桩侧土中，可得到较高的承载力，而且地基变形将减小，但需打桩设备，材料费，造价高，施工周期长	适用于上部荷载大、地基土软弱而坚实、土层较深，或对厂房地基变形值限制较严的情况

模块 14   钢筋混凝土多层及高层房屋结构

教学目标：

- 了解多层及高层建筑的形式与结构体系
- 理解框架结构、剪力墙结构、框架—剪力墙结构的受力特点
- 熟悉框架结构、剪力墙结构、框架—剪力墙结构构件间的连接构造

多层及高层建筑是随着社会生产的发展和人们生活的需要发展起来的，是商业化、工业化和城市化的结果。本模块主要介绍钢筋混凝土多层及高层房屋的几种常见结构体系、受力特点及主要构造要求。

单元 14.1   多层及高层建筑结构认识

钢筋混凝土多层及高层建筑的发展经历了由低到高的过程，1883 年，美国芝加哥建成了世界上第一幢现代高层建筑——高 11 层的家庭保险大楼（铸铁框架）。之后，高层建筑得到了迅猛的发展。例如 1931 年建成的纽约帝国大厦，高 381m，102 层；1973 年建成的芝加哥西尔斯大厦，高 443m，109 层。2003 年建成的吉隆坡石油双塔，高 452m，地上 88 层。2010 年建成位于阿拉伯联合酋长国迪拜的哈利法塔又称迪拜大厦或比斯迪拜塔摩天大楼，有 160 层，总高 828m。

对于多少层的建筑或多高的建筑为高层建筑，不同的国家有不同的规定。我国《高层建筑混凝土结构技术规程》（JGJ 3—2010）中，把 10 层及 10 层以上或房屋高度超过 28m 的住宅建筑结构和房屋高度大于 24m 的其他高层民用建筑结构定义为高层建筑。

近年来，我国高层建筑的发展也很快。20 世纪 80 年代我国最高的建筑是深圳国际贸易中心（高 160m、50 层）。进入 20 世纪 90 年代，1997 年上海建成了我国大陆目前最高的超高层建筑——金茂大厦，地上 88 层，地下 3 层，高达 420.5m，建筑面积 29 万 m²，总用钢量 24.5 万 t。2008 年竣工使用的上海环球金融中心，高 492m，101 层，建筑面积 38.16 万 m²。高层建筑之所以能够迅猛发展，是因为高层建筑具有节省土地，节约市政工程费用，减少拆迁费用，有利于建筑工业化的发展和城市的美化等优点。目前，多层房屋多采用混合结构和钢筋混凝土结构，高层房屋常采用钢筋混凝土结构、钢结构、钢—混凝土混合结构。

钢筋混凝土多层与高层房屋的常用结构体系有：框架结构、剪力墙结构、框架—剪力墙结构和筒体结构。

14.1.1　框架结构

由梁和柱为主要构件组成的承受竖向和水平作用的结构称为框架结构，如图 14.1 所示。框架结构体系的最大特点是承重结构和围护、分隔构件完全分开，墙只起围护、分隔作用。框架结构建筑平面布置灵活，空间划分方便，易于满足生产工艺和使用要求，构件便于标准化，具有较高的承载力和较好的整体性，因此，广泛应用于多层工业厂房及多高层办公楼、医院、旅馆、教学楼、住宅等。框架结构在水平荷载下表现出抗侧移刚度小、水平位移大的特点，属于柔性结构，故随着房屋层数的增加，水平荷载逐渐增大，就将因侧移过大而不能满足要求，或形成肥梁胖柱而不经济。框架结构的适用高度为 6～15 层，在非地震区可建到 15～20 层。

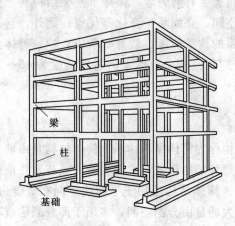

图 14.1　框架结构

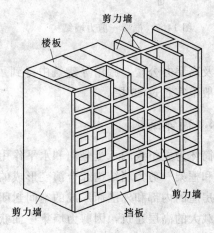

图 14.2　剪力墙结构

14.1.2　剪力墙结构

用建筑物的墙体作为竖向承重和抵抗侧力的结构称为剪力墙结构，如图 14.2 所示。所谓剪力墙，是指固结于基础的钢筋混凝土墙片，具有很高的抗侧移能力。因其既承担竖向荷载，又承担水平荷载（即剪力），故名剪力墙。

剪力墙结构体系的特点是，剪力墙承受竖向荷载及水平荷载的能力都较大，整体性好，水平力作用下侧移小，侧向刚度大；一般情况下，剪力墙结构楼盖内不设梁，楼板直接支承在墙上，墙体既是承重构件，又起围护、分隔作用，无凸出墙面的梁柱，整齐美观，特别适合居住建筑，并可使用大模板、滑升模板等先进施工方法，利于缩短工期，节省人力。但是不能提供大空间房屋，结构延性较差。由于剪力墙体系的房间划分受到较大限制，因而一般用于住宅、旅馆等开间要求较小的建筑，使用高度为 15～50 层。

14.1.3　框架—剪力墙结构

为了弥补框架结构随房屋层数增加，水平荷载迅速增大而抗侧移刚度不足的缺点，可

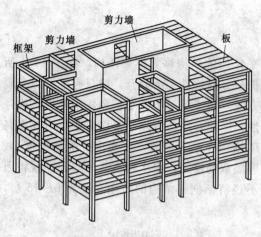

图 14.3　框架—剪力墙结构

在框架结构中增设钢筋混凝土剪力墙，形成框架和剪力墙结合在一起共同承受竖向和水平力的体系——框架—剪力墙结构，简称框—剪结构，如图 14.3 所示。剪力墙可以是单片墙体，也可以是电梯井、楼梯井、管道井组成的封闭式井筒。

框架—剪力墙体系的侧向刚度比框架结构大，大部分水平力由剪力墙承担，而竖向荷载主要由框架承受，因此用于高层房屋比框架结构更为经济合理；同时由于它只在部分位置上有剪力墙，保持了框架结构易于分割空间、立面易于变化等优点；此外，这种体系的抗震性能也较好。所以，框—剪体系在多层及高层办公楼、旅馆等建筑中得到了广泛应用。框—剪体系的适用高度为 15～25 层，一般不宜超过 30 层。

14.1.4　筒体结构

由筒体为主组成的承受竖向和水平作用的结构称为筒体结构体系。筒体结构是由剪力墙结构和框架—剪力墙结构综合演变形成的一种建筑结构形式，它是将剪力墙或密柱框架集中到房屋的内部和外围而形成的空间封闭筒体。筒体结构适用于平面或竖向布置复杂、水平荷载大的高层建筑，因剪力墙集中而获得较大的自由分割空间，多用于商务酒店或写字楼建筑。

筒体结构根据筒体布置情况不同又可分成筒体—框架结构（框筒结构）筒中筒结构和束筒结构等，如图 14.4 所示。

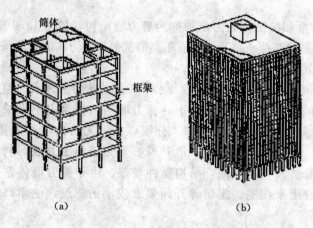

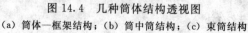

图 14.4　几种筒体结构透视图
(a) 筒体—框架结构；(b) 筒中筒结构；(c) 束筒结构

思 考 题

14.1 什么是高层建筑？多高层钢筋混凝土结构体系有哪几种？

14.2 什么是框架结构体系？适用于何种建筑？

14.3 什么是剪力墙结构体系？适用于何种建筑？

14.4 什么是框架—剪力墙结构体系？适用于何种建筑？

14.5 什么是筒体结构体系？筒体结构根据筒体布置情况又分为哪些？

单元 14.2 框架结构体系及结构布置

14.2.1 多层框架的类型及布置

14.2.1.1 框架结构的类型

框架结构按施工方法可分为现浇整体式框架结构、装配式框架结构和装配整体式框架结构 3 种类型。

1. 现浇整体式框架结构

全部构件均在现场浇注的框架结构称为现浇整体式框架结构。这种形式的优点是，整体性及抗震性能好，预埋铁件少，较其他形式的框架节省钢材，建筑平面布置较灵活等，缺点是模板消耗量大，现场湿作业多，施工周期长，在寒冷地区冬季施工困难等。对使用要求较高，功能复杂或处于地震高烈度区域的框架房屋，宜采用现浇整体式框架结构。

2. 装配式框架结构

装配式框架结构是将梁、板、柱全部预制，然后在现场进行装配、焊接而成的框架结构。装配式框架结构的构件可采用先进的生产工艺在工厂进行大批量生产，在现场以先进的组织管理方式进行机械化装配，因而构件质量容易保证，并可节约大量模板，改善施工条件，加快施工进度。但其结构整体性差，节点预埋件多，总用钢量较全且浇框架多，施工需要大型运输和吊装机械，在地震区不宜采用，目前很少使用。

3. 装配整体式框架结构

装配整体式框架结构是将预制梁、柱和板在现场安装就位后，再在构件连接处现浇混凝土使之成为整体而形成框架。与全装配式框架相比，装配整体式框架保证了节点的刚性，提高了框架的整体性，省去了大部分的预埋铁件，减少了节点用钢量。缺点是增加了现场浇筑混凝土量，施工复杂。由于装配整体式框架结构施工复杂，目前也很少使用。

14.2.1.2 框架结构的布置

1. 框架结构的布置原则

（1）柱网应规则、整齐，间距合理，传力体系合理，减少开间、进深的类型。

（2）房屋平面应尽可能规整、均匀对称，体型力求简单，以使结构受力合理。

（3）提高结构总体刚度，减小位移。

（4）应考虑地基不均匀沉降、温度变化和混凝土收缩等影响，设置不要的变形缝。

2. 柱网与层高

框架结构的柱网尺寸，主要根据生产工艺、使用要求，并符合模数要求，柱网和层高一般取 300 的倍数。根据使用性质不同，在工业建筑与民用建筑中柱网布置略有不同。

（1）工业建筑的柱网布置可分为内廊式和跨度组合式。

1）内廊式柱网。

进深：6m、6.6m、6.9m；

走廊宽：2.4m、2.7m、3.0m；

开间：6m。

2）跨度组合式柱网

跨度：6m、7.5m、9m、12m；

柱距：6m；

层高：3.6m、3.9m、4.5m、4.8m、5.4m。

（2）民用建筑柱网布置。

开间：6.3m、6.6m、6.9m；

进深：4.8m、5.0m、6.0m、6.6m、6.9m；

层高：3.0m、3.3m、3.6m、3.9m、4.2m。

3. 框架的布置

柱网确定后，梁、柱相连形成平面框架。在框架结构体系中，主要承受楼面和屋面荷载以框架柱为支承的梁称为框架梁，联系框架或结构构件的梁称为连系梁。框架梁和柱组成主要承重框架，连系梁和柱组成非主要承重框架。若采用双向板，则双向框架都是承重框架。

另外，通常将空间框架分解成纵向框架和横向框架。平行于房屋短轴方向的框架称为横向框架，平行于长轴方向的框架称为纵向框架。承重框架有以下 3 种布置方案：

（1）横向布置方案。横向布置方案是框架梁沿房屋横向布置，连系梁和楼（屋）面板沿纵向布置，如图 14.5（a）所示。由于房屋纵向刚度较强，而横向刚度较弱，采用这种布置方案有利于增加房屋的横向刚度，提高抵抗水平作用的能力，因此，在实际工程中应用较多。但是由于主梁截面尺寸较大，当房屋需要较大空间时，其净空间较小。

（2）纵向布置方案。框架梁沿房屋纵向布置，楼板和连系梁沿横向布置，如图 14.5（b）所示。其房间布置灵活，采光和通风好，利于提高楼层净高，需要设置集中通风系统的厂房常采用这种方案。但因其横向刚度较差，在民用建筑中一般较少采用。

（3）纵横向布置方案。沿房屋的纵向和横向都布置承重框架，如图 14.5（c）所示。采用这种布置方案，可使两个方向都获得较大的刚度，因此，柱网尺寸为正方形或接近正方形、地震区的多层框架房屋，以及由于工艺要求需双向承重的厂房常用这种方案。

4. 变形缝

为了防止因气温变化、不均匀沉降以及地震等因素对建筑物的使用和安全造成影响，设计时预先在变形敏感部位将建筑物断开，分成若干相对独立的单元，且预留的缝隙能保证建筑物有足够的变形空间，设置的这种构造缝称为变形缝。设置变形缝对构造、施工、造价及结构整体性和空间刚度都不利，基础防水也不易处理。因此，实际工程中常通过采

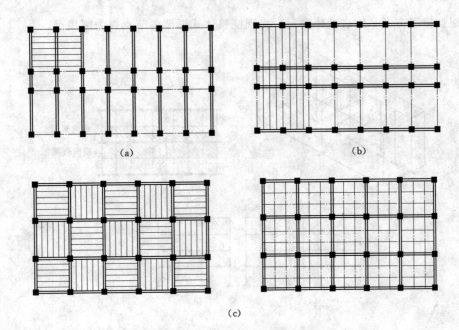

(a)　　　　　　　　　　　　　　(b)

(c)

图 14.5　承重框架布置方案

(a) 横向布置方案；(b) 纵向布置方案；(c) 纵横向布置方案

用合理的结构方案、可靠的构造措施和施工措施（如设置后浇带）减少或避免设缝。在需要同时设置一种以上变形缝时，应合并设置。变形缝包括伸缩缝、沉降缝、防震缝 3 种。伸缩缝的最大间距见表 14.1。

表 14.1　　　　　　　　　　　　　　伸 缩 缝 的 最 大 间 距

结 构 体 系	施 工 方 法	最大间距（m）
框架结构	现浇	55
剪力墙结构	现浇	45

14.2.2　框架结构的计算简图

14.2.2.1　计算单元的确定

框架结构体系房屋是由横向框架和纵向框架组成的空间结构。一般情况下，横向和纵向框架都是均匀布置的，各榀框架的刚度基本相同；作用在房屋上的荷载，如恒载、雪荷载、风荷载一般也是均匀分布的。因此，在荷载作用下，不论是横向还是纵向，各榀框架将产生大致相同的内力，相互之间不会产生大的约束力，故可单独取出一片框架作为计算单元。在进行纵横向布置时，应根据结构的不同特点进行分析，并对荷载进行适当简化，如图 14.6 所示。

14.2.2.2　节点的简化及计算模型的确定

框架节点一般总是三向受力的，但当按平面框架进行结构分析时，节点也会相应地简化。框架节点可简化为刚接节点，如图 14.7 所示，铰接节点和组合节点，如图 14.8 所示，要根据施工方案和构造措施确定。将现浇整体式框架各节点视为刚接点。

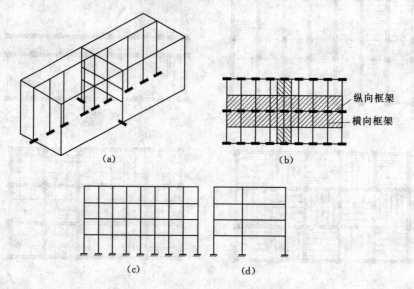

图 14.6　框架结构计算单元的确定

(a) 框架结构体系；(b) 框架负担竖向荷载范围；(c) 纵向

框架计算简图；(d) 横向框架计算简图

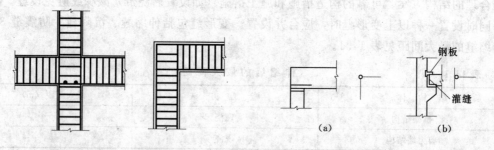

图 14.7　框架结构刚接节点

图 14.8　框架结构

(a) 铰接节点；(b) 组合节点

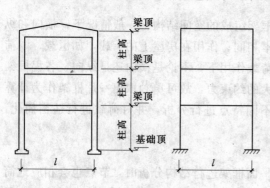

图 14.9　框架结构计算模型

在框架结构计算模型的简化过程中，梁、柱均根据其截面的几何轴线来确定，框架中的杆件用杆轴线表示，框架中各杆件之间的连接用节点表示，荷载作用在杆件的轴线上。框架梁的跨度取柱轴线间的距离，柱高去层高（即各层梁顶之间的高度），底层柱高取基础顶面到二层梁顶之间的高度，如图 14.9 所示。

14.2.2.3　梁柱截面形状及尺寸

1. 框架梁的截面尺寸及形状

框架梁的截面形状在现浇整体式框架中以 T 形和倒 L 形为主；在装配式框架中

一般采用矩形，也可做成 T 形或花篮形；装配整体式框架中常做成花篮形。

框架梁的截面高度可根据梁的跨度，一般取梁高 $h_b = (1/18 \sim 1/10)l_b$，$l_b$ 为梁的计算跨度。为防止梁发生剪切破坏，梁高不宜大于 $l_n/4$，l_n 为梁的净跨。框架梁的截面宽度取 $b_b = (1/4 \sim 1/2)h_b$，为了使端部节点传为可靠，梁宽 b 不宜小于 $h_b/4$，也不宜小于 200mm。实际工程中通常取 250mm、300mm，以便使用定型模板。

2. 框架柱的截面尺寸及形状

框架柱截面形状一般为矩形或正方形，也可根据需要做成圆形或其他形状。

柱截面高度可取 $h_c = (1/10 \sim 1/15)H$，H 为柱高；柱截面宽度 $b_c = (1/3 \sim 1)h_c$。柱的截面高度不宜小于 400mm，宽度不宜小于 300mm，圆柱截面直径不宜小于 350mm。为避免发生剪切破坏，柱净高与截面长边之比宜大于 4。柱的截面尺寸通常采用 400mm×400mm、450mm×450mm、500mm×500mm、550mm×550mm、600mm×600mm 等。

14.2.2.4　材料强度等级

现浇框架的混凝土等级不应低于 C20。进行抗震设计时，一级抗震等级框架梁、柱及其节点的混凝土强度等级不应低于 C30，二到四级抗震等级框架梁、柱混凝土强度等级不应低于 C20。型钢混凝土梁、柱的混凝土强度等级不应低于 C30。

一般情况下，框架梁、柱内普通纵向受力钢筋宜采用 HRB400、HRB500、HRBF400、HRBF500 钢筋，也可采用 HRB335、HRBF335、HPB300 和 RRB400 钢筋。普通箍筋宜采用 HRB400、HRBF400、HRB500、HRBF500 钢筋，也可采用 HRB335、HRBF335 和 HPB300 钢筋。

14.2.3　框架结构受力情况

框架结构承受的作用包括竖向荷载、水平荷载。竖向荷载包括结构自重及楼（屋）面活荷载，使用活载、雪载，一般为分布荷载，有时有集中荷载。水平荷载为风荷载和水平地震作用。

在多层框架结构中，影响结构内力的主要是竖向荷载，而结构变形则主要考虑梁在竖向荷载作用下的挠度，一般不必考虑结构侧移对建筑物的使用功能和结构可靠性的影响。随着房屋高度增大，增加最快的是结构位移，弯矩次之。因此在高层框架结构中，竖向荷载的作用与多层建筑相似，柱内轴力随层数增加而增加，而水平荷载的内力和位移则将成为控制因素。同时，多层建筑中的柱以轴力为主，而高层框架中的柱受到压、弯、剪的复合作用，其破坏形态更为复杂。

框架结构在水平荷载作用下产生侧移，由两部分组成：第一部分侧移由柱和梁的弯曲变形产生；第二部分侧移由柱的轴向变形产生。在两部分侧移中第一部分侧移是主要的，随着建筑高度加大，第二部分变形比例逐渐加大。结构过大的侧向变形不仅会使人不舒服影响使用，还会使填充墙或建筑装修出现裂缝或损坏，同时会使主体结构出现裂缝、损坏，甚至倒塌。因此，高层建筑不仅需要较大的承载能力，而且需要较大的刚度。框架抗侧刚度主要取决于梁、柱的截面尺寸。通常梁柱截面惯性矩小，侧向变形较大。虽然通过合理设计，可以使钢筋混凝土框架获得良好的延性，但由于框架结构层间变形较大。在地震区，高层框架结构容易引起非结构构件的破坏，这是框架结构的主要缺点，也因此限制了框架结构的使用高度。

14.2.4　非抗震设计时框架节点的构造要求

14.2.4.1　截面尺寸

框架结构的主梁截面高度可按计算跨度的 1/18～1/10 确定，梁净跨与截面高度之比不宜小于 4，梁的截面宽度不宜小于梁截面高度的 1/4，也不宜小于 200mm。对于矩形截面的框架柱，柱的边长在非抗震设计时不宜小于 250mm；对于圆形截面的框架柱，柱的直径在非抗震设计时不宜小于 350mm。另外，柱截面高宽比不宜大于 3，柱的剪跨比宜大于 2。

14.2.4.2　梁柱节点构造

1. 框架梁纵向钢筋

（1）上部纵向钢筋。当采用直线锚固形式时，不应小于框架梁上部纵向钢筋伸入中间层端节点的锚固长度 l_a，且应伸过柱中心线，伸过的长度不宜小于 5d（d 为梁上部纵向钢筋的直径）。

当柱界面尺寸不足时，梁上部纵向钢筋可采用钢筋端部加机械锚头的锚固方式。梁上部纵筋宜伸至柱外侧纵筋内边，包括机械锚头在内的水平投影锚固长度不应小于 $0.4l_a$。

梁上部纵筋也可以采用钢筋末端 90°弯折锚固方式，此时梁上部应伸至节点对边并向节点内弯折，纵筋弯折前的水平锚固长度（包括弯弧段在内）不应小于 $0.4l_a$，弯折后的竖直锚固长度（包括弯弧段在内）不应小于 15d，如图 14.10（b）所示。

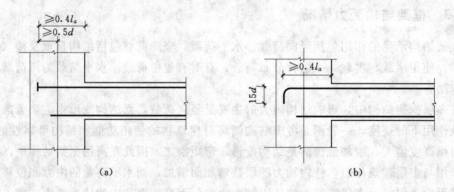

图 14.10　梁上部纵向钢筋在中层端节点内的锚固
（a）钢筋端部加锚头锚固；（b）钢筋末端 90°弯折锚固

（2）下部纵向钢筋。框架梁下部纵向钢筋在中间节点处应满足下列锚固要求：当计算中不利用该钢筋强度时，其伸入节点的锚固长度对带肋钢筋不应小于 12d，光圆钢筋不应小于 15d（d 为纵向钢筋直径）。当计算中充分利用钢筋的抗压强度时，下部纵向钢筋应按受压钢筋锚固在中间节点内，此时其直线锚固长度不应小于 $0.7l_a$；下部纵向钢筋也可采用直线方式锚固在节点或支座内，锚固长度不应小于钢筋的受拉锚固长度 l_a，如图 14.11（a）所示。当柱当柱界面尺寸不足时，可采用钢筋端部加机械锚头的锚固方式，或采用钢筋末端 90°弯折锚固方式，如图 14.11（b）所示。钢筋也可以在节点或支座外梁中弯矩较小处设置搭接接头，如图 14.11（c）所示。

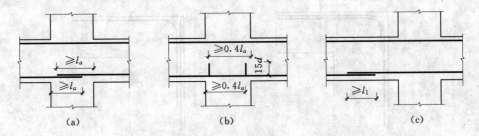

图 14.11　梁下部纵向钢筋在中间节点或中间支座范围的锚固与搭接
（a）节点中的直线锚固；（b）节点中的 90°弯折锚固；（c）节点或支座范围外的搭接接头

2. 框架柱纵向钢筋

柱纵向钢筋在顶层中间节点的锚固要求应符合以下要求：顶层中间节点的柱纵向钢筋及顶层端节点的内侧柱纵向钢筋可用直线方式锚入顶层节点，其自梁底标高算起的锚固长度不应小于 l_a，且必须伸至柱顶，如图 14.12（a）所示。当顶层节点处梁截面高度不足时，柱纵向钢筋应伸至柱顶并向节点内水平 90°弯折。当充分利用柱纵向钢筋的抗拉强度时，其锚固段弯折前的竖直投影长度不应小于 $0.5l_a$，弯折后的水平投影长度不应小于 $12d$，如图 14.12（b）所示，d 为纵向钢筋的直径。当柱顶有现浇板且板厚不小于 80mm、混凝土强度等级不低于 C20 时，柱纵向钢筋也可向外弯折，弯折后的水平投影长度不应小于 $12d$，如图 14.12（c）所示。

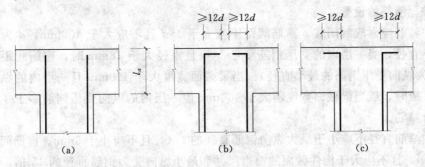

图 14.12　顶层中间节点柱纵向钢筋锚固
（a）节点直线锚固；（b）节点向内弯折锚固；（c）节点向外弯折锚固

3. 节点构造

梁、柱节点构造是保证框架结构整体空间受力性能的重要措施。受力钢筋的连接接头应符合下列规定：

（1）搭接接头可沿顶层端节点外侧及梁顶部布置，搭接长度不应小于 $15l_a$，如图 14.13（a）所示。其中，伸入梁内的柱外侧钢筋截面面积不宜小于其全部面积的 65%；梁宽范围以外的柱外侧钢筋宜沿节点顶部伸至柱内边锚固。当柱钢筋位于柱顶第一层时，钢筋伸至柱内边后宜向下弯折不小于 $8d$（d 为柱纵向钢筋直径）后截断；当柱纵向钢筋位于柱顶第二层时，可不向下弯折。梁宽范围以内的柱外侧纵向钢筋也可伸入现浇板内，其长度与伸入梁内的柱纵向钢筋长度相同。

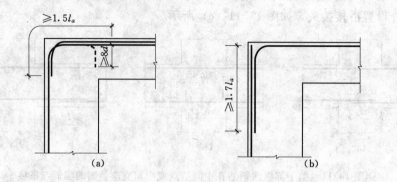

图 14.13　顶层节点梁柱纵向钢筋在节点内的锚固
（a）搭接接头沿顶层端节点外侧及梁顶部布置；（b）搭接接头沿节点外侧直线布置

（2）当柱外侧纵向钢筋配筋率大于 1.2% 时，伸入梁内的柱纵向钢筋应满足上述规定且宜分两批截断，截断点之间的距离不宜小于 20d，d 为柱外侧纵向钢筋的直径。梁上部纵向钢筋应伸至节点外侧并向下弯至梁下边缘高度位置截断。

（3）搭接接头也可沿节点外侧直线布置，如图 14.13（b）所示，此时搭接长度自柱顶算起不应小于 $1.7l_a$。当上部纵向钢筋配筋率大于 1.2% 时，弯入柱外侧纵向梁上部纵向钢筋应满足上述搭接长度，且宜分两批截断，截断点之间的距离不宜小于 20d，d 为梁上部纵向钢筋的直径。

14.2.4.3　箍筋的设置

梁中箍筋应做成封闭式。箍筋间距不应大于 15d 且不应大于 400mm，d 为纵向受压钢筋最小直径；当一层内的受压钢筋多于 5 根且直径大于 18mm 时，箍筋间距不应大于10d（d 为纵向受压钢筋的最小直径）。当梁截面宽度大于 400mm 且一层内的纵向受压钢筋多于 3 根时，或当梁截面宽度不大于 400mm 但一层内的纵向受压钢筋多于 4 根时，应设置复合箍筋。

柱中箍筋直径不应小于最大纵向钢筋直径的 1/4，且不应小于 6mm。箍筋间距不应大于 400mm，且不应大于构件截面的短边尺寸和最小纵向受力钢筋直径的 15 倍。当柱中全部纵向受力钢筋的配筋率超过 3% 时，箍筋直径不应小于 8mm，箍筋间距不应大于最小纵向钢筋直径的 10 倍，且不应大于 200mm；箍筋末端应做成 135° 弯钩且弯钩末端平直段长度不应小于 5 倍箍筋直径。当柱每边纵筋多于 3 根时，应设置复合箍筋，并可采用拉筋。

思　考　题

14.6　框架结构的类型有哪些？

14.7　框架结构的布置原则是什么？承重框架有哪几种布置方案？

14.8　框架结构的计算简图是如何确定的？

14.9　框架梁、柱的截面尺寸如何选取？柱网如何确定？

14.10 框架上的荷载有哪些?

14.11 多层框架结构中内力的常用计算方法有哪些?

单元 14.3 平面整体表示法

混凝土结构施工图平面整体表示方法简称平法,对于其表达形式,概括来讲,是把结构构件的尺寸和配筋等,按照平面整体表示方法制图规则,整体直接表达在各类构件的结构平面布置图上,再与相应的"结构设计总说明"和梁、柱、墙等构件的"标准构造详图"相配合,从而构成一套完整的结构设计。平面整体表示法改变了传统的那种将构件从结构平面图中索引出来,再逐个绘制配筋详图的繁琐方法。

平法的优点是图面简洁、清楚、直观性强,图纸数量少,设计和施工人员都很喜欢采用。

为了保证按平法设计的结构施工图实现全国统一,建设部已将平法的制图规则纳入国家建筑标准设计图集——《混凝土结构施工图平面整体表示方法制图规则和构造详图》(GJBT—518 03G101—1)。

14.3.1 平法施工图的一般规定

按平法设计绘制的施工图,一般是由各类结构构件的平法施工图和标准详图两个部分构成,但对复杂的建筑物,尚需增加模板、开洞和预埋件等平面图。

现浇板的配筋图仍采用传统表达方法绘制。

按平法设计绘制结构施工图时,应将所有梁、柱、墙等构件按规定编号,同时必须按规定在结构平面布置图上直接表示各构件的尺寸、配筋和所选用的标准构造详图。

出图时,宜按基础、柱、剪力墙、梁、板、楼梯及其他构件的顺序排列。用表格或其他方式注明各层(包括地下和地上)的结构层楼地面标高、结构层高及相应的结构层号。结构层楼面标高是指将建筑图中的各层地面和楼面标高值扣除建筑面层及垫层厚度后的标高,结构层号应与建筑楼层号对应。

在平面布置图上表示各构件尺寸和配筋的方式,分为平面注写方式、列表注写方式和断面注写方式 3 种。

结构设计说明中应写明以下内容:

(1)本设计图采用的是平面整体表示方法,并注明所选用平法标准图的图集号。

(2)混凝土结构的使用年限。

(3)抗震设防烈度及结构抗震等级。

(4)各类构件在其所在部位所选用的混凝土强度等级与钢筋种类。

(5)构件贯通钢筋需接长时采用的接头形式及有关要求。

(6)对混凝土保护层厚度有特殊要求时,写明不同部位构件所处的环境条件。

(7)当标准详图有多种做法可供选择时,应写明在何部位采用何种做法。

(8)当具体工程需要对平法图集的标准构造详图作某些变更时,应写明变更的内容。

(9)其他特殊要求。

14.3.2　梁平法施工图的表示方法

梁平法施工图分为断面注写和平面注写两种方式。当梁为异型截面时，可用断面注写方式，否则宜用平面注写方式。

梁平面布置图应分标准层按适当比例绘制，其中包括全部梁和与其相关的柱、墙、板。对于轴线未居中的梁，应标注其定位尺寸（贴柱边的梁除外）。当局部梁的布置过密时，可用虚线将过密区框出，适当放大比例后再表示，或者将纵横梁分别画在两张图上。

同样，在梁平法施工图中，应采用表格或其他方式注明各结构层的顶面标高及相应的结构层号。

14.3.2.1　平面注写方式

平面注写方式，是指在梁平面布置图上，对不同编号的梁各选一根并在其上注写截面尺寸和配筋数值。

平面注写包括集中标注与原位标注两种。集中标注的梁编号及截面尺寸、配筋等代表许多跨，原位标注的要素仅代表本跨。具体表示方法如图 14.14 所示。

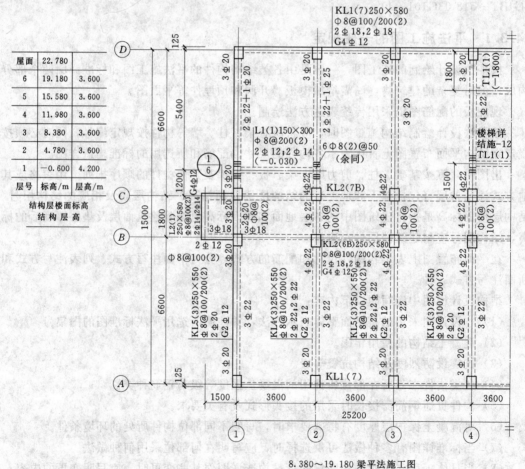

图 14.14　梁平法施工图平面注写方式示例

（1）梁编号及多跨通用的梁截面尺寸、箍筋、跨中面筋基本值采用集中标注，可从该梁任意一跨引出注写；梁底筋和支座面筋均采用原位标注。对与集中标注不同的某跨梁截面尺寸、箍筋、跨中面筋、腰筋等，可将其值原位标注。

　　（2）梁编号由梁类型代号、序号、跨数及有无悬挑代号几项组成，具体见表 14.2。

表 14.2　　　　　　　　　　　　　　　梁　编　号

梁类型	代号	序　号	跨数及是否带有悬挑	备　　注
楼层框架梁	KL	××	（××）、（××A）或（××B）	（××A）为一端悬挑，（××B）为二端悬挑。如 KL7（5A）表示 7 号框架梁，5 跨，一端有悬挑梁。悬挑梁段不计入跨数
屋面框架梁	WKL	××	（××）、（××A）或（××B）	
框支梁	KZL	××	（××）、（××A）或（××B）	
非框架梁	L	××	（××）、（××A）或（××B）	
悬挑梁	XL			
井字梁	JZL	××	（××）、（××A）或（××B）	

　　（3）等截面梁的截面尺寸用 $b \times h$ 表示；加腋梁用 $b \times h Y L_t \times h_t$ 表示，其中 L_t 为腋长，h_t 为腋高；悬挑梁根部和端部的高度不同时，用斜线"／"分隔根部与端部的高度值。例如：$300 \times 700 \ Y500 \times 250$ 表示加腋梁跨中截面为 300×700，腋长为 500，腋高为 250；$200 \times 500/300$ 表示悬挑梁的宽度为 200，根部高度为 500，端部高度为 300。

　　（4）箍筋加密区与非加密区的间距用斜线"／"分开，当梁箍筋为同一种间距时，则不需用斜线；箍筋肢数用括号括住的数字表示。例如：$\Phi 8@100/200$（4）表示箍筋加密区间距为 100，非加密区间距为 200，均为四肢箍。

　　（5）梁上部或下部纵向钢筋多于一排时，各排筋按从上往下的顺序用斜线"／"分开；同一排纵筋有两种直径时，则用加号"＋"将两种直径的纵筋相连，注写时角部纵筋写在前面。例如：$6 \Phi 25 \ 4/2$ 表示上一排纵筋为 $4 \Phi 25$，下一排纵筋为 $2 \Phi 25$；$2 \Phi 25 + 2 \Phi 22$ 表示有四根纵筋，$2 \Phi 25$ 放在角部，$2 \Phi 22$ 放在中部。

　　（6）梁中间支座两边的上部纵筋不同时，须在支座两边分别标注；支座两边的上部纵筋相同时，可仅在支座的一边标注。

　　（7）梁跨中面筋（贯通筋、架立筋）的根数，应根据结构受力要求及箍筋肢数等构造要求而定，注写时，架立筋须写入括号内，以示与贯通筋的区别。例如：$2 \Phi 22 +$（$2 \Phi 12$）用于四肢箍，其中 $2 \Phi 22$ 为贯通筋，$2 \Phi 12$ 为架立筋。

　　（8）当梁的上、下部纵筋均为贯通筋时，可用"；"将上部与下部的配筋值分隔开来标注。例如：$3 \Phi 22$；$3 \Phi 20$ 表示梁采用贯通筋，上部为 $3 \Phi 22$，下部为 $3 \Phi 20$。

　　（9）梁某跨侧面布有抗扭腰筋时，须在该跨适当位置标注抗扭腰筋的总配筋值，并在其前面加"N"。例如：在梁下部纵筋处另注写有 $N6 \Phi 18$ 时，则表示该跨梁两侧各有 $3 \Phi 18$ 的抗扭腰筋。

　　（10）附加箍筋（密箍）或吊筋直接画在平面图中的主梁上，配筋值原位标注。

14.3.2.2　断面注写方式

　　断面注写方式，是指在分标准层绘制的梁平面布置图上，从不同编号的梁中分别选择一根梁用剖面号引出配筋图并在其上注写截面尺寸和配筋数值，如图 14.15 所示。断面注写方式既可单独使用，也可与平面注写方式结合使用。

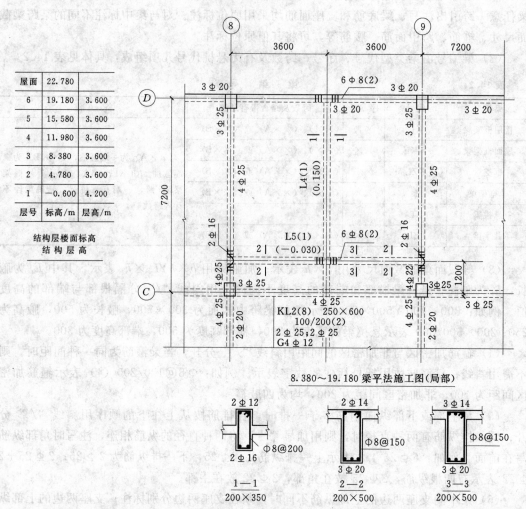

屋面	22.780	
6	19.180	3.600
5	15.580	3.600
4	11.980	3.600
3	8.380	3.600
2	4.780	3.600
1	−0.600	4.200
层号	标高/m	层高/m

结构层楼面标高
结 构 层 高

8.380～19.180 梁平法施工图（局部）

图 14.15　梁平法施工图断面标注方式示例（尺寸单位：mm）

14.3.3　柱平法施工图的表示方法

柱平法施工图也有列表注写和断面注写两种方式。柱在不同标准层截面多次变化时，可用列表注写方式，否则宜用断面注写方式。应用时，柱子的编号要符合表 14.3 的规定。

表 14.3　　　　　　　　　　　　　　柱 子 的 编 号

柱类型	代　号	序　号	柱类型	代　号	序　号
框架柱	KZ	××	梁上柱	LZ	××
框支柱	KZZ	××	剪力墙柱	QZ	××
芯柱	XZ	××			

14.3.3.1　断面注写方式

在分标准层绘制的柱平面布置图的柱截面上，分别在同一编号的柱中选择一个截面，直接注写截面尺寸和配筋数值。下面以图 14.16 为例说明其表达方法：

（1）在柱定位图中，按一定比例放大绘制柱截面配筋图，在其编号后再注写截面尺寸（按不同形状标注所需数值）、角筋、中部纵筋及箍筋。

（2）柱的竖筋数量及箍筋形式直接画在大样图上，并集中标注在大样旁边。

（3）当柱纵筋采用同一直径时，可标注全部钢筋；当纵筋采用两种直径时，需将角筋和各边中部筋的具体数值分开标注；当柱采用对称配筋时，可仅在一侧注写腹筋。

（4）必要时，可在一个柱平面布置图上用小括号"（　）"和尖括号"＜　＞"区分和表达各不同标准层的注写数值。

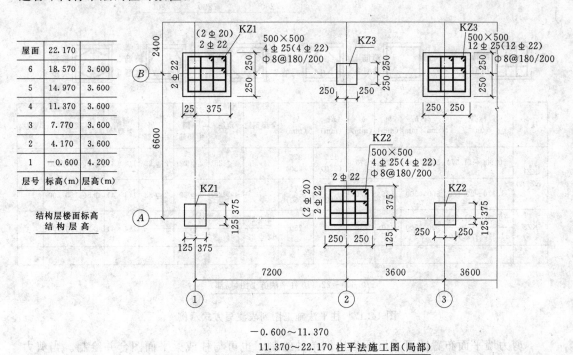

图 14.16　柱平法施工图断面注写方式示例（尺寸单位：mm）

14.3.3.2　列表注写方式

在柱平面布置图上，分别在同一编号的柱中选择一个或几个截面标注几何参数代号（反映截面对轴线的偏心情况），用简明的柱表注写柱号、柱段起止标高、几何尺寸（含截面对轴线的偏心情况）与配筋数值，并配以各种柱截面形状及箍筋类型图。

柱表中自柱根部（基础顶面标高）往上以变截面位置或配筋改变处为界分段注写。

14.3.4　剪力墙平法施工图的表示方法

剪力墙平法施工图也有列表注写和断面注写两种方式。剪力墙在不同标准层截面多次变化时，可用列表注写方式，否则宜用断面注写方式。

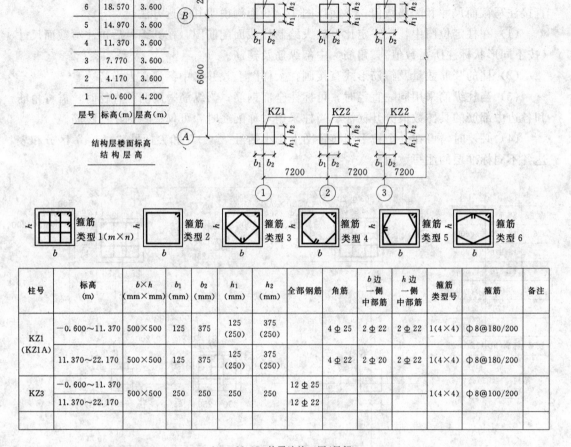

柱号	标高 (m)	$b×h$ (mm×mm)	b_1 (mm)	b_2 (mm)	h_1 (mm)	h_2 (mm)	全部钢筋	角筋	b边 一侧 中部筋	h边 一侧 中部筋	箍筋 类型号	箍筋	备注
KZ1 (KZ1A)	−0.600～11.370	500×500	125	375	125 (250)	375 (250)		4 Φ 25	2 Φ 22	2 Φ 22	1(4×4)	Φ 8@180/200	
	11.370～22.170	500×500	125	375	125 (250)	375 (250)		4 Φ 22	2 Φ 20	2 Φ 22	1(4×4)	Φ 8@180/200	
KZ3	−0.600～11.370	500×500	250	250	250	250	12 Φ 25				1(4×4)	Φ 8@100/200	
	11.370～22.170						12 Φ 22						

−0.600～22.170 柱平法施工图（局部）

图 14.17　柱平法施工图列表注写方式示例

剪力墙平面布置图可采取适当比例单独绘制，也可与柱或梁平面图合并绘制。当剪力墙较复杂或采用截面注写方式时，应按标准层分别绘制。

在剪力墙平法施工图中，也应采用表格或其他方式注明各结构层的楼面标高、结构层标高及相应的结构层号。

对于轴线未居中的剪力墙（包括端柱），应标注其偏心定位尺寸。

（1）列表注写方式：把剪力墙视为由墙柱、墙身和墙梁三类构件组成，对应于剪力墙平面布置图上的编号，分别在剪力墙柱表、剪力墙身表和剪力墙梁表中注写几何尺寸与配筋数值，并配以各种构件的截面图。在各种构件的表格中，应自构件根部（基础顶面标高）往上以变截面位置或配筋改变处为界分段注写，剪力墙构件编号见表 14.4。

（2）断面注写方式：在分标准层绘制的剪力墙平面布置图上，直接在墙柱、墙身、墙梁上注写截面尺寸和配筋数值。下面以图 14.18 为例说明其表达方法：

1）选用适当比例原位放大绘制剪力墙平面布置图。对各墙柱、墙身、墙梁分别编号。

表 14.4　　　　　　　　　　　　**剪力墙构件编号**

墙柱类型	代号	序号
约束边缘暗柱	YAZ	××
约束边缘端柱	YDZ	××
约束边缘翼墙（柱）	YYZ	××
约束边缘转角墙（柱）	YJZ	××
构件边缘端柱	GDZ	××
构件边缘暗柱	GAZ	××
构件边缘翼墙（柱）	GYZ	××
构件边缘转角墙（柱）	GJZ	××
非边缘暗柱	AZ	××
扶壁柱	FBZ	××
墙梁类型	代号	序号
连梁（无交叉暗撑及无交叉钢筋）	LL	××
连梁（有交叉暗撑）	LL（JC）	××
连梁（有交叉钢筋）	LL（JG）	××
暗梁	AL	××
边框梁	BKL	××

注　在具体工程中，当某些墙身需要设置暗梁或边框梁时，宜在剪力墙平法施工图中绘制其平面位置并编号以明确
　　具体位置。

2）从相同编号的墙柱中选择一个截面，标注截面尺寸、全部纵筋及箍筋的具体数值（注写要求与平法柱相同）。

3）从相同编号的墙身中选择一道墙身，按墙身编号、墙厚尺寸，水平分布筋、竖向分布筋和拉筋的顺序注写具体数值。

4）从相同编号的墙梁中选择一根墙梁，依次引注墙梁编号、截面尺寸、箍筋、上部纵筋、下部纵筋和墙梁顶面标高高差。墙梁顶面标高高差，是指相对于墙梁所在结构层楼面标高的高差值，高于者为正值，低于者为负值，无高差时不注。

5）必要时，可在一个剪力墙平面布置图上用小括号"（　）"和尖括号"〈　〉"区分和表达不同标准层的注写数值。

6）如若干墙柱（或墙身）的截面尺寸与配筋均相同，仅截面与轴线的关系不同时，可将其编为同一墙柱（或墙身）号。

7）当在连梁中配交叉斜筋时，应绘制交叉斜筋的构造详图，并注明设置交叉斜筋的连梁编号。

14.3.5　构造详图

如前所述，一套完整的平法施工图通常由各类构件的平法施工图和标准详图两个部分组成，构造详图是根据国家现行 GB 50010—2010、JGJ 3—2010、《建筑抗震设计规范》（GB 50011—2010）等有关规定，对各类构件的混凝土保护层厚度、钢筋锚固长度、钢筋接头做法、纵筋切断点位置、连接节点构造及其他细部构造进行适当简化和归并后给出的

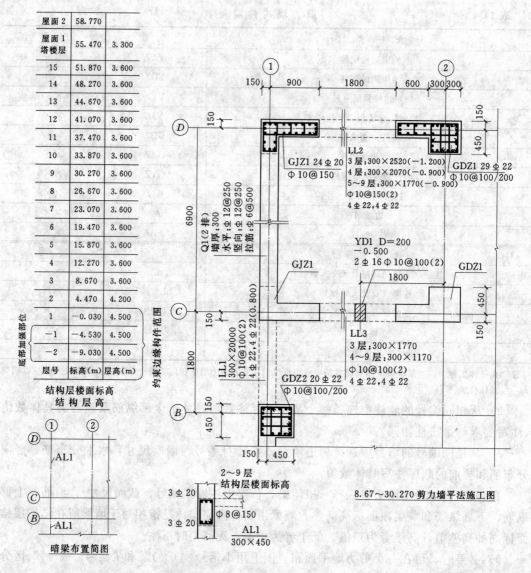

图 14.18　剪力墙平法施工图断面注写方式示例（尺寸单位：mm）

标准做法，供设计人员根据具体工程情况选用。设计人员也可根据工程实际情况，按国家有关规范对其作出必要的修改，并在结构施工图说明中加以阐述。

思 考 题

14.12　简述平面整体配筋图标注方法的基本内容。

14.13　简述梁平法施工图表示方法的要点。

模块 15 混合结构墙柱设计

学习目标：
- 会判别砌体结构房屋的静力计算方案
- 会验算墙、柱高厚比
- 会进行砌体的受压承载力计算
- 会验算砌体局部受压承载力，并对局部承载力不足构件提出设计建议
- 能说出过梁、圈梁、墙梁、悬挑构件及墙体的构造措施

房屋中墙、柱等竖向承重构件由块体和砂浆砌筑而成，屋盖、楼盖等水平承重构件用钢筋混凝土、轻钢或其他材料建造的房屋称为砌体结构，也称混合结构。由板、梁、屋架等构件组成的楼（屋）盖是混合结构的水平承重结构；墙、柱和基础组成混合结构的竖向承重结构。

砌体用作墙在小型民用建筑中大量出现，设计时考虑的因素主要有两个，一是高厚比，二是砌体水平截面的强度。另外，当有大梁等集中力直接作用在砌体上时，还要验算大梁下砌体的局部受压问题。

单元 15.1 混合结构房屋承重体系及静力计算方案

15.1.1 混合结构房屋承重体系

在混合结构房屋设计中，承重墙、柱的布置不仅影响房屋建筑平面的划分和室内空间的大小，而且还决定竖向荷载的传递路线及房屋的空间刚度。根据竖向荷载传递路线的不同，可将混合结构房屋的结构承重体系分为横墙承重体系，纵墙承重体系，纵、横墙承重体系及内框架承重体系，如图 15.1 所示。

1. 横墙承重体系

当房屋开间不大（一般为 3～4.5m），横墙间距较小，将楼（或屋面）板直接搁置在横墙上的结构体系称为横墙承重体系。房间的楼板支承在横墙上，纵墙仅承受本身自重。

横墙承重体系的荷载主要传递路线为：楼（屋）面板→横墙→基础→地基。

这类结构纵墙门窗开洞受限较少、横向刚度大、抗震性能好。适用于多层宿舍等居住建筑以及由小开间组成的办公楼。

2. 纵墙承重体系

对于要求有较大空间的房屋（如厂房、仓库）或隔墙位置可能变化的房屋，通常无内

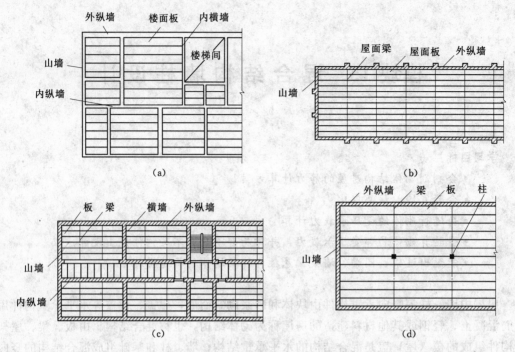

图 15.1 混合结构房屋的结构布置方案
(a) 横墙承重方案；(b) 纵墙承重方案；(c) 纵、横墙承重体系；(d) 内框架承重体系

横墙或横墙间距很大，因而由纵墙直接承受楼面、屋面荷载的结构体系即为纵墙承重体系；其屋盖为预制屋面大梁或屋架和屋面板。这类房屋的屋面荷载（竖向）传递路线为：板→梁（或屋架）→纵墙→基础→地基。

纵墙门窗开洞受限、整体性差。适用于单层厂房、仓库、食堂等建筑。

3. 纵、横墙承重体系

当建筑物的功能要求房间的大小变化较多时，为了结构布置的合理性，通常采用纵、横墙承重体系，这类房屋既可保证有灵活布置的房间，又具有较大的空间刚度和整体性，所以适用于教学楼、办公楼、多层住宅等建筑。

此类房屋的荷载传递路线为：楼（屋）面板→$\left\{\begin{array}{l}梁→纵墙\\横墙\end{array}\right\}$→基础→地基。

4. 内框架承重体系

对于工业厂房的车间、仓库和商店等需要较大空间的建筑，可采用外墙与内柱同时承重的内框架承重体系，该结构布置为楼板铺设在梁上，梁两端支承在外纵墙上，中间支承在柱上。

这类结构平面布置灵活、抗震性能差。同时应充分注意两种不同结构材料所引起的不利影响。

此类房屋的竖向荷载的传递路线为：楼（屋）面板→梁→$\left\{\begin{array}{l}外纵墙→外纵墙基础\\柱→柱基础\end{array}\right\}$→地基。

15.1.2　房屋的静力计算方案

砌体房屋的结构计算包括两部分内容：内力计算和截面承载力计算。进行墙、柱内力计算要确定计算简图，因此首先要确定房屋的静力计算方案，即根据房屋的空间工作性能确定结构的静力计算简图。

1. 房屋的空间工作性能

在砌体结构房屋中，屋盖、楼盖、墙、柱、基础等构件一方面承受着作用在房屋上的各种竖向荷载，另一方面还承受着墙面和屋面传来的水平荷载。由于各种构件之间是相互联系的，不仅是直接承受荷载的构件起着抵抗荷载的作用，而且与其相连接的其他构件也不同程度地参与工作，因此整个结构体系处于空间工作状态。

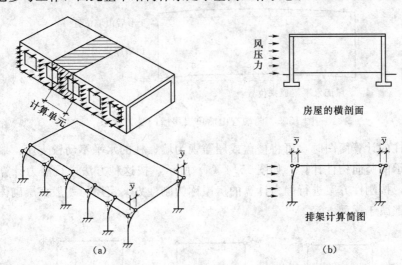

图 15.2　两端无山墙单层房屋受力状态及计算简图

如图 15.2 所示一单层房屋，外纵墙承重，装配式钢筋混凝土屋盖，两端无山墙，在水平风荷载作用下，房屋各个计算单元将会产生相同的水平位移，可简化为一平面排架。水平荷载传递路线为：风荷载→纵墙→纵墙基础→地基。

如图 15.3 所示两端加设了山墙的单层房屋，由于山墙的约束，使得在均布水平荷载作用下，整个房屋墙顶的水平位移不再相同，距离山墙越近的墙顶受到山墙的约束越大，水平位移越小。水平荷载传递路线为：风荷载→纵墙→纵墙基础（或屋盖结构→山墙→山墙基础）→地基。

通过试验分析发现，房屋空间工作性能的主要影响因素是楼盖（屋盖）的水平刚度和横墙间距的大小。

2. 房屋静力计算方案

根据房屋的空间工作性能将房屋的静力计算方案分为刚性方案、弹性方案、刚弹性方案三种。

（1）刚性方案。当房屋的横墙间距较小、楼盖（屋盖）的水平刚度较大时，房屋的空间刚度较大，在荷载作用下，房屋的水平位移很小，可视墙、柱顶端的水平位移等于零。

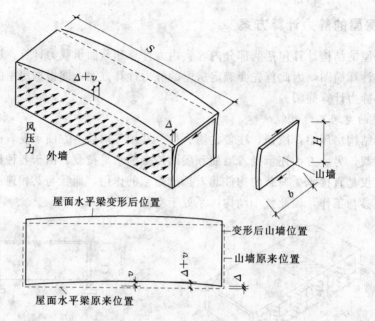

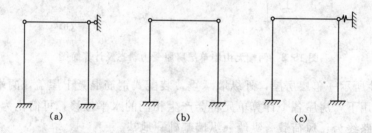

图 15.3 两端有山墙单层房屋的受力状态

在确定墙、柱的计算简图时，可将楼盖或屋盖视为墙、柱的水平不动铰支座，墙、柱内力按不动铰支承的竖向构件计算，如图 15.4（a）所示，按这种方法进行静力计算的方案称为刚性方案，按刚性方案进行静力计算的房屋称为刚性方案房屋。一般多层砌体房屋的静力计算方案都属于这种方案。

图 15.4 单层混合结构房屋的静力计算方案

(a) 刚性方案；(b) 弹性方案；(c) 刚弹性方案

　　(2) 弹性方案。当房屋横墙间距较大，楼盖（屋盖）水平刚度较小时，房屋的空间刚度较小，在荷载作用下房屋的水平位移较大。在确定计算简图时，不能忽略水平位移的影响，按这种方案进行静力计算的方案称为弹性方案，按弹性方案进行静力计算的房屋称为弹性方案房屋。一般的单层厂房、仓库、礼堂的静力计算方案多属此种方案。进行静力计算时，可按屋架或大梁与墙（柱）铰接的、不考虑空间工作性能的平面排架或框架计算，如图 15.4（b）所示。

　　(3) 刚弹性方案。房屋空间刚度介于刚性方案和弹性方案房屋之间。在荷载作用下，房屋的水平位移也介于两者之间。在确定计算简图时，按在墙、柱有弹性支座（考虑空间工作性能）的平面排架或框架计算，如图 15.4（c）所示。按这种方案法进行静力计算的方案称为刚弹性方案，按刚弹性方案进行静力计算的房屋称为弹性方案房屋。

根据楼（屋）盖类型和横墙间距的大小，计算时可根据表 15.1 确定房屋的静力计算方案。

表 15.1 房屋的静力计算方案

屋盖或楼盖类别	刚性方案	刚弹性方案	弹性方案
1	整体式、装配整体和装配式无檩体系钢筋混凝土屋盖或钢筋混凝土楼盖	$s<32$	$32 \leqslant s \leqslant 72$	$s>72$
2	装配式有檩体系钢筋混凝土屋盖、轻钢屋盖和有密铺望板的木屋盖或木楼盖	$s<20$	$20 \leqslant s \leqslant 48$	$s>48$
3	瓦材屋面的木屋盖和轻钢屋盖	$s<16$	$16 \leqslant s \leqslant 36$	$s>36$

注 1. 表中 s 为房屋横墙间距，其长度单位为 m。
2. 当多层房屋的楼盖、屋盖类别不同或横墙间距不同时，可按本表的规定分别确定各层（底层或顶部各层）房屋的静力计算方案。
3. 对无山墙或伸缩缝处无横墙的房屋，应按弹性方案考虑。

3. 刚性方案和刚弹性方案房屋的横墙

由上面分析可知，房屋墙、柱的静力计算方案是根据房屋空间刚度的大小确定的。作为刚性和刚弹性方案的房屋的横墙必须有足够的刚度。《砌体结构设计规范》（GB 50003—2001）规定，刚性方案和刚弹性方案房屋的横墙，应符合下列要求：

（1）横墙开有洞口时，洞口的水平截面面积不应超过横墙截面面积的 50%。

（2）横墙的厚度不宜小于 180mm。

（3）单层房屋的横墙长度不宜小于其高度，多层房屋的横墙长度不宜小于横墙总高度的 1/2。

当横墙不能同时符合上述要求时，应对横墙的刚度进行验算。若其最大水平位移值 $u_{max} \leqslant H/4000$（H 为横墙总高度）时，仍可视为刚性方案或刚弹性方案房屋的横墙。凡符合此刚度要求的一段横墙或其他结构构件（如框架等），也可视为刚性或刚弹性方案房屋的横墙。

思　考　题

15.1　混合结构房屋的结构布置方案有哪几种？其特点是什么？

15.2　房屋的静力计算方案根据什么来区分？有哪几类静力计算方案？设计时怎样判别？

单元 15.2　墙柱高厚比验算

墙、柱的高厚比验算是保证砌体房屋施工阶段和使用阶段稳定性与刚度的一项重要构造措施。

高厚比验算包括允许高厚比的限值和墙柱实际高厚比的确定两方面内容。所谓高厚比

β，是指墙、柱计算高度 H_0 与墙厚 h（或与矩形柱的计算高度相对应的柱边长）的比值，即 $\beta = \dfrac{H_0}{h}$。墙柱的高厚比过大，虽然强度满足要求，但是可能在施工阶段因过度偏差倾斜以及施工和使用过程中的偶然撞击、振动等因素而导致丧失稳定；同时，高厚比过大，还可能使墙体发生过大的变形而影响使用。

15.2.1 允许高厚比限值

砌体墙、柱的允许高厚比 $[\beta]$ 系指墙、柱高厚比的最大限值，它与承载力无关，而是根据实践经验和现阶段的材料质量以及施工技术水平综合研究确定的。墙、柱砌筑砂浆的强度等级愈高，$[\beta]$ 值就愈大。墙上开设洞口，对墙、柱的稳定不利，$[\beta]$ 值须相应降低。需要指出的是，$[\beta]$ 值与墙、柱材料的质量和施工技术水平等因素有关，在材料强度日益增高、砌体质量不断提高的情况下，$[\beta]$ 值也将会有所增大。GB 50003—2001 规定砌体墙、柱的允许高厚比 $[\beta]$ 见表 15.2。

表 15.2 　　　　　　　　　　　墙柱的允许高厚比 $[\boldsymbol{\beta}]$ 值

砂浆强度等级	墙（高厚比）	柱（高厚比）
M2.5	22	15
M5.0	24	16
≥M7.5	26	17

注　1. 毛石墙、柱的高厚比应按表中数字降低 20%。
　　2. 组合砖砌体构件的允许高厚比，可按表中数值提高 20%，但不得大于 28。
　　3. 验算施工阶段砂浆尚未硬化的新砌砌体高厚比时，允许高厚比对墙取 14，对柱取 11。

15.2.2 高厚比验算

1. 矩形截面墙、柱的高厚比验算

墙柱高厚比应按下式验算

$$\beta = \frac{H_0}{h} \leqslant \mu_1 \mu_2 [\beta] \tag{15.1}$$

式中：$[\beta]$ 为墙、柱的允许高厚比，按表 15.2 采用；H_0 为墙、柱的计算高度，按表 15.3 采用；h 为墙厚或矩形柱与 H_0 相对应的边长；μ_1 为自承重墙允许高厚比的修正系数；μ_2 为有门窗洞口墙允许高厚比的修正系数。

表 15.3 　　　　　　　　　　　受压构件计算高度 H_0

房 屋 类 别			柱		带壁柱墙或周边拉结的墙		
			排架方向	垂直排架方向	$s>2H$	$2H \geqslant s > H$	$s \leqslant H$
有吊车的单层房屋	变截面柱上段	弹性方案	$2.5H_u$	$1.25H_u$		$2.5H_u$	
		刚性、刚弹性方案	$2.0H_u$	$1.25H_u$		$2.0H_u$	
	变截面柱下段		$1.0H_l$	$0.8H_l$		$1.0H_l$	

房 屋 类 别			柱		带壁柱墙或周边拉结的墙		
			排架方向	垂直排架方向	$s>2H$	$2H{\geqslant}s>H$	$s{\leqslant}H$
无吊车的单层和多层房屋	单跨	弹性方案	$1.5H$	$1.0H$	$1.5H$		
		刚弹性方案	$1.2H$	$1.0H$	$1.2H$		
	多跨	弹性方案	$1.25H$	$1.0H$	$1.25H$		
		刚弹性方案	$1.10H$	$1.0H$	$1.1H$		
	刚性方案		$1.0H$	$1.0H$	$1.0H$	$0.4s+0.2H$	$0.6s$

注 1. 表中 H_u 为变截面柱的上段高度；H_1 为变截面柱的下段高度。

2. 对于上端为自由端的构件，$H_0=2H$。

3. 独立砖柱，当无柱间支撑时，柱在垂直排架方向的 H_0 应按表中数值乘以 1.25 后采用。

4. s 为房屋横墙间距。

5. 自承重墙的计算高度应根据周边支承或拉接条件确定。

对厚度 $h{\leqslant}240$mm 的自承重墙，μ_1 按下列规定采用：

$$h=240\text{mm}，\mu_1=1.2$$
$$h=90\text{mm}，\mu_1=1.5$$

240mm$>h>$90mm，μ_1 可按插入法取值。

上端为自由端的墙允许高厚比，除按上述规定提高外，尚可提高 30%；对厚度小于 90mm 的墙，当双面用不低于 M10 的水泥砂浆抹面，包括抹面层的墙厚不小于 90mm 时，可按墙厚等于 90mm 验算高厚比。

μ_2 按下式计算

$$\mu_2=1-0.4\frac{b_s}{s} \qquad (15.2)$$

式中：b_s 为在宽度 s 范围内的门窗洞口总宽度，如图 15.5 所示；s 为相邻窗间墙、壁柱或构造柱之间的距离。

当按式（15.2）计算得到的 μ_2 的值小于 0.7 时，应采用 0.7，当洞口高度等于或小于墙高的 1/5 时，取 $\mu_2=1.0$。

表 15.3 中的构件高度 H 应按下列规定采用：

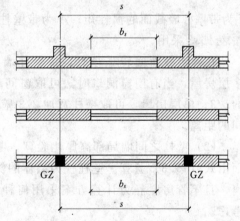

图 15.5 门窗洞口宽度示意图

（1）在房屋的底层，为楼板顶面到构件下端支点的距离。下端支点的位置，可取在基础的顶面。当基础埋置较深且有刚性地坪时，可取室内外地面以下 500mm 处。

（2）在房屋的其他层次，为楼板或其他水平支点间的距离。

（3）对于无壁柱的山墙，可取层高加山墙尖高的 $\frac{1}{2}$，对于带壁柱的山墙可取壁柱处的山墙高度。

对于有吊车的房屋，当荷载组合不考虑吊车的作用时，变截面柱上段的计算高度可按表 15.3 规定采用，变截面柱下段的计算高度可按下列规定采用：

（1）当 $\dfrac{H_u}{H}\leqslant\dfrac{1}{3}$ 时，取无吊车房屋的 H_0。

（2）当 $\dfrac{1}{3}<\dfrac{H_u}{H}\leqslant\dfrac{1}{2}$ 时，取无吊车房屋的 H_0 乘以修正系数 μ。$\mu=1.3-0.3\dfrac{I_u}{I_1}$，$I_u$ 为变截面柱上段的惯性矩，I_1 为变截面柱下段的惯性矩。

（3）当 $\dfrac{H_u}{H}\geqslant\dfrac{1}{2}$ 时，取无吊车房屋的 H_0，但在确定 β 值时，应采取柱的上截面。

2. 带壁柱墙高厚比验算

带壁柱的高厚比的验算包括两部分内容，即带壁柱墙的高厚比验算和壁柱之间墙体局部高厚比的验算。

（1）整片墙高厚比验算。视壁柱为墙体的一部分，整片墙截面为 T 形截面，将 T 形截面墙按惯性矩和面积相等的原则换算成矩形截面，折算厚度 $h_T=3.5i$，其高厚比验算公式为

$$\beta=\frac{H_0}{h_T}\leqslant\mu_1\mu_2[\beta] \tag{15.3}$$

式中：h_T 为带壁柱墙截面折算厚度，$h_T=3.5i$；i 为带壁柱墙截面的回转半径，$i=\sqrt{\dfrac{I}{A}}$；I 为带壁柱墙截面的惯性矩；A 为带壁柱墙截面的面积；H_0 为墙、柱截面的计算高度，按表 15.3 采用。

在确定截面回转半径时，带壁柱墙截面的翼缘计算宽度 b_f，可按下列规定采用：多层房屋，当有门窗洞口时，可取窗间墙宽度；当无门窗洞口时，每侧可取壁柱高度的 1/3；单层房屋，可取壁柱宽加 2/3 壁柱高度，但不得大于窗间墙宽度和相邻壁柱之间的距离。

（2）壁柱之间墙局部高厚比验算。壁柱之间墙体的局部高厚比按厚度为 h 的矩形截面由式（15.3）验算。壁柱视为墙体的侧向不动支点，计算 H_0 时，s 取壁柱之间的距离，且不管房屋静力计算方案采用何种方案，在确定计算高度 H_0 时，都按刚性方案考虑。

【例 15.1】 某办公楼平面布置如图 15.6 所示，采用装配式钢筋混凝土楼盖，MU10 砖墙承重。纵墙及横墙厚度均为 240mm，混合砂浆强度等级 M5，底层墙高 4.5m（从基础顶面算起），隔墙厚 120mm，验算底层各墙体高厚比。（墙体静力计算方案为刚性方案）。

解：（1）外纵墙高厚比验算。

横墙间距 $s=12\text{m}>2H=2\times4.5=9\text{m}$，根据表 15.3 查得 $H_0=1.0H=4.5\text{m}$

根据表 15.2 查得 $[\beta]=24$

$$\mu_1=1.0, \quad \mu_2=1-0.4\frac{b_s}{s}=1-0.4\times\frac{2}{4}=0.8>0.7$$

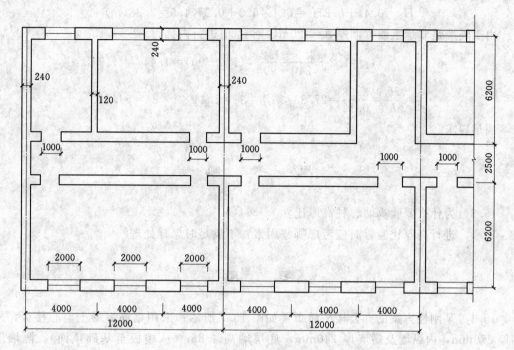

图 15.6 某办公楼平面布置图（单位：mm）

$$\beta = \frac{H_0}{h} = 4.5/0.24 = 18.75 < \mu_1 \mu_2 \ [\beta] = 1 \times 0.8 \times 24 = 19.2$$

满足要求。

（2）内纵墙高厚比验算。

内纵墙 $s = 12\text{m}$，在 s 范围内门窗洞口 $b_s = 2 \times 1 = 2(\text{m})$

$$\mu_2 = 1 - 0.4 \frac{b_s}{s} = 1 - 0.4 \times \frac{2}{12} = 0.933 > 0.7$$

$$\beta = \frac{H_0}{h} = \frac{4.5}{0.24} = 18.75 < \mu_1 \mu_2 \ [\beta] = 1 \times 0.933 \times 24 = 22.4$$

满足要求。

（3）承重横墙高厚比验算。

因 $s = 6.2\text{m}$，$H = 4.5\text{m} < s < 2H = 9\text{m}$，根据表 15.3 查得

$$H_0 = 0.4s + 0.2H = 0.4 \times 6.2 + 0.2 \times 4.5 = 3.38(\text{m})$$

$$\beta = \frac{H_0}{h} = \frac{3.38}{0.24} = 14.08 < \mu_1 \mu_2 \ [\beta] = 1 \times 1 \times 24 = 24$$

满足要求。

（4）隔墙高厚比验算。

因隔墙上端在砌筑时，一般用斜放立砖顶住楼板，故可按顶端为不动铰支座考虑。

设隔墙与纵墙交错拉结，则

$$s = 6.2\text{m}, \quad H = 4.5\text{m} < s < 2H = 9(\text{m})$$

根据表 15.3 查得

$$H_0 = 0.4s + 0.2H = 0.4 \times 6.2 + 0.2 \times 4.5 = 3.38 \text{(m)}$$

由于隔墙是非承重墙，墙厚 $h = 120\text{m}$，则 μ_1 值进行内插得

$$\mu_1 = 1.2 + \frac{1.5 - 1.2}{240 - 90} \times (120 - 90) = 1.44$$

$$\beta = \frac{H_0}{h} = \frac{3.38}{0.12} = 27.33 < \mu_1 \mu_2 [\beta] = 1.44 \times 1 \times 24 = 34.56$$

满足要求。

思　考　题

15.3　为什么要验算墙、柱高厚比？

15.4　进行高厚比验算时应考虑哪些因素？不满足时怎样处理？

习　题

15.1　某刚性方案的办公楼平面布置如图 15.7 所示；采用钢筋混凝土空心楼板，外墙厚 370mm，内纵墙及横墙厚 240mm，底层墙高 4.8m（从楼板至基础顶面）；隔墙厚 120mm，高 3.6m；墙体 MU10 烧结普通砖，M5 混合砂浆砌筑，纵墙上窗宽 1800mm，门宽 1000mm。试验算各墙高厚比。

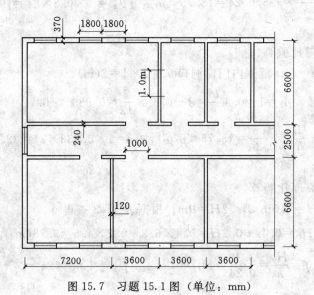

图 15.7　习题 15.1 图（单位：mm）

单元 15.3　砌体受压承载力计算

砌体结构构件的受力状态有受压、受弯、受剪、受拉、局部受压等形式，在工程实际中应用较多的是受压构件。

15.3.1 无筋砌体受压构件的破坏特征

以砖砌体为例研究其破坏特征，通过试验发现，砖砌体受压构件从加载受力起到破坏大致经历如图 15.8 所示的 3 个阶段。

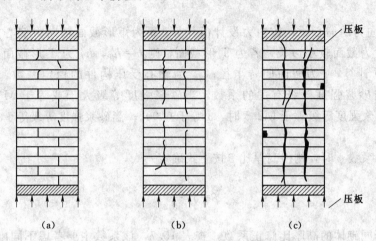

图 15.8 无筋砌体受压构件破坏过程
(a) 单砖开裂；(b) 砌体内形成一段段裂缝；(c) 竖向贯通裂缝形成

从加载开始到个别砖块上出现初始裂缝为止是第Ⅰ阶段，如图 15.8 (a) 所示，出现初始裂缝时的荷载为破坏荷载的 0.5~0.7 倍，其特点是：荷载不增加，裂缝也不会继续扩展，裂缝仅仅是单砖裂缝。若继续加载，砌体进入第Ⅱ阶段，如图 15.8 (b) 所示，其特点是：荷载增加，原有裂缝不断开展，单砖裂缝贯通形成穿过几皮砖的竖向裂缝，同时有新的裂缝出现，若不继续加载，裂缝也会缓慢发展。当荷载达到破坏荷载的 0.8~0.9 倍时，砌体进入第Ⅲ阶段，如图 15.8 (c) 所示，此时荷载增加不多，裂缝也会迅速发展，砌体被通长裂缝分割为若干半砖小立柱，由于小立柱受力极不均匀，最终砖砌体会因小立柱的失稳而破坏。

15.3.2 无筋砌体受压构件承载力计算

砌体构件的整体性较差，因此，砌体构件在受压时，纵向弯曲对砌体构件承载力的影响较其他整体构件显著；同时又因为荷载作用位置的偏差、砌体材料的不均匀性以及施工误差，使轴心受压构件产生附加弯矩和侧向挠曲变形。GB 50003—2001 规定，把轴向力偏心距和构件的高厚比对受压构件承载力的影响采用同一系数 φ 来考虑。

GB 50003—2001 规定，对于无筋砌体轴心受压构件、偏心受压承载力均按下式计算

$$N \leqslant \varphi f A \tag{15.4}$$

式中：N 为轴向力设计值；f 为砌体抗压强度设计值，按表 7.6~表 7.11 采用；A 为截面面积，对各类砌体均按毛截面计算；φ 为高厚比 β 和轴向力偏心距 e 对受压构件承载力的影响系数，可查表 15.4~表 15.6，也可按下式计算

$$\varphi = \cfrac{1}{1+12\left[\dfrac{e}{h}+\sqrt{\dfrac{1}{12}\left(\dfrac{1}{\varphi_0}-1\right)}\right]} \qquad (15.5)$$

$$\varphi_0 = \frac{1}{1+\alpha\beta^2} \qquad (15.6)$$

式中：e 为轴向力的偏心距，按内力设计值计算；h 为矩形截面轴向力偏心方向的边长，当轴心受压时为截面较小边长，若为 T 形截面，则 $h=h_T$，h_T 为 T 形截面的折算厚度，可近似按 $3.5i$ 计算，i 为截面回转半径；φ_0 为轴心受压构件的稳定系数，当 $\beta\leqslant3$ 时，$\varphi_0=1$；α 为与砂浆强度等级有关的系数，当砂浆强度等级大于或等于 M5 时，α 等于 0.0015；当砂浆强度等级等于 M2.5 时，α 等于 0.002；当砂浆强度等级等于 0 时，α 等于 0.009。

计算影响系数 φ 时，构件高厚比 β 按下式确定

$$\beta = \gamma_\beta\frac{H_0}{h} \qquad (15.7)$$

式中：γ_β 为不同砌体的高厚比修正系数，查表 15.7，该系数主要考虑不同砌体种类受压性能的差异性；H_0 为受压构件计算高度，查表 15.3。

表 15.4　　　　　　　　　影响系数 φ（砂浆强度等级≥M5）

β	$\dfrac{e}{h}$ 或 $\dfrac{e}{h_T}$					
	0	0.025	0.05	0.075	0.1	0.125	0.15
≤3	1	0.99	0.97	0.94	0.89	0.84	0.79
4	0.98	0.95	0.90	0.85	0.80	0.74	0.69
6	0.95	0.91	0.86	0.81	0.75	0.69	0.64
8	0.91	0.86	0.81	0.76	0.70	0.64	0.59
10	0.87	0.82	0.76	0.71	0.65	0.60	0.55
12	0.82	0.77	0.71	0.66	0.60	0.55	0.51
14	0.77	0.72	0.66	0.61	0.56	0.51	0.47
16	0.72	0.67	0.61	0.56	0.52	0.47	0.44
18	0.67	0.62	0.57	0.52	0.48	0.44	0.40
20	0.62	0.57	0.53	0.48	0.44	0.40	0.37
22	0.58	0.53	0.49	0.45	0.41	0.38	0.35
24	0.54	0.49	0.45	0.41	0.38	0.35	0.32
26	0.50	0.46	0.42	0.38	0.35	0.33	0.30
28	0.46	0.42	0.39	0.36	0.33	0.30	0.28
30	0.42	0.39	0.36	0.33	0.31	0.28	0.26

续表

β	$\frac{e}{h}$ 或 $\frac{e}{h_T}$					
	0.175	0.2	0.225	0.25	0.275	0.3
≤3	0.73	0.68	0.62	0.57	0.52	0.48
4	0.64	0.58	0.53	0.49	0.45	0.41
6	0.59	0.54	0.49	0.45	0.42	0.38
8	0.54	0.50	0.46	0.42	0.39	0.36
10	0.50	0.46	0.42	0.39	0.36	0.33
12	0.47	0.43	0.39	0.36	0.33	0.31
14	0.43	0.40	0.36	0.34	0.31	0.29
16	0.40	0.37	0.34	0.31	0.29	0.27
18	0.37	0.34	0.31	0.29	0.27	0.25
20	0.34	0.32	0.29	0.27	0.25	0.23
22	0.32	0.30	0.27	0.25	0.24	0.22
24	0.30	0.28	0.26	0.24	0.22	0.21
26	0.28	0.26	0.24	0.22	0.21	0.19
28	0.26	0.24	0.22	0.21	0.19	0.18
30	0.24	0.22	0.21	0.20	0.18	0.17

表 15.5　　　　　　　　　　影响系数 φ（砂浆强度等级为 M2.5）

β	$\frac{e}{h}$ 或 $\frac{e}{h_T}$					
	0	0.025	0.05	0.075	0.1	0.125	0.15
≤3	1	0.99	0.97	0.94	0.89	0.84	0.79
4	0.97	0.94	0.89	0.84	0.78	0.73	0.67
6	0.93	0.89	0.84	0.78	0.73	0.67	0.62
8	0.89	0.84	0.78	0.72	0.67	0.62	0.57
10	0.83	0.78	0.72	0.67	0.61	0.56	0.52
12	0.78	0.72	0.67	0.61	0.56	0.52	0.47
14	0.72	0.66	0.31	0.56	0.51	0.47	0.43
16	0.66	0.61	0.56	0.51	0.47	0.43	0.40
18	0.61	0.56	0.51	0.47	0.43	0.40	0.36
20	0.56	0.51	0.47	0.43	0.39	0.36	0.33
22	0.51	0.47	0.43	0.39	0.36	0.33	0.31
24	0.46	0.43	0.39	0.36	0.33	0.31	0.28
26	0.42	0.39	0.36	0.33	0.31	0.28	0.26
28	0.39	0.36	0.33	0.30	0.28	0.26	0.24
30	0.36	0.33	0.30	0.28	0.26	0.24	0.22

β	$\dfrac{e}{h}$ 或 $\dfrac{e}{h_T}$					
	0.175	0.2	0.225	0.25	0.275	0.3
≤3	0.73	0.68	0.12	0.57	0.52	0.48
4	0.62	0.57	0.52	0.48	0.44	0.40
6	0.57	0.52	0.48	0.44	0.40	0.37
8	0.52	0.48	0.44	0.40	0.37	0.34
10	0.47	0.43	0.40	0.37	0.34	0.31
12	0.43	0.40	0.37	0.34	0.31	0.29
14	0.40	0.36	0.34	0.31	0.29	0.27
16	0.36	0.34	0.31	0.29	0.26	0.25
18	0.33	0.31	0.29	0.26	0.24	0.23
20	0.31	0.28	0.26	0.24	0.23	0.21
22	0.28	0.26	0.24	0.23	0.21	0.20
24	0.26	0.24	0.23	0.21	0.20	0.18
26	0.24	0.22	0.21	0.20	0.18	0.17
28	0.22	0.21	0.20	0.18	0.17	0.16
30	0.21	0.20	0.18	0.17	0.16	0.15

表 15.6　　　　　　　　　　影响系数 φ（砂浆强度 0）

β	$\dfrac{e}{h}$ 或 $\dfrac{e}{h_T}$						
	0	0.025	0.05	0.075	0.1	0.125	0.15
≤3	1	0.99	0.97	0.94	0.89	0.84	0.79
4	0.87	0.82	0.77	0.71	0.66	0.60	0.55
6	0.76	0.70	0.65	0.59	0.54	0.50	0.46
8	0.63	0.58	0.54	0.49	0.45	0.41	0.38
10	0.53	0.48	0.44	0.41	0.37	0.34	0.32
12	0.44	0.40	0.37	0.34	0.31	0.29	0.27
14	0.36	0.33	0.31	0.28	0.26	0.24	0.23
16	0.30	0.28	0.26	0.24	0.22	0.21	0.19
18	0.26	0.24	0.22	0.21	0.19	0.18	0.17
20	0.22	0.20	0.19	0.18	0.17	0.16	0.15
22	0.19	0.18	0.16	0.15	0.14	0.14	0.13
24	0.16	0.15	0.14	0.13	0.13	0.12	0.11
26	0.14	0.13	0.13	0.12	0.11	0.11	0.10
28	0.12	0.12	0.11	0.11	0.10	0.10	0.09
30	0.11	0.10	0.10	0.09	0.09	0.09	0.08

β	$\dfrac{e}{h}$ 或 $\dfrac{e}{h_T}$					
	0.175	0.2	0.225	0.25	0.275	0.3
≤3	0.73	0.68	0.62	0.57	0.52	0.48
4	0.51	0.46	0.43	0.39	0.36	0.33
6	0.42	0.39	0.36	0.33	0.30	0.28
8	0.35	0.32	0.30	0.28	0.25	0.24
10	0.29	0.27	0.25	0.23	0.22	0.20
12	0.25	0.23	0.21	0.20	0.19	0.17
14	0.21	0.20	0.18	0.17	0.16	0.15
16	0.18	0.17	0.16	0.15	0.14	0.13
18	0.16	0.15	0.14	0.13	0.12	0.12
20	0.14	0.13	0.12	0.12	0.11	0.10
22	0.12	0.12	0.11	0.10	0.10	0.09
24	0.11	0.10	0.10	0.09	0.09	0.08
26	0.10	0.09	0.09	0.08	0.08	0.07
28	0.09	0.08	0.08	0.08	0.07	0.07
30	0.08	0.07	0.07	0.07	0.07	0.06

表 15.7　　　　　　　　　　　　　高厚比修正系数 γ_β

砌体材料类别	γ_β
烧结普通砖、烧结多孔砖	1.0
混凝土或轻骨料混凝土砌块	1.1
蒸压灰砂砖、蒸压粉煤灰砖、细料石、半细料石	1.2
粗料石、毛石	1.5

对带壁柱墙，其翼缘宽度可按下列规定采用：

（1）多层房屋，当有门窗洞口时，可取窗间墙宽度；当无门窗洞口时，每侧翼墙宽度可取壁柱高度的 1/3。

（2）单层房屋，可取壁柱宽加 2/3 墙高，但不大于窗间墙宽度和相邻壁柱之间距离。

（3）当计算带壁柱墙的条形基础时，可取相邻壁柱之间距离。

受压构件计算中应该注意的问题：

（1）轴向力偏心距的限值。受压构件的偏心距过大时，可能使构件产生水平裂缝，构件的承载力明显降低，结构既不安全也不经济合理。因此 GB 50003—2001 规定：轴向力偏心距不应超过 0.6y（y 为截面重心到轴向力所在偏心方向截面边缘的距离）。若设计中超过以上限值，则因采取适当措施予以减小。

（2）对于矩形截面构件，当轴向力偏心方向的截面边长大于另一方向的截面边长时，除了按偏心受压计算外，还应对较小边长按轴心受压计算。

（3）砌体强度设计值的调整。砌体强度设计值的调整系数是基于两方面原因提出的，一是因为砂浆或构件截面面积过小或各种偶然因素引起的砌体强度的降低；二是从安全储备角度考虑。在进行砌体结构构件设计计算时，满足表 15.8 条件就应当对砌体强度设计值进行调整，即砌体强度设计值改为 $\gamma_a f$。

表 15.8 砌体强度设计值调整系数 γ_a

调 整 内 容		γ_a
有吊车房屋砌体		
$l>9$m 梁下烧结普通砖砌体，$l>7.2$m 梁下烧结多孔砖、蒸压灰砂砖、混凝土和轻骨料混凝土砌块砌体		0.9
无筋砌体构件，$A<0.3$m²		$A+0.7$
配筋砌体构件，$A<0.2$m²（A 为砌体部分面积）		$A+0.8$
当采用水泥砂浆砌筑时	各类砌体抗压	0.9
	各类砌体抗拉、抗弯、抗剪	0.8
施工质量控制等级	C 级	0.89
	A 级	1.05
施工阶段的房屋构件		1.1

注 1. 对于配筋砌体构件，仅对砌体的强度设计值 f 乘以强度调整系数 γ_a。

2. 对于灌孔混凝土砌块砌体的抗压强度设计值 f：当采用混凝土砌块砂浆（Mb）时，不应进行强度调整；其他情况下，仅对未灌孔砌体的抗压强度设计值 f 乘以强度调整系数 γ_a。

3. 配筋砌体的施工质量控制等级不允许采用 C 级。

4. 当砌体强度需要进行多项调整时，可采用各 γ_a 值连乘。

【例 15.2】 截面尺寸为 $370\text{mm}\times490\text{mm}$ 的砖柱，采用强度等级为 MU10 的烧结多孔砖和强度等级为 M5 的混合砂浆，柱计算高度 $H_0=3.2$m，柱顶承受轴向力标准值 $N_k=160$kN（其中永久荷载 30kN，已包括砖自重），试验算该柱的承载力。

解： 轴向力设计值

$$N=1.4\times30+1.2\times130=198(\text{kN})$$

高厚比

$$\beta=\gamma_\beta\frac{H_0}{h}=1\times3.2/0.37=8.65$$

影响系数 φ，由 $\beta=8.65$，$e=0$，查表 15.6 得 $\varphi=0.9$

柱截面面积

$$A=0.37\times0.49=0.18(\text{m}^2)\ <0.3\text{m}^2$$

砌体强度设计值调整系数 γ_a，根据表 15.5 查得 $\gamma_a=0.18+0.7=0.88$。

砌体强度设计值，由砖和砂浆的强度等级查得 $f=1.5\text{N/mm}^2$。

柱承载力 $\varphi\gamma_a fA=0.9\times0.88\times1.5\times0.18\times10^6=213840(\text{N})=213.84(\text{kN})>198$
（kN），该柱安全。

【例 15.3】 某单层单跨厂房，其带壁柱的窗间墙，截面尺寸如图 15.9 所示。墙的计算高度 $H_0=6\text{m}$，烧结多孔砖和混合砂浆强度等级分别为 MU15 和 M2.5，承受弯矩设计值 $M=40\text{kN}\cdot\text{m}$，轴向力设计值 $N=400\text{kN}$，偏向翼缘一侧。试验算窗间墙的承载力。

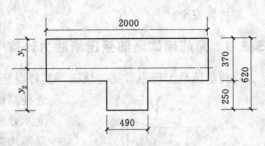

图 15.9 窗间墙截面尺寸（单位：mm）

解:（1）确定 T 形截面几何特征。

截面面积

$$A=A_1+A_2=b_fh_f+(h-h_f)b=2000\times370+(620-370)\times490=862500\,(\text{mm}^2)$$

截面重心位置

$$y_1=\frac{A_1\dfrac{h_f}{2}+A_2\left(h_f+\dfrac{h-h_f}{2}\right)}{A}=\frac{2000\times370\times\dfrac{370}{2}+490\times(620-370)\times\left(370+\dfrac{620-370}{2}\right)}{862500}$$

$$=229\,(\text{mm})$$

截面惯性矩

$$I=\frac{b_fy_1^3}{3}+\frac{(b_f-b)(h_f-y_1^3)}{3}+\frac{by_2^3}{3}=\frac{2000\times229^3}{3}+\frac{(2000-490)\times(370-229)^3}{3}+\frac{490\times391^3}{3}$$

$$=191.8\times10^8\,(\text{mm}^4)$$

回转半径
$$i=\sqrt{\frac{I}{A}}=\sqrt{\frac{191.8\times10^8}{862500}}=149.1\text{mm}$$

折算厚度
$$h_T=3.5i=3.5\times149.1=521.9\,(\text{mm})$$

（2）偏心荷载作用下的承载力计算。

偏心距
$$e=\frac{M}{N}=\frac{40}{400}=0.1\,(\text{m})=100\text{mm}$$

荷载偏心作用于翼缘侧，故
$$0.6y_1=0.6\times229=137.4\,(\text{mm})>e=100\text{mm}$$

相对偏心距
$$\frac{e}{h_T}=\frac{100}{521.9}=0.192$$

高厚比
$$\beta=\gamma_\beta\frac{H_0}{h_T}=1.0\times\frac{6000}{521.9}=11.5$$

影响系数 φ，由 $\beta=11.5$，$e/h_T=0.192$，查表 15.6 得 $\varphi=0.418$。

砌体强度设计值 f 由砖和砂浆的强度等级查 GB 50003—2001 得
$$f=1.6\text{N/mm}^2$$

窗间墙的承载力
$$\varphi fA=0.418\times1.6\times862500=576840\,(\text{N})=576.84\text{kN}>400\text{kN}$$

故构件安全。

15.3.3　无筋砌体局部受压承载力计算

局部受压是工程中常见的情况，其特点是压力仅仅作用在砌体的局部受压面上，如独

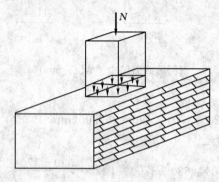

图 15.10　局部均匀受压

立柱基的基础顶面、屋架端部的砌体支承处、梁端支承处的砌体均属于局部受压的情况。局部受压分局部均匀受压和局部非均匀受压两种情况。若砌体局部受压面积上压应力呈均匀分布，则称为局部均匀受压，如图 15.10 所示。

1.局部均匀受压承载力计算

砌体局部受压时有两个特点：一是局部受压砌体上承受着较大的压力，单位面积的压应力较高；二是局部受压砌体的抗压强度高于砌体抗压强度。

这是因为局部受压区砌体的横向变形受到周围未直接承受压力部分砌体的约束，使该处的砌体处于三向或双向受压应力状态，其局部抗压强度比一般情况下的抗压强度有所提高，即"套箍强化作用"，假设砌体抗压强度为 f，则砌体局部抗压强度为 γ_l（γ 为砌体局部抗压强度提高系数）。

砌体局部抗压强度提高的程度主要取决于砌体原有抗压强度和周围砌体对局部受压的约束情况，具体见表 15.9。砌体局部均匀受压时承载力按下式计算

$$N_l \leqslant \gamma f A_l \tag{15.8}$$

式中：N_l 为局部受压面积上的轴向力设计值；γ 为砌体局部抗压强度提高系数；f 为砌体局部抗压强度设计值，可不考虑强度调整系数 γ_a 的影响；A_l 为局部受压面积。

砌体局部抗压强度提高系数按下式计算

$$\gamma = 1 + 0.35 \sqrt{\frac{A_0}{A_l} - 1} \tag{15.9}$$

式中：A_0 为影响砌体局部抗压强度的计算面积，按表 15.7 规定采用。

表 15.9　　　　　　　　　　　A_0 与 γ_{max}

示意图	A_0	γ_{max}	
		普通砖砌体	空心砖砌体
	$(a+c+h)h$	≤2.5	≤1.5
	$(b+2h)h$	≤2.0	≤1.5

续表

示　意　图	A_0	γ_{max}	
		普通砖砌体	空心砖砌体
	$(a+h)h+(b+h_1-h)h_1$	≤1.5	≤1.5
	$(a+h)h$	≤1.25	≤1.25

2. 梁端支承处砌体局部受压承载力计算

在混合结构房屋中，钢筋混凝土梁搁置在砌体墙上时，梁端传给砌体的压力仅分布在局部区域，使砌体处于非均匀局部受压状态。作用在梁端砌体所承受的压力，除了梁端支承压力 N_l 外，还有上部荷载产生的轴向力 N_0，如图 15.11 所示。

梁端支承处砌体的局部受压承载力按下式计算

$$\psi N_0 + N_l \leqslant \eta \gamma f A_l \qquad (15.10)$$

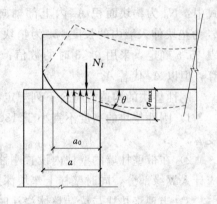

图 15.11　梁端局部受压

式中：ψ 为上部荷载折减系数，按 $\psi = 1.5 - 0.5\dfrac{A_0}{A_l}$ 计算，当 $A_0/A_l \geqslant 3$ 时，取 $\psi = 0$；N_0 为局部受压面积内上部轴向力设计值，$N_0 = \sigma_0 A_l$，σ_0 为上部平均压应力设计值；N_l 为梁端荷载设计值产生的支承压力；η 为梁端底面压应力图形完整系数，一般可取 0.7，对于过梁和墙梁可取 1.0；γ 为砌体局部抗压强度提高系数；A_l 为局部受压面积，$A_l = a_0 b$；b 为梁的截面宽度；a_0 为梁端有效支承长度，$a_0 = 10\sqrt{\dfrac{h_c}{f}}$，当 a_0 大于梁端实际支承长度 a 时，取 a_0 等于 a；h_c 为梁的截面高度；f 为砌体抗压强度设计值。

当梁端局部受压承载力不足时，可在梁端下设置刚性垫块，如图 15.12 所示，设置刚性垫块不但增大了局部承压面积，还可以使梁端压应力比较均匀地传递到垫块下的砌体截面上，从而改善了砌体受力状态。

3. 梁端设有垫块时砌体局部受压承载力计算

刚性垫块分为预制刚性垫块和现浇刚性垫块两种，在实际工程中，往往采用预制刚性垫块。为了计算简化起见，GB 50003—2001 规定，两者可采用相同的计算方法。

（1）梁端设有刚性垫块的砌体局部受压承载力按下式计算

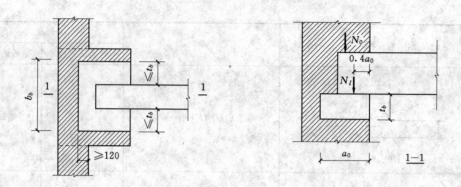

图 15.12　梁端下设预制垫块时的局部受压（单位：mm）

$$N_0 + N_l \leqslant \varphi \gamma_1 f A_b \qquad (15.11)$$

式中：N_0 为垫块面积 A_b 内上部轴向力设计值，$N_0 = \sigma_0 A_b$；A_b 为垫块面积，$A_b = a_b b_b$；a_b 为垫块伸入墙内的长度；b_b 为垫块的宽度；φ 为垫块上 N_0 及 N_l 合力的影响系数，按表 15.6 确定，采用 $\beta \leqslant 3$ 时的数值；γ_1 为砌体局部抗压强度提高系数，按式（15.7）计算，但以 A_b 代替 A_l。

刚性垫块的构造应符合下列规定：

1）刚性垫块的高度不宜小于 180mm，自梁边算起的垫块挑出长度不宜大于垫块高度 t_b。

2）在带壁柱墙的壁柱内设置刚性垫块时，其计算面积应取壁柱范围内的面积，而不应计入翼缘部分，同时壁柱上垫块深入翼墙内的长度不应小于 120mm。

3）当现浇垫块与梁端整体浇注时，垫块可在梁高范围内设置。

梁端设有刚性垫块时，梁端有效支承长度 a_0 按下式确定

$$a_0 = \delta_1 \sqrt{\frac{h_c}{f}} \qquad (15.12)$$

式中：δ_1 为刚性垫块的影响系数，可按表 15.10 采用。

垫块上 N_l 作用点的位置可取 $0.4a_0$。

表 15.10　　　　　　　　　　　　系 数 δ_1 取 值 表

$\dfrac{\sigma_0}{f}$	0	0.2	0.4	0.6	0.8
δ_1	5.4	5.7	6.0	6.9	7.8

注　中间的数值可采用插入法求得。

（2）梁端下设有垫梁时，垫梁下砌体局部受压承载力计算。当梁端支承处的砖墙上设置连续的钢筋混凝土垫梁（如圈梁）时，在梁端集中荷载作用下，垫梁将集中荷载分布在墙体一定宽度范围内，为了计算方便，假定竖向压应力呈三角形分布，分布长度为 πh_0，如图 15.13 所示。按弹性力学的分析方法并考虑砌体的受力性能，当垫梁长度大于 πh_0

时，垫梁下砌体的局部受压承载力可按下式计算

$$N_0 + N_l \leqslant 2.4\delta_2 fb_b h_0 \tag{15.13}$$

式中：N_0 为垫梁 $\dfrac{\pi b_b h_0}{2}$ 范围内上部轴向力设计值，$N_0 = \dfrac{\pi b_b h_0 \sigma_0}{2}$，N；$\delta_2$ 为垫梁底面压应力分布系数，当荷载沿墙厚方向均匀分布时取 $\delta_2 = 1.0$，不均匀分布时取 $\delta_2 = 0.8$；h_0 为垫梁折算厚度，$h_0 = 2\sqrt[3]{\dfrac{E_b I_b}{Eh}}$（$E$ 为砌体的弹性模量，h 为墙厚），mm；E_b、I_b 分别为垫梁的混凝土弹性模量和截面惯性矩。

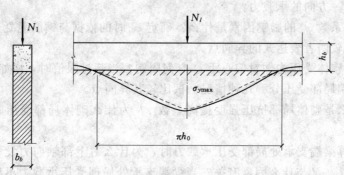

图 15.13　垫梁局部受压

垫梁上梁端有效支承长度 a_0 可按式（15.14）计算。

【例 15.4】　一钢筋混凝土柱截面尺寸为 250mm×250mm，支承在厚为 370mm 的砖墙上，作用位置如图 15.14 所示，砖墙用 MU10 烧结普通砖和 M5 水泥砂浆砌筑，柱传到墙上的荷载设计值为 120kN。试验算柱下砌体的局部受压承载力。

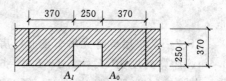

图 15.14　例 15.4 图（单位：mm）

解：局部受压面积

$$A_l = 250 \times 250 \text{mm}^2 = 62500 (\text{mm}^2)$$

局部受压影响面积

$$A_0 = (b+2h)h = (250+2\times370)\times370 = 366300 (\text{mm}^2)$$

砌体局部抗压强度提高系数

$$\gamma = 1+0.35\sqrt{\frac{A_0}{A_l}-1} = 1+0.35\sqrt{\frac{366300}{62500}-1} = 1.77 < 2$$

查表 7.6 得 MU10 烧结普通砖和 M5 水泥砂浆砌筑的砌体的抗压强度设计值为 $f = 1.5$MPa，采用水泥砂浆应乘以调整系数 $\gamma_a = 0.9$。

砌体局部受压承载力为

$$\gamma fA = 1.77 \times 0.9 \times 1.5 \times 62500 \times 10^{-3} = 149.3 \text{ (kN)} > 120\text{kN}。$$

故砌体局部受压承载力满足要求。

思　考　题

15.5　简述砌体受压过程及其破坏特征。简述影响砌体抗压强度的主要因素。砌体抗压强度计算公式应考虑哪些主要参数？

15.6　为什么砂浆强度等级高的砌体抗压强度比砂浆的强度低？而对于砂浆强度等级低的砌体，当块体强度高时，抗压强度又比砂浆强度高？

15.7　轴心受压和偏心受压构件承载力计算公式有何差别？偏心受压时，为什么要按轴心受压验算另一方向的承载力？

15.8　稳定系数 φ_0 的影响因素是什么？确定 φ_0 时的依据与钢筋混凝土轴心受力构件是否相同？试比较两者表达式的异同点。

15.9　无筋砌体受压构件对偏心距 e_0 有何限制？当超过限值时，应如何处理？

15.10　梁端局部受压分哪几种情况？试比较其异同点。

15.11　什么是砌体局部抗压强度提高系数 γ？为什么砌体局部受压时抗压强度有明显提高？

15.12　验算梁端支承处局部受压承载力时，为什么对上部轴向力设计值乘以上部荷载的折减系数 ψ？ψ 又与什么因素有关？当梁端支承处局部受压承载力不满足时，可采取哪些措施？

习　题

15.2　某单层单跨无吊车工业厂房带壁柱窗间墙，截面尺寸如图 15.15 所示，柱高为 5.4m，计算高度为 $H_0 = 1.2 \times 5.4 = 6.48$m，用 MU10 烧结普通砖及 M2.5 混合砂浆砌筑。若该控制截面（柱底截面）承受的设计轴向压力为 $N = 320$kN，设计弯矩为 $M = 41$kN·m，验算该墙体的承载力。

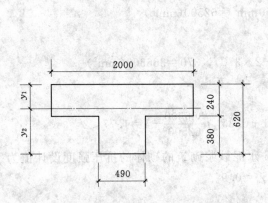

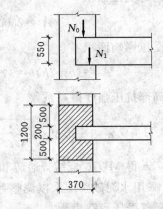

图 15.15　习题 15.2 图（单位：mm）　　　图 15.16　习题 15.3 图（单位：mm）

15.3　某房屋外纵墙的窗间墙截面尺寸为 1200mm×370mm，如图 15.16 所示，采用 MU20 烧结普通砖，M5 水泥砂浆砌筑。墙上支承的钢筋混凝土大梁截面为 200mm×

550mm，支承长度 $a=240$mm。梁端荷载产生的支承反力设计值为 $N_l=85$kN，上部荷载产生的轴向压力设计值为 265kN。试验算梁端砌体的局部受压承载力。

单元 15.4　过梁、圈梁、墙梁及墙体构造认识

15.4.1　过梁

1. 过梁的种类与构造

过梁设置在门窗洞口上方，用来承受上部墙体自重和上层楼盖传来的荷载的梁，常用的过梁有 4 种类型，如图 15.17 所示。

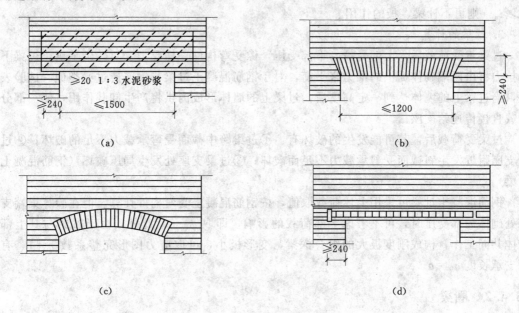

图 15.17　过梁类型（单位：mm）

(a) 钢筋砖过梁；(b) 砖砌平拱过梁；(c) 砖砌弧拱过梁；(d) 钢筋混凝土过梁

（1）钢筋砖过梁 [见图 15.17 （c）]。在过梁的底部水平灰缝内配置受力钢筋而成，跨度不应超过 1.5m。过梁底面砂浆层厚度不宜小于 30mm，砂浆内钢筋直径不应小于 5mm，也不宜大于 8mm，间距不宜大于 120mm，钢筋伸入支座砌体内的长度不宜小于 240mm，过梁截面高度内砂浆强度等级不应低于 M5；砖的强度等级不应低于 MU10。

（2）砖砌平拱过梁 [见图 15.17 （a）]。高度不应小于 240mm，跨度不应超过 1.2m。砂浆强度等级不应低于 M5。此类过梁适用于无振动、地基土质好、无抗震设防要求的一般建筑。

（3）砖砌弧拱过梁 [见图 15.17 （b）]。竖放砌筑砖的高度不应小于 120mm，当矢高 $f=(1/12\sim1/8)l$ 时，砖砌弧拱的最大跨度为 $2.5\sim3$m；当矢高 $f=(1/6\sim1/5)l$ 时，砖砌弧拱的最大跨度为 $3\sim4$m。

（4）钢筋混凝土过梁 [见图 15.17 （d）]，其端部支承长度不宜小于 240mm，当墙厚

不小于 370mm 时，钢筋混凝土过梁宜做成 L 形。

工程中常采用钢筋混凝土过梁。

2. 过梁上的荷载

作用在过梁上的荷载有砌体自重和过梁计算高度内的梁板荷载。

（1）墙体荷载。对于砖砌墙体，当过梁上的墙体高度 $h_w < l_n/3$ 时，应按全部墙体的自重作为均布荷载考虑。当过梁上的墙体高度 $h_w \geq l_n/3$ 时，应按高度 $l_n/3$ 的墙体自重作为均布荷载考虑。对于混凝土砌块砌体，当过梁上的墙体高度 $h_w < l_n/2$ 时，应按全部墙体的自重作为均布荷载考虑。当过梁上的墙体高度 $h_w \geq l_n/2$ 时，应按高度 $l_n/2$ 的墙体自重作为均布荷载考虑。

（2）梁板荷载。当梁、板下的墙体高度 $h_w < l_n$ 时，应计算梁、板传来的荷载，如 $h_w \geq l_n$，则可不计梁、板的作用。

3. 过梁的计算

过梁承受荷载后，上部受拉、下部受压，像受弯构件一样受力。对砖砌平拱，过梁下部拉力将由两端砌体提供的推力来平衡，对于钢筋混凝土过梁与钢筋砖过梁类似。试验表明，当过梁上的墙体达到一定高度后，过梁上的墙体形成内拱将产生卸载作用，使一部分荷载直接传递给支座。

过梁受荷载后，其可能发生的破坏有：①过梁跨中截面受弯承载力不足的破坏；②过梁支座附近发生斜截面受剪承载力不足而破坏；③过梁支座处发生局压破坏（钢筋混凝土过梁）。

钢筋混凝土过梁可采用上述荷载取值，按钢筋混凝土受弯构件计算。但在验算梁端支承处砌体局部受压时，可不考虑上部荷载的影响，即取 $\psi = 0$；此外，由于过梁与其上部砌体共同工作，构成刚度极大的组合深梁，变形极小，可取应力图形完整系数 $\eta = 1$，有效支承长度 $a_0 = a$。

15.4.2 圈梁

砌体房屋结构中，在墙体内水平方向设置封闭的钢筋混凝土梁称为圈梁。

1. 圈梁的作用

（1）增强房屋的整体性和空间刚度。

（2）防止由于地基不均匀沉降或较大振动荷载等对房屋引起的不利影响。

（3）设置在基础顶面部位和檐口部位的圈梁对抵抗不均匀沉降作用最为有效。

（4）当房屋中部沉降较两端为大时，位于基础顶面部位的圈梁作用较大；当房屋两端沉降较中部为大时，檐口部位的圈梁作用较大。

（5）圈梁与构造柱配合，有助于提高砌体结构的抗震性能。

2. 圈梁的构造要求

圈梁的构造要求，如图 15.18 所示。

（1）圈梁宜连续地设在同一水平面上，并形成封闭状。

（2）纵横墙交接处的圈梁应有可靠的连接。刚弹性和弹性方案房屋，圈梁应与屋架、大梁等构件可靠连接。

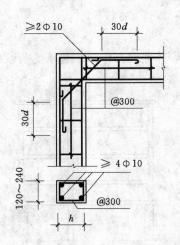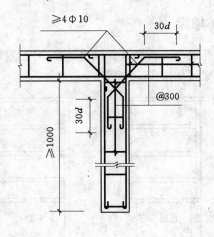

图 15.18　纵横墙交接处圈梁连接构造（尺寸单位：mm）

（3）圈梁的宽度宜与墙厚相同，当墙厚 $h \geqslant 240$mm 时，宽度不宜小于 $2h/3$。圈梁高度不应小于 120mm。纵向钢筋不宜少于 $4\phi10$，绑扎接头的搭接长度按受拉钢筋考虑，箍筋间距不应大于 300mm。

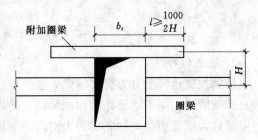

图 11.19　附加圈梁

（4）圈梁兼作过梁时，过梁部分的钢筋应按计算用量另行增配。

3. 圈梁的设置

（1）车间、仓库、食堂等空旷的单层房屋设置圈梁的规定：

1）砖砌体房屋，檐口标高为 $5\sim8$m 时，应在檐口设置圈梁一道，檐口标高大于 8m 时，宜适当增设。

2）砌块及料石砌体房屋，檐口标高为 $4\sim5$m 时，应在檐口标高处设置圈梁一道，檐口标高大于 5m 时，宜适当增设。

3）对有吊车或较大振动设备的单层工业房屋，除在檐口或窗顶标高处设置现挠钢筋混凝土圈梁外，尚宜在吊车梁标高处或其他适当位置增设。

（2）多层工业与民用建筑设置圈梁的规定：

1）住宅、宿舍、办公楼等多层砌体民用房屋，层数为 $3\sim4$ 层时，应在檐口标高处设置圈梁一道，当层数超过 4 层时，应在所有纵横墙上隔层设置。

2）多层砌体工业房屋，宜每层设置现浇钢筋混凝土圈梁。

3）设置墙梁的多层砌体房屋应在托梁、墙梁顶面和檐口标高处设置现浇钢筋混凝土圈梁，其他楼盖处宜在所有纵横墙上每层设置。

4）采用现浇钢筋混凝土楼（屋）盖的多层砌体结构房屋，当层数超过 5 层时，除在檐口标高处设置一道圈梁外，还可隔层设置圈梁，并与楼（屋）面板一起现浇。未设置圈梁的楼面板嵌入墙内的长度不应小于 120mm，应沿墙配置不小于 $2\phi10$ 的通长钢筋。圈梁兼作过梁时，过梁部分的钢筋应按计算用量另行增配。

15.4.3　墙梁

由钢筋混凝土托梁及其以上计算高度范围内的墙体共同工作，一起承受荷载的组合结构称为墙梁，如图 15.20 所示。

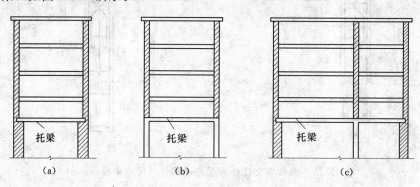

图 15.20　墙梁
（a）简支墙梁；（b）框支墙梁；（c）连续墙梁

1. 墙梁的种类

墙梁按支承情况分为简支墙梁、连续墙梁、框支墙梁；按承受荷载情况分为承重墙梁和自承重墙梁。除了承受托梁和托梁以上的墙体自重外，还承受由屋盖或楼盖传来的荷载的墙梁称为承重墙梁，如底层为大空间、上层为小空间时所设置的墙梁，只承受托梁以及托梁以上墙体自重的墙梁为自承重墙梁，如基础梁、连系梁。

墙梁中承托砌体墙和楼盖（屋盖）的混凝土简支梁、连续梁和框架梁，称为托梁；墙梁中考虑组合作用的计算高度范围内的砌体墙，称为墙体；墙梁的计算高度范围内墙体顶面处的现浇混凝土圈梁，称为顶梁；墙梁支座处与墙体垂直相连的纵向落地墙，称为翼墙。

2. 墙梁的受力特点

当托梁及其上砌体达到一定强度后，墙和梁共同工作形成墙梁组合结构。实验表明，墙梁上部荷载主要通过墙体的拱作用传向两边支座，托梁承受拉力，两者形成一个带拉杆拱的受力结构，如图 15.21（a）所示。这种受力状况从墙梁开始一直到破坏；当墙体上有洞口时，其内力传递，如图 15.21（b）所示。

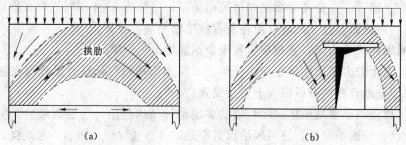

图 15.21　墙梁受力特点
（a）无洞口墙梁的内力传递；（b）有洞口墙梁的内力传递

墙梁是一个偏心受拉构件，影响其承载力的因素有很多，根据影响因素的不同，墙梁可能发生的破坏形态正截面受弯破坏、墙体或托梁受剪破坏和支座上方墙体局部受压破坏三种，如图 15.28 所示。托梁纵向受力钢筋配置不足时，发生正截面受弯破坏；当托梁的箍筋配置不足时，可能发生托梁斜截面剪切破坏；当托梁的配筋较强，并且两端砌体局部受压承载力得到保证时，一般发生墙体剪切破坏。墙梁除发生上述主要破坏形态外，还可能发生托梁端部混凝土局部受压破坏、有洞口墙梁洞口上部砌体剪切破坏等。因此必须采取一定的构造措施，以防这些破坏形态的发生。

3. 墙梁的计算内容

使用阶段承重墙梁上的荷载主要有托梁自重及本层楼盖的恒荷载和活荷载，托梁以上各层墙体自重、墙梁顶面以上各层楼（屋）盖的恒荷载和活荷载；集中荷载可沿作用的跨度近似化为均布荷载。

使用阶段自承重墙梁上的荷载主要有托梁自重及托梁以上墙体自重。

施工阶段托梁上的荷载主要有托梁自重及本层楼盖的恒荷载和本层楼盖的施工荷载。

考虑托梁与墙体的组合作用，墙梁应分别进行使用阶段正截面受弯承载力、斜截面受剪承载力和托梁支座上部砌体局部受压承载力计算，以及施工阶段托梁承载力验算。自承重墙梁可不验算墙体受剪承载力和砌体局部受压承载力。

4. 构造要求

墙梁除应符合 GB 50003—2001 和现行国家标准 GB 50010—2010 有关构造外，还应符合下列构造要求：

（1）材料。

1）托梁的混凝土强度等级不应低于 C30；

2）纵向钢筋宜采用 HRB335、HRB400、RRB400 级钢筋；

3）承重墙梁的块材强度等级不应低于 MU10，计算高度范围内墙体的砂浆强度等级不应低于 M10。

（2）墙体。

1）框支墙梁的上部砌体房屋，以及设有承重的简支墙梁或连续墙梁的房屋，应满足刚性方案房屋的要求。

2）计算高度范围内的墙体厚度，对砖砌体不应小于 240mm，对混凝土小型砌块不应小于 190mm。

3）墙梁洞口上方应设置混凝土过梁，其支承长度不应小于 240mm，洞口范围内不应施加集中荷载。

4）承重墙梁的支座处应设置落地翼墙，翼墙厚度对砖砌体不应小于 240mm，对混凝土砌块砌体不应小于 190mm，翼墙宽度不应小于墙梁墙体厚度的 3 倍，并于墙梁墙体同时砌筑。当不能设置翼墙时，应设置落地且上、下贯通的构造柱。

5）当墙梁墙体在靠近支座 1/3 跨度范围内开洞时，支座处应设置上、下贯通的构造柱，并于每层圈梁连接。

6）墙梁计算高度范围内的墙体，每天砌筑高度不应超过 1.5m；否则，应加设临时支撑。

（3）托梁。

1）有墙梁的房屋的托梁两边各一个开间及相邻开间处应采用现浇混凝土楼盖，楼板厚度不宜小于 120mm，当楼板厚度大于 150mm 时，宜采用双层双向钢筋网，楼板上应少开洞，洞口尺寸大于 800mm 时应设置洞边梁。

2）托梁每跨底部的纵向受力钢筋应通长设置，不得在跨中段弯起或截断。钢筋接长应采用机械连接或焊接。

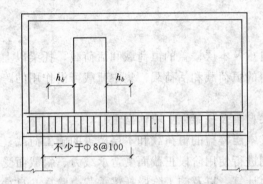

图 15.22　偏开洞时托梁箍筋加密区

3）墙梁的托梁跨中截面纵向受力钢筋总配筋率不应小于 0.6%。

4）托梁距边支座边 $l_0/4$ 范围以内，上部纵向钢筋截面面积不应小于跨中下部纵向钢筋截面面积的 1/3。连续墙梁或多跨框支墙梁的托梁中支座上部附加纵向钢筋从支座算起每边延伸不得少于 $l_0/4$。

5）承重墙梁的托梁在砌体墙、柱上的支承长度不应小于 350mm。纵向受力钢筋伸入支座应符合受拉钢筋的锚固要求。

6）当托梁高度 $h_b \geqslant 500$mm 时，应沿梁高设置通长水平腰筋，直径不得小于 12mm，间距不应大于 200mm。

7）墙梁偏开通口的宽度及两侧各一个梁高 h_b 范围内直至靠近洞口支座边的托梁箍筋直径不宜小于 8mm，间距不应大于 100mm，如图 15.22 所示。

15.4.4　砌体房屋构造要求

砌体结构设计包括计算设计和构造设计两部分。构造设计是指选择合理的材料和构件形式，墙板之间有效连接，各类构件和结构在不同受力条件下采取的特殊要求等措施。因此，在砌体设计中应十分重视有关构造要求。

1. 一般构造要求

对于砌体结构，为了保证房屋有足够的耐久性和良好的整体工作性能，除对墙柱进行承载力和高厚比验算外，还应满足下列构造措施。

（1）为了避免墙柱截面过小导致稳定性能变差，以及局部缺陷对构件的影响增大，GB 50003—2001 规定了各种构件的最小尺寸：承重的独立砖柱截面尺寸不应小于 240mm×370mm；毛石墙的厚度不宜小于 350mm；毛料石柱截面较小边长不宜小于 400mm；当有振动荷载时，墙、柱不宜采用毛石砌体。

（2）为了增强砌体房屋的整体性和避免局部受压损坏，GB 50003—2001 规定：跨度大于 6m 的屋架和跨度大于下列数值的梁，应在支承处砌体设置混凝土或钢筋混凝土垫块。当墙中设有圈梁时，垫块与圈梁宜浇成整体。

1）对砖砌体为 4.8m。

2）对砌块和料石砌体为 4.2m。

3）对毛石砌体为 3.9m。

（3）当梁的跨度大于或等于下列数值时，其支承处宜加设壁柱或采取其他加强措施：

1）对 240mm 厚的砖墙为 6m，对 180mm 厚的砖墙为 4.8m。

2）对砌块、料石墙为 4.8m。

（4）预制钢筋混凝土板的支撑长度，在墙上不宜小于 100mm；在钢筋混凝土圈梁上不宜小于 80mm；当利用板端伸出钢筋拉结和混凝土灌注时，其支承长度可为 40mm，但板端缝宽不小于 80mm，灌缝混凝土强度等级不宜低于 C20。

（5）预制钢筋混凝土梁在墙上的支承长度不宜小于 180～240mm，支承在墙、柱上的吊车梁、屋架以及跨度大于或等于下列数值的预制梁的端部，应采用锚固件与墙、柱上的垫块锚固。

1）砖砌体为 9m。

2）对砌块和料石砌体为 7.2m。

（6）填充墙、隔墙应采取措施与周边构件可靠连接。一般是在钢筋混凝土结构中预埋拉接筋，在砌筑墙体时，将拉接筋砌入水平灰缝内。

（7）山墙处的壁柱宜砌至山墙顶部，屋面构件应与山墙可靠拉结。

（8）砌块砌体应分皮错缝搭砌，上下皮搭砌长度不得小于 90mm。当搭砌长度不满足上述要求时，应在水平灰缝内设置不少于 2φ4 的焊接钢筋网片（横向钢筋间距不宜大于200mm），网片每段均应超过该垂直缝，其长度不得小于 300mm。

（9）砌块墙与后砌隔墙交接处，应沿墙高每 400mm 在水平灰缝内设置不少于 2φ4、横筋间距不大于 200mm 的焊接钢筋网片。

（10）混凝土砌块房屋，宜将纵横墙交接处、距墙中心线每边不小于 300mm 范围内的孔洞，采用不低于 Cb20 灌孔混凝土将孔洞灌实，灌实高度应为墙身全高。

（11）混凝土砌块墙体的下列部位，如未设圈梁或混凝土垫块，应采用不低于 Cb20灌孔混凝土将孔洞灌实：

1）搁栅、檩条和钢筋混凝土楼板的支承面下，高度不应小于 200mm 的砌体。

2）屋架、梁等构件的支承面下，高度不应小于 600mm，长度不应小于 600mm 的砌体。

3）挑梁支承面下，距墙中心线每边不应小于 300mm，高度不应小于 600mm 的砌体。

（12）砌体中留槽洞或埋设管道时的规定：

1）不应在截面长边小于 500mm 的承重墙体、独立柱内埋设管线。

2）不宜在墙体中穿行暗线或预留、开凿沟槽，无法避免时应采取必要措施或按削弱后的截面验算墙体承载力。对于受力较小或未灌孔砌块砌体，允许在墙体的竖向孔洞中设置管线。

2. 防止或减轻墙体开裂的主要措施

（1）墙体开裂的原因。产生墙体裂缝的原因主要有外荷载、温度变化、地基不均匀沉降 3 个。墙体承受外荷载后，按照 GB 50003—2001 要求，通过正确的承载力计算，选择合理的材料并满足施工要求，受力裂缝是可以避免的。

1）因温度变化和砌体干缩变形引起的墙体裂缝。温度裂缝形态有水平裂缝、八字裂缝两种。水平裂缝多发生在女儿墙根部、屋面板底部、圈梁底部附近，以及比较空旷高大房间的顶层外墙门窗筒口上下水平位置处；八字裂缝多发生在房屋顶层墙体的两端，且多数出现在门窗洞口上下，呈八字形。

干缩裂缝形态有垂直贯通裂缝、局部垂直裂缝两种。

2）因地基发生过大的不均匀沉降而产生的裂缝。常见的因地基不均匀沉降引起的裂缝形态有：正八字形裂缝、倒八字形裂缝、高层沉降引起的斜向裂缝、底层窗台下墙体的斜向裂缝。

（2）防止墙体开裂的措施。

1）为了防止或减轻房屋在正常使用条件下，由温度和砌体干缩引起的墙体竖向裂缝，应在墙体中设置伸缩缝。伸缩缝应设置在因温度和收缩变形可能引起应力集中、砌体产生裂缝可能性最大的地方。伸缩缝的间距按表 15.11 采用。

表 15.11　　　　　　　　　　　　砌体房屋伸缩缝的最大间距

屋盖或楼盖类别		间　距（m）
整体式或装配整体式钢筋混凝土楼盖	有保温层或隔热层的屋盖、楼盖	50
	无保温层或隔热层的屋盖	40
装配式无檩体系钢筋混凝土楼盖	有保温层或隔热层的屋盖、楼盖	60
	无保温层或隔热层的屋盖	50
装配式有檩体系钢筋混凝土楼盖	有保温层或隔热层的屋盖	75
	无保温层或隔热层的屋盖	60
瓦材屋盖、木屋盖或楼盖、轻钢屋盖		100

注　1. 对烧结普通砖、多孔砖、配筋砌块砌体房屋取表中数值；对石砌体、蒸压灰砂砖、蒸压粉煤灰砖和混凝土砌块房屋取表中数值乘以 0.8 的系数，当有实践经验并采取可靠措施时，可不遵守本表规定。

　　2. 在钢筋混凝土屋面上挂瓦的屋盖应按钢筋混凝土屋盖采用。

　　3. 按本表设置的墙体伸缩缝，一般不能同时防止由于钢筋混凝土屋盖的温度变形和砌体干缩变形引起的墙体局部裂缝。

　　4. 层高大于 5m 的烧结普通砖、多孔砖、配筋砌块砌体结构单层房屋，其伸缩缝间距可按表中数值乘以 1.3。

　　5. 温差较大且变化频繁地区和严寒地区不采暖的房屋及构筑物墙体的伸缩缝的最大间距，应按表中数值予以适当减小。

　　6. 墙体的伸缩缝应与结构的其他变形缝相重合，在进行立面处理时，必须保证缝隙的伸缩作用。

2）防止和减轻房屋顶层墙体开裂的措施：

a. 屋面设置保温、隔热层。

b. 屋面保温（隔热）层或屋面刚性面层及砂浆找平层应设置分格缝，分格缝间距不宜大于 6m，并与女儿墙隔开，其缝宽不小于 30mm。

c. 用装配式有檩体系钢筋混凝土屋盖和瓦材屋盖。

d. 在钢筋混凝土屋面板与墙体圈梁的接触面处设置水平滑动层，滑动层可采用两层油毡夹滑石粉或橡胶片等；对于长纵墙，可只在其两端的 2～3 隔开间设置，对于横墙可只在其两端 $l/4$ 范围内设置（l 为横墙长度）。

e. 顶层屋面板下设置现浇钢筋混凝土圈梁，并沿内外墙拉通，房屋两端圈梁下的墙体宜适当设置水平钢筋。

f. 顶层挑梁末端下墙体灰缝内设置 3 道焊接钢筋网片（纵向钢筋不宜少于 2φ4，横筋间距不宜大于 200mm）或 2φ6 钢筋，钢筋网片或钢筋应自挑梁末端伸入两边墙体不小于 1m。

g. 顶层墙体有门窗洞口时，在过梁上的水平灰缝内设置 2～3 道焊接钢筋网片或 2φ6 钢筋，并应伸入过梁两边墙体不小于 600mm。

h. 顶层及女儿墙砂浆强度等级不低于 M5。

i. 女儿墙应设置构造柱，构造柱间距不宜大于 4m，构造柱应伸至女儿墙顶并与现浇钢筋混凝土压顶整浇在一起。

j. 房屋顶层端部墙体内应适当增设构造柱。

3）防止或减轻房屋底层墙体裂缝的措施。底层墙体的裂缝主要是由地基不均匀沉降引起的，或地基反力不均匀引起的，因此防止或减轻房屋底层墙体裂缝可根据情况采取下列措施：

a. 增加基础圈梁的刚度。

b. 在底层的窗台下墙体灰缝内设置 3 道焊接钢筋网片或 2φ6 钢筋，并应伸入两边窗间墙不小于 600mm。

c. 采用钢筋混凝土窗台板，窗台板嵌入窗间墙内不小于 600mm。

4）墙体转角处和纵横墙交接处宜沿竖向每隔 400～500mm 设置拉结钢筋，其数量为每 120mm 墙厚不少于 1φ6 或焊接钢筋网片，埋入长度从墙的转角或交接处算起，每边不少于 600mm。

5）对于灰砂砖、粉煤灰砖、混凝土砌块或其他非烧结砖，宜在各层门、窗过梁上方的水平灰缝内及窗台下第一、第二道水平灰缝内设置焊接钢筋网片或 2φ6 钢筋，焊接钢筋网片或钢筋应伸入两边窗间墙内不小于 600mm。

6）为防止或减轻混凝土砌块房屋顶层两端和底层第一、二开间门窗洞口处开裂，可采取下列措施：

a. 在门窗洞口两侧不少于一个孔洞中设置 1φ12 的钢筋，钢筋应在楼层圈梁或基础锚固，并采取不低于 C20 的灌孔混凝土灌实。

b. 在门窗洞口两边墙体的水平灰缝内，设置长度不小于 900mm，竖向间距为 400mm 的 2φ4 焊接钢筋网片。

c. 在顶层和底层设置通长钢筋混凝土窗台梁，窗台梁的高度宜为块高的模数，纵筋不少于 4φ10，箍筋 φ6@200，C20 混凝土。

7）当房屋刚度较大时，可在窗台下或窗台角处墙体内设置竖向控制缝。在墙体的高度或厚度突然变化处也宜设置竖向控制缝，或采取可靠的防裂措施。竖向控制缝的构造和嵌缝材料应能满足墙体平面外传力和防护要求。

8）灰砂砖、粉煤灰砖砌体宜采用黏结性好的砂浆砌筑，混凝土砌块砌体因采用砌块专用砂浆砌筑。

9）对防裂要求较高的墙体，可根据实际情况采取专门措施。

10）防止墙体因为地基不均匀沉降而开裂的措施：

a. 设置沉降缝，在地基土性质相差较大，房屋高度、荷载、结构刚度变化较大处，房屋结构形式变化处，高低层的施工时间不同处设置沉降缝，将房屋分割为若干刚度较好的独立单元。

　　b. 加强房屋整体刚度。

　　c. 对处于软土地区或土质变化较复杂地区，利用天然地基建造房屋时，房屋体型力求简单，采用对地基不均匀沉降不敏感的结构形式和基础形式。

　　d. 合理安排施工顺序，先施工层数多、荷载大的单元，后施工层数少、荷载小的单元。

思　考　题

　　15.13　常用过梁的种类有哪些？怎样计算过梁上的荷载？承载力验算包含哪些内容？

　　15.14　简述挑梁的受力特点和破坏形态，对于挑梁应计算或验算哪些内容？挑梁最大弯矩点和计算倾覆点是否在墙的边缘？为什么？计算挑梁抗倾覆力矩时为什么可以将挑梁尾端上部 45°扩散角范围内的砌体与楼面恒载标准值考虑进去？

　　15.15　何谓墙梁？简述墙梁的受力特点和破坏形态。如何计算墙梁上的荷载？墙梁承载力验算包含哪些内容？

　　15.16　引起砌体结构墙体开裂的主要因素有哪些？如何采取相应的预防措施？

模块 16　钢　结　构

教学目标：

- 熟悉焊接连接、螺栓连接的构造
- 能进行简单连接设计计算
- 能进行实腹式轴心受压构件的设计计算
- 理解梁的整体稳定、局部稳定概念及保证措施
- 能看懂简单钢结构施工图

钢结构由钢板、热轧型钢和冷加工成型的薄壁型钢制造而成。钢结构由于具有强度高，塑性、韧性好，安全可靠度高，工厂化生产、工业化程度高等优点，而被广泛应用在大跨度结构、重型厂房结构、受动力荷载影响的结构、可拆卸的结构、高耸结构和高层建筑、容器和其他构筑物、轻型钢结构等领域。

钢板、型钢通过工厂加工并连接成梁、柱、桁架等构件，各构件运到工地后再通过安装连接而形成整个结构。连接在钢结构中占有重要地位。

单元 16.1　钢　结　构　连　接

钢结构是由型钢、钢板等通过连接构成的，钢结构连接的设计必须遵循安全可靠、传力明确、构造简单、制造方便和节约钢材等原则。

16.1.1　钢结构连接的种类及其特点

1. 钢结构连接种类

钢结构的连接种类有焊接连接、铆钉连接、螺栓连接（分普通螺栓连接和高强螺栓连接）和轻型钢结构用的紧固件连接等，如图 16.1 所示，其中焊接连接、螺栓连接应用最普遍，是钢结构的主要连接方式。铆钉连接由于劳动条件差、施工麻烦，现已很少采用。

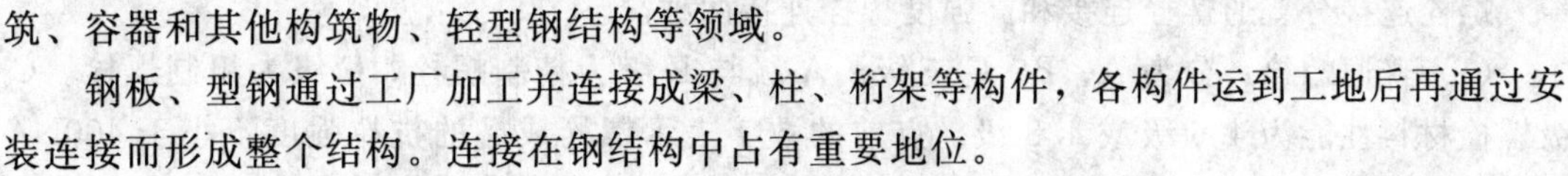

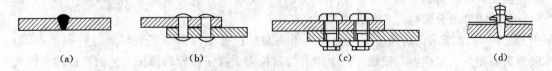

（a）　　　　　　　（b）　　　　　　　（c）　　　　　　　（d）

图 16.1　钢结构的连接
（a）焊接连接；（b）铆钉连接；（c）螺栓连接；（d）紧固件连接

2. 焊接连接的特点

焊接连接是钢结构最主要的连接方法。优点如下：

（1）不需要在钢材上打孔钻眼，既省工，又不减损钢材截面，使材料可以得到充分利用。

（2）任何形状的构件都可以直接相连，不需要辅助零件，构造简单。

（3）焊缝连接的密封性好，结构刚度大。

但是焊缝连接也存在下列问题：

（1）由于施焊时的高温作用，形成焊缝附近的热影响区，使钢材的金属组织和机械性能发生变化，材质变脆。

（2）焊接的残余应力使焊接结构发生脆性破坏的可能性增大，残余变形使其尺寸和形状发生变化，矫正费工。

（3）焊接结构对整体性不利的一面是，局部裂缝一经发生便容易扩展到整体。焊接结构低温冷脆问题比较突出。

目前除少数直接承受动载结构的某些连接，如重级工作制吊车梁和柱及制动梁的相互连接、标架式桥梁的节点连接，不宜采用焊接外，焊接可广泛用于工业与民用建筑钢结构和桥梁钢结构。

3. 螺栓连接的特点

螺栓连接分普通螺栓连接和高强度螺栓连接两种。

（1）普通螺栓：分为 A、B、C 三级。A 级与 B 级为精制螺栓，C 级为粗制螺栓。C 级螺栓材料性能为 4.6 级或 4.8 级。点前的数字表示螺栓成品的抗拉强度不小于 $400N/mm^2$，小数点及小数点以后的数字表示其屈强比（屈服点与抗拉强度之比）0.6 或 0.8。A 级和 B 级螺栓材料性能等级则为 8.8 级，其抗拉强度不小于 $800N/mm^2$，屈强比为 0.8。

C 级螺栓由未经加工的圆钢压制而成。由于螺栓表面粗糙，一般采用在单个零件上一次冲成或不用钻模钻成的孔（Ⅱ类孔）。螺栓孔的直径比螺栓杆的直径大 1.5～3mm。C 级螺栓一般可用于沿螺栓杆轴受拉的连接中，以及次要结构的抗剪连接或安装时的临时固定。

A、B 级精制螺栓由毛坯在车床上经过切削加工精制而成。表面光滑，尺寸准确，螺杆直径与螺栓孔径相同，但螺杆直径仅允许负公差，螺栓孔直径仅允许正公差，对成孔质量要求高。由于有较高的精度，因而受剪性能好。

（2）高强度螺栓：一般采用 45 号钢、40B 钢和 20MnTiB 钢加工制作，经热处理后，螺栓抗拉强度应分别不低于 $800N/mm^2$ 和 $1000N/mm^2$，且屈强比分别为 0.8 和 0.9，因此，其性能等级分别称为 8.8 级和 10.9 级。

如图 16.2 所示，高强度螺栓分大六角头型和扭剪型两种。安装时通过特别的扳手，以较大的扭矩上紧螺帽，使螺杆产生很大的预拉力。高强螺栓的预拉力把被连接的部件夹紧，使部件的接触面间产生很大的摩擦力，外力通过摩擦力来传递。这种连接称为高强度螺栓摩擦型连接。它的优点是施工方便，对构件的削弱较小，可拆换，能承受动力荷载，耐疲劳，韧性和塑性好。另外，高强度螺钉也同普通螺栓一样，允许接触面滑移，依靠螺

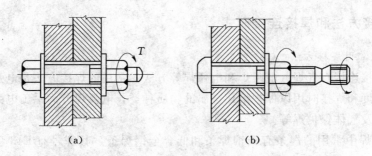

图 16.2 高强度螺栓

(a) 大六角头型；(b) 扭剪型

栓杆和螺栓孔之间的承压来传力。这种连接称为高强度螺栓承压型连接。

摩擦型连接的栓孔直径比螺杆的公称直径 d 大 1.5~2.0mm；承压型连接的栓孔直径比螺杆的公称直径 d 大 1.0~1.5mm。摩擦型连接的剪切变形小，弹性性能好，特别适用于随动荷载的结构。承压型连接的承载力高于摩擦型，连接紧凑，但剪切变形大，不得用于承受动力荷载的结构中。

4. 轻钢结构的紧固件连接

在冷弯薄壁型钢结构中经常采用自攻螺钉、钢拉铆钉、射钉等机械式紧固件连接方式，如图 16.3 所示，主要用于压型钢板之间和压型钢板与冷弯型钢等支承构件之间的连接。

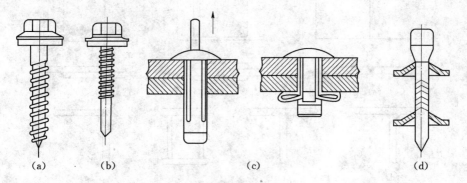

(a)　　　　　(b)　　　　　　(c)　　　　　　　(d)

图 16.3 轻钢结构紧固件

自攻螺钉有两种类型，一类为一般的自攻螺钉，如图 16.3 (a) 所示，需先行在被连板件和构件上钻一定大小的孔后，再用电动扳子或扭力扳子将其拧入连接板的孔中；一类为自钻自攻螺钉，如图 16.3 (b) 所示，无须预先钻孔，可直接用电动扳子自行钻孔和攻入被连板件。

如图 16.3 (c) 所示，拉铆钉有铝材和钢材制作的两类，为防止电化学反应，轻钢结构均采用钢制拉铆钉。

如图 16.3 (d) 所示，射钉由带有锥杆和固定帽的杆身与下部活动帽组成，靠射钉枪的动力将射钉穿过被连板件打入母材基体中，如图 16.3 (d) 所示。射钉只用于薄板与支承构件（如檩条、墙梁等）的连接。

16.1.2 焊接方法和焊接连接形式

1. 钢结构常用焊接方法

钢结构焊接连接有气焊、电阻焊和电弧焊等方法。常用的焊接方法是电弧焊，根据操作的自动化程度和焊接时用以保护熔化金属的物质种类，电弧焊分为手工电弧焊、自动或半自动埋弧焊及气体保护焊等。

手工电弧焊中常用的焊条有碳钢焊条和低合金钢焊条，其牌号有 E43 型、E50 型和 E55 型等。手工电弧焊所用的焊条应与焊件钢材（也称主体金属）相适应。一般为：对 Q235 钢采用 E43 型焊条（E4300～E4328）；对 Q345 钢采用 E50 型焊条（E5000～E5048）；对 Q390 钢和 Q420 钢采用 E55 型（E5500～E5518）。焊条型号中 E 表示焊条，前两位数字表示焊条熔敷金属最小抗拉强度（单位为 kN/mm²）。第三、四位数字表示适用的焊接位置、电流及药皮类型等。当不同强度的两种钢材连接时，宜采用与低强度钢材相适应的焊条。自动焊或半自动焊应采用与被连接件金属强度相匹配的焊丝与焊剂。

2. 焊接形式

（1）按被连接钢材的相互位置焊接形式可分为对接、搭接、T 形连接和角部连部 4 种，如图 16.4 所示。

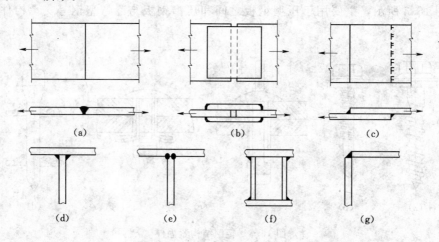

图 16.4　焊缝连接的形式

（a）对接连接；（b）用拼接盖板的对接连接；（c）搭接连接；（d）、（e）T 形连接；（f）、（g）角部连接

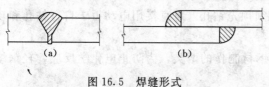

图 16.5　焊缝形式

（a）对接焊缝；（b）角焊缝

（2）按焊缝截面构造分为对接焊缝和角焊缝，如图 16.5 所示。

（3）按焊缝连续性分为连续焊缝和断续焊缝，如图 16.6 所示，连续角焊缝的受力性能较好，为主要的角焊缝形式。间断角焊缝的起、灭弧处容易引起应力集中，重要结构应避免采用，只能用于一些次要构件的连接或受力很小的连接中。

（4）按施工位置分为：俯焊、立焊、横焊、仰焊，如图 16.7 所示，其中以俯焊施工位置最好，所以焊缝质量也最好，仰焊最差。

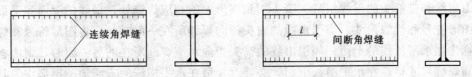

图 16.6 连续角焊缝和断续角焊缝

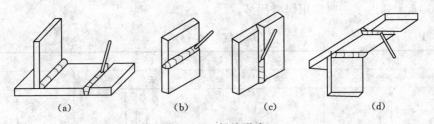

图 16.7 焊缝形式

（a）俯焊；（b）立焊；（c）横焊；（d）仰焊

3. 焊缝缺陷及焊接质量检验

焊缝缺陷指焊接过程中产生于焊缝金属或附近热影响区钢材表面或内部的缺陷。如图 16.8 所示，常见的缺陷有裂纹、焊瘤、烧穿、弧坑、气孔、夹渣、咬边、未熔合、未焊透等；以及焊缝尺寸不符合要求、焊缝成形不良等。裂纹是焊缝连接中最危险的缺陷。产生裂纹的原因很多，如钢材的化学成分不当；焊接工艺条件（如电流、电压、焊速、施焊次序等）选择不合适；焊件表面油污未清除干净等。

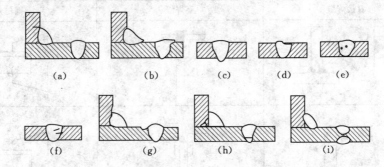

图 16.8 焊缝缺陷

（a）裂纹；（b）焊瘤；（c）烧穿；（d）弧坑；（e）气孔；（f）夹渣；（g）咬边；（h）未熔合；（i）未焊透

焊缝缺陷的存在将削弱焊缝的受力面积，在缺陷处引起应力集中，故对连接的强度、冲击韧性及冷弯性能等均产生不利影响。因此，对焊缝质量进行检验极为重要。

对不熟悉的钢种焊接时，需做工艺性能和力学性能的试验。焊缝质量检验方法分为外观检查、超声波探伤检验、X 射线检验 3 种。《钢结构工程施工质量验收规范》（GB 50017—2001）规定，焊缝按其检验方法和质量要求分为一级、二级和三级。其中，一级焊缝需经外观检查、超声波探伤、X 射线检验都合格；二级焊缝需外观检查、超声波探伤合格；三级焊缝需外观检查合格。

4. 焊缝代号

《焊缝符号表示法》规定：焊缝代号由引出线、图形符号和辅助符号三部分组成。引出线由横线和带箭头的斜线组成。箭头指到图形上的相应焊缝处，横线的上面和下面用来标注图形符号和焊缝尺寸。当引出线的箭头指向焊缝所在一面时，应将图形符号和焊缝尺寸等标注在水平横线的上面；当引出线的箭头指向对应焊缝所在的另一面时，则应将图形符号和焊缝尺寸标注在水平横线下面。必要时，可在水平横线的末端加一尾部作为其他说明之用。图形符号表示焊缝的基本形式，如用 △ 表示角焊缝，用 V 表示 V 形坡口的对接焊缝。表 16.1 列出了一些常用焊缝代号。

表 16.1   焊 缝 代 号

角 焊 缝			
	单面焊缝	双面焊缝	安装焊缝	相同焊缝
形式				
标注方法				
	对接焊缝		塞焊缝	三面围焊
形式				
标注方法				

16.1.3 对接焊缝构造和计算

1. 对接焊缝的优缺点

优点：用料经济、传力均匀、无明显的应力集中，利于承受动力荷载。

缺点：需剖口，焊件长度要精确。

2. 对接焊缝的坡口形式

当焊件厚度很小（手工焊 $t \leqslant 6\text{mm}$，埋弧焊 $t \leqslant 10\text{mm}$）时可用直边缝；对于一般厚度

的焊件可采用具有坡口角度的单边 V 形或 V 形焊缝；对于较厚的焊件（$t>20$mm），常采用 U 形、K 形和 X 形坡口，如图 16.9 所示。

图 16.9（a）所示直边缝适合板厚 $t\leqslant10$mm，图 16.9（b）所示单边 V 形适合板厚 $t=10\sim20$mm，图 16.9（c）所示双边 V 形适合板厚 $t=10\sim20$mm，图 16.9（d）所示 U 形适合板厚 $t>20$mm，图 16.9（e）所示 K 形适合板厚 $t>20$mm，图 16.9（f）所示 X 形适合板厚 $t>20$mm。

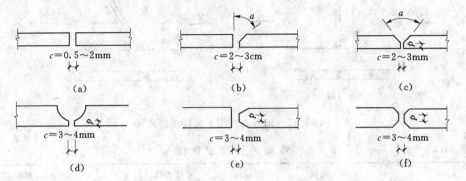

图 16.9　对接焊缝的坡口形式

（a）直边缝；（b）单边 V 形坡口；（c）V 形坡口；（d）U 形坡口；（e）K 形坡口；（f）X 形坡口

3. 对接焊缝的构造

（1）对接焊缝的起、灭弧点易出现缺陷，故一般用引弧板引出，如图 16.10 所示，焊完后将其切去；不能做引弧板时，每条焊缝的计算长度等于实际长度减去 $2t_1$，t_1 为较薄焊件厚度。

（2）变厚度板对接，在板的一面或两面切成坡度不大于 1∶4 的斜面，避免应力集中，如图 16.11（a）所示。

（3）变宽度板对接，在板的一侧或两侧切成坡度不大于 1∶4 的斜边，避免应力集中，如图 16.11（b）所示。

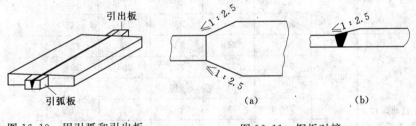

图 16.10　用引弧和引出板　　　　图 16.11　钢板对接

（a）改变宽度　（b）改变厚度

4. 对接焊缝的计算

对接焊缝分为焊透和部分焊透两种。焊透的对接焊缝可视作焊件的一部分，故其计算方法与构件强度计算相同。

（1）轴心受力的对接焊缝。对接焊缝受垂直于焊缝长度方向的轴心拉力或压力，如图 16.12（a）所示，其强度计算公式为

$$\sigma = \frac{N}{l_w t} \leqslant f_t^w \text{ 或 } f_c^w \tag{16.1}$$

式中：N 为轴心拉力或压力设计值；l_w 为焊缝计算长度，无引弧板时取实长减去 $2t$；有引弧板时取实长；t 为平接时为焊件的较小厚度，顶接时取腹板厚；f_t^w、f_c^w 为对接焊缝的抗拉、抗压强度设计值，取值见表 16.2。

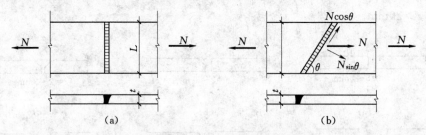

图 16.12　轴心力作用下对接焊缝连接

表 16.2　　　　　　　　　　　　焊 缝 的 强 度 设 计 值

焊接方法和焊条型号	构件钢材		对接焊缝				角焊缝
	钢号	厚度或直径 (mm)	抗压 f_c^w (N/mm²)	抗拉和弯曲抗拉 f_t^w(N/mm²) 当焊缝质量级别为		抗剪 f_v^w (N/mm²)	抗拉、抗压和抗剪 f_f^w(N/mm²)
				一、二级	三级		
自动焊、半自动焊和 E43 型焊条手工焊	Q235 钢	≤16	215	215	185	125	160
		>16~40	205	205	175	120	
		>40~60	200	200	170	115	
		>60~100	190	190	160	110	
自动焊、半自动焊和 E50 型焊条手工焊	Q345 钢	≤16	315	315	265	180	200
		>16~35	295	295	250	170	
		>35~50	265	265	225	155	
		>50~100	250	250	210	145	
自动焊、半自动焊和 E55 型焊条手工焊	Q390 钢	≤16	350	350	300	205	220
		>16~35	335	335	285	190	
		>35~50	315	315	270	180	
		>50~100	295	295	250	170	
	Q420 钢	≤16	380	380	320	220	220
		>16~35	360	360	305	210	
		>35~50	340	340	290	195	
		>50~100	325	325	275	185	

注　1. 自动焊和半自动焊所采用的焊丝和焊剂，应保证其熔敷金属抗拉强度不低于相应手工焊焊条的值。
　　2. Q235 钢的厚度和直径分别参照 GB 700—88 碳素结构钢的规定作了相应修改。

　　当对接直焊缝强度不满足要求时，还可采用斜向受力的对接焊缝，如图 16.12 （b）

所示，其强度计算公式为

$$\sigma = \frac{N\sin\theta}{l'_w t} \leqslant f_t^w (f_c^w) \tag{16.2}$$

$$\tau = \frac{N\cos\theta}{l'_w t} \leqslant f_v^w \tag{16.3}$$

式中：f_v^w 为对接焊缝抗剪强度设计值，取值见表 16.2。

斜向受力的对接焊缝主要用于焊缝强度设计值低于构件强度设计值的连接中，其优点是抗动力荷载性能较好，缺点是较费材料。当 $\tan\theta \leqslant 1.5$ 即 $\theta \leqslant 56.3°$ 时，可不验算焊缝强度。

（2）承受弯矩和剪力共同作用的对接焊缝

焊缝内应力分布同母材，同时受受弯、剪力作用时，应按下式分别验算最大正应力、最大剪应力

$$\sigma_{max} = \frac{M}{W_x} \leqslant f_t^w (f_c^w) \tag{16.4}$$

$$\tau_{max} = \frac{VS_w}{I_w t_w} \leqslant f_v^w \tag{16.5}$$

式中：M、V 为计算截面处的弯矩及剪力设计值；w_x 为焊缝截面的截面模量；I_w 为焊缝截面惯性矩；S_w 为焊缝截面上计算点处以上（以下）截面对中和轴的面积矩。

对于腹板和翼缘的交界点，正应力、剪应力虽不是最大，但都比较大，所以需验算折算应力，即

$$\sigma_{zs} = \sqrt{\sigma_1^2 + 3\tau_1^2} \leqslant 1.1 f_t^w \tag{16.6}$$

式中：σ_1、σ_1 为腹板与翼缘交界点处的正应力和剪应力；1.1 为考虑到最大折算应力只在部分截面的部分点出现，而将强度设计值适当提高。

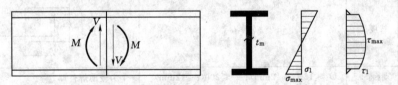

图 16.13　受弯、剪的工形截面对接焊缝

16.1.4　角焊缝构造和计算

1. 角焊缝的构造

角焊缝按其与作用力的关系可分为：正面角焊缝、侧面角焊缝、斜焊缝；正面角焊缝的焊缝长度方向与作用力垂直；侧面角焊缝的焊缝长度方向与作用力平行。

如图 16.14、图 16.15 所示，角焊缝按两焊角边的夹角分为直角角焊缝和斜角角焊缝两种。在钢结构中，最常用的是直角角焊缝，斜角角焊缝主要用于钢管结构中。

直角角焊缝截面的两个直角边长 h_f 称为焊脚尺寸，焊脚尺寸与焊件的厚度相对应。

角焊缝的焊脚尺寸、焊缝长度等构造要求见表 16.3。

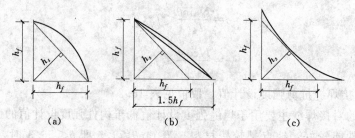

图 16.14　直角角焊缝截面

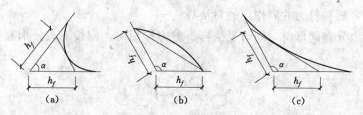

图 16.15　斜角角焊缝截面

表 16.3 　　　　　　　　　　　　　角 焊 缝 的 构 造

部位	项目	构 造 要 求	备 注
焊脚尺寸 h_f	上限	$h_f \leqslant 1.2t_1$；对板边： $t \leqslant 6, h_f = t$ $t > 6, h_f = t - (1 \sim 2)$	t_1 为较薄焊件厚
	下限	$h_f \geqslant 1.5\sqrt{t_2}$；当 $t \leqslant 4$ 时，$h_f = t$	t_2 为较厚焊件厚对自动焊可减 1mm；对单面 T 形焊应加 1mm
焊缝长度 l_w	上限	$40h_f$（受动力荷载）；$60h_f$（其他情况）	内力沿侧缝全长均匀分布者不限
	下限	$8h_f$ 或 40mm，取两者最大值	
端部仅有两侧面角焊缝连接	长度 l_w	$l_w \geqslant l_0$	
	距离 l_0	$l_0 \leqslant 16t(t \geqslant 12\text{mm})$；$l_0 \leqslant 200(t \leqslant 12\text{mm})$	t 为较薄焊件厚
端部	转角	转角处加焊一段长度 $2h_f$（两面侧缝时）或用三面围焊	转角处焊缝须连续施焊
搭接连接	搭接最小长度	$5t_1$ 或 25mm，取两者最大值	t_1 为较薄焊件厚度

注　1. 承受动力荷载的结构中，垂直于受力方向的焊缝不宜采用不焊透的对接焊缝。
　　　　2. 在直接承受动力荷载的结构中，角焊缝表面应做成直线形或凹形，焊脚尺寸的比例：对正面角焊缝宜为 1：1.5，长边顺内力方向；对侧面角焊缝可为 1：1。
　　　　3. 在次要构件或次要焊接连接中，可采用断续角焊缝。断续角焊缝之间的净距不应大于 15t（对受压构件）或 30t（对受拉构件），t 为较薄焊件的厚度。

　　试验表明，直角角焊缝的破坏截面常发生在 45°喉部截面，其截面厚度称为有效厚度或计算厚度 h_e，如图 16.14 所示，可见 $h_e = 0.7h_f$。

2. 角焊缝的计算

(1) 端焊缝、侧焊缝在轴向力作用下的计算（见图 16.16）。

1) 端焊缝（作用力垂直于焊缝长度方向）

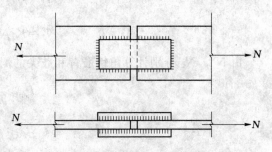

图 16.16　受轴心力的盖板连接

$$\sigma_f = \frac{N}{\sum h_e l_w} \leqslant \beta_f f_f^w \qquad (16.7)$$

式中：σ_f 为垂直于焊缝长度方向的应力；h_e 为角焊缝有效厚度；l_w 为角焊缝计算长度，每条角焊缝取实际长度减 10mm（每端减 5mm）；f_f^w 为角焊缝强度设计值，见表 16.2；β_f 为系数，对承受静力荷载和间接承受动力荷载的结构，$\beta_f = 1.22$，直接承受动力荷载 $\beta_f = 1.0$。

2) 侧焊缝（作用力平行于焊缝长度方向）

$$\tau_f = \frac{N}{\sum h_e l_w} \leqslant f_f^w \qquad (16.8)$$

式中：τ_f 为沿焊缝长度方向的剪应力。

(2) 角钢杆件与节点板连接，承受轴向力为 N。角钢与节点板用角焊缝连接，可以采用两侧焊、三面围焊和 L 形围焊三种反方式，如图 16.17 所示。

1) 角钢用两面侧焊缝与节点板连接的焊缝计算［图 16.17（a）］。

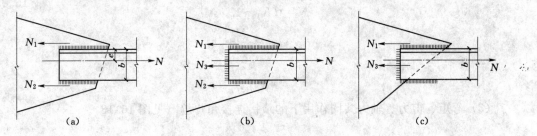

(a)　　　　　　　　　(b)　　　　　　　　　(c)

图 16.17　桁架腹杆与节点板的连接

由于角钢重心线到肢背和肢尖的距离不等，靠近重心轴线的肢承受较大的内力，设 N_1、N_2 分别为角钢肢背和肢尖焊缝分担的内力，根据平衡条件可得

$$\left. \begin{array}{l} N_1 = \dfrac{e_2}{b} N = K_1 N \\[3mm] N_2 = \dfrac{e_1}{b} N = K_2 N \end{array} \right\} \qquad (16.9)$$

式中：K_1、K_2 为焊缝内力分配系数，见表 16.4；N_1、N_2 为角钢肢背和肢尖传递的内力。

2) 角钢用三面围焊与节点板连接的焊缝计算［图 16.17（b）］。

首先根据构造要求选取端焊缝的焊脚尺寸 h_f，并计算所能承受的内力

$$N_3 = \beta_f h_e l_{w3} f_f^w \qquad (16.10)$$

由平衡条件可得

$$N_1 = K_1 N - \frac{1}{2} N_3 \tag{16.11}$$

$$N_2 = K_2 N - \frac{1}{2} N_3 \tag{16.12}$$

由 N_1、N_2 分别计算角钢肢背和肢尖的侧焊缝长度

$$l_{w1} \geqslant \frac{N_1}{h_e f_f^w}$$

$$l_{w2} \geqslant \frac{N_2}{h_e f_f^w}$$

表 16.4 角钢角焊缝内力分配系数

角钢类型	连接形式	角钢肢背	角钢肢尖
等肢		0.70	0.30
不等肢（短肢相连）		0.75	0.25
不等肢（长肢相连）		0.65	0.35

3）角钢用 L 形焊缝与节点板连接的焊缝计算 [图 16.17（c）]。

由于 L 形围焊中角钢肢尖无焊缝，$N_2 = 0$，则有

$$\left.\begin{array}{l} N_3 = 2K_2 N \\ N_1 = (K_1 - K_2) N \end{array}\right\} \tag{16.13}$$

$$l_{w1} \geqslant \frac{N_1}{h_e f_f^w}$$

$$l_{w3} \geqslant \frac{N_3}{h_e f_f^w}$$

（3）弯矩、剪力、轴力共同作用下的顶接连接角焊缝（见图 16.18）。

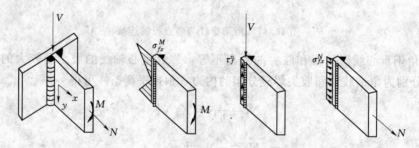

图 16.18 受弯、受剪、受轴心力的角焊缝应力

弯矩 M 作用下，x 方向应力 σ_{fx}^M

$$\sigma_{fx}^M = \frac{6M}{2h_e l_w^3} \tag{16.14}$$

剪力 V 作用下，y 方向应力 τ_f^v 为

$$\tau_f^v = \frac{V}{2h_e l_w} \tag{16.15}$$

轴力 N 作用下，x 方向应力 σ_{fx}^N 为

$$\sigma_{fx}^N = \frac{N}{2h_e l_w} \tag{16.16}$$

M、V 和 N 共同作用下，焊缝上或下端点最危险处应满足

$$\sqrt{\left(\frac{\sigma_f}{\beta_f}\right)^2 + \tau_f} \leqslant f_f^w \tag{16.17}$$

式中：$\sigma_f = \sigma_{fx}^M + \sigma_{fx}^N$；$\tau_f = \tau_f^V$。

如果只承受上述 M、N、V 中的某一两种荷载时，只取其相应的应力进行验算。

16.1.5 焊接变形和焊接应力

焊接变形：钢结构构件或节点在焊接过程中，局部区域受到很强的高温作用，在此不均匀的加热和冷却过程中产生的变形称为焊接变形。

焊接应力：钢结构构件或节点在焊接后冷却时，焊缝与焊缝附近的钢材不能自由收缩，由此约束而产生的应力称为焊接应力。

焊接变形是由焊接过程中焊区的收缩变形引起的，表现在构件局部的鼓起、歪曲、弯曲或扭曲等。表现主要有：纵向收缩、横向收缩、弯曲变形、角变形、波浪变形、扭曲变形等，如图 16.18 所示。

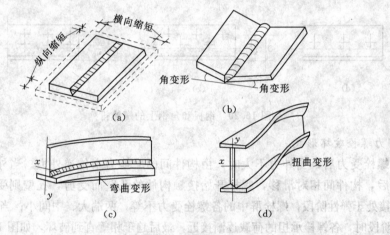

图 16.19　焊接变形的基本形式

减少焊接应力和焊接变形的方法有：采用适当的焊接程序，如分段焊、分层焊；尽可能采用对称焊缝，使其变形相反而抵消；施焊前使结构有一个和焊接变形相反的预变形；对于小构件进行焊前预热、焊后回火，然后慢慢冷却，以消除焊接应力。

16.1.6 普通螺栓连接的构造要求及计算

螺栓按受力性能分为：剪力螺栓和拉力螺栓。剪力螺栓靠孔壁承压、螺杆抗剪传力；拉力螺栓靠螺栓受拉，有时普通螺栓同时受剪、受拉。

1. 螺栓的排列和构造要求

螺栓在构件上的排列应简单、统一、整齐而紧凑，通常分为并列 [见图 16.20 （a）、

（c）、（d）、（f）］和错列［见图 16.20（b）、（e）］两种形式。并列比较简单整齐，所用连接板尺寸小，但由于螺栓孔的存在，对构件截面的削弱较大。错列可以减少螺栓孔对截面的削弱，但其排列不如并列紧凑，连接板尺寸增大。

螺栓在构件上的排列应满足以下几个方面的要求：

（1）受力要求。

1）端距限制。防止孔端钢板剪断，≥$2d_0$。

2）螺孔中距限制。下限：防止孔间板破裂，≥$3d_0$；上限：防止板间翘曲。

（2）构造要求：防止板翘曲后浸入潮气而腐蚀，限制螺孔中距最大值。

（3）施工要求：为便于拧紧螺栓，留适当间距（不同的工具有不同要求）。

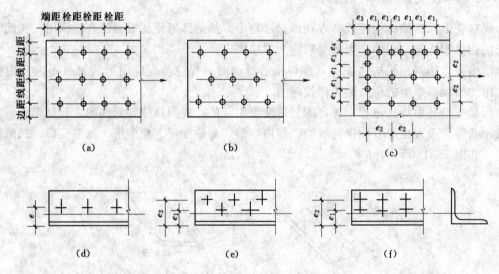

图 16.20　钢板和角钢上的螺栓排列

2. 剪力螺栓破坏形式

剪力螺栓受力后，当外力不大时，由构件间的摩擦力来传递外力。当外力增大超过极限摩擦力后，构件间相对滑移，螺杆开始接触构件的孔壁而受剪，孔壁则受压。

当连接处于弹性阶段，螺栓群中的各螺栓受力不等，两端大、中间小；当外力继续增大，达到塑性阶段时，各螺栓承担的荷载逐渐接近，最后趋于相等直到破坏，如图 16.21 所示。

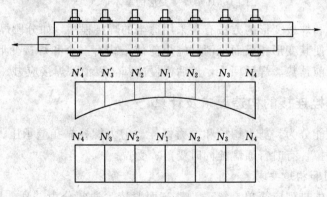

图 16.21　螺栓受剪力状态

受剪螺栓连接在达到极限承载力时，可能的破坏形式有 5 种：①螺栓被剪断，如图 16.22（a）所示；②钢板孔壁挤压破坏，如图 16.22（b）所示；③钢板由于螺孔削弱而净截面拉断剪坏，如图 16.22（c）所示；④钢板因螺孔端距或螺孔中距太小，如图 16.22（d）所示；⑤螺杆因太长或螺孔大于螺杆直径而产生弯、剪破坏，如图 16.22（e）所示。

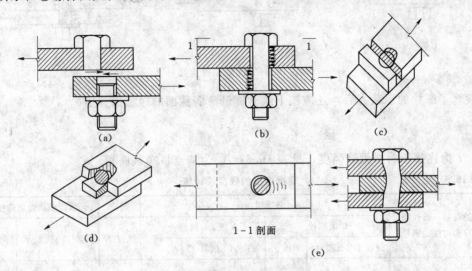

图 16.22　螺栓连接的破坏情况

3. 拉力螺栓破坏形式

如图 16.23 所示为螺栓 T 形连接。图中板件所受外力 N 通过受剪螺栓传给角钢，角钢再通过受拉螺栓传给翼缘。受拉螺栓的破坏形式是栓杆被拉断，拉断的部位通常位于螺纹削弱的截面处。

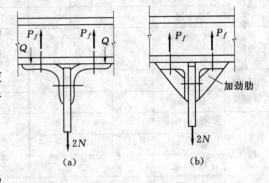

图 16.23　抗拉螺栓连接

4. 普通螺栓连接的计算

（1）剪力螺栓螺栓的承载力。

如图 16.24 所示，螺栓连接在轴心拉力作用下，螺栓同时承压和受剪，由于 N 通过螺栓中心，可假定每个螺栓受力相等，则连接一侧所需的螺栓数目可按下式确定：

一个普通螺栓的抗剪承载力

$$N_v^b = n_v \frac{\pi d^2}{4} f_v^b \tag{16.18}$$

一个普通螺栓的承压承载力

$$N_c^b = d \sum t f_c^b \tag{16.19}$$

式中：n_v 为受剪面数；d 为螺杆直径；$\sum t$ 为同一方向承压构件较小总厚度；f_v^b、f_c^b 为螺栓抗剪、抗压强度设计值，见表 16.5。

则连接一侧所需的螺栓数目

$$n = \frac{N}{N_{\min}^b}$$

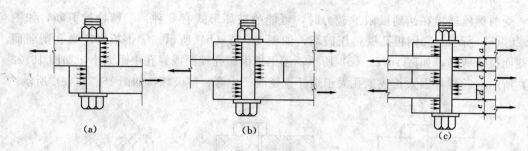

图 16.24 抗剪螺栓连接

验算了螺栓的承载力后，还应按下式验算最薄弱截面的净截面强度

$$\sigma = \frac{N}{A_n} \leqslant f \tag{16.20}$$

式中：f 为连接板材料设计强度，见表 16.6；A_n 为节点板净截面积。

表 16.5 　　　　　　　　　　　　　**螺栓连接的强度设计值** 　　　　　　　　单位：N/mm²

螺栓的钢号（或性能等级）和构件的钢号		普通螺栓					锚栓	承压型高强度螺栓		
		C 级螺栓			A 级、B 级螺栓			抗拉 f_t^a	抗拉 f_t^b	抗剪 f_v^b	承压 f_c^b
		抗拉 f_t^b	抗剪 f_v^b	承压 f_c^b	抗拉 f_t^b	抗剪 f_v^b	承压 f_c^b				
普通螺栓	4.6 级、4.8 级	170	140	—	—	—	—	—	—	—
	5.6 级	—	—	—	210	190	—	—	—	—
	8.8 级	—	—	—	400	320	—	—	—	—
锚栓	Q235 钢	—	—	—	—	—	—	140	—	—
	Q345 钢	—	—	—	—	—	—	180	—	—
承压型高强螺栓	8.8 级	—	—	—	—	—	—	—	400	250
	10.9 级	—	—	—	—	—	—	—	500	310
构件	Q235 钢	—	305	—	—	405	—	—	—	470
	Q345 钢	—	385	—	—	510	—	—	—	590
	Q390 钢	—	400	—	—	530	—	—	—	615
	Q420 钢	—	425	—	—	560	—	—	—	655

当螺栓并列布置时，如图 16.25（a）所示。

$$A_n = A - n_1 d_0 t \tag{16.21}$$

当螺栓错列布置时，构件有可能沿 1—1 或 2—2 截面破坏，如图 16.25（b）所示。2—2 截面的净截面积可近似地取为

$$A_n = \left[2e_1 + (n_2 - 1)\sqrt{a^2 + e^2} - n_2 d_0 \right] t \tag{16.22}$$

取 1—1、2—2 净截面的较小者来验算钢板净截面强度。

（2）拉力螺栓螺栓的承载力

一个拉力螺栓的受力性能和承载力为

$$N_t^b = \frac{\pi d_e^2}{4} f_t^b \tag{16.23}$$

242

式中：d_e 为螺纹处有效直径；f_t^b 为抗拉强度设计值。

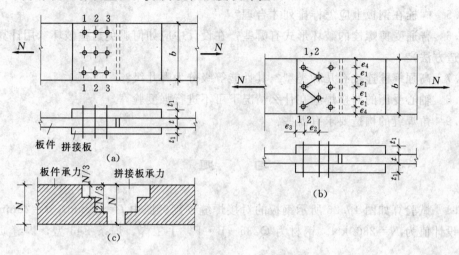

图 16.25 力的传递及净截面面积计算

当外力通过螺栓群中心使螺栓受拉时，可以假定各螺栓所受外力相等，则所需螺栓数目为

$$n = \frac{N}{N_t} \tag{16.24}$$

5. 高强度螺栓的构造要求

（1）材料。高强度螺栓常用钢材有优质碳素钢中的 35 号钢、45 号钢，合金钢中的 20 号锰钛硼钢等。制成的螺栓有 8.8 级和 10.9 级。8.8 级为 $f_u = 800\text{N/mm}^2$，$f_y/f_u = 0.8$；10.9 级为 $f_u = 1000\text{N/mm}^2$，$f_y/f_u = 0.9$。

（2）受力性能。高强度螺栓安装时将螺帽拧紧，使螺杆产生预拉力从而压紧构件接触面，靠接触面的摩擦来阻止连接板相互滑移，以达到传递外力的目的。

高强螺栓按传力机理分为摩擦型高强螺栓和承压型高强螺栓两种。这两种螺栓构造、安装基本相同。但是摩擦型高强螺栓靠摩擦力传递荷载，所以螺杆与螺孔之差可达 1.5~2.0mm。承压型高强螺栓传力特性是保证在正常使用情况下，剪力不超过摩擦力，与摩擦型高强螺栓相同。当荷载再增大时，连接板间将发生相对滑移，连接依靠螺杆抗剪和孔壁承压来传力，与普通螺栓相同，所以螺杆与螺孔之差略小些，为 1.0~1.5mm。摩擦型高强螺栓的连接较承压型高强螺栓的变形小，承载力低，耐疲劳、抗动力荷载性能好。承压型高强螺栓连接承载力高，但抗剪变形大，所以一般仅用于承受静力荷载和间接承受动力荷载结构中的连接。

思 考 题

16.1 钢结构常用的连接方法有哪几种？

16.2 常见焊缝缺陷有哪些？

16.3 焊接残余应力对结构有哪些影响？

16.4 为什么要规定角焊缝的最小计算长度和侧面角焊缝的最大计算长度？

16.5 螺栓在钢板上应怎样排列才合理？

16.6 普通受剪螺栓的破坏形式有哪些？在设计中应如何避免这些破坏（用计算方法还是构造方法）？

16.7 高强螺栓连接有几种类型？其性能等级分为哪几级？

16.8 轴心受压的对接焊缝在什么情况下可不进行强度验算。

16.9 角焊缝的构造要求有哪些？

习 题

16.1 试验算如图 16.26 所示钢板的对接焊缝强度。图中 $l = 550mm$，$t = 22mm$，轴心力的设计值为 $N = 2300kN$。钢材为 Q235—B·F，手工焊，焊条 E43 型，焊缝质量标准三级。

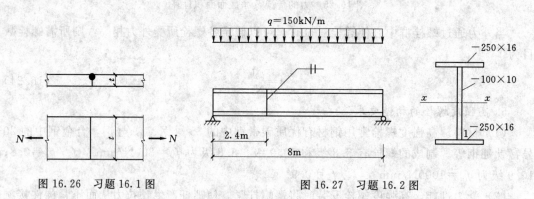

图 16.26 习题 16.1 图

图 16.27 习题 16.2 图

16.2 某 8m 跨度简支梁的截面和荷载设计值（含梁自重）如图 16.27 所示。在距支座 2.4m 处有翼缘和腹板的拼接连接，试设计其拼接的对接焊缝。已知钢材为 Q235，采用 E43 型焊条，手工焊，三级质量标准，施焊时采用引弧板。

16.3 在如图 16.28 所示角钢和节点板采用两侧面焊缝的连接中，$N = 660kN$（静荷载设计值），角钢为 2∟110×10，节点板厚度 $t_1 = 12mm$，钢材为 Q235—A·F，焊条 E43 型，手工焊。试确定所需角焊缝的焊脚尺寸 h_f 和焊缝长度。

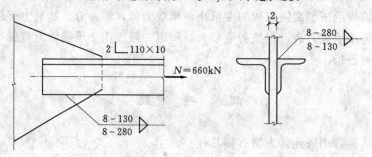

图 16.28 习题 16.3 图

16.4　计算如图 16.29 所示角钢与节点板连接所需的焊缝长度。已知 $N=900\text{kN}$（静力荷载设计值），手工焊，焊条 E43 型，$h_f=10\text{mm}$，$f_f^w=160\text{N/mm}^2$。

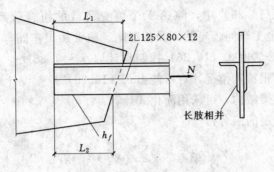

图 16.29　习题 16.4 图

单元 16.2　轴心受力构件设计计算

16.2.1　概率极限状态设计表达式的应用

现行钢结构设计规范除疲劳计算外，采用以概率理论为基础的极限状态设计方法。《建筑结构可靠度设计统一标准》（GB 50068—2001）建议采用广大设计人员普遍所熟悉的分项系数设计表达式，这里的分项系数不是凭经验确定，而是以可靠指标 β 为基础用概率设计法求出。

对于承载能力极限状态荷载效应的基本组合按下列设计表达式中最不利值确定：

可变荷载效应控制的组合为

$$\gamma_0\left(\gamma_G\sigma_{GK}+\gamma_{Q1}\sigma_{Q1K}+\sum_{i=2}^{n}\gamma_{Qi}\psi_{ci}\sigma_{QK}\right)\leqslant f \tag{16.25}$$

永久荷载效应控制的组合为

$$\gamma_0\left(\gamma_G\sigma_{GK}+\sum_{i=1}^{n}\gamma_{Qi}\psi_{ci}\sigma_{QK}\right)\leqslant f \tag{16.26}$$

式中：γ_0 为结构重要性系数，对安全等级为一级或设计使用年限为 100 年及以上的结构构件，不应小于 1.1；对安全等级为二级或设计使用年限为 50 年的结构构件，不应小于 1.0；对安全等级为三级或设计使用年限为 5 年的结构构件，不应小于 0.9；σ_{GK} 为永久荷载标准值在结构构件截面或连接中产生的应力；σ_{Q1K} 为起控制作用的第 1 个可变荷载标准值在结构构件截面或连接中产生的应力（该值使计算结果为最大）；σ_{QK} 为其他第 i 个可变荷载标准值在结构构件截面或连接中产生的应力；γ_G 为永久荷载分项系数，当永久荷载效应对结构构件的承载能力不利时取 1.2，但对式（16.26）则取 1.35。当永久荷载效应对结构构件的承载能力有利时，取为 1.0；验算结构倾覆、滑移或漂浮时取 0.9；γ_{Q1}、γ_Q 为第 1 个和其他第 i 个可变荷载分项系数，当可变荷载效应对结构构件的承载能力不利时，取 1.4（当楼面活荷载大于 4.0kN/m² 时，取 1.3）；有利时，取为 0；ψ_{ci} 为第 i 个可变载荷的组合值系数，可按荷载规范的规定采用。

式（16.25）和式（16.26）中，除第 1 个可变荷载的组合值系数 $\psi_{c1} = 1.0$ 的楼盖（例如仪器车间仓库、金工车间、轮胎厂准备车间、粮食加工车间等的楼盖）或屋盖（高炉附近的屋面积灰），必然由式（16.26）控制设计取 $\gamma_G = 1.35$ 外，其他只有大型混凝土屋面板的重型屋盖以及很特殊情况才有可能由式（16.26）控制设计。

对于一般排架、框架结构，可采用简化式计算：

由可变荷载效应控制的组合得

$$\gamma_0 \left(\gamma_G \sigma_{GK} + \psi \sum_{i=1}^{n} \gamma_Q \sigma_{QK} \right) \leqslant f \tag{16.27}$$

式中：ψ 为简化式中采用的荷载组合值系数，一般情况下可采用 0.9；当只有 1 个可变荷载时，取为 1.0。

由永久荷载效应控制的组合，仍按式（16.26）进行计算。

对于偶然组合，极限状态设计表达式宜按下列原则确定：偶然作用的代表值不乘分项系数；与偶然作用同时出现的可变荷载，应根据观测资料和工程经验采用适当的代表值，具体的设计表达式及各种系数应符合专门规范的规定。

对于正常使用极限状态，按建筑结构可靠度设计统一标准的规定要求分别采用荷载的标准组合、频遇组合和准永久组合进行设计，并使变形等设计不超过相应的规定限值。

钢结构只考虑荷载的标准组合，其设计式为

$$\nu_{GK} + \nu_{Q1K} + \sum_{i=2}^{n} \psi_{ci} \nu_{QK} \leqslant [\nu] \tag{16.28}$$

式中：ν_{GK} 为永久荷载的标准值在结构或结构构件中产生的变形值；ν_{Q1K} 为起控制作用的第一个可变荷载的标准值在结构或结构构件中产生的变形值（该值使计算结果为最大）；ν_{QK} 为其他第 i 个可变荷载标准值在结构或结构构件中产生的变形值；$[\nu]$ 为结构或结构构件的允许变形值。

16.2.2 钢轴心受力构件认识

轴心受力构件是指轴向力通过杆件截面形心作用的构件。如图 16.30 所示，工程中的平面桁架、塔架和网架、网壳等杆件体系通常假设其节点为铰接连接，当杆件上无节间荷载时，则杆件内力只是轴向拉力或压力，当轴向力为拉力时称为轴心受拉构件，当轴向力为压力时称为轴心受压构件。

支承屋盖、楼盖或工作平台的竖向受压构件通常称为柱，柱一般由柱头、柱身和柱脚 3 部分组成，如图 16.31 所示，柱头支承上部结构并将其荷载传给柱身，柱脚则把荷载由柱身传给基础。

轴心受力构件（包括轴心受压柱）按其截面组成形式，可分为实腹式构件和格构式构件两大类。

实腹式构件常用形式有：

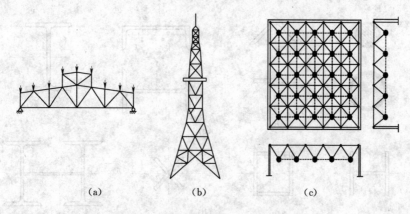

图 16.30 轴心受力构件在工程中的应用

(a) 桁架；(b) 塔架；(c) 网架

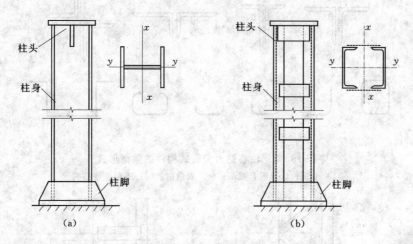

图 16.31 柱的组成

（1）单个型钢截面，如圆钢、钢管、角钢、T 型钢、槽钢、工字钢、H 型钢等，如图 16.32（a）所示。

（2）组合截面，由型钢或钢板组合而成的截面，如图 16.32（b）所示。

（3）一般桁架结构中的弦杆和腹杆，除 T 型钢外，常采用热轧角钢组合成 T 形的或十字形的双角钢组合截面，如图 16.32（c）所示。

（4）轻型钢结构中则可采用冷弯薄壁型钢截面，如图 16.32（d）所示。实腹式构件制作简单，与其他构件连接也比较方便，但截面尺寸较大时钢材用量较多。

格构式构件截面一般由两个或多个型钢肢件组成，如图 16.33 所示，肢件间通过缀条或缀板进行连接而成为整体，缀板和缀条统称为缀材。格构式构件容易实现压杆两主轴方向的等稳定性，刚度大，抗扭性能也好，用料较省。

在格构式构件截面中，通过分肢腹板的主轴称为实轴，通过分肢缀件的主轴称为虚轴。分肢通常采用轧制槽钢或工字钢，承受荷载较大时可采用焊接工字形或槽形组合截面。

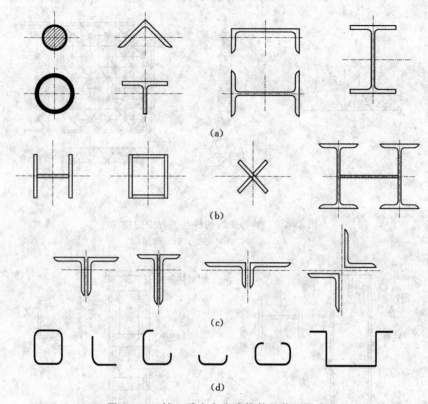

图 16.32 轴心受力实腹式构件的截面形式

(a) 型钢；(b) 组合截面；(c) 双角钢；(d) 冷弯薄壁型钢

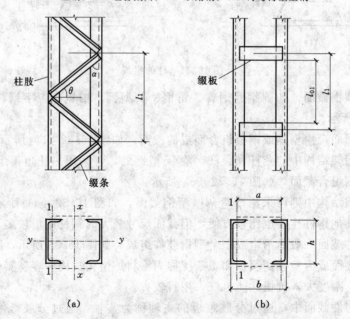

图 16.33 格构式构件的缀材布置

(a) 缀条；(b) 缀板

16.2.3　轴心受力构件的强度

　　轴心受力构件在轴心力设计值 N 作用下，在截面内引起均匀的拉应力或压应力，以截面的平均应力达到钢材的屈服强度 f_y 作为强度计算准则。对无孔洞等削弱的轴心受力构件，以全截面平均应力达到屈服强度作为强度极限状态，按计算毛截面强度计算。

　　对于有孔洞削弱的轴心受力构件，仍以其净截面的平均应力达到其强度限值作为设计时的控制值。轴心受力构件的强度按式（16.29）计算

$$\sigma = \frac{N}{A_n} \leqslant f \tag{16.29}$$

式中：N 为构件的轴心拉力或压力设计值；f 为钢材的抗拉强度设计值，见表 16.6；A_n 为构件的净截面面积。

表 16.6　　　　　　　　　　　　　钢材的强度设计值

钢材		抗拉、抗压和抗弯 $f(\text{N/mm}^2)$	抗剪 $f_v(\text{N/mm}^2)$	端面承压（刨平顶紧）$f_{ce}(\text{N/mm}^2)$
牌号	厚度或直径（mm）			
Q235 钢	≤16	215	125	325
	>16～40	205	120	
	>40～60	200	115	
	>60～100	190	110	
Q345 钢	≤16	310	180	400
	>16～35	295	170	
	>35～50	265	155	
	>50～100	250	145	
Q390 钢	≤16	350	205	415
	>16～35	335	190	
	>35～50	315	180	
	>50～100	295	170	
Q420 钢	≤16	380	220	440
	>16～35	360	210	
	>35～50	340	195	
	>50～100	325	185	

　　注　表中厚度系指计算点的厚度，对轴心受力构件系指截面中较厚板件的厚度。

16.2.4　轴心受力构件的刚度计算

　　当轴心受力构件刚度不足时，在本身自重作用下容易产生过大的挠度，在动力荷载作用下容易产生振动，在运输和安装过程中容易产生弯曲。因此，设计时应对轴心受力构件的长细比进行控制。构件的容许长细比 $[\lambda]$，按构件的受力性质、构件类别和荷载性质确定。

　　根据长期的工程实践经验，《钢结构设计规范》（GB 50017—2003）规定构件的计算长细比应满足

$$\lambda_x = \frac{l_{0x}}{i_x} \leqslant [\lambda] \tag{16.30}$$

$$\lambda_y = \frac{l_{0y}}{i_y} \leqslant [\lambda] \tag{16.31}$$

上两式中：λ_x、λ_y 为构件在 x 轴方向、y 轴方向的最大长细比；l_{0x}、l_{0y} 为构件对主轴 x 轴、y 轴的计算长度；i 为截面的回转半径；i_x、i_y 为截面对主轴 x 轴、y 轴的回转半径，$i_x = \sqrt{\dfrac{I_x}{A}}$；$[\lambda]$ 为构件的允许长细比。

构件计算长度取决于其两端支承情况，见表 16.7。

GB 50017—2003 在总结了钢结构长期使用经验的基础上，根据构件的重要性和荷载情况，对受拉构件的容许长细比规定了不同的要求和数值，见表 16.8。《规范》对压杆允许长细比的规定更为严格，见表 16.9。

表 16.7　　　　　　　　　　　　构件计算长度取值表

构件两端约束情况	两端铰支	一端固定一端自由	两端固定	一端固定一端铰支	一端铰支，另一端不能转动但能侧移	一端固定，另一端不能转动但能侧移
压杆图形						
长度系数理论值	1.0	2.0	0.5	0.7	2.0	1.0
长度系数建议取值	1.0	2.1	0.65	0.8	2.0	1.2

表 16.8　　　　　　　　　　　　受拉构件的允许长细比

项次	构件名称	承受静力荷载或间接承受动力荷载的结构		直接承受动力荷载的结构
		一般建筑结构	有重级工作制吊车的厂房	
1	桁架的杆件	350	250	250
2	吊车梁或吊车桁架以下的柱间支撑	300	200	—
3	其他拉杆、支撑、系杆（张紧的圆钢除外）	400	350	—

注 1. 承受静力荷载的结构中，可仅计算受拉构件在竖向平面内的长细比。

2. 对于直接或间接承受动力荷载的结构，计算单角钢受拉构件的长细比时，应采用角钢的最小回转半径；但在计算交叉杆件平面外的长细比时，应采用与角钢肢边平行轴的回转半径。

3. 中、重级工作制吊车桁架的下弦杆长细比不宜超过 200。

4. 在设有夹钳吊车或刚性料耙吊车的厂房中，支撑（表中第 2 项除外）的细长比不宜超过 300。

5. 受拉构件在永久荷载与风荷载组合作用下受压时，其长细比不宜超过 250。

6. 跨度等于或大于 60m 的桁架，其受拉弦杆和腹杆的长细比不宜超过 300（承受静力荷载）或 250（承受动力荷载）。

表 16.9 受压构件的允许长细比

项 次	构 件 名 称	允许长细比
1	柱、桁架和天窗架构件	150
	柱的缀条、吊车梁或吊车桁架以下的柱间支撑	
2	支撑（吊车梁或吊车桁架以下的柱间支撑除外）	200
	用以减小受压构件长细比的杆件	

注 1. 桁架（包括空间桁架）的受压腹杆，当其内力等于或小于承载能力的50%时，允许长细比值可取为200。

　　2. 计算单角钢受压构件的长细比时，应采用角钢的最小回转半径，但在计算交叉杆件平面外的长细比时，应采用与角钢肢边平行轴的回转半径。

　　3. 跨度等于或大于60m的桁架，其受压弦杆和端压杆的允许长细比值宜取为100，其他受压腹杆可取为150（承受静力荷载）或120（承受动力荷载）。

16.2.5　轴心受压构件的稳定计算

　　当轴心受压构件的长细比较大而截面又没有孔洞削弱时，一般情况下强度条件不起控制作用，不必进行强度计算，而整体稳定条件则成为确定构件截面的控制因素。

　　轴心受压构件的整体稳定临界应力和许多因素有关，理想的轴心受压构件（杆件挺直、荷载无偏心、无初始应力、无初弯曲、无初偏心、截面均匀等）的失稳形式分为：弯曲失稳、扭转失稳、弯扭失稳，如图16.34所示。弯曲失稳的特点是截面只绕一个主轴旋转，是双轴对称截面常见的失稳形式；扭转失稳时除杆件的支撑端外，各截面均绕纵轴扭转，是某些双轴对称截面可能发生的失稳形式。弯扭失稳是指单轴对称截面绕对称轴屈曲时，杆件发生弯曲变形的同时伴随着扭转。

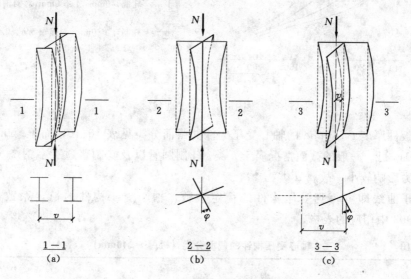

图 16.34　轴心压杆的屈曲变形
(a) 弯曲屈曲；(b) 扭转屈曲；(c) 弯扭屈曲

　　钢结构设计规范对轴心受压构件的整体稳定按式（16.32）计算：

$$\frac{N}{\varphi A} \leqslant f \tag{16.32}$$

式中：$\varphi = \dfrac{\sigma_\sigma}{f_y}$ 为轴心受压构件的整体稳定系数；N 为轴心压力设计值；A 为构件的毛截面面积；f 为钢材的抗压强度设计值。

轴心受压构件稳定极限承载力应考虑初弯曲、初偏心、残余应力和材质不均等综合影响，且影响程度因截面形状、尺寸和屈曲方向而不同。压杆失稳时 $\varphi - \bar{\lambda}$ 之间的关系曲线即柱子曲线分布呈离散状。《钢结构设计规范》（GB 50017—2003）在大量计算资料的基础上，结合工程实际，将柱子曲线合并归纳为四组，取每组中柱子曲线的平均值作为代表曲线，即如图 16.35 所示的 a、b、c、d 四条曲线。在 $\lambda = (40 \sim 120)$ 的常用范围，柱子曲线 a 约比曲线 b 高出 $4\% \sim 15\%$，而曲线 c 比曲线 b 低 $7\% \sim 13\%$，曲线 d 则更低，主要用于厚板截面。

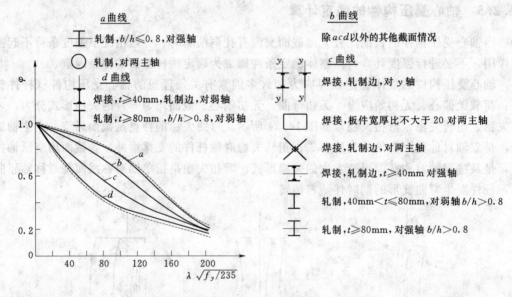

图 16.35　柱子曲线

组成板件厚度 $t < 40\text{mm}$ 的轴心受压构件的截面分类见表 16.10，而 $t \geqslant 40\text{mm}$ 的截面分类见表 16.11。一般的截面情况属于 b 类。轧制圆管以及轧制普通工字钢绕 x 轴失稳时其残余应力影响较小，故属 a 类。

由柱子曲线即可得到受压构件的稳定系数，轴心受压构件的稳定系数也可查 GB 50017—2003 中相应的表格。

表 16.10　　　　　　　　　　　**轴心受压构件的截面分类（板厚 $t < 40\text{mm}$）**

截　面　形　式		对 x 轴	对 y 轴
$x \!-\!-\!-\!-\!-\! x$（圆形，y 轴）	轧制	a 类	a 类

截 面 形 式			对 x 轴	对 y 轴
轧制 $b/h \leqslant 0.8$			a 类	b 类
轧制 $b/h > 0.8$	焊接 翼缘 为焰切边	焊接		
	轧制	轧制 等边 角钢		
轧制,焊接板件宽厚比>20	轧制或焊接		b 类	b 类
焊接	轧制截面 和翼缘为 焰切边的 焊接截面			
格构式	焊接,板件 边缘焰切			
焊接,翼缘为轧制或剪切边			b 类	c 类
焊接,板件边缘 轧制或剪切	焊接, 板件宽厚比不大于 20		c 类	c 类

表 16.11 **板厚 $t \geqslant 40$mm 轴心受压构件的截面分类**

截 面 情 况		对 x 轴	对 x 轴
轧制工字形或 H 形截面	$t < 80$mm	b 类	c 类
	$t \geqslant 80$mm	c 类	d 类
焊接工字形截面	翼缘为焰切边	b 类	b 类
	翼缘为轧制或剪切边	c 类	d 类
焊接箱形截面	板件宽厚比大于 20	b 类	b 类
	板件宽厚比 $\leqslant 20$	c 类	c 类

16.2.6 柱头与柱角的构造

1. 柱头构造

单个构件必须通过相互连接才能形成结构整体,轴心受压柱通过柱头直接承受上部结构传来的荷载,同时通过柱脚将柱身的内力可靠地传给基础。最常见的上部结构是梁格系统。梁与柱的连接节点设计必须遵循传力可靠、构造简单和便于安装的原则。

梁与轴心受压柱的连接只能是铰接,若为刚接,则柱将支承较大弯矩成为受压受弯柱。梁与柱铰接时,梁可支承在柱顶上,如图 16.36 (a)、(b)、(c) 所示。亦可连于柱的侧面,如图 16.36 (d)、(e) 所示。梁支于柱顶时,梁的支座反力通过柱顶板传给柱身。顶板与柱用焊缝连接,顶板厚度一般取 16~20mm。为了便于安装定位,梁与顶板用普通螺栓连接。如图 16.36 (a) 所示的构造方案,将梁的反力通过支承加劲肋直接传给柱的翼缘。两相邻梁之间留一定的空隙,以便于安装,最后用夹板和构造螺丝连接。这种连接方式构造简单,对梁长度尺寸的制作要求不高。但是当柱顶两侧梁的反力不等时将使柱偏心受压。如图 16.36 (b) 所示的构造方案,梁的反力通过端部加劲肋的突出部分传给柱的轴线附近,因此即使两相邻梁的反力不等,柱仍接近于轴心受压。梁端加劲肋的底面应刨平顶紧于柱顶板。由于梁的反力大部分传给柱的腹板,因此腹板不能太薄而必须用加劲肋加强。两相邻梁之间可留一些空隙,安装时嵌入合适尺寸的填板并用普通螺栓连接。对于格构柱,如图 16.36 (c) 所示,为了保证传力均匀并托住顶板,应在两柱肢之间设置竖向隔板。

在多层框架的中间梁柱中,横梁只能在柱侧相连。如图 16.36 (d)、(e) 所示是梁连接柱侧面的铰接构造。梁的反力由端加劲肋传给支托,支托可采用 T 形,如图 16.36 (d) 所示,支托与柱翼缘间用角焊缝连接。用厚钢板做支托的方案适用于承受较大的压力,但制作与安装的精度要求较高。支托的端面必须刨平并与梁的端加劲肋顶紧以便直接传递压

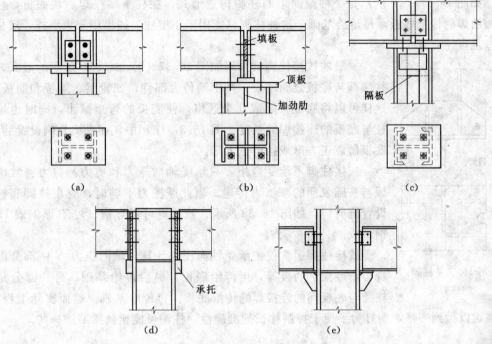

图 16.36　梁与柱的铰接连接

力。考虑到荷载偏心的不利影响，支托与柱的连接焊缝按梁支座反力的 1.25 倍计算。为方便安装，梁端与柱间应留空隙加填板并设置构造螺栓。当两侧梁的支座反力相差较大时，应考虑偏心，按压弯柱计算。

2. 柱脚构造

柱脚构造应和基础有牢固的连接，使柱身的内力可靠地传给基础。轴心受压柱的柱脚主要传递轴心压力，与基础连接一般采用铰接。

如图 16.37 所示是几种常见的平板式铰接柱脚。由于基础混凝土强度远比钢材低，所以必须增大柱底的面积，以增加其与基础顶部的接触面积。

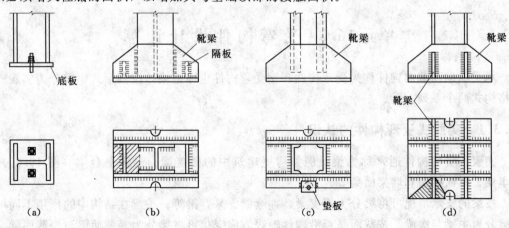

图 16.37　平板式铰接柱脚

如图 16.37 （a） 所示是一种最简单的柱脚构造形式，在柱下端仅焊一块底板，柱中压力由焊缝传至底板，再传给基础。这种柱脚只能用于小型柱，如果用于大型柱，底板会太厚。

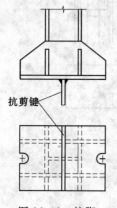

抗剪键

图 16.38 柱脚
的抗剪键

一般的铰接柱脚常采用如图 16.37 （b） ～ （d） 所示的形式，在柱端部与底板之间增设一些中间传力部件，如靴梁、隔板和肋板等，这样可以将底板分隔成几个区格，使底板的弯矩减小，同时也增加柱与底板的连接焊缝长度。图 16.37 （d） 中，在靴梁外侧设置肋板，底板做成正方形或接近正方形。

铰接柱脚不承受弯矩，只承受轴向压力和剪力。剪力通常由底板与基础表面的摩擦力传递。当此摩擦力不够时，应在柱脚底板下设置抗剪键，如图 16.38 所示，抗剪键可用方钢、短 T 形钢或 H 形钢做成。

铰接柱脚通常仅按承受轴向压力计算，轴向压力 N 一部分由柱身传给靴梁、肋板等，再传给底板，最后传给基础；另一部分是经柱身与底板间的连接焊缝传给底板，再传给基础。然而实际工程中，柱端难以做到齐平，而且为了便于控制柱长的准确性，柱端可能比靴梁缩进一些。

思 考 题

16.10 轴心受压构件整体失稳时有哪几种屈曲形式？

16.11 轴心受压构件的稳定承载力与哪些因素有关？

16.12 选择轴心受压实腹柱的截面时，应考虑哪些原则？

16.13 受压构件为什么要进行稳定计算？

16.14 影响轴心受压柱整体稳定承载能力的因素有哪些？

16.15 钢柱柱脚柱头主要构造要求有哪些？

16.16 什么叫做轴压柱的等稳定设计？如何实现等稳定设计？

单元 16.3 受弯构件设计计算

承受横向荷载的构件称为受弯构件，钢受弯构件也即钢梁，按其形式钢梁分为实腹式和格构式两个系列。

16.3.1 实腹式受弯构件的认识

实腹式受弯构件通常称为梁，例如房屋建筑中的楼盖梁、工作平台梁（图 16.39）、吊车梁、屋面檩条和墙架横梁等。

按梁的支承情况可将梁分为简支梁、连续梁、悬臂梁等。按梁在结构中的作用不同可将梁分为主梁与次梁。按截面是否沿构件轴线方向变化可将梁分为等截面梁与变截面梁。

钢梁按制作方法的不同分为型钢梁和焊接组合梁。型钢梁又分为热轧型钢梁和冷弯薄

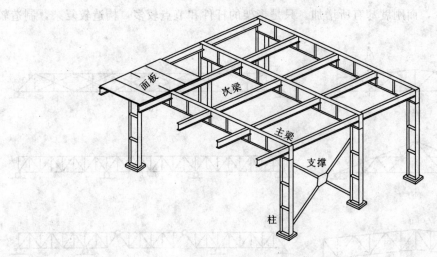

图 16.39 工作平台梁格示例

壁型钢梁两种。目前常用的热轧型钢有普通工字钢、槽钢、热轧 H 型钢等，如图 16.40 (a)、(b)、(c) 所示。冷弯薄壁型钢是通过冷轧加工成形的，板壁都很薄，截面尺寸较小，在梁跨较小、承受荷载不大的情况下采用比较经济，例如屋面檩条和墙梁，常用的截面种类有 C 形槽钢和 Z 形钢，如图 16.40 (d)、(e) 所示。在结构设计中应优先选用型钢梁。但由于型钢规格型号所限，在大多情况下，用钢量要多于焊接组合梁。

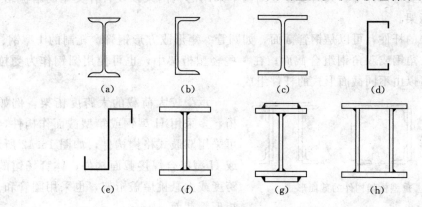

图 16.40 梁的截面形式

如图 16.40 (f)、(g) 所示，由钢板焊成的组合梁在工程中应用较多，当抗弯承载力不足时可在翼缘加焊一层翼缘板。如果梁所受荷载较大，而梁高受限或者截面抗扭刚度要求较高时可采用箱形截面，如图 16.40 (h) 所示。

16.3.2 格构式受弯构件的认识

承受横向荷载的格构式受弯构件也称钢桁架，如图 16.41 所示，与梁相比，其特点是以弦杆代替翼缘、以腹杆代替腹板，而在各节点将腹杆与弦杆连接。这样，桁架整体受弯时，弯矩表现为上、下弦杆的轴心压力和拉力，剪力则表现为各腹杆的轴心压力或拉力。钢桁架可以根据不同使用要求制成所需的外形，对跨度和高度较大的构件，其钢材用量比实腹梁有所减少，而刚度却有所增加。只是桁架的杆件和节点较多，构造较复杂，制造较为费工。

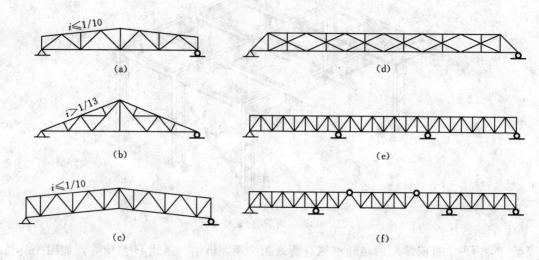

图 16.41　梁式桁架的形式

与梁一样，平面钢桁架在土木工程中应用很广泛，例如建筑工程中的屋架、托架、吊车桁架（桁架式吊车梁），桥梁中的桁架桥，还有其他领域，如起重机臂架、水工闸门和海洋平台的主要受弯构件等。大跨度屋盖结构中采用的钢网架以及各种类型的塔桅结构，则属于空间钢桁架。

组成钢桁架的杆件，可以是钢管截面，如圆管、矩形或方形钢管，轧制的 I 型钢、H 型钢、T 型钢，角钢或双角钢组合截面；在一些轻型桁架中，也可使用圆钢作为受拉杆件。一个桁架可以由不同截面形式的杆件组成。

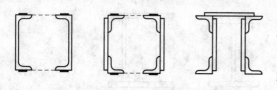

图 16.42　重型桁架构件的截面形式

承受较大荷载的大跨度桁架，例如桥桁，多采用 H 型钢或箱型截面作构件，也可采用双肢式格构构件，如图 16.42 所示，或 H 型组合焊接截面构件；体育场馆的大跨度或大悬挑屋盖桁架，也采用圆管和方、矩形管截面。

在实际制作时，桁架的弦杆是连续的。当钢材长度不够，或选用的截面有变化时，经过拼接接头的过渡，整体上还是连续的。桁架的竖腹杆、斜腹杆和弦杆之间的连接，通常有两种方式：一种是通过节点板连接，如图 16.43（b）所示，另一种是直接连接，如图 16.43（c）所示。

16.3.3　钢梁的强度计算

梁在荷载作用下将产生弯曲应力、剪应力，在集中荷载作用处还有局部承压应力，故梁的强度应包括：抗弯强度、抗剪强度、局部承压强度，在弯应力、剪应力及局部压应力共同作用处还应验算折算应力。

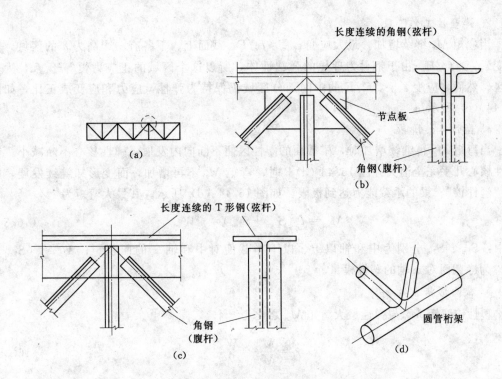

图 16.43 桁架杆件采用节点板与不采用节点板的连接方式

(a) 节点部位；(b) 节点板连接方式；(c) 无节点板连接方式；(d) 管桁架连接方式

16.3.3.1 梁的抗弯强度

梁截面的弯曲应力随弯矩增加而变化，可分为弹性、弹塑性及塑性三个工作阶段。下面以工字形截面梁弯曲为例来说明，如图 16.44（a）所示。

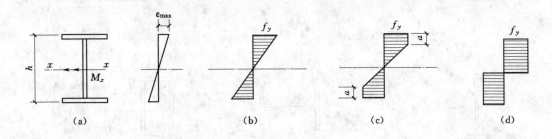

图 16.44 钢梁受弯时各阶段正应力的分布情况

1. 弹性工作阶段

当作用于梁上的弯矩 M_x 较小时，截面上最大应变 $\varepsilon_{max} \leqslant f_y/E$，梁全截面弹性工作，应力与应变成正比，此时截面上的应力呈直线分布。弹性工作的极限情况是 $\varepsilon_{max} = f_y/E$，如图 16.44（b）所示，相应的弯矩为梁弹性工作阶段的最大弯矩，其值为

$$M_{xe} = f_y W_{nx} \tag{16.33}$$

式中：W_{nx} 为梁净截面对 x 轴的弯曲模量。

2. 弹塑性工作阶段

当弯矩 M_x 继续增加,最大应变 $\varepsilon_{max} > f_y/E$,截面上、下各有一个高为 a 的区域,其应变 $\varepsilon_{max} \geq f_y/E$。由于钢材为理想的弹塑性体,所以这个区域的正应力恒等于 f_y,为塑性区。然而,应变 $\varepsilon_{max} < f_y/E$ 的中间部分区域仍保持为弹性,应力和应变成正比,如图 16.44(c)所示。

3. 塑性工作阶段

当弯矩 M_x 再继续增加时,梁截面的塑性区便不断向内发展,弹性核心不断减小。当弹性核心几乎完全消失[图 16.44(d)]时,弯矩 M_x 不再增加,而变形却继续发展,形成"塑性铰",梁的承载能力达到极限,如图 16.44(d)所示。其最大弯矩为

$$M_{xp} = f_y(S_{1nx} + S_{2nx}) = f_y W_{pnx} \tag{16.34}$$

式中:S_{1nx}、S_{2nx} 分别为中和轴以上、以下净截面对中和轴 x 的面积矩;$W_{pnx} = (S_{1nx} + S_{2nx})$ 为净截面对 x 轴的塑性模量。

4. 截面形状系数 γ_F

塑性铰弯矩 M_{xp} 与弹性最大弯矩 M_{xe} 之比为

$$\gamma_F = \frac{M_{xp}}{M_{xe}} = \frac{W_{pnx}}{W_{nx}} \tag{16.35}$$

γ_F 值只取决于截面的几何形状,与材料的性质无关,称为截面形状系数。一般截面的 γ_F 值如图 16.45 所示。

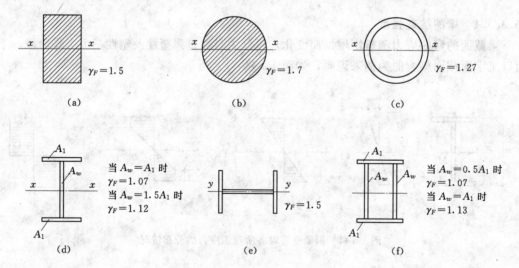

图 16.45 截面形状系数

显然,计算梁的抗弯强度时考虑截面塑性发展比不考虑要节省钢材。若按截面形成塑性铰来设计,可能使梁的挠度过大,受压翼缘过早失去局部稳定。因此,编制《钢结构设计规范》时,只是有限制地利用塑性,取塑性发展深度 $a \leq 0.125h$,如图 16.44(c)所示。

这样,梁的抗弯强度按下列规定计算。

在弯矩 M_x 作用下

$$\frac{M_x}{\gamma_x W_{nx}} \leqslant f \tag{16.36}$$

在弯矩 M_x 和 M_y 作用下

$$\frac{M_x}{\gamma_x W_{nx}} + \frac{M_y}{\gamma_y W_{ny}} \leqslant f \tag{16.37}$$

式中：M_x、M_y 分别为绕 x 轴和 y 轴的弯矩（对工字形截面，x 轴为强轴，y 轴为弱轴）；W_{nx}、W_{ny} 分别为对 x 轴和 y 轴的净截面模量；γ_x、γ_y 分别为截面塑性发展系数；对工字形截面，$\gamma_x = 1.05$，$\gamma_y = 1.20$；对箱形截面，$\gamma_x = \gamma_y = 1.05$；对其他截面，可按表 16.12 采用。$f$ 为钢材的抗弯强度设计值，见表 16.6。

表 16.12 截面发展系数 γ_x、γ_y

截面形式		r_x	r_y
		1.05	1.2
			1.05
		$r_{x1}=1.05$ $r_{x2}=1.2$	1.2
			1.05
		1.2	1.2
		1.15	1.15

续表

截 面 形 式		r_x	r_y
			1.05
		1.0	
			1.0

16.3.3.2 梁的抗剪强度

一般情况下，梁既承受弯矩，又承受剪力。工字形和槽形截面梁腹板上的剪应力分布如图 16.46 所示，截面上的最大剪应力发生在腹板中和轴处。GB 50017—2003 以截面最大剪应力达到所用钢材抗剪屈服点作为抗剪承载力极限状态，对于在主平面受弯的实腹构件，其抗剪强度应按下式计算

$$\tau_{max} = \frac{VS}{It_w} \leqslant f_v \tag{16.38}$$

式中 V 为计算截面沿腹板平面作用的剪力；S 为中和轴以上毛截面对中和轴的面积矩；I 为毛截面惯性矩；t_w 为腹板厚度。f_v 为钢材的抗剪强度设计值，见表 16.6。

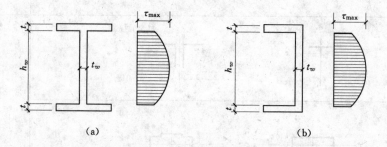

图 16.46 腹板剪应力

当梁的抗剪强度不足时，最有效的办法是增大腹板的面积，但腹板高度 h_w 一般由梁的刚度条件和构造要求确定，故设计时常采用加大腹板厚度 t_w 的办法来增大梁的抗剪强度。

16.3.3.3 梁的局部承压强度

当工字形、箱形等截面梁上有集中荷载（包括支座反力）作用时，集中荷载由翼缘传至腹板。腹板边缘集中在荷载作用处，会有很高的局部横向压应力，如图 16.47 所示。为保证这部分腹板不致受压破坏，必须对集中荷载引起的局部横向压应力进行计算。

梁的局部承压强度可按下式计算

$$\sigma_c = \frac{\psi F}{t_w l_z} \leqslant f \tag{16.39}$$

式中：F 为集中荷载，对动力荷载应考虑动力系数；ψ 为集中荷载增大系数：对重级工作

制吊车轮压，$\psi=1.35$；对其他荷载，$\psi=1.0$；l_z 为集中荷载在腹板计算高度边缘的应力分布长度。

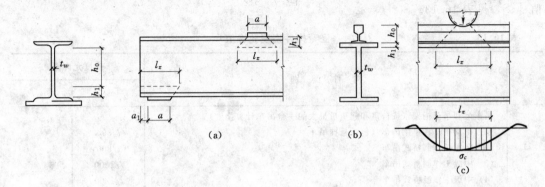

图 16.47 局部压应力

对于 l_z，按照压力扩散原则，有：

跨中集中荷载：$\qquad\qquad\qquad l_z=a+5h_y+2h_R$

梁端集中荷载：$\qquad\qquad\qquad l_z=a+2.5h_y+a_1$

上两式中：a 为集中荷载沿梁跨度方向的支承长度，对吊车轮压可取为 50mm；h_y 为从梁承载的边缘到腹板计算高度边缘的距离；h_R 为轨道的高度，计算处无轨道时 $h_R=0$；a_1 为梁端到支座板外边缘的距离，按实际取值，但不得大于 $2.5h_y$。

腹板的计算高度 h_0：对轧制型钢梁为腹板在与上、下翼缘相交接处两内弧起点间的距离；对焊接组合梁，为腹板高度；对铆接（或高强度螺栓连接）组合梁，为上、下翼缘与腹板连接的铆钉（或高强度螺栓）线间最近距离。

当计算不能满足时，在固定集中荷载处（包括支座处），应对腹板用支承加劲肋予以加强，并对支承加劲肋进行计算；对移动集中荷载，则只能修改梁截面，加大腹板厚度。

16.3.3.4 梁在复杂应力作用下的强度计算

在梁（主要是组合梁）的腹板计算高度边缘处，当同时受有较大的正应力、剪应力和局部压应力时，或同时受有较大的正应力和剪应力时（如连续梁的支座处或梁的翼缘截面改变处等），应按下式验算该处的折算应力

$$\sqrt{\sigma^2+\sigma_c^2-\sigma\cdot\sigma_c+3\tau^2}\leqslant\beta_1 f \qquad (16.40)$$

式中：σ、τ、σ_c 分别为腹板计算高度边缘同一点上的弯曲正应力、剪应力和局部压应力。

16.3.4 梁的刚度验算

梁的刚度用荷载作用下的挠度大小来度量。如果梁的刚度不足，就不能保证正常使用。如楼盖梁的挠度超过正常使用的某一限值时，一方面给人们一种不舒服和不安全的感觉，另一方面可能使其上部的楼面及下部的抹灰开裂，影响结构的功能；吊车梁挠度过大，会加剧吊车运行时的冲击和振动，甚至使吊车运行困难等。因此，需要进行刚度验算。梁的刚度条件

$$v\leqslant[v] \qquad (16.41)$$

式中：v 为由荷载标准值（不考虑荷载分项系数和动力系数）产生的最大挠度；$[v]$ 为梁的允许挠度值，对某些常用的受弯构件，GB 50017—2003 根据实践经验规定的允许挠度值 $[v]$，见表 16.13。

表 16.13 受弯构件挠度允许值

项次	构 件 类 别	挠度允许值	
		$[v_T]$	$[v_Q]$
1	吊车梁和吊车桁架（按自重和起重量最大的一台吊车计算挠度） （1）手动吊车和单梁吊车（包括悬挂吊车） （2）轻级工作制桥式吊车 （3）中级工作制桥式吊车 （4）中级工作制桥式吊车	$l/500$ $l/800$ $l/1000$ $l/1200$	—
2	手动或电动葫芦的轨道梁	$l/400$	—
3	有重轨道（质量等于或大于 38kg/m）的工作平台梁 有轻轨道（质量等于或大于 24kg/m）的工作平台梁	$l/600$ $l/400$	—
4	楼（屋）盖梁、工作平台梁（第 3 项除外）、平台板 （1）主梁或桁架（包括设有悬挂起重设备的梁和桁架） （2）抹灰顶棚的梁 （3）除（1）、（2）款外的其他梁（包括楼梯梁） （4）屋盖檩条 支承无积灰的瓦楞铁和石棉瓦屋面者 支承压型钢板、有积灰的瓦楞铁和石棉瓦等屋面者 支承其他屋面材料者 （5）平台板	$l/400$ $l/250$ $l/250$ $l/150$ $l/200$ $l/200$ $l/150$	$l/500$ $l/350$ $l/300$ — — — —
5	墙架构件（风荷载不考虑阵风系数） （1）支柱 （2）抗风桁架（作为连续支柱的支承时） （3）砌体墙的横梁（水平方向） （4）支承压型金属板、瓦楞铁和石棉瓦墙面的横梁（水平方向） （5）带有玻璃窗的横梁（垂直和水平方向）	— — — — $l/200$	$l/400$ $l/1000$ $l/300$ $l/200$ $l/200$

注 1. l 为受弯构件的跨度（对悬臂梁和伸臂梁为悬伸长度的 2 倍）。

2. $[v_T]$ 为全部荷载标准值产生的挠度（如有起拱应减去拱度）的允许挠度值。

3. $[v_Q]$ 为可变荷载标准值产生的挠度的允许挠度值。

梁的挠度可按材料力学和结构力学的方法计算，也可由结构静力计算手册取用。受多个集中荷载的梁（如吊车梁、楼盖主梁等），其挠度精确计算较为复杂，但与产生相同最大弯矩的均布荷载作用下的挠度接近。于是，可采用下列近似公式验算梁的挠度。

对等截面简支梁

$$\frac{v}{l}=\frac{5}{384}\frac{q_k l^3}{EI_x}=\frac{5}{48}\cdot\frac{q_k l^2\cdot l}{8EI_x}\approx\frac{M_k l}{10EI_x}\leqslant\frac{[v]}{l} \tag{16.42}$$

对变截面简支梁

$$\frac{v}{l}=\frac{M_k l}{10EI_x}\left(1+\frac{3}{25}\frac{I_x-I_{x1}}{I_x}\right)\leqslant\frac{[v]}{l} \tag{16.43}$$

式中：q_k 为均布线荷载标准值；M_k 为荷载标准值产生的最大弯矩；I_x 为跨中毛截面惯性矩；I_{x1} 为支座附近毛截面惯性矩；l 为梁的长度；E 为梁截面弹性模量。

16.3.5　梁的整体稳定和支撑布置

1. 梁整体稳定概念

为了提高梁的抗弯强度，节省钢材，钢梁截面一般做成高而窄的形式，受荷方向刚度大而侧向刚度较小。如果梁的侧向支承较弱（如仅在支座处有侧向支承），梁的弯曲会随荷载大小变化而呈现两种截然不同的平衡状态。

如图 16.48 所示的工字形截面梁，荷载作用在其最大刚度平面内。当荷载较小时，梁的弯曲平衡状态是稳定的。虽然外界各种因素会使梁产生微小的侧向弯曲和扭转变形，但外界影响消失后，梁仍能恢复原来的弯曲平衡状态。然而，当荷载增大到某一数值后，梁在向下弯曲的同时，将突然发生侧向弯曲和扭转变形而破坏，这种现象称为梁的侧向弯扭屈曲或整体失稳。梁维持其稳定平衡状态所承担的最大荷载或最大弯矩，称为临界荷载或临界弯矩。

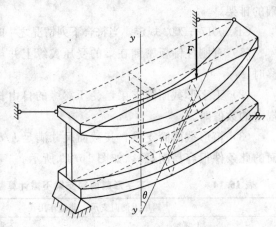

图 16.48　梁的整体失稳

梁整体稳定的临界荷载与梁的侧向抗弯刚度、抗扭刚度、荷载沿梁跨分布情况及其在截面上的作用点位置等有关。根据弹性稳定理论，双轴对称工字形截面简支梁的临界弯矩和临界应力如下：

临界弯矩

$$M_{cr} = \beta \sqrt{\frac{EI_y GI_t}{l_1}} \tag{16.44}$$

临界应力

$$\sigma_{cr} = \frac{M_{cr}}{W_x} = \beta \frac{\sqrt{EI_y GI_t}}{l_1 W_x} \tag{16.45}$$

上两式中：I_y 为梁对 y 轴（弱轴）的毛截面惯性矩；I_t 为梁毛截面扭转惯性矩；l_1 为梁受压翼缘的自由长度（受压翼缘侧向支承点之间的距离）；W_x 为梁对 x 轴的毛截面模量；E、G 为钢材的弹性模量及剪变模量；β 为梁的侧扭屈曲系数，与荷载类型、梁端支承方式以及横向荷载作用位置等有关。

由临界弯矩 M_{cr} 的计算公式和 β 值，可总结出如下规律：

（1）梁的侧向抗弯刚度 EI_y、抗扭刚度 GI_t 越大，临界弯矩 M_{cr} 越大。

（2）梁受压翼缘的自由长度 l_1 越大，临界弯矩 M_{cr} 越小。

（3）荷载作用于下翼缘比作用于上翼缘的临界弯矩 M_{cr} 大。

2. 梁整体稳定的保证

为保证梁的整体稳定或增强梁抗整体失稳的能力，当梁上有密铺的刚性铺板（楼盖梁的楼面板或公路桥、人行天桥的面板等）时，应使之与梁的受压翼缘连牢；若无刚性铺板或铺板与梁受压翼缘连接不可靠，则应设置平面支撑。楼盖或工作平台梁格的平面内支撑有横向平面支撑和纵向平面支撑两种，横向支撑使主梁受压翼缘的自由长度由其跨长减小为 l_1（次梁间距）；纵向支撑是为了保证整个楼面的横向刚度。不论有无连牢的刚性铺板，支承工作平台梁格的支柱间均应设置柱间支撑，除非柱列设计为上端铰接、下端嵌固于基础的排架。

GB 50017—2003 规定，当符合下列情况之一时，梁的整体稳定可以得到保证，不必计算：

（1）有刚性铺板密铺在梁的受压翼缘上并与其牢固连接，能阻止梁受压翼缘的侧向位移时。

（2）工字形截面简支梁，受压翼缘的自由长度与其宽度之比 l_1/b_1 不超过表 16.14 所规定的数值时。

（3）箱形截面简支梁，其截面尺寸满足 $h/b_0 \leqslant 6$，且 $l_1/b_0 \leqslant 95$（$235/f_y$）时（箱形截面的此条件很容易满足）。如图 16.49 所示。

表 16.14　　　　　　　　　**工字形截面简支梁不需计算整体稳定的最大 l_1/b_1 值**

跨中无侧向支承，荷载作用在		跨中有侧向支承，不论荷载作用于何处
上翼缘	下翼缘	
$13\sqrt{235/f_y}$	$20\sqrt{235/f_y}$	$16\sqrt{235/f_y}$

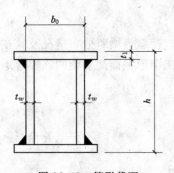

图 16.49　箱形截面

3. 梁整体稳定的计算方法

当不满足上述条件时，应进行梁的整体稳定计算，即

$$\sigma = \frac{M_x}{W_x} \leqslant \frac{\sigma_{cr}}{\gamma_R} = \frac{\sigma_{cr} f_y}{f_y \gamma_R} = \varphi_b f$$

或采用规范中的表达式

$$\frac{M_x}{\varphi_b W_x} \leqslant f \qquad (16.46)$$

式中：M_x 为绕强轴作用的最大弯矩；W_x 为按受压纤维确定的梁毛截面模量；$\varphi_b = \sigma_{cr}/f_y$ 为梁的整体稳定系数。

对于受纯弯曲的双轴对称焊接工字形截面简支梁，整体稳定系数 φ_b 可按下式计算

$$\varphi_b = \frac{4320 Ah}{\lambda_y^2 W_x} \sqrt{1 + \left(\frac{\lambda_y t_1}{4.4 h}\right)^2} \frac{235}{f_y} \qquad (16.47)$$

式中：A 为梁毛截面面积；t_1 为受压翼缘厚度；f_y 为钢材屈服点（N/mm²）。

实际上梁受纯弯曲的情况是不多的。当梁受任意横向荷载，或梁为单轴对称截面时，式（16.47）应加以修正，具体规定详见 GB 50017—2003。

16.3.6　次梁与主梁的连接构造

次梁与主梁的连接形式有叠接和平接两种。

如图 16.50 所示，叠接是将次梁直接搁在主梁上面，用螺栓或焊缝连接，构造简单，但需要的结构高度大，其使用常受到限制。如图 16.50（a）所示是次梁为简支梁时与主梁连接的构造，如图 16.50（b）所示是次梁为连续梁时与主梁连接的构造示例。如次梁截面较大时，应另采取构造措施防止支承处截面发生扭转。

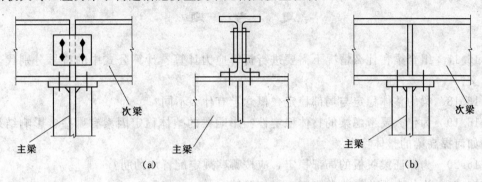

图 16.50　次梁与主梁的叠接

　　如图 16.51 所示，平接是使次梁顶面与主梁相平或略高、略低于主梁顶面，从侧面与

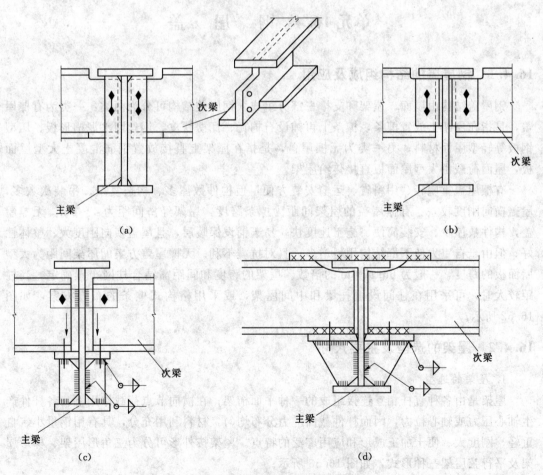

图 16.51　次梁与主梁的平接

267

主梁的加劲肋或在腹板上专设的短角钢或支托相连接。如图 16.51（a）、（b）、（c）所示是次梁为简支梁时与主梁连接的构造，如图 16.51（d）所示是次梁为连续梁时与主梁连接的构造。平接虽构造复杂，但可降低结构高度，故在实际工程中应用较广泛。

思 考 题

16.17 组合梁在什么情况下需要进行折算应力计算？计算公式中的符号分别代表什么含义？

16.18 梁的整体稳定与局部稳定在概念上有什么不同？

16.19 为什么要考虑梁的整体稳定性？影响梁的整体稳定因素有哪些？影响结果如何？如何提高梁的整体稳定？

16.20 为保证梁腹板的局部稳定，应按哪些规定配置加劲肋？

16.21 为什么要验算梁的刚度？如何验算？

16.22 钢梁的拼接、主次梁的连接各有哪些方式？

单元 16.4 钢 屋 盖

16.4.1 钢屋盖的结构组成及应用

钢屋盖结构由屋面、屋架和支撑三部分组成。钢屋盖结构可分为两类：一类为有檩屋盖，是指在屋架上放置檩条，檩条上再铺设石棉瓦、瓦楞铁皮、钢丝网水泥槽形板、压型钢板等轻型屋面材料；另一类为无檩屋盖，是指在屋架上直接放置钢筋混凝土大型屋面板，屋面荷载由大型屋面板直接传给屋架。

有檩屋盖重屋轻、用料省、运输安装方便，但构件数屋多、构造复杂、吊装次数多，屋盖横向刚度较差。有檩屋盖的屋架间距为檩条跨度，屋架经济间距为 4～6m。无檩屋盖，构件数屋少、安装简便、施工速度快，易于铺设保暖层，且屋盖横向刚度大、整体性好，但由于自重大使下部结构用料增多，且对抗震不利。无檩屋盖方案的屋架间距为大型屋面板的跨度，一般为 6m 或 6m 的倍数。屋架的跨度和间距需结合柱网布置确定。当柱距较大时，可采用在柱间设置托梁和中间屋架，或采用格构式檩条的布置方案，如图 16.52 所示。

16.4.2 屋架的选型及主要尺寸

1. 屋架的选型

屋架是由各种直杆相互连接组成的一种平面桁架；在横向节点荷载作用下，各杆件产生轴心压力或轴心拉力，因而杆件截面应力分布均匀，材料利用充分，具有用钢量小、自重轻、刚度大、便于加工成形和应用广泛的特点。屋架按外形可分为三角形屋架、梯形屋架及平行弦屋架三种形式，如图 16.53 所示。

屋架的选型原则：首先满足使用要求，如排水坡度、建筑净空、天窗、天棚以及悬挂

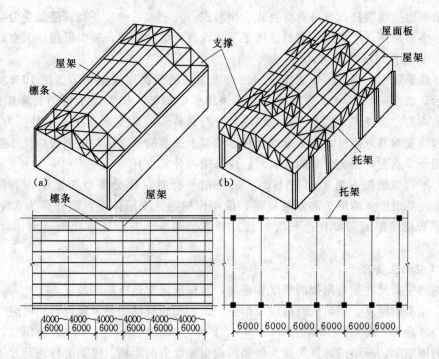

图 16.52 屋盖结构组成及柱网布置（单位：mm）

（a）有檩体系；（b）无檩体系

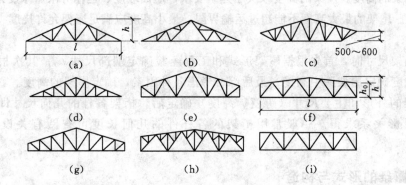

图 16.53 屋架的形式

（a）、（b）、（d）三角形屋架；（e）、（f）、（g）、（h）梯形屋架；

（c）下撑式屋架；（i）平行弦屋架

吊车的需要；其次是受力合理。应使屋架的外形与弯矩图相近，杆件受力均匀；短杆受压、长杆受拉；荷载布置在节点上，以减少弦杆局部弯矩，屋架中部有足够高度，以满足刚度要求。再次要便于施工，屋架的杆件和节点宜减少数量和品种、构造简单，跨度和高度避免超宽、超高。各种形式屋架特点如下：

（1）三角形屋架。三角形屋架适用于屋面坡度较陡的有檩屋盖结构，如图 16.53 （a）、（b）、（d）所示。坡度 $i=1/6\sim1/2$；上、下弦交角小，端节点构造复杂；外形与弯矩图差别大，受力不均匀，横向刚度低，只适用于中、小跨度轻屋面结构。

269

三角形屋架的腹杆布置可有芬克式、单斜式、人字式三种。芬克式屋架受力合理、便于运输，多被采用；单斜式屋架只适用于下弦设置天棚的屋架，较少采用；人字式屋架只适用于跨度小于 18m 的屋架。

（2）梯形屋架。梯形屋架适用于屋面坡度平缓的无檩屋盖结构，如图 16.53（e）～（g）所示。坡度 $i<1/3$，且跨度较大时多采用梯形屋架。梯形屋架外形与弯矩图接近，弦杆受力均匀；腹杆多采用人字式，当端斜杆与弦杆组成的支承点在下弦时称为下承式，多用于刚接支承节点，反之为上承式。梯形屋架上弦节间长度应与屋面板的尺寸配合，使荷载作用于节点上，当上弦节间太长时，应采用再分式腹杆。

（3）平行弦屋架。当屋架的上、下弦杆相平行时，称为平行弦屋架，如图 16.53（i）所示。多用于单坡屋盖和双坡屋盖，或用作托架、支撑体系。腹杆多为人字形或交叉式。平行弦屋架的同类杆件长度一致、节点类型少、符合工业化制造要求，有较好的效果。

2. 屋架的主要尺寸

屋架的主要尺寸是指屋架的跨度和高度，对梯形屋架尚有端部高度。

（1）屋架的跨度。屋架的跨度应根据生产工艺和建筑使用要求确定，同时应考虑结构布置的经济合理。通常为 18m、21m、24m、27m、30m、36m 等，以 3m 为模数。对简支于柱顶的钢屋架，屋架的计算跨度为屋架两端支座反力的距离。屋架的标志跨度 l 为柱网横向轴线间的距离。

（2）屋架的高度。屋架的高度取决于建筑要求、屋面坡度、运输界限、刚度条件和经济高度等因素。屋架的最大高度不能超过运输界限，最小高度应满足屋架允许挠度（$[v]=l/500$）的要求。

设计屋架尺寸时，首先根据屋架形式和工程经验确定端部尺寸 h_0；其次根据屋面材料和屋面坡度确定屋架跨中高度；最后综合考虑各种因素，确定屋架的高度。

当屋架的外形和主要尺寸（跨度、高度）确定后，桁架各杆的几何尺寸即可根据三角函数或投影关系求得。一般常用桁架的各杆件的几何长度可查阅有关设计手册或图集。

16.4.3 檩条的形式与构造

有檩体系屋盖中檩条设置在屋架上弦节点处或沿屋架上弦等距设置，檩条间距由屋面基层材料的规格和允许跨度以及屋架上弦节间长度等因素决定。檩条的截面形式常用槽钢、角钢和薄壁型钢，如图 16.54 所示。角钢檩条适用于跨度和荷载较小的情况；槽钢檩条制造和装运简便，应用普遍，但用钢量较大；薄壁型钢檩条省钢，宜优先采用，但应注意防锈。

檩条应与屋架上的檩托可靠连接，檩托由焊接在屋架上的短角钢制成，檩条与檩托一般用普通螺栓连接，槽钢檩条的槽口宜朝向屋脊以利于安装；角钢和薄壁型钢檩条的肢尖均应朝向屋脊。

拉条是设置在檩条之间的钢拉杆，拉条可作为檩条的侧向支承点，用以减少檩条平行屋面方向的跨度，防止侧向变形和扭屈。拉杆的设置数量取决于檩条的跨度、檩距和

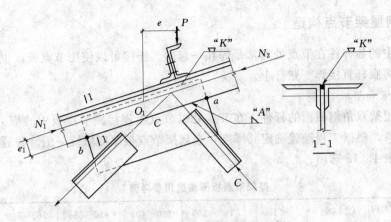

图 16.54　檩条与屋架的连接示例

荷载。

16.4.4　支撑布置与构造

　　钢屋盖和柱组成的结构体系是一平面排架结构，纵向刚度很差，在荷载作用下，存在着所有屋架同向倾覆的危险。此外，在这样的体系中，由于檩条和屋面板均不能作为上弦杆的侧向支承点，故上弦杆在受压时，极易发生侧向失稳现象，如图中虚线所示，其承载力极低。在屋盖两端或中部适当位置的相邻两榀屋架之间，设置一定数量的支撑，沿屋盖纵向全长设置一定数量的纵向杆件（系杆），将屋架连成一空间结构体系，形成屋架与支撑桁架组成的空间稳定体系。目的是保证整个屋盖的空间几何不变性，从而阻止屋架上、下弦侧移，大大减小其自由长度，提高屋架弦杆的承载力。同时，可保证屋盖结构安装时的稳定和方便。钢屋盖支撑主要由上弦横向水平支撑、下弦横向水平支撑、下弦纵向水平支撑、垂直支撑及系杆组成，如图16.55 所示。

　　钢屋盖支撑的作用、设置位置、设置要求均与模块 13 中钢筋混凝土结构单层厂房的支撑系统基本相同，主要区别在于支撑杆件所用材料不同，个别情况对支撑设置的要求不同。

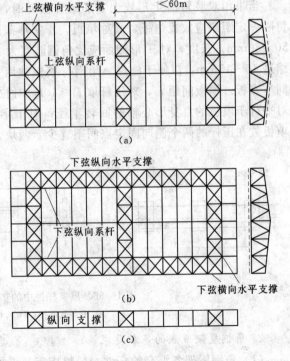

图 16.55　屋盖支撑布置示意图

(a) 上弦横向水平支撑及上弦纵向系杆平面布置；(b) 下弦横向和纵向水平支撑平面布置；(c) 屋架竖向支撑剖面图

16.4.5 钢屋架节点构造

钢桁架中的各杆件在节点处通常是焊在一起的。连接可以使用节点板，也可以不使用节点板，而将腹杆直接焊于弦杆上。

1. 节点板和垫板

普通钢屋架双角钢截面的杆件，在节点处以节点板连接。节点板中的应力十分复杂，通常不作计算，根据工程经验确定其厚度，金属架节点板厚度取统一值。普通钢屋架节点板厚度可按表 16.15 选用。

表 16.15　　　　　　　　　　　　屋架节点板厚度选用参考值

梯形屋架腹杆最大内力或三角形屋架弦杆最大内力 F_{max}(kN)	Q235 钢	＜150	160～259	260～409	410～559	560～759	760～950
	16Mn 钢	≤200	210～300	310～450	460～600	610～800	810～1000
中间结点板厚度 δ(mm)		6	8	10	12	14	16
支座节点板厚度 δ(mm)		8	10	12	14	16	18

当采用双肢角钢 T 形或十字形组合截面时，为保证两个角钢整体受力，在两角钢间每隔一定距离应放置垫板，或称填扳。十字形截面填板应纵横交替放置。填板宽度一般取 50～80mm。长度，对 T 形截面应比角钢肢宽大 20～30mm；对十字形截面应从角钢肢尖缩进 10～15mm，以便于施焊。角钢与填板常用 5mm 侧焊缝或围焊缝连接。填板的厚度同节点板。填板间距 l_d，对压杆取 $l_d \leqslant 40i$，对拉杆取 $l_d \leqslant 80i$，对 T 形截面 i 为一个角钢对平行于填板的自身形心轴的回转半径；对十字形截面，i 为一个角钢的最小回转半径。填板数在压杆的两个侧向固定点间不宜少于两块，如图 16.56 所示。

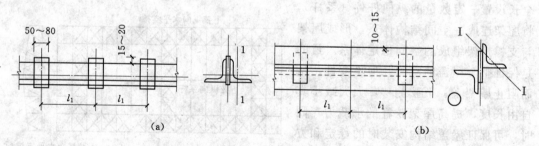

图 16.56　屋架杆件中的垫板（单位：mm）

(a) T 形截面杆；(b) 十字形截面杆

2. 角钢屋架节点的基本要求

（1）角钢屋架各汇交的杆件一般焊接于节点板上，组成屋架节点。杆件截面重心轴线汇交于节点中心，截面重心线按所选用的角钢规格确定，并取 5mm 的倍数。

（2）除支座节点外，屋架其余节点宜采用同一厚度的节点板，支座节点板宜比其他节点板厚 2mm。

（3）节点板的形状应简单，如矩形、梯形等，以制作简便及切割钢板时能充分利用材料为原则。节点板的平面尺寸（长度、宽度）宜为 5mm 的倍数，可根据杆件截面尺寸和腹杆端部焊缝长度作出大样图来确定，在满足传力要求的焊缝布置的前提下，节点板尺寸应尽量紧凑。

在焊接屋架节点处，腹杆与弦杆、腹杆与腹杆边缘之间的间隙 a 不小于 20mm，相邻角焊缝焊趾间距应不小于 5mm；屋架弦杆节点板一般伸出弦杆 10～15mm，如图 16.57 所示；有时为了支承屋面结构，屋架上弦节点板（厚度为 t）一般从弦杆缩进 5～10mm，且不宜小于 $(t/2+2)$ mm。

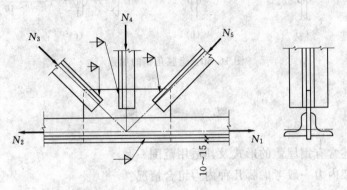

图 16.57　一般节点（单位：mm）

（4）角钢端部的切断面一般应与其轴线垂直，如图 16.58（a）所示；当杆件较大，为使节点紧凑，斜切时，应按如图 16.58（b）所示切肢尖，不允许采用如图 16.58（c）所示的方法。

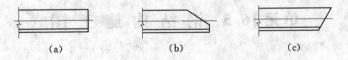

图 16.58　角钢端部的切割

（5）单斜杆与弦杆的连接应使之不出现连接的偏心弯矩，如图 16.59（a）所示，节

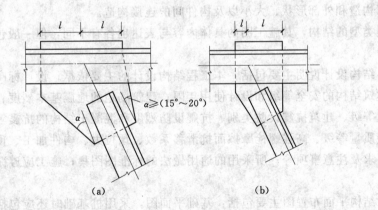

图 16.59　单斜杆与弦杆的连接
(a) 正确的做法；(b) 不正确的做法

点板边缘与杆件轴线的夹角不应小于 15°。在单腹杆的连接处，应计算腹杆与弦杆之间节点板的强度。

（6）支承大型屋面板的上弦杆，当屋面节点荷载较大而角钢肢厚较薄时，应对角钢的水平肢予以加强，如图 16.60 所示。

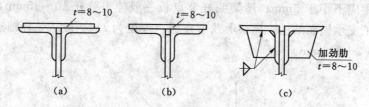

图 16.60　上弦角钢的加强

思　考　题

16.23　简述常有钢屋盖的形式及其适用范围。

16.24　桁架内力一般考虑哪几种内力组合情况？

16.25　如何选择屋架杆件的截面形式？

16.26　试述檩条的形式与构造。

16.27　刚性系杆和柔性系杆的主要区别是什么？

16.28　为什么要设屋架支撑？其主要作用是什么？

单元 16.5　钢 结 构 施 工 图

16.5.1　钢结构施工图的内容和作用

结构施工图主要用以表示房屋结构系统的结构类型、构件布置、构件种类、数量、构件的内部构造和外部形状、大小以及构件间的连接构造。

不同类型的结构，其施工图的具体内容与表达也各有不同，但一般包括以下 3 个方面的内容：

（1）结构设计说明主要包括：本工程结构设计的主要依据；设计标高所对应的绝对标高值；建筑结构的安全等级和设计使用年限；建筑场地的地震基本烈度、场地类别、地基土的液化等级、建筑抗震设防类别、抗震设防烈度和混凝土结构的抗震等级；对材料、焊接、焊接质量等级、高强螺栓摩擦面抗滑移系数、预拉力、构件加工、预装、防锈与涂装等施工要求及注意事项等；所采用的通用做法的标准图图集；施工应遵循的施工规范和注意事项。

（2）结构平面布置图主要包括：基础平面图，采用桩基础时还应包括桩位平面图，工业建筑还包括设备基础布置图；楼层结构平面布置图，工业建筑还包括柱网、吊车梁、柱间支撑、连系梁布置等；屋顶结构布置图，工业建筑还应包括屋面板、天沟板、屋架、天窗架及支撑系统布置等。

结构平面布置图主要供现场安装用，依据钢结构施工图，以同一类构件系统（如屋盖、刚架、吊车梁、平台等）为绘制对象，绘制出本系统构件的平面布置和剖面布置，并对所有的构件编号、布置图尺寸应标明各构件的定位尺寸、轴线关系、标高以及构件表、设计总说明等。施工图中注明各零件的型号和尺寸，包括加工尺寸、定位尺寸、安装尺寸和孔洞位置。加工尺寸是下料、加工的依据，包括杆件和零件的长度、宽度、切割要求和孔洞位置等；定位尺寸是杆件或零件对屋架几何轴线的相应位置，如角钢肢背到轴线的距离，角钢端部至轴线交汇点的距离，交汇点至节点板边缘的距离，以及其他零件在图纸上的位置，螺栓孔位置要符号型钢线距表和螺栓排列的最大、最小容许距离的要求；安装尺寸主要指屋架和其他构件连接的相互关系，如连接支撑的螺栓孔的位置要和支撑构件配合，屋架支座处锚栓孔要和柱的定位尺寸线配合等内容。对制造和安装的其他要求包括零件切斜角、孔洞直径和焊缝尺寸等都应注明，有些构造焊缝，可不必标注，只在文字说明中统一说明。节点板尺寸和杆件端部至轴线交汇点的距离，用比例尺量得。

（3）构件详图。主要包括：梁、板、柱及基础结构详图；楼梯、电梯结构详图；屋架结构详图；其他详图，如支撑、预埋件、连接件等的详图。

详图中材料表应包括各零件的截面、长度、数量（正、反）和质量。材料表主要用于配料和计算用钢指标，以及配备起重运输设备。

施工图中的文字说明，应包括用图形不能表达以及为了简化图面而易于用文字集中说明的内容，如采用的钢号、保证项目、焊条型号焊接方法，未注明的焊缝尺寸，螺栓直径，螺孔直径以及防锈处理、运输、安装和制造的要求等内容。

16.5.2 钢结构图例

1. 型钢符号、标注方法

型钢符号、标注方法见表 16.16。

表 16.16　　　　　　　　　　常用型钢的标注法

序号	名　称	截　面	标　注	说　明
1	等边角钢	└	└ $b×t$	b 为肢宽 t 为肢厚
2	不等边角钢	└ B	└ $B×b×t$	B 为长肢宽 b 为短肢宽 t 为肢厚
3	工字钢	I	I N　Q I N	轻型工字钢加注 Q 字 N 工字钢的型号
4	槽钢	[	[N　Q [N	轻型槽钢加注 Q 字 N 槽钢的型号
5	方钢	▨ b	□ b	

序号	名 称	截 面	标 注	说 明
6	扁钢		$b \times t$	
7	钢板		$\dfrac{-b \times t}{l}$	宽×厚 板长
8	圆钢		ϕd	
9	钢管		$DN \times \times$ $d \times t$	内径 外径×壁厚
10	薄壁方钢管		$B \square b \times t$	
11	薄壁等肢角钢		$B \llcorner b \times t$	
12	薄壁等肢 卷边角钢		$B \llcorner b \times a \times t$	薄壁型钢加注 B 字 t 为壁厚
13	薄壁槽钢		$B \llcorner h \times b \times t$	
14	薄壁卷边槽钢		$B \llcorner h \times b \times a \times t$	
15	薄壁卷边 Z 型钢		$B \llcorner h \times b \times a \times t$	
16	T 型钢	T	$TW \times \times$ $TM \times \times$ $TN \times \times$	TW 为宽翼缘 T 型钢 TM 为中翼缘 T 型钢 TN 为窄翼缘 T 型钢
17	H 型钢	H	$HW \times \times$ $HM \times \times$ $HN \times \times$	HW 为宽翼缘 H 型钢 HM 为中翼缘 H 型钢 HN 为窄翼缘 H 型钢
18	起重机钢轨		$QU \times \times$	详细说明产品规格型号
19	轻轨及钢轨		$\times \times kg/m$ 钢轨	

2. 螺栓、孔、电焊铆钉图例

螺栓、孔、电焊铆钉图例见表 16.17。

表 16.17　　　　　　　　　　　　**螺栓、孔、电焊铆钉的表示方法**

序号	名称	图　例	说　明
1	永久螺栓		
2	高强螺栓		
3	安装螺栓		1. 细"+"线表示定位线；
4	胀锚螺栓		2. M 表示螺栓型号； 3. φ 表示螺栓孔直径； 4. d 表示膨胀螺栓、电焊铆钉直径；
5	圆形螺栓孔		5. 采用引出线标注螺栓时，横线上标注螺栓规格，横线下标注螺栓孔直径
6	长圆形螺栓孔		
7	电焊铆钉		

3. 常用焊缝的表示方法

在钢结构施工图上要用焊缝代号标明焊缝型式、尺寸和辅助要求。《焊缝符号表示方法》GB324—88 规定：焊缝符导由指引线和表示焊缝截面形状的基本符号组成，必要时可加上辅助符号、补充符号和焊缝尺寸符号。基本符号用以表示焊缝截面形状，符号的线条宜粗于指引线，辅助符号用以表示焊缝表面形状特征，如对接焊缝表面余高部分需加工使之与焊件表面齐平，则需在基本符号上加一短划，此短划即为辅助符号。

（1）各种焊接方法及接头坡口形状尺寸代号和标记。

1）焊接方法及焊透种类代号应符合表 16.18 规定。

表 16.18　　　　　　　　　　　　**焊接方法及焊透种类的代号**

代　号	焊 接 方 法	焊透种类
MC	手工电弧焊接	完全焊透焊接
MP		部分焊透焊接
GC	气体保护电弧焊接自保护电弧焊接	完全焊透焊接
GP		部分焊透焊接
SC	埋弧焊接	完全焊透焊接
SP		部分焊透焊接

2）接头形式及坡口形状代号应符合表 16.19 规定。

表 16.19　　　　　　　　　　接头形式及坡口形状的代号

接 头 形 式		坡 口 形 状	
代号	名称	代号	名称
		I	I 形坡口
B	对接接头	V	V 形坡口
		X	X 形坡口
U	型坡口	L	单边 V 形坡口
		K	K 形坡口
T	形接头	U[①]	U 形坡口
		J[①]	单边 U 形坡口
C	角接头		

注　当钢板厚度不小于 5mm 时，可采用 U 形或 J 形坡口

3）焊接面及垫板种类代号应符合表 16.20 规定。

表 16.20　　　　　　　　　　焊接面及垫板种类的代号

反面垫板种类		焊 接 面	
代号	使用材料	代号	焊接面规定
B$_S$	钢衬垫	1	单面焊接
B$_F$	其他材料的衬垫	2	双面焊接

4）焊接位置代号应符合表 16.21 规定。

表 16.21　　　　　　　　　　焊 接 位 置 的 代 号

代 号	焊 接 位 置	代 号	焊 接 位 置
F	平焊	V	立焊
H	横焊	O	仰焊

5）坡口各部分尺寸代号应符合表 16.22 规定。

表 16.22　　　　　　　　　　坡 口 各 部 分 的 尺 寸 代 号

代　号	坡口各部分的尺寸
t	接缝部位的板厚（mm）
b	坡口根部间隙或部件间隙（mm）
H	坡口深度（mm）
p	坡口钝边（mm）
a	坡口角度（°）

6）焊接坡口的形状和尺寸标记应符合下列规定。

(2) 焊缝标注方法。

1) 单面焊缝标注方法应符合下列规定：当箭头指向焊缝所在的一面时，应将图形符号和尺寸标注在横线的上方，如图 16.61 (a) 所示；当箭头指向焊缝所在的另一面时，应将图形符号和尺寸标注在横线的下方，如图 16.61 (b) 所示。

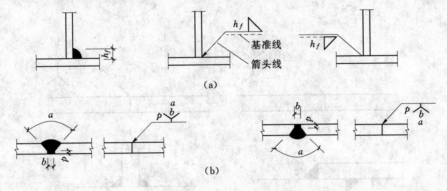

图 16.61 单面焊缝的标注方法

表示环绕工作件周围的焊缝时，其围焊焊缝符号为圆圈，绘出引出线的转折处，并标注焊脚尺寸 K，如图 16.62 所示。

2) 双面焊缝的标注方法如图 16.63 所示，在横线的上、下标注焊缝的符号和尺寸。标注在横线上面时，表示焊缝与箭头在同一面；标注的横线下面时，表示焊缝在箭头的另一面，如图 16.63 (a) 所示；

当两面的焊缝尺寸相同时，只需在横线上方标注焊缝的符号和尺寸，如图 16.63 (b)、(c)、(d) 所示。

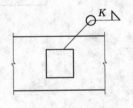

图 16.62 围焊焊缝
标注方法

3) 3 个和 3 个以上的焊件相互焊接的情况，不得作为双面焊缝标注，其焊缝符号和尺寸应分别标注。3 个以上焊件的焊缝标注方法如图 16.64 所示。

4) 相互焊接的两个焊件中，当只有一个焊件带有坡口（如单面 V 形）时，引出线箭头必须指向带坡口的焊件。一个焊件带坡口的焊缝标注方法如图 16.65 所示。

5) 相互焊接的两个焊件，当为单面带双边不对称坡口焊缝时，引出线箭头必须指向较大坡口的焊件。不对称坡口焊缝的标注方法如图 16.66 所示。

6) 当焊缝分布不规则时，在标注焊缝符号的同时，应在焊缝处加中实线表示可见焊缝，或加细栅线表示不可见焊缝。不规则焊缝的标注方法如图 16.67 所示。

7) 在同一图形上，当焊缝形式、断面尺寸和辅助要求均相同时，可只选择一处标注焊缝的符号和尺寸，并加注"相同焊缝符号"，相同焊缝符号为 $\frac{3}{4}$ 圆弧，绘在引出线的转折处，如图 16.68 (a) 所示。

在同一图形上，当有几种相同的焊缝时，可将焊缝分类编号进行标注。在同一类焊缝中，可选择一处标注焊缝符号和尺寸。分类编号采用大写的拉丁字母 A、B、C、…如图 16.68 (b) 所示。

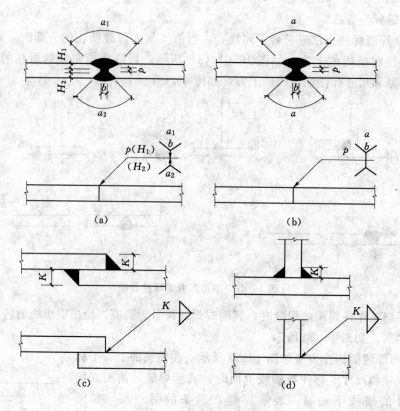

图 16.63 双面焊缝的标注方法

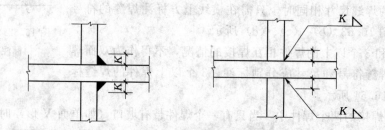

图 16.64 3 个以上焊件的焊缝标注方法

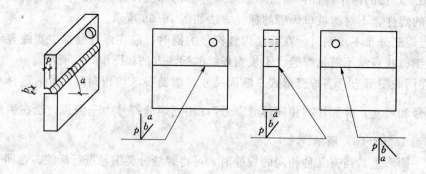

图 16.65 一个焊件带坡口的焊缝标注方法

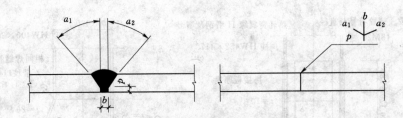

图 16.66　不对称坡口焊缝的标注方法

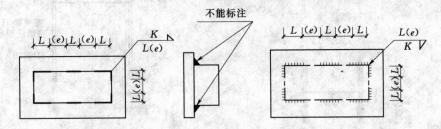

图 16.67　不规则焊缝的标注方法

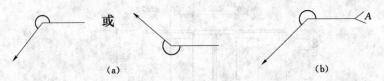

图 16.68　相同焊缝的表示方法

8) 需要在施工现场进行焊接的焊缝，应标注"现场焊缝"符号。现场焊缝符号为涂黑的三角形小旗，绘在引出线的转折处，如图 16.69 所示。

图 16.69　现场焊缝的表示方法

9) 当焊缝分布比较复杂或用上述标注方法不能表达清楚时，在标注焊缝代号的同时，可在图形上加栅线表示，如图 16.70 所示。

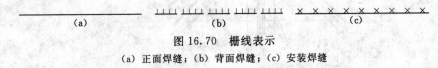

图 16.70　栅线表示
(a) 正面焊缝；(b) 背面焊缝；(c) 安装焊缝

习　　题

16.5　如图 16.71 所示为某钢结构工程部分节点详图，以此为例说明钢结构图的读图顺序及看图步骤。

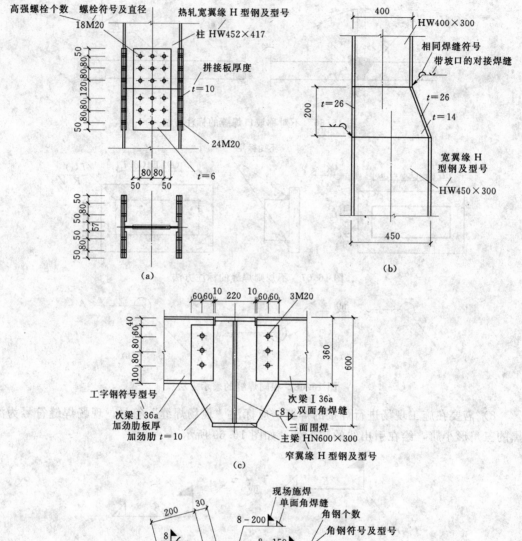

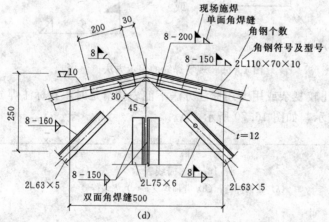

图 16.71 习题 16.5 图（尺寸单位：mm）

(a) 柱拼接连接详图（双盖板拼接）；(b) 变截面柱偏心拼接连接详图；

(c) 主次梁侧向连接详图；(d) 屋脊节点详图

附录 A 型钢规格表

附表 A.1

热轧等边角钢（GB/T 9787—1988）

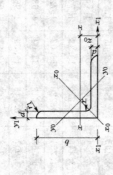

符号意义：
b—边宽度
d—边厚度
r—内圆弧半径
r_1—边端内圆弧半径
I—惯性矩
i—惯性半径
w—截面系数
z_0—重心距离

| 角钢号数 | 尺寸(mm) | | | 截面面积 (cm²) | 理论质量 (kg/m) | 外表面积 (m²/m) | x—x | | | 参 考 数 值 $x_0—x_0$ | | | $y_0—y_0$ | | | $x_1—x_1$ | z_0 |
	b	d	r				I_x (cm⁴)	i_x (cm)	w_x (cm³)	I_{x0} (cm⁴)	i_{x0} (cm)	w_{x0} (cm³)	I_{y0} (cm⁴)	i_{y0} (cm)	w_{y0} (cm³)	I_{x1} (cm⁴)	(cm)
2	20	3	3.5	1.132	0.889	0.078	0.40	0.59	0.29	0.63	0.75	0.45	0.17	0.39	0.20	0.81	0.60
	20	4		1.459	1.445	0.077	0.50	0.58	0.36	0.78	0.73	0.55	0.22	0.38	0.24	1.09	0.64
2.5	25	3		1.432	1.124	0.098	0.82	0.76	0.46	1.29	0.95	0.73	0.34	0.49	0.33	1.57	0.73
	25	4		1.859	1.459	0.097	1.03	0.74	0.59	1.62	0.93	0.92	0.43	0.48	0.40	2.11	0.76
3.0	30	3	4.5	1.749	1.373	0.117	1.46	0.91	0.68	2.31	1.15	1.09	0.61	0.59	0.51	2.71	0.85
	30	4		2.276	1.786	0.117	1.84	0.90	0.87	2.92	1.13	1.37	0.77	0.58	0.62	3.63	0.89
3.6	36	3		2.109	1.656	0.141	2.58	1.11	0.99	4.09	1.39	1.61	1.07	0.71	0.76	4.68	1.00
	36	4		2.756	2.163	0.141	3.29	1.09	1.28	5.22	1.38	2.05	1.37	0.70	0.93	6.25	1.04
	36	5		3.382	2.654	0.141	3.95	1.08	1.56	6.24	1.36	2.45	1.65	0.70	1.09	7.84	1.07

续表

角钢号数	b	d	r	截面面积 (cm²)	理论质量 (kg/m)	外表面积 (m²/m)	I_x (cm⁴)	i_x (cm)	w_x (cm³)	I_{x0} (cm⁴)	i_{x0} (cm)	w_{x0} (cm³)	I_{y0} (cm⁴)	i_{y0} (cm)	w_{y0} (cm³)	I_{x1} (cm⁴)	z_0 (cm)
4.0	40	3	5	2.359	1.852	0.157	3.59	1.23	1.23	5.69	1.55	2.01	1.49	0.79	0.96	6.41	1.09
		4		3.086	2.422	0.157	4.60	1.22	1.60	7.29	1.54	2.58	1.91	0.79	1.19	8.56	1.13
		5		3.791	2.976	0.156	5.53	1.21	1.96	8.76	1.52	3.01	2.30	0.78	1.39	10.74	1.17
4.5	45	3	5	2.659	2.088	0.177	5.17	1.40	1.58	8.20	1.76	2.58	2.14	0.90	1.24	9.12	1.22
		4		3.486	2.736	0.177	6.65	1.38	2.05	10.56	1.74	3.32	2.75	0.89	1.54	12.18	1.26
		5		4.292	3.369	0.176	8.04	1.37	2.51	12.74	1.72	4.00	3.33	0.88	1.81	15.25	1.30
		6		5.076	3.985	0.176	9.33	1.36	2.95	14.76	1.70	4.64	3.89	0.88	2.06	18.36	1.33
5	50	3	5.5	2.971	2.332	0.197	7.18	1.55	1.96	11.37	1.96	3.22	2.98	1.00	1.57	12.50	1.34
		4		3.897	3.059	0.197	9.26	1.54	2.56	14.70	1.94	4.16	3.82	0.99	1.96	16.69	1.38
		5		4.803	3.770	0.196	11.21	1.53	3.13	17.79	1.92	5.03	4.64	0.98	2.31	20.90	1.42
		6		5.688	4.465	0.196	13.05	1.52	3.68	20.68	1.91	5.58	5.42	0.98	2.63	25.14	1.46
5.6	56	4	6	3.343	2.624	0.221	10.19	1.75	2.48	16.14	2.20	4.08	4.24	1.13	2.02	17.56	1.48
		5		4.390	3.446	0.220	13.18	1.73	3.24	20.92	2.18	5.28	5.46	1.11	2.52	23.43	1.53
		6		5.415	4.251	0.220	16.02	1.72	3.97	25.42	2.17	6.42	6.61	1.10	2.98	29.33	1.57
		8	7	8.367	6.568	0.219	23.03	1.68	6.03	37.37	2.11	9.44	9.89	1.09	4.16	47.24	1.68
6.3	63	4	7	4.978	3.907	0.248	19.03	1.96	4.13	30.17	2.46	6.78	7.89	1.26	3.29	33.34	1.70
		5		6.143	4.822	0.248	23.97	1.94	5.08	36.77	2.45	8.25	9.57	1.25	2.90	41.73	1.74
		6		7.288	5.721	0.247	27.12	1.93	6.00	43.03	2.43	9.66	11.20	1.24	4.46	50.14	1.78
		8		9.515	7.469	0.247	34.46	1.90	7.75	54.56	2.40	12.25	14.33	1.23	5.47	67.11	1.85
		10		11.657	9.151	0.246	44.09	1.88	9.39	64.85	3.36	14.56	17.33	1.22	6.36	84.31	1.93
7	70	4	8	5.570	4.372	0.275	26.39	2.18	5.14	41.80	2.74	8.44	10.99	1.40	4.17	45.74	1.86
		5		6.875	5.397	0.275	32.21	2.16	6.32	51.08	2.73	10.32	13.34	1.39	4.95	57.21	1.91
		6		8.160	6.406	0.275	37.77	2.15	7.48	59.93	2.71	12.11	15.61	1.38	5.67	58.73	1.95
		7		9.424	7.398	0.275	43.09	2.14	8.59	68.35	2.69	13.81	17.82	1.38	6.34	80.29	1.99
		8		10.667	8.373	0.274	48.17	2.12	9.68	76.37	2.68	15.43	19.98	1.37	6.98	91.92	2.03

尺寸(mm): b、d、r　参考数值: x—x, x₀—x₀, y₀—y₀, x₁—x₁

续表

角钢号数	尺寸 (mm)			截面面积 (cm²)	理论质量 (kg/m)	外表面积 (m²/m)	参考数值											
							$x-x$			x_0-x_0			y_0-y_0			x_1-x_1	z_0 (cm)
	b	d	r				I_x (cm⁴)	i_x (cm)	W_x (cm³)	I_{x0} (cm⁴)	i_{x0} (cm)	W_{x0} (cm³)	I_{x0} (cm⁴)	i_{x0} (cm)	W_{x0} (cm³)	I_{x1} (cm⁴)	
7.5	75	5	9	7.367	5.818	0.295	39.97	2.33	7.32	63.30	2.92	11.94	16.63	1.50	5.77	70.56	2.04
		6		8.797	6.905	0.294	46.95	2.31	8.64	74.38	2.90	14.02	19.51	1.49	6.67	84.55	2.07
		7		10.160	7.976	0.294	53.57	2.30	9.93	84.96	2.89	16.02	22.18	1.48	7.44	98.71	2.11
		8		11.503	9.030	0.294	59.96	2.28	11.20	95.07	2.88	17.93	24.86	1.47	8.19	112.97	2.15
		10		14.126	11.089	0.293	71.98	2.26	13.64	113.92	2.84	21.48	30.05	1.46	9.56	141.71	2.22
8	80	5	9	7.912	6.211	0.315	48.79	2.48	8.34	77.33	3.13	13.67	20.25	1.60	6.66	85.36	2.15
		6		9.397	7.376	0.314	57.35	2.47	9.87	90.98	3.11	16.08	23.72	1.59	7.65	102.50	2.19
		7		10.860	8.525	0.314	65.58	2.46	11.37	104.07	3.10	18.40	27.09	1.58	8.58	119.70	2.23
		8		12.303	9.658	0.314	73.49	2.44	12.83	116.60	3.08	20.61	30.39	1.57	9.46	136.97	2.27
		10		15.126	11.874	0.313	88.43	2.42	15.64	140.09	3.04	24.76	36.77	1.56	11.08	171.74	2.35
9	90	6	10	10.637	8.350	0.354	82.77	2.79	12.61	131.26	3.51	20.63	34.28	1.80	9.95	145.87	2.44
		7		12.301	9.656	0.354	94.83	2.78	14.54	150.47	3.50	23.64	29.18	1.78	11.19	170.30	2.48
		8		13.944	10.946	0.353	106.47	2.76	16.42	168.97	3.48	26.55	43.97	1.78	12.35	194.80	2.52
		10		17.167	13.476	0.353	128.58	2.74	20.07	203.90	3.45	32.04	53.26	1.76	14.52	244.07	2.59
		12		20.306	15.940	0.352	149.22	2.71	23.57	236.21	3.41	37.12	62.22	1.75	16.49	293.76	2.67
10	100	6	12	11.932	9.366	0.393	114.95	3.01	15.68	181.98	3.90	25.74	47.92	2.00	12.69	200.07	2.67
		7		13.796	10.830	0.393	131.86	3.09	18.10	208.97	3.89	29.55	54.74	1.99	14.26	233.54	2.71
		8		15.638	12.276	0.393	148.24	3.08	20.47	235.07	3.88	33.24	61.41	1.98	15.75	267.09	2.76
		10		19.261	15.120	0.392	179.51	3.05	25.06	284.68	3.84	40.26	74.35	1.96	18.54	334.48	2.84
		12		22.800	17.898	0.391	208.90	3.03	29.48	330.95	3.81	46.80	86.84	1.95	21.08	402.34	2.91
		14		26.256	20.611	0.391	236.53	3.00	33.73	374.06	3.77	52.90	99.00	1.94	23.44	470.75	2.99
		16		29.627	23.257	0.390	262.53	2.98	37.82	414.16	3.74	58.57	110.89	1.94	25.63	539.80	3.06

续表

角钢号数	尺寸(mm) b	d	r	截面面积 (cm²)	理论质量 (kg/m)	外表面积 (m²/m)	I_x (cm⁴)	i_x (cm)	W_x (cm³)	I_{x0} (cm⁴)	i_{x0} (cm)	W_{x0} (cm³)	I_{y0} (cm⁴)	i_{y0} (cm)	W_{y0} (cm³)	I_{x1} (cm⁴)	z_0 (cm)
							x-x			x0-x0			y0-y0			x1-x1	
11	110	7	12	15.196	11.928	0.433	177.16	3.41	22.05	280.94	4.30	36.12	73.38	2.20	17.51	310.64	2.96
		8		17.238	13.532	0.433	199.46	3.40	24.95	316.49	4.28	40.69	82.42	2.19	19.39	355.20	3.01
		10		21.261	16.690	0.432	242.19	3.38	30.60	384.39	4.25	49.42	99.98	2.17	22.91	444.65	3.09
		12		25.200	19.782	0.431	282.55	3.35	36.05	448.17	4.22	57.62	116.93	2.15	26.15	534.60	3.16
		14		29.056	22.809	0.431	320.71	3.32	44.31	508.01	4.18	65.31	133.40	2.14	19.14	625.16	3.24
12.5	125	8	14	19.750	15.504	0.492	297.03	3.88	32.52	470.89	4.88	53.28	123.16	2.50	25.86	521.01	3.37
		10		24.373	19.133	0.491	361.67	3.85	39.97	573.89	4.85	64.93	149.46	2.48	30.62	651.93	3.45
		12		28.912	22.696	0.491	423.16	3.83	41.17	671.44	4.82	75.96	174.88	2.46	35.03	783.42	3.53
		14		33.367	26.193	0.490	481.65	3.80	54.16	763.73	4.78	86.41	199.57	2.45	39.13	915.61	3.61
14	140	10	14	27.373	21.488	0.551	514.65	4.34	50.58	817.27	5.46	82.56	212.04	2.78	39.20	915.11	3.82
		12		32.512	25.522	0.551	603.68	4.31	59.80	958.79	5.43	96.85	248.57	2.76	45.02	1099.28	3.90
		14		37.567	29.490	0.550	688.81	4.28	68.75	1093.56	5.40	110.47	284.06	2.75	50.45	1284.22	3.98
		16		42.539	33.393	0.549	770.24	4.26	77.46	1221.81	5.36	123.42	318.6	2.74	55.55	1470.07	4.06
16	160	10	16	31.502	24.729	0.630	779.53	4.98	66.70	1237.30	6.27	109.36	321.76	3.20	52.76	1365.33	4.31
		12		37.411	29.391	0.630	916.58	4.95	78.98	1455.68	6.24	128.67	377.49	3.18	60.74	1639.57	4.39
		14		43.296	33.987	0.629	1048.36	4.92	90.95	1665.02	6.20	147.17	431.70	3.16	68.244	1914.68	4.47
		16		49.067	38.518	0.629	1175.08	4.89	102.63	1865.57	6.17	164.89	484.59	3.14	75.31	2190.82	4.55
18	180	12	16	42.241	33.159	0.170	1321.35	5.59	100.82	2100.10	7.05	165.00	542.61	3.58	78.41	2332.80	4.89
		14		48.896	38.388	0.709	1514.48	5.56	116.25	2407.42	7.02	189.14	625.53	3.56	88.38	2723.48	4.97
		16		55.467	43.542	0.709	1700.99	5.54	131.13	2703.37	6.98	212.40	698.60	3.55	97.83	3115.29	5.05
		18		61.955	48.634	0.708	1875.12	5.50	145.64	2988.24	6.94	234.78	762.01	3.51	105.14	3502.43	5.13

参 考 数 值

续表

角钢号数	尺寸(mm) b	d	r	截面面积 (cm²)	理论质量 (kg/m)	外表面积 (m²/m)	x-x I_x(cm⁴)	x-x i_x(cm)	x-x w_x(cm³)	x0-x0 I_{x0}(cm⁴)	x0-x0 i_{x0}(cm)	x0-x0 w_{x0}(cm³)	y0-y0 I_{y0}(cm⁴)	y0-y0 i_{y0}(cm)	y0-y0 w_{y0}(cm³)	x1-x1 I_{x1}(cm⁴)	z_0(cm)
20	200	14	18	54.642	42.894	0.788	2103.55	6.20	144.70	3343.26	7.82	236.40	863.83	3.98	111.82	3734.10	5.46
		16		62.013	48.680	0.788	2366.15	6.18	163.65	3760.89	7.79	265.93	971.41	3.96	123.96	4270.39	5.54
		18		69.301	54.401	0.787	2620.64	6.15	182.22	4164.54	7.75	294.48	1076.74	3.94	135.52	4808.13	5.62
		20		76.505	60.056	0.787	2867.30	6.12	200.42	4554.55	7.72	322.06	1180.04	3.93	146.55	5347.51	5.69
		24		90.661	71.168	0.785	2338.25	6.07	236.17	5294.97	7.64	274.41	1381.53	3.90	133.55	6457.16	5.87

附表 A.2 热轧不等边角钢 (GB/T 9788—1988)

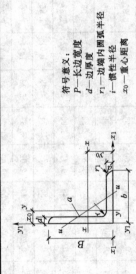

符号意义:
B—长边宽度
b—短边宽度
d—边厚度
r—内圆弧半径
r_1—边端内圆弧半径
I—惯性矩
i—惯性半径
w—截面系数
x_0—重心距离
y_0—重心距离

角钢号数	尺寸(mm) B	b	d	r	截面面积 (cm²)	理论质量 (kg/m)	外表面积 (m²/m)	x-x I_x(cm⁴)	x-x i_x(cm)	x-x w_x(cm³)	y-y I_y(cm⁴)	y-y i_y(cm)	y-y w_y(cm³)	x1-x1 I_{x1}(cm⁴)	x1-x1 y_0(cm)	y1-y1 I_{y1}(cm⁴)	y1-y1 x_0(cm)	u-u I_u(cm⁴)	u-u i_u(cm)	u-u w_u(cm³)	$\tan\alpha$
2.5/1.6	25	16	3	3.5	1.162	0.912	0.080	0.70	0.78	0.43	0.22	0.44	0.19	1.56	0.86	0.43	0.42	0.14	0.34	0.16	0.392
			4		1.499	1.176	0.079	0.88	0.77	0.55	0.27	0.43	0.24	2.09	0.90	0.59	0.46	0.17	0.34	0.20	0.381
3.2/2	32	20	3	3.5	1.492	1.171	0.102	1.53	1.01	0.72	0.46	0.55	0.30	3.27	1.08	0.82	0.49	0.28	0.43	0.25	0.382
			4		1.939	1.522	0.101	1.93	1.00	0.93	0.57	0.54	0.39	4.37	1.12	1.12	0.53	0.35	0.42	0.32	0.374

续表

角钢号数	尺寸(mm) B	b	d	r	截面面积 (cm²)	理论质量 (kg/m)	外表面积 (m²/m)	$x-x$ I_x (cm⁴)	i_x (cm)	W_x (cm³)	$y-y$ I_y (cm⁴)	i_y (cm)	W_y (cm³)	x_1-x_1 I_{x1} (cm⁴)	y_0 (cm)	y_1-y_1 I_{y1} (cm⁴)	x_0 (cm)	x_1-x_1 I_u (cm⁴)	i_u (cm)	W_u (cm³)	tanα
4/2.5	40	25	3	4	1.890	1.484	0.127	3.08	1.28	1.15	0.93	0.70	0.49	6.39	1.32	1.59	0.59	0.56	0.54	0.40	0.386
4/2.5	40	25	4	4	2.467	1.936	0.127	3.93	1.26	1.49	1.18	0.69	0.63	8.53	1.37	2.14	0.63	0.71	0.54	0.52	0.381
4.5/2.8	45	28	3	5	2.149	1.687	0.143	4.45	1.14	1.47	1.34	0.79	0.62	9.10	1.47	2.23	0.64	0.80	0.61	0.51	0.383
4.5/2.8	45	28	4	5	2.806	2.203	0.143	5.69	1.42	1.91	1.70	0.78	0.80	12.13	1.51	3.00	0.68	1.02	0.60	0.66	0.380
5/3.2	50	32	3	5.5	2.431	1.908	0.161	6.24	1.60	1.84	2.02	0.91	0.32	12.49	1.60	3.31	0.73	1.20	0.70	0.68	0.404
5/3.2	50	32	4	5.5	3.177	2.494	0.160	8.02	1.59	2.39	2.58	0.90	1.06	16.65	1.65	4.45	0.77	1.53	0.69	0.87	0.402
5.6/3.6	56	36	3	6	2.743	2.153	0.181	8.88	1.80	2.32	2.92	1.03	1.05	17.54	1.78	4.70	0.80	1.73	0.79	0.87	0.408
5.6/3.6	56	36	4	6	3.590	2.813	0.180	11.45	1.79	3.03	3.76	1.02	1.37	23.39	1.82	6.33	0.85	2.23	0.79	1.13	0.408
5.6/3.6	56	36	5	6	4.415	3.466	0.180	13.86	1.77	3.71	4.49	1.01	1.65	29.25	1.87	7.94	0.88	2.67	0.78	1.36	0.404
6.3/4	63	40	4	7	4.058	3.185	0.202	16.49	2.02	3.87	5.23	1.14	1.70	33.30	2.04	8.63	0.92	3.12	0.88	1.40	0.398
6.3/4	63	40	5	7	4.993	3.920	0.202	20.02	2.00	4.74	6.31	1.12	2.71	41.63	2.08	10.83	0.95	3.76	0.87	1.71	0.396
6.3/4	63	40	6	7	5.908	4.638	0.201	23.36	1.96	5.59	7.29	1.11	2.43	49.98	2.12	13.12	0.99	4.34	0.86	1.99	0.393
6.3/4	63	40	7	7	6.802	5.339	0.201	26.53	1.98	6.40	8.24	1.10	2.78	58.07	2.15	15.47	1.03	4.97	0.86	2.29	0.389
7/4.5	70	45	4	7.5	4.547	3.570	0.226	23.17	2.26	4.86	7.55	1.29	2.17	45.92	2.24	12.26	1.02	4.40	0.98	1.77	0.410
7/4.5	70	45	5	7.5	5.609	4.403	0.225	27.95	2.23	5.92	9.13	1.28	2.65	57.10	2.28	15.39	1.06	5.40	0.98	2.19	0.407
7/4.5	70	45	6	7.5	6.647	5.218	0.225	32.54	2.21	6.95	10.62	1.26	3.12	68.35	2.32	18.58	1.09	6.35	0.98	2.59	0.404
7/4.5	70	45	7	7.5	7.657	6.011	0.225	37.22	2.20	8.03	12.01	1.25	3.57	79.99	2.36	21.84	1.13	7.16	0.97	2.94	0.402
7.5/5	75	50	5	8	6.125	4.808	0.245	34.86	2.39	6.83	12.61	1.44	3.30	70.00	2.40	21.04	1.17	7.41	1.10	2.74	0.435
7.5/5	75	50	6	8	7.260	5.699	0.245	41.12	2.38	8.12	14.70	1.42	3.88	84.30	2.44	25.37	1.21	8.54	1.08	3.19	0.435
7.5/5	75	50	8	8	9.467	7.431	0.244	52.39	2.35	10.52	18.53	1.40	4.99	112.50	2.52	34.23	1.29	10.87	1.07	4.10	0.429
7.5/5	75	50	10	8	11.590	9.098	0.244	62.71	2.33	12.79	21.96	1.38	6.01	140.80	2.60	43.43	1.36	13.10	1.06	4.99	0.423

续表

角钢号数	尺寸 (mm) B	b	d	r	截面面积 (cm²)	理论质量 (kg/m)	外表面积 (m²/m)	$x-x$ I_x (cm⁴)	i_x (cm)	w_x (cm³)	$y-y$ I_y (cm⁴)	i_y (cm)	w_y (cm³)	x_1-x_1 I_{x1} (cm⁴)	y_{x0} (cm)	y_1-y_1 I_{y1} (cm⁴)	x_0 (cm)	u I_u (cm⁴)	i_u (cm)	w_u (cm³)	$\tan\alpha$
8/5	80	50	5	8	6.375	5.005	0.255	41.96	2.56	7.78	12.82	1.42	3.32	85.21	2.60	21.06	1.14	7.66	1.10	2.74	0.388
			6		7.560	5.935	0.255	49.49	2.56	9.25	14.95	1.41	3.91	102.53	2.65	25.41	1.18	8.85	1.08	3.20	0.387
			7		8.724	6.848	0.255	56.16	2.54	10.58	16.96	1.39	4.48	119.33	2.69	29.82	1.21	10.18	1.08	3.70	0.384
			8		9.67	7.745	0.254	62.83	2.52	11.92	18.85	1.38	5.03	136.41	2.73	24.32	1.25	11.38	1.07	4.16	0.381
9 /5.6	90	56	5	9	7.212	5.661	0.287	60.45	2.90	9.92	18.32	1.59	4.21	121.32	2.91	29.53	1.25	10.98	1.23	3.49	0.385
			6		8.557	6.717	0.286	71.03	2.88	11.74	21.42	1.58	4.96	145.59	2.95	35.58	1.29	12.90	1.23	4.18	0.384
			7		9.880	7.756	0.286	81.01	2.86	13.49	24.36	1.57	5.70	169.66	3.00	41.71	1.33	14.67	1.22	4.72	0.382
			8		11.18	8.779	0.286	91.03	2.85	15.27	27.15	1.56	6.41	194.17	3.04	47.93	1.36	16.34	1.21	5.29	0.380
10 /6.3	100	63	6	10	9.617	7.550	0.320	99.06	3.21	14.64	30.94	1.79	6.35	199.71	3.24	50.50	1.43	18.42	1.38	5.25	0.394
			7		11.111	8.722	0.320	113.45	3.29	16.88	35.26	1.78	7.29	233.00	3.28	59.14	1.47	21.00	1.38	6.02	0.393
			8		12.584	9.878	0.319	127.37	3.18	19.08	39.39	1.77	8.21	266.32	3.32	67.88	1.50	23.50	1.37	6.78	0.391
			10		15.467	12.142	0.319	153.81	3.45	23.32	47.12	1.74	9.98	333.06	3.40	85.73	1.58	28.33	1.35	8.24	0.387
10 /8	100	80	6	10	10.627	8.350	0.354	107.04	3.17	15.19	61.24	2.40	10.16	199.83	2.95	1102.68	1.97	31.65	1.72	8.37	0.627
			7		12.304	9.656	0.354	122.73	3.16	17.52	70.08	2.39	14.71	233.20	3.00	119.98	2.01	36.17	1.72	9.60	0.626
			8		13.914	10.946	0.353	137.92	3.14	19.81	78.58	2.37	13.21	266.61	3.04	137.37	2.05	40.58	1.71	10.80	0.625
			10		17.167	13.476	0.353	166.87	3.12	24.24	94.65	2.35	16.12	333.63	3.12	172.48	2.13	49.10	1.69	13.12	0.622
11 /7	110	70	6	10	10.637	8.350	0.354	133.37	3.54	17.85	42.92	2.01	7.90	265.78	3.53	69.08	1.57	25.36	1.54	6.53	0.403
			7		12.301	9.656	0.354	153.00	3.53	20.60	49.01	2.00	9.09	310.07	3.57	80.82	1.61	28.95	1.53	7.50	0.402
			8		13.944	10.946	0.353	172.04	3.51	23.30	54.87	1.98	10.25	354.39	3.62	92.70	1.65	32.45	1.53	8.45	0.401
			10		17.167	13.476	0.353	208.39	3.48	28.54	65.88	1.96	12.48	443.13	3.70	116.83	1.72	39.20	1.51	10.29	0.397

续表

角钢号数	尺寸 (mm) B	b	d	r	截面面积 (cm²)	理论质量 (kg/m)	外表面积 (m²/m)	x—x I_x (cm⁴)	i_x (cm)	w_x (cm³)	y—y I_y (cm⁴)	i_y (cm)	w_y (cm³)	x₁—x₁ I_{x1} (cm⁴)	y_0 (cm)	y₁—y₁ I_{y1} (cm⁴)	x_0 (cm)	u—u I_u (cm⁴)	i_u (cm)	w_u (cm³)	tanα
12.5/8	125	80	7	11	14.096	11.066	0.403	277.96	4.02	26.86	74.42	2.30	12.01	454.99	4.01	120.32	1.80	43.81	1.76	9.92	0.408
			8		15.989	12.551	0.403	256.77	4.01	30.41	83.49	2.28	13.56	519.99	4.06	137.85	1.84	49.15	1.75	11.18	0.407
			10		19.712	15.474	0.402	312.04	3.98	37.33	100.67	2.26	16.56	650.09	4.14	173.40	1.92	59.45	1.74	13.64	0.404
			12		23.351	18.330	0.402	364.41	3.95	44.01	116.67	2.24	19.43	780.39	4.22	209.67	2.00	69.35	1.72	16.01	0.400
14/9	140	90	8	12	18.038	14.160	0.453	365.64	4.50	38.48	120.69	2.59	17.34	730.53	4.50	195.79	2.04	70.83	1.98	14.31	0.411
			10		22.261	17.475	0.452	445.50	4.47	47.31	146.06	2.56	21.22	913.20	4.58	254.92	2.12	85.82	1.96	17.48	0.409
			12		26.400	20.724	0.451	521.59	4.44	55.87	169.79	2.54	24.95	1096.09	4.66	296.89	2.19	100.21	1.95	20.54	0.406
			14		30.456	23.908	0.451	594.10	4.42	64.18	192.10	2.51	28.54	1279.26	4.74	348.82	2.27	114.13	1.94	23.52	0.403
16/10	160	100	10	13	25.315	19.872	0.512	668.69	5.14	62.13	205.03	2.85	26.56	1362.89	5.24	336.59	2.28	121.74	2.19	21.02	0.390
			12		30.054	23.592	0.511	784.91	5.11	73.49	239.06	2.82	31.28	1635.56	5.32	405.94	2.36	142.33	2.17	25.79	0.388
			14		34.709	27.247	0.510	896.30	5.08	84.56	271.20	2.80	35.83	1908.50	5.40	476.42	2.43	162.23	2.16	29.56	0.385
			16		39.281	30.835	0.510	1003.04	5.05	95.33	301.60	2.77	40.24	2181.79	5.48	548.22	2.51	182.57	2.16	33.44	0.382
18/11	180	110	10	14	28.373	22.273	0.571	956.25	5.80	78.96	278.11	3.13	32.49	1940.40	5.89	447.22	2.44	166.50	2.42	26.88	0.376
			12		33.712	26.464	0.571	1124.72	5.78	93.53	325.03	3.10	38.32	2328.38	5.98	538.94	2.52	194.87	2.40	31.66	0.374
			14		38.967	30.589	0.570	1286.91	5.75	107.76	369.55	3.08	43.97	2716.60	6.06	631.95	2.59	222.30	2.39	36.32	0.372
			16		44.139	34.649	0.569	1443.06	5.72	121.64	411.85	3.06	49.44	3105.15	6.14	726.46	2.67	248.94	2.38	40.87	0.369
20/12.5	200	125	12	14	37.912	29.761	0.641	1570.90	6.44	116.73	483.16	3.57	49.99	3193.85	6.54	787.74	2.83	285.79	2.74	41.23	0.392
			14		43.867	34.436	0.640	1800.97	6.41	134.65	550.83	3.54	57.44	3726.17	6.02	922.47	2.91	326.58	2.73	47.34	0.390
			16		49.739	39.045	0.639	2023.35	6.38	152.18	615.44	3.52	64.69	4258.86	6.70	1058.86	2.99	366.21	2.71	53.32	0.388
			18		55.526	43.588	0.639	2238.30	6.35	169.33	677.19	3.49	71.74	4792.00	6.78	1197.13	3.06	404.83	2.70	59.18	0.385

参 考 数 值

附表 A.3

热轧槽钢（GB/T 706—1988）

符号意义：
h—高度；
b—腿宽度；
d—腰厚度；
t—平均腿厚度；
r—内圆弧半径；
r₁—腿端圆弧半径；
I—惯性矩；
w—截面系数；
i—惯性半径；
s—半截面的静矩

| 型号 | 尺寸(mm) | | | | | | 截面面积 (cm²) | 理论质量 (kg/m) | 参考数值 | | | | | | |
| | h | b | d | t | r | r₁ | | | x—x | | | | y—y | | |
									I_x (cm⁴)	W_x (cm³)	i_x (cm)	$I_x : S_x$ (cm)	I_y (cm⁴)	W_y (cm³)	i_y (cm)
10	100	68	4.5	7.6	6.5	3.3	14.3	11.2	245	49	4.14	8.59	33	9.72	1.52
12.6	126	74	5	8.4	7	3.5	18.1	14.2	488.43	77.529	5.195	10.85	46.906	12.677	1.609
14	140	80	5.5	9.1	7.5	3.8	21.5	16.9	712	102	5.76	12	64.4	16.1	1.73
16	160	88	6	9.9	8	4	26.1	20.5	1130	141	6.58	13.8	93.1	21.2	1.89
18	180	94	6.5	10.7	8.5	4.3	30.6	24.1	1660	185	7.36	15.4	122	26	2
20a	220	110	7.5	12.3	9.5	4.8	42	33	3400	309	8.99	18.9	225	40.9	2.31
20b	220	112	9.5	12.3	9.5	4.8	46.4	36.4	3570	325	8.78	18.7	239	42.7	2.27
22a	220	110	7.5	12.3	9.5	4.8	42.13	33.07	3400	309	8.99	18.9	225	40.9	2.31
22b	220	112	9.5	12.3	9.5	4.8	46.53	36.52	3570	325	8.78	18.7	239	42.7	2.27
25a	250	116	8	13	10	5	48.5	38.1	5023.54	401.88	10.18	21.58	280.046	48.283	2.403
25b	250	118	10	13	10	5	53.5	42	5283.96	422.72	9.938	21.27	309.297	52.423	2.404
28a	280	122	8.5	13.7	10.5	5.3	55.45	43.4	7114.14	508.15	11.32	24.62	345.051	56.565	2.295
28b	280	124	10.5	13.7	10.5	5.3	61.05	47.9	7480	534.29	11.08	24.24	379.496	61.209	2.404

型号	尺寸(mm)						截面面积 (cm²)	理论质量 (kg/m)	参考数值						
									$x-x$				$y-y$		
	h	b	d	t	r	r_1			I_x (cm⁴)	W_x (cm³)	i_x (cm)	$I_x:S_x$ (cm)	I_y (cm⁴)	W_y (cm³)	i_y (cm)
32a	320	130	9.5	15	11.5	5.8	67.05	52.7	11075.5	692.2	12.84	27.46	459.93	70.758	2.619
32b	320	132	11.5	15	11.5	5.8	73.45	57.7	11621.4	726.33	12.58	27.09	501.53	75.989	2.614
32c	320	134	13.5	15	11.5	5.8	79.95	62.8	12167.5	760.47	12.34	26.77	543.81	81.166	2.608
36a	360	136	10	15.8	12	6	76.3	59.9	15760	875	14.4	30.7	552	81.2	2.69
36b	360	138	12	15.8	12	6	83.5	65.6	16530	919	14.1	30.3	582	84.3	2.64
36c	360	140	14	15.8	12	6	90.7	71.2	17310	962	13.8	29.9	612	87.4	2.6
40a	400	142	10.5	16.5	12.5	6.3	86.1	67.6	21720	1090	15.9	34.1	660	93.2	2.77
40b	400	144	12.5	16.5	12.5	6.3	94.1	73.8	22780	1140	15.6	33.6	692	96.2	2.71
40c	400	146	14.5	16.5	12.5	6.3	102	80.1	23850	1190	15.2	33.2	727	99.6	2.65
45a	450	150	11.5	18	13.5	6.8	102	80.4	32240	1430	17.7	38.6	855	114	2.89
45b	450	152	13.5	18	13.5	6.8	111	87.4	33760	1500	17.4	38	894	118	2.84
45c	450	154	15.5	18	13.5	6.8	120	94.5	35280	1570	17.1	37.6	938	122	2.79
50a	500	158	12	20	14	7	119	93.6	46470	1860	19.7	42.8	1120	142	3.07
50b	500	160	14	20	14	7	129	101	48560	1940	19.4	42.4	1170	146	3.01
50c	500	162	16	20	14	7	139	109	50640	2080	19	41.8	1220	151	2.96
56a	560	166	12.5	21	14.5	7.3	135.25	106.2	65585.6	2342.31	22.02	47.73	1370.16	165.08	3.182
56b	560	168	14.5	21	14.5	7.3	146.45	115	68512.5	2446.69	21.63	47.17	1486.75	174.25	3.162
56c	560	170	16.5	21	14.5	7.3	157.85	123.9	71439.4	2551.41	21.27	46.66	1558.39	183.34	3.158
63a	630	176	13	22	15	7.5	154.9	121.6	93916.2	2981.47	24.62	54.17	1700.55	193.24	3.314
63b	630	178	15	22	15	7.5	167.5	131.5	98083.6	3163.38	24.2	53.51	1812.07	203.6	3.289
63c	630	180	17	22	15	7.5	180.1	141	102251.1	3298.42	23.82	52.92	1924.91	213.88	3.268

附表 A.4

热轧工字钢（GB/T 707—1988）

符号意义：

h—高度
b—腿宽度
d—腰厚度
t—平均腿厚度
r—内圆弧半径
r_1—腿端圆弧半径
I—惯性矩
w—截面系数
i—惯性半径
z_0—yy 轴与 y_1y_1 轴间距

型号	尺寸(mm)						截面面积 (cm²)	理论质量 (kg/m)	参考数值							
									$x-x$			$y-y$			y_1-y_1	z_0
	h	b	d	t	r	r_1			w_x (cm³)	I_x (cm⁴)	i_x (cm)	w_y (cm³)	I_y (cm⁴)	i_y (cm)	I_{y1} (cm)	(cm)
5	50	37	4.5	7	7	3.5	6.93	5.44	10.4	26	1.94	3.55	8.3	1.1	20.9	1.35
6.3	63	40	4.8	7.5	7.5	3.75	8.444	6.63	16.123	50.786	2.453	4.50	11.872	1.185	28.38	1.36
8	80	43	5	8	8	4	10.24	8.04	25.3	101.3	3.15	5.79	16.6	1.27	37.4	1.43
10	100	48	5.3	8.5	8.5	4.25	12.74	10	39.7	198.3	3.95	7.8	25.6	1.41	54.9	1.52
12.6	126	53	5.5	9	9	4.5	15.69	12.37	62.137	391.466	4.953	10.242	37.99	1.576	77.09	1.59
14a	140	58	6	9.5	9.5	4.75	18.51	14.53	80.5	563.7	5.52	13.01	53.2	1.7	107.1	1.71
14b	140	60	8	9.5	9.5	4.75	21.31	16.73	87.1	609.4	5.35	14.12	61.1	1.69	120.6	1.69
16a	160	63	6.5	10	10	5	21.95	17.23	108.3	866.2	6.28	16.3	73.3	1.83	144.1	1.8
16	160	65	8.5	10	10	5	25.15	19.74	116.8	934.5	6.1	17.55	83.4	1.82	160.8	1.75
18a	180	68	7	10.5	10.5	5.25	25.69	20.17	141.4	1272.7	7.04	20.03	98.6	1.96	189.7	1.88
18	180	70	9	10.5	10.5	5.25	29.29	22.99	152.2	1369.9	6.84	21.52	111	1.95	210.1	1.84
20a	200	73	7	11	11	5.5	28.83	22.63	178	1780.4	7.86	24.2	128	2.11	244	2.01

续表

型号	尺寸(mm) h	b	d	t	r	r_1	截面面积 (cm²)	理论质量 (kg/m)	$x-x$ w_x (cm³)	I_x (cm⁴)	i_x (cm)	$y-y$ w_y (cm³)	I_y (cm⁴)	i_y (cm)	y_1-y_1 I_{y1} (cm)	z_0 (cm)
20	200	75	9	11	11	5.5	32.83	25.77	191.4	1913.7	7.64	25.88	143.6	2.09	268.4	1.95
22a	220	77	7	11.5	11.5	5.75	31.84	24.99	217.6	2393.9	8.67	28.17	157.8	2.23	298.2	2.1
22	220	79	9	11.5	11.5	5.75	36.24	28.45	233.8	2571.4	8.42	30.05	176.4	2.21	326.0	2.03
25a	250	78	7	12	12	6	34.91	27.47	269.597	3369.62	9.823	30.607	175.529	2.243	322.256	2.065
25b	250	80	9	12	12	6	39.91	31.39	282.402	3530.04	9.405	32.657	196.421	2.218	353.187	1.982
25c	250	82	11	12	12	6	44.91	35.32	295.236	3690.45	9.065	35.926	218.415	2.206	384.133	1.921
28a	280	82	7.5	12.5	12.5	6.25	40.02	31.42	340.328	4764.59	10.90	35.718	217.989	2.333	387.566	2.097
28b	280	84	9.5	12.5	12.5	6.25	45.62	35.81	366.46	5130.45	10.6	37.929	242.144	2.304	425.589	2.016
28c	280	86	11.5	12.5	12.5	6.25	51.22	40.21	392.594	5496.32	10.35	40.301	267.602	2.286	426.597	1.951
32a	320	88	8	14	14	7	48.7	38.22	474.879	7598.06	12.49	46.473	304.787	2.502	552.31	2.242
32b	320	90	10	14	14	7	55.1	43.25	509.102	8144.2	12.15	49.157	366.332	2.471	592.933	2.158
32c	320	92	12	14	14	7	61.5	48.28	543.145	8690.33	11.88	52.624	374.175	2.467	643.299	2.092
36a	360	96	9	16	16	8	60.89	47.8	659.7	11874.2	13.97	63.54	455	2.73	818.4	2.44
36b	360	98	11	16	16	8	68.09	53.45	702.9	12651.8	13.63	66.85	496.7	2.7	880.4	2.37
36c	360	100	13	16	16	8	75.29	50.1	746.1	13429.4	13.36	70.02	536.4	2.67	947.9	2.34
40a	400	100	10.5	18	18	9	75.05	58.91	878.9	17577.9	15.30	78.83	592	2.81	1067.7	2.49
40b	400	102	12.5	18	18	9	83.05	65.19	932.2	18644.5	14.98	82.52	640	2.78	1135.6	2.44
40c	400	104	14.5	18	18	9	91.05	71.47	985.6	19711.2	14.71	86.19	687.8	2.75	1220.7	2.42

附录 B 钢筋截面面积表

附表 B.1　　　　　　钢筋混凝土板每米宽的钢筋截面面积

钢筋间距 (mm) ＼ 钢筋直径 (mm) → 截面面积 (mm²)	3	4	5	6	6/8	8	8/10	10	10/12	12	12/14	14
70	101.0	180.0	280.0	404.0	561.0	719.0	920.0	1121.0	1369.0	1616.0	1907.0	2199.0
75	94.2	168.2	262.0	377.0	524.0	671.0	859.0	1047.0	1277.0	1508.0	1780.0	2052.0
80	88.4	157.0	245.0	354.0	491.0	629.0	850.0	981.0	1198.0	1414.0	1669.0	1924.0
85	83.2	148.0	231.0	333.0	462.0	592.0	758.0	924.0	1127.0	1331.0	1571.0	1811.0
90	78.5	140.0	218.0	314.0	437.0	559.0	716.0	872.0	1064.0	1257.0	1483.0	1710.0
95	74.5	132.0	207.0	298.0	414.0	529.0	678.0	826.0	1008.0	1190.0	1405.0	1620.0
100	70.6	126.0	196.0	283.0	393.0	503.0	644.0	785.0	958.0	1131.0	1335.0	1539.0
110	64.2	114.0	178.0	257.0	357.0	457.0	585.0	714.0	871.0	1028.0	1214.0	1399.0
120	58.9	105.0	163.0	236.0	327.0	419.0	537.0	654.0	798.0	942.0	1113.0	1283.0
125	56.5	101.0	157.0	226.0	314.0	402.0	515.0	628.0	766.0	905.0	1068.0	1231.0
130	54.4	96.6	151.0	218.0	302.0	387.0	495.0	604.0	737.0	870.0	1027.0	1184.0
140	50.5	89.8	140.0	202.0	281.0	359.0	460.0	561.0	684.0	808.0	954.0	1099.0
150	47.1	83.8	131.0	189.0	262.0	335.0	429.0	523.0	639.0	754.0	890.0	1026.0
160	44.1	78.5	123.0	177.0	246.0	314.0	403.0	491.0	599.0	707.0	834.0	962.0
170	41.5	73.9	115.0	166.0	231.0	296.0	379.0	462.0	564.0	665.0	785.0	905.0
180	39.2	69.8	109.0	157.0	218.0	279.0	358.0	436.0	532.0	628.0	742.0	855.0
190	37.2	66.1	100.0	149.0	207.0	265.0	339.0	413.0	504.0	595.0	703.0	810.0
200	35.3	62.8	98.2	141.0	196.0	251.0	322.0	393.0	479.0	565.0	668.0	770.0
220	32.1	57.1	89.2	129.0	179.0	229.0	293.0	357.0	436.0	514.0	607.0	700.0
240	29.4	52.4	81.8	118.0	164.0	210.0	268.0	327.0	399.0	471.0	556.0	641.0
250	28.3	50.3	78.5	113.0	157.0	201.0	258.0	314.0	383.0	452.0	534.0	616.0
260	27.2	48.3	75.5	109.0	151.0	193.0	248.0	302.0	369.0	435.0	513.0	592.0
280	25.2	44.9	70.1	101.0	140.0	180.0	230.0	280.0	342.0	404.0	477.0	550.0
300	23.6	41.9	65.5	94.2	131.0	168.0	215.0	262.0	319.0	377.0	445.0	513.0
320	22.1	39.3	61.4	88.4	123.0	157.0	201.0	245.0	299.0	353.0	417.0	481.0

附表 B.2   **钢筋的计算截面面积及理论质量表**

称直径 (mm)	不同根数钢筋的计算截面面积 (mm²)									单根钢筋理论 质量 (kg/m)
	1	2	3	4	5	6	7	8	9	
6	28.3	57	85	113	142	170	198	226	255	0.222
6.5	33.2	66	100	133	166	199	232	265	299	0.26
8	50.3	101	151	201	252	302	352	402	453	0.395
8.2	52.8	106	158	211	264	317	370	423	475	0.432
10	78.5	157	236	314	393	471	550	628	707	0.617
12	113.1	226	339	452	565	678	791	904	1017	0.888
14	153.9	308	461	615	769	923	1077	1231	1385	1.21
16	201.1	402	603	804	1005	1206	1407	1608	1809	1.58
18	254.5	509	763	1017	1272	1527	1781	2036	2290	2
20	314.2	628	942	1256	1570	1884	2199	2513	2827	2.47
22	380.1	760	1140	1520	1900	2281	2661	3041	3421	2.98
25	490.9	982	1473	1964	2454	2945	3436	3927	4418	3.85
28	615.8	1232	1847	2463	3079	3695	4310	4926	5542	4.83
32	804.2	1609	2413	3217	4021	4826	5630	6434	7238	6.31
36	1017.9	2036	3054	4072	5089	6107	7125	8143	9161	7.99
40	1256.6	2513	3770	5027	6283	7540	8796	10053	11310	9.87
50	1964	3928	5892	7856	9820	11784	13748	15712	17676	15.42

注 表中直径 $d = 8.2$mm 的计算截面面积及理论质量仅适用于有纵肋的热处理钢筋。

附录C 等截面等跨连续梁在常用荷载作用下按弹性分析的内力系数表

1. 在均布及三角形荷载作用下

$$M = 表中系数 \times q l_0^2$$

$$V = 表中系数 \times q l_0$$

2. 在集中荷载作用下

$$M = 表中系数 \times F l_0$$

$$V = 表中系数 \times F$$

3. 内力正负号规定 M 为使截面上部受压、下部受拉为正；V 为对邻近截面所产生的力矩沿顺时针方向者为正。

(1) 两 跨 梁

荷 载 图	跨内最大弯矩		支座弯矩	剪 力		
	M_1	M_2	M_B	V_A	V_{Bl} V_{Br}	V_C
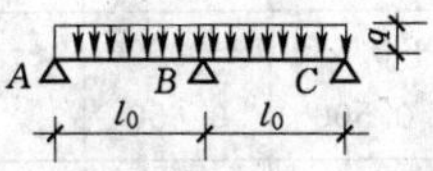	0.070	0.070	−0.125	0.375	−0.625 0.625	−0.375
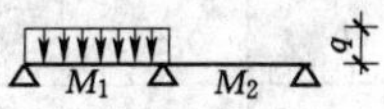	0.096	—	−0.063	0.437	−0.563 0.063	0.063
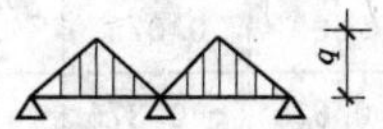	0.048	0.048	−0.078	0.172	−0.328 0.328	−0.172
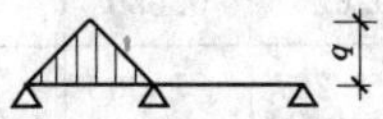	0.064	—	−0.039	0.211	−0.289 0.039	0.039
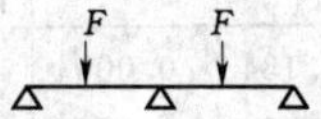	0.156	0.156	−0.188	0.312	−0.688 0.688	−0.312
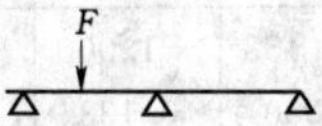	0.203	—	−0.094	0.406	−0.594 0.094	0.094
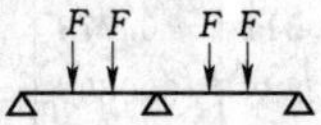	0.222	0.222	−0.333	0.667	−1.333 1.333	−0.667
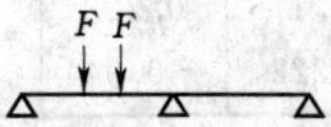	0.278	—	−0.167	0.833	−1.167 0.167	0.167

(2) 三　跨　梁

荷 载 图	跨内最大弯矩		支座弯矩		剪　力			
	M_1	M_2	M_B	M_C	V_A	V_{Bl} / V_{Br}	V_{Cl} / V_{Cr}	V_D
	0.080	0.025	−0.100	−0.100	0.400	−0.600 / 0.500	−0.500 / 0.600	−0.400
	0.101	—	−0.050	−0.050	0.450	−0.550 / 0	0 / 0.550	−0.450
	—	0.075	−0.050	−0.050	0.050	−0.050 / 0.500	−0.500 / 0.050	0.050
	0.073	0.054	−0.117	−0.033	0.383	−0.617 / 0.583	−0.417 / 0.033	0.033
	0.094	—	−0.067	0.017	0.433	−0.567 / 0.083	0.083 / −0.017	−0.017
	0.054	0.021	−0.063	−0.063	0.183	−0.313 / 0.250	−0.250 / 0.313	−0.188
	0.068	—	−0.031	−0.031	0.219	−0.281 / 0	0 / 0.281	−0.219
	—	0.052	−0.031	−0.031	0.031	−0.031 / 0.250	−0.250 / 0.031	0.031
	0.050	0.038	−0.073	−0.021	0.177	−0.323 / 0.302	−0.198 / 0.021	0.021
	0.063	—	−0.042	0.010	0.208	−0.292 / 0.052	0.052 / −0.010	−0.010
	0.175	0.100	−0.150	−0.150	0.350	−0.650 / 0.500	−0.500 / 0.650	−0.350
	0.213	—	−0.075	−0.075	−0.075	−0.575 / 0	0 / 0.575	−0.425
	—	0.175	−0.075	−0.075	−0.075	−0.075 / 0.500	−0.500 / 0.075	0.075
	0.162	0.137	−0.175	−0.050	0.325	−0.675 / 0.625	−0.375 / 0.050	0.050
	0.244	0.067	−0.267	−0.267	0.733	−1.267 / 1.000	−1.000 / 1.267	−0.733
	0.289	—	−0.133	−0.133	0.866	−1.134 / 0.000	0.000 / 1.134	−0.866
	—	0.200	−0.133	−0.133	−0.133	−0.133 / 1.000	−1.000 / 0.133	0.133
	0.229	0.170	−0.311	−0.089	0.689	−1.311 / 1.222	−0.778 / 0.089	0.089
	0.274	—	−0.178	0.044	0.822	−1.178 / 0.222	0.222 / −0.044	−0.044

(3) 四跨梁

荷载图	跨内最大弯矩				支座弯矩			剪力				
	M_1	M_2	M_3	M_4	M_B	M_C	M_D	V_A	V_{Bl}／V_{Br}	V_{Cl}／V_{Cr}	V_{Dl}／V_{Dr}	V_E
	0.077	0.036	0.036	0.077	−0.107	−0.071	−0.107	0.393	−0.607／0.536	−0.464／0.464	−0.536／0.607	−0.393
	0.100	—	0.081	—	−0.054	−0.036	−0.054	0.446	−0.554／0.018	0.018／0.482	−0.518／0.054	0.054
	0.072	0.061	—	0.098	−0.121	−0.018	−0.058	0.380	−0.620／0.603	−0.397／−0.040	−0.040／0.558	−0.442
	0.094	0.056	0.056	—	−0.036	−0.107	−0.036	−0.036	−0.036／0.429	−0.571／0.571	−0.429／0.036	0.036
	—	0.071	—	0.052	−0.067	0.018	−0.004	0.433	−0.567／0.085	0.085／−0.022	−0.022／0.004	0.004
	0.052	0.028	0.028	—	−0.049	−0.054	0.013	−0.049	−0.049／0.496	−0.504／0.067	0.067／−0.013	−0.013
	0.067	0.055	—	0.066	−0.067	−0.045	−0.067	0.183	−0.317／0.272	−0.228／0.228	−0.272／0.317	−0.183
	0.049	0.042	0.040	—	−0.034	−0.022	−0.034	0.217	−0.284／0.011	0.011／0.239	−0.261／0.034	0.034
	—	0.040	—	—	−0.075	−0.011	−0.036	0.175	−0.325／0.314	−0.186／0.025	−0.025／0.286	−0.214
	0.063	—	—	—	−0.022	−0.067	−0.022	−0.022	−0.022／0.205	−0.295／0.295	−0.205／0.022	0.022
	—	0.051	—	—	−0.042	0.011	−0.003	0.208	−0.292／0.053	0.053／−0.014	−0.014／0.003	0.003
	—	—	—	—	−0.031	−0.034	0.008	−0.031	−0.031／0.247	−0.253／0.042	0.042／−0.008	−0.008

续表

荷载图	跨内最大弯矩				支座弯矩			剪力				
	M_1	M_2	M_3	M_4	M_B	M_C	M_D	V_A	V_{Bl} / V_{Br}	V_{Cl} / V_{Cr}	V_{Dl} / V_{Dr}	V_E
	0.169	0.116	0.116	0.169	−0.161	−0.107	−0.161	0.339	−0.661 / 0.554	−0.446 / 0.446	−0.554 / 0.661	−0.339
	0.210	—	0.183	0.206	−0.080	−0.054	−0.080	0.420	−0.580 / 0.027	0.027 / 0.473	−0.527 / 0.080	0.080
	0.159	0.146	—	—	−0.181	−0.027	−0.087	0.319	−0.681 / 0.654	−0.346 / −0.060	−0.060 / 0.587	−0.413
	—	0.142	0.142	—	−0.054	−0.161	0.054	0.054	−0.054 / 0.393	−0.607 / 0.607	−0.393 / 0.054	0.054
	0.200	—	—	—	−0.100	0.027	−0.007	0.400	−0.600 / 0.127	0.127 / −0.033	−0.033 / 0.007	0.007
	—	0.173	—	0.238	−0.074	−0.080	0.020	−0.074	−0.074 / 0.493	−0.507 / 0.100	0.100 / −0.020	−0.020
	0.238	0.111	0.111	—	−0.286	−0.191	−0.286	0.714	1.286 / 1.095	−0.905 / 0.905	−1.095 / 1.286	−0.714
	0.286	0.194	0.222	0.282	−0.143	−0.095	−0.143	0.857	−0.143 / 0.048	0.048 / 0.952	−1.048 / 0.143	0.143
	0.226	0.175	—	—	−0.321	−0.048	−0.155	0.679	−1.321 / 1.274	−0.726 / −0.107	−0.107 / 1.155	−0.845
	—	—	0.175	—	−0.095	−0.286	−0.095	−0.095	−0.095 / 0.810	−1.190 / 1.190	−0.810 / 0.095	0.095
	0.274	—	—	—	−0.178	0.048	−0.012	0.822	−1.178 / 0.226	0.226 / −0.060	−0.060 / 0.012	0.012
	—	0.198	—	—	−0.131	−0.143	0.036	−0.131	−0.131 / 0.988	−1.012 / 0.178	0.178 / −0.036	−0.036

（4）五跨梁

荷载图	跨内最大弯矩			支座弯矩				剪　力					
	M_1	M_2	M_3	M_B	M_C	M_D	M_E	V_A	V_{Bl} / V_{Br}	V_{Cl} / V_{Cr}	V_{Dl} / V_{Dr}	V_{El} / V_{Er}	V_F
$A\ B\ C\ D\ E\ F$	0.078	0.033	0.046	−0.105	−0.079	−0.079	−0.105	0.394	−0.606 / 0.526	−0.474 / 0.500	−0.500 / 0.474	−0.526 / 0.606	−0.394
$M_1\,M_2\,M_3\,M_4\,M_5$	0.100	—	0.085	−0.053	−0.040	−0.040	−0.053	0.447	−0.553 / 0.013	0.013 / 0.500	−0.500 / −0.013	−0.013 / 0.553	−0.447
	—	0.079	—	−0.053	−0.040	−0.040	−0.053	−0.053	−0.053 / −0.513	−0.487 / 0	0 / 0.487	−0.513 / 0.053	0.053
	0.073	②0.059	—	−0.119	−0.022	−0.044	−0.051	0.380	−0.620 / 0.598	−0.402 / −0.023	−0.023 / 0.493	−0.507 / 0.052	0.052
	①0.098	0.098	0.064	−0.035	−0.111	−0.020	−0.057	−0.035	0.035 / 0.424	0.576 / 0.591	−0.409 / −0.037	−0.037 / 0.557	−0.443
	0.094	0.055	0.072	−0.067	0.018	−0.005	0.001	0.433	0.567 / 0.085	0.085 / 0.023	0.023 / 0.006	0.006 / −0.001	0.001
	—	—	0.034	−0.049	−0.054	0.014	−0.004	0.019	0.019 / 0.495	−0.505 / 0.068	0.068 / −0.018	−0.018 / 0.004	0.004
	—	0.074	0.059	0.013	0.053	0.053	0.013	0.013	0.013 / −0.066	−0.066 / 0.500	−0.500 / 0.066	0.066 / −0.013	0.013
	0.053	—	—	−0.066	−0.049	0.049	−0.066	0.184	−0.316 / 0.266	−0.234 / 0.250	−0.250 / 0.234	−0.266 / 0.316	0.184
	0.067	0.026	—	−0.033	−0.025	−0.025	−0.033	0.217	0.283 / 0.008	0.008 / 0.250	−0.250 / −0.008	−0.008 / 0.283	0.217
	—	0.055	—	−0.033	−0.025	−0.025	−0.033	0.033	−0.033 / 0.258	−0.242 / 0	0 / 0.242	−0.258 / 0.033	0.033

荷载图	跨内最大弯矩 M_1	M_2	M_3	支座弯矩 M_B	M_C	M_D	M_E	剪力 V_A	V_B / $V_{B'}$	V_C / $V_{C'}$	V_D / $V_{D'}$	V_E / $V_{E'}$	V_F
(荷载图)	0.049	②0.041 / 0.053	—	−0.075	−0.014	−0.028	−0.032	0.175	0.325 / 0.311	−0.189 / −0.014	−0.014 / 0.246	−0.255 / 0.032	0.032
(荷载图)	①— / 0.066	0.039	0.044	−0.022	−0.070	−0.013	−0.036	−0.022	−0.022 / 0.202	−0.298 / 0.307	−0.193 / −0.023	−0.023 / 0.286	−0.214
(荷载图)	0.063	—	—	−0.042	0.011	−0.003	0.001	0.208	−0.292 / 0.053	0.053 / −0.014	−0.014 / 0.004	0.004 / −0.001	−0.001
(荷载图)	—	0.051	0.050	−0.031	−0.034	0.009	−0.002	−0.031	−0.031 / 0.247	−0.253 / 0.043	0.043 / −0.011	−0.011 / 0.002	0.002
(荷载图)	0.171	0.112	0.132	0.008	−0.033	−0.033	0.008	0.008	0.008 / −0.041	−0.041 / 0.250	−0.250 / 0.041	0.041 / −0.008	−0.008
(荷载图)	0.211	—	0.191	−0.158	−0.118	−0.118	−0.158	0.342	−0.658 / 0.540	−0.460 / 0.500	−0.500 / 0.460	−0.540 / 0.658	−0.342
(荷载图)	—	0.181	—	−0.079	−0.059	−0.059	−0.079	0.421	−0.579 / 0.020	0.020 / 0.500	−0.500 / −0.020	−0.020 / 0.579	−0.421
(荷载图)	0.160	—	0.151	−0.079	−0.059	−0.059	−0.079	−0.079	−0.079 / 0.520	−0.480 / 0	0 / 0.480	−0.520 / 0.079	0.079
(荷载图)	①— / 0.207	②0.144 / 0.178	—	−0.179	−0.032	−0.066	−0.077	0.321	−0.679 / 0.647	−0.353 / −0.034	−0.034 / 0.489	−0.511 / 0.077	0.077
(荷载图)	0.200	0.140	—	−0.052	−0.167	−0.031	−0.086	−0.052	−0.052 / 0.386	−0.615 / 0.637	−0.363 / −0.056	−0.056 / 0.586	−0.414
(荷载图)	—	—	—	−0.100	0.027	−0.007	0.002	0.400	−0.600 / 0.127	0.127 / −0.031	−0.034 / 0.009	0.009 / −0.002	−0.002

续表

荷载图	跨内最大弯矩 M_1	M_2	M_3	支座弯矩 M_B	M_C	M_D	M_E	剪力 V_A	V_B / $V_{B'}$	V_C / $V_{C'}$	V_D / $V_{D'}$	V_E / $V_{E'}$	V_F
集中荷载 F（第二跨）	—	0.173	—	-0.073	-0.081	0.022	-0.005	-0.073	-0.073 / 0.493	-0.507 / 0.102	0.102 / -0.027	-0.027 / 0.005	0.005
集中荷载 F（第三跨）	—	—	0.171	0.020	-0.079	-0.079	0.020	0.020	0.020 / -0.099	-0.099 / 0.500	-0.500 / 0.099	0.099 / -0.020	-0.020
满布集中荷载 FFFF FFFFF	0.240	0.100	0.122	-0.281	-0.211	0.211	-0.281	0.719	-1.281 / 1.070	-0.930 / 1.000	-1.000 / 0.930	-1.070 / 1.281	-0.719
FF F FF F	0.287	—	0.228	-0.140	-0.105	-0.105	-0.140	0.860	-1.140 / 0.035	0.035 / 1.000	1.000 / -0.035	-0.035 / 1.140	-0.860
FF FF	—	0.216	—	-0.140	-0.105	-0.105	-0.140	-0.140	-0.140 / 1.035	-0.965 / 0.000	0.000 / 0.965	-1.035 / 0.140	0.140
FFFF	0.227	②0.189 / 0.209	—	-0.319	-0.057	-0.118	-0.137	0.681	-1.319 / 1.262	-0.738 / -0.061	-0.061 / 0.981	-1.019 / 0.137	0.137
FFFF FF	①0.227 / 0.282	0.172	0.198	-0.093	-0.297	-0.054	-0.153	-0.093	-0.093 / 0.796	-1.204 / 1.243	-0.757 / -0.099	-0.099 / 1.153	-0.847
FF	0.274	—	—	-0.179	0.048	-0.013	0.003	0.821	-1.179 / 0.227	0.227 / -0.061	-0.061 / 0.016	0.016 / -0.003	-0.003
F F	—	0.198	—	-0.131	-0.144	0.038	-0.010	-0.131	-0.131 / 0.987	-1.013 / 0.182	0.182 / -0.048	-0.048 / 0.010	0.010
FF	0.193	—	0.193	0.035	-0.140	-0.140	0.035	0.035	0.035 / -0.175	-0.175 / 1.000	-1.000 / 0.175	0.175 / -0.035	-0.035

注 1. 分子及分母分别为 M_1 及 M_5 的弯矩系数。
2. 分子及分母分别为 M_2 及 M_4 的弯矩系数。

附录 D 双向板按弹性分析的计算系数表

符号说明

$$B_c = \frac{E_c h^3}{12(1-\nu^2)} \times 截面抗弯刚度$$

式中：E_c 为混凝土弹性模量；h 为板厚；ν 为泊桑比，混凝土可取 $\nu=0.2$。

表中：a_f、$a_{f\max}$ 分别为板中心点的挠度和最大挠度；m_x、$m_{x\max}$ 分别为平行于 l_x 方向板中心点单位板宽内的弯矩和板跨内最大弯矩；m_y、$m_{y\max}$ 分别为平行于 l_y 方向板中心点单位板宽内的弯矩和板跨内最大弯矩；m_x' 为固定边中点沿 l_y 方向单位板宽内的弯矩；m_y' 为固定边中点沿 l_x 方向单位板宽内的弯矩；

---- 代表简支边，⊥⊥⊥⊥⊥ 代表固定边。

正负号的规定：弯矩为使板的受荷面受压者为正；挠度为变位方向与荷载方向相同者为正。

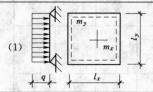

(1)

挠度＝表中系数 $\times \dfrac{ql^4}{B_c}$；

$\nu=0$，弯矩＝表中系数 $\times ql^2$。

式中 l 取用 l_x 和 l_y 中的较小者。

l_x/l_y	a_f	m_x	m_y	l_x/l_y	a_f	m_x	m_y
0.50	0.01013	0.0965	0.0174	0.80	0.00603	0.0561	0.0334
0.55	0.00940	0.0892	0.0210	0.85	0.00547	0.0506	0.0348
0.60	0.00867	0.0820	0.0242	0.90	0.00496	0.0456	0.0358
0.65	0.00796	0.0750	0.0271	0.95	0.00449	0.0410	0.0364
0.70	0.00727	0.0683	0.0296	1.00	0.00406	0.0368	0.0368
0.75	0.00663	0.0620	0.0317				

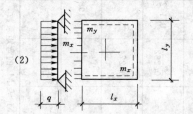

(2)

挠度＝表中系数 $\times \dfrac{ql^4}{B_c}$；

$\nu=0$，弯矩＝表中系数 $\times ql^2$。

式中 l 取用 l_x 和 l_y 中的较小者。

l_x/l_y	l_y/l_x	a_f	$a_{f\max}$	m_x	$m_{x\max}$	m_y	$m_{y\max}$	m_x'
0.50		0.00488	0.00504	0.0583	0.0646	0.0060	0.0063	−0.1212
0.55		0.00471	0.00492	0.0563	0.0618	0.0081	0.0087	−0.1187
0.60		0.00453	0.00472	0.0539	0.0589	0.0104	0.0111	−0.1158
0.65		0.00432	0.00448	0.0513	0.0559	0.0126	0.0133	−0.1124
0.70		0.00410	0.00422	0.0485	0.0529	0.0148	0.0154	−0.1087

续表

l_x/l_y	l_y/l_x	a_f	$a_{f\max}$	m_x	$m_{x\max}$	m_y	$m_{y\max}$	m_x'
0.75		0.00388	0.00399	0.0457	0.0496	0.0168	0.0174	−0.1048
0.80		0.00365	0.00376	0.0428	0.0463	0.0187	0.0193	−0.1007
0.85		0.00343	0.00352	0.0400	0.0431	0.0204	0.0211	−0.0965
0.90		0.00321	0.00329	0.0372	0.0400	0.0219	0.0226	−0.0922
0.95		0.00299	0.00306	0.0345	0.0369	0.0232	0.0239	−0.0880
1.00	1.00	0.00279	0.00285	0.0319	0.0340	0.0243	0.0249	−0.0839
	0.95	0.00316	0.00324	0.0324	0.0345	0.0280	0.0287	−0.0882
	0.90	0.00360	0.00368	0.0328	0.0347	0.0322	0.0330	−0.0926
	0.85	0.00409	0.00417	0.0329	0.0345	0.0370	0.0373	−0.0970
	0.80	0.00464	0.00473	0.0326	0.0343	0.0424	0.0433	−0.1014
	0.75	0.00526	0.00536	0.0319	0.0335	0.0485	0.0494	−0.1056
	0.70	0.00595	0.00605	0.0308	0.0323	0.0553	0.0562	−0.1096
	0.65	0.00670	0.00680	0.0291	0.0306	0.0627	0.0637	−0.1133
	0.60	0.00752	0.00762	0.0268	0.0289	0.0707	0.0717	−0.1166
	0.55	0.00838	0.00848	0.0239	0.0271	0.0792	0.0801	−0.1193
	0.50	0.00927	0.00935	0.0205	0.0249	0.0880	0.0888	−0.1215

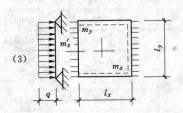

(3)

挠度 = 表中系数 $\times \dfrac{ql^4}{B_c}$；

$\nu = 0$，弯矩 = 表中系数 $\times ql^2$。

式中 l 取用 l_x 和 l_y 中的较小者。

l_x/l_y	l_y/l_x	a_f	m_x	m_y	m_x'
0.50		0.00261	0.0416	0.0017	−0.0843
0.55		0.00259	0.0410	0.0028	−0.0840
0.60		0.00255	0.0402	0.0042	−0.0834
0.65		0.00250	0.0392	0.0057	−0.0826
0.70		0.00243	0.0379	0.0072	−0.0814
0.75		0.00236	0.0366	0.0088	−0.0799
0.80		0.00228	0.0351	0.0103	−0.0782
0.85		0.00220	0.0335	0.0118	−0.0763
0.90		0.00211	0.0319	0.0133	−0.0743
0.95		0.00201	0.0302	0.0146	−0.0721
1.00	1.00	0.00192	0.0285	0.0158	−0.0698
	0.95	0.00223	0.0296	0.0189	−0.0746
	0.90	0.00260	0.0306	0.0224	−0.0797
	0.80	0.00303	0.0314	0.0266	−0.0850
	0.85	0.00354	0.0319	0.0316	−0.0904

l_x/l_y	l_y/l_x	a_f	m_x	m_y	m'_x
	0.75	0.00413	0.0321	0.0374	−0.0959
	0.70	0.00482	0.0318	0.0441	−0.1013
	0.65	0.00560	0.0308	0.0518	−0.1066
	0.60	0.00647	0.0292	0.0604	−0.1114
	0.55	0.00743	0.0267	0.0698	−0.1156
	0.50	0.00844	0.0234	0.0798	−0.1191

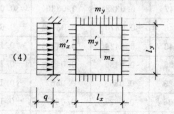

(4)

挠度＝表中系数$\times\dfrac{ql^4}{B_c}$；

$\nu=0$，弯矩＝表中系数$\times ql^2$。

式中l取用l_x和l_y中的较小者。

l_x/l_y	a_f	m_x	m_y	m'_x	m'_y
0.50	0.00253	0.0400	0.0038	−0.0829	−0.0570
0.55	0.00246	0.0385	0.0056	−0.0814	−0.0571
0.60	0.00236	0.0367	0.0076	−0.0793	−0.0571
0.65	0.00224	0.0345	0.0095	−0.0766	−0.0571
0.70	0.00211	0.0321	0.0113	−0.0735	−0.0569
0.75	0.00197	0.0296	0.0130	−0.0701	−0.0565
0.80	0.00182	0.0271	0.0144	−0.0664	−0.0559
0.85	0.00168	0.0246	0.0156	−0.0626	−0.0551
0.90	0.00153	0.0221	0.0165	−0.0588	−0.0541
0.95	0.00140	0.0198	0.0172	−0.0550	−0.0528
1.00	0.00127	0.0176	0.0176	−0.0513	−0.0513

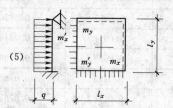

(5)

挠度＝表中系数$\times\dfrac{ql^4}{B_c}$；

$\nu=0$，弯矩＝表中系数$\times ql^2$。

式中l取用l_x和l_y中的较小者。

l_x/l_y	a_f	$a_{f\max}$	m_x	$m_{x\max}$	m_y	$m_{y\max}$	m'_x	m'_y
0.50	0.00468	0.00471	0.0559	0.0562	0.0079	0.0135	−0.1179	−0.0786
0.55	0.00445	0.00454	0.0529	0.0530	0.0104	0.0153	−0.1140	−0.0785
0.60	0.00419	0.00429	0.0496	0.0498	0.0129	0.0169	−0.1095	−0.0782
0.65	0.00391	0.00399	0.0461	0.0465	0.0151	0.0183	−0.1045	−0.0777
0.70	0.00363	0.00368	0.0426	0.0432	0.0172	0.0195	−0.0992	−0.0770
0.75	0.00335	0.00340	0.0390	0.0396	0.0189	0.0206	−0.0938	−0.0760

续表

l_x/l_y	a_f	$a_{f\max}$	m_x	$m_{x\max}$	m_y	$m_{y\max}$	m'_x	m'_y
0.80	0.00308	0.00313	0.0356	0.0361	0.0204	0.0218	−0.0883	−0.0748
0.85	0.00281	0.00286	0.0322	0.0328	0.0215	0.0229	−0.0829	−0.0733
0.90	0.00256	0.00261	0.0291	0.0297	0.0224	0.0238	−0.0776	−0.0716
0.95	0.00232	0.00237	0.0261	0.0267	0.0230	0.0244	−0.0726	−0.0698
1.00	0.00210	0.00215	0.0234	0.0240	0.0234	0.0249	−0.0677	−0.0677

(6)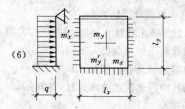

挠度 = 表中系数 $\times \dfrac{ql^4}{B_c}$；

$\nu=0$，弯矩 = 表中系数 $\times ql^2$。

式中 l 取用 l_x 和 l_y 中的较小者。

l_x/l_y	l_y/l_x	a_f	$a_{f\max}$	m_x	$m_{x\max}$	m_y	$m_{y\max}$	m'_x	m'_y
0.50		0.00257	0.00258	0.0408	0.0409	0.0028	0.0089	−0.0836	−0.0569
0.55		0.00252	0.00255	0.0398	0.0399	0.0042	0.0093	−0.0827	−0.0570
0.60		0.00245	0.00249	0.0384	0.0386	0.0059	0.0105	−0.0814	−0.0571
0.65		0.00237	0.00240	0.0368	0.0371	0.0076	0.0116	−0.0796	−0.0572
0.70		0.00227	0.00229	0.0350	0.0354	0.0093	0.0127	−0.0774	−0.0572
0.75		0.00216	0.00219	0.0331	0.0335	0.0109	0.0137	−0.0750	−0.0572
0.80		0.00205	0.00208	0.0310	0.0314	0.0124	0.0147	−0.0722	−0.0570
0.85		0.00193	0.00196	0.0289	0.0293	0.0138	0.0155	−0.0693	−0.0567
0.90		0.00181	0.00184	0.0268	0.0273	0.0159	0.0163	−0.0663	−0.0563
0.95		0.00169	0.00172	0.0247	0.0252	0.0160	0.0172	−0.0631	−0.0558
1.00	1.00	0.00157	0.00160	0.0227	0.0231	0.0168	0.0180	−0.0600	−0.0550
	0.95	0.00178	0.00182	0.0229	0.0234	0.0194	0.0207	−0.0629	−0.0599
	0.90	0.00201	0.00206	0.0228	0.0234	0.0223	0.0238	−0.0656	−0.0653
	0.85	0.00227	0.00233	0.0225	0.0231	0.0255	0.0273	−0.0683	−0.0711
	0.80	0.00256	0.00262	0.0219	0.0224	0.0290	0.0311	−0.0707	−0.0772
	0.75	0.00286	0.00294	0.0208	0.0214	0.0329	0.0354	−0.0729	−0.0837
	0.70	0.00319	0.00327	0.0194	0.0200	0.0370	0.0400	−0.0748	−0.0903
	0.65	0.00352	0.00365	0.0175	0.0182	0.0412	0.0446	−0.0762	−0.0970
	0.60	0.00386	0.00403	0.0153	0.0160	0.0454	0.0493	−0.0773	−0.1033
	0.55	0.00419	0.00437	0.0127	0.0133	0.0496	0.0541	−0.0780	−0.1093
	0.50	0.00449	0.00463	0.0099	0.0103	0.0534	0.0588	−0.0784	−0.1146

参 考 文 献

[1] GB 50010—2010《混凝土结构设计规范》. 北京：中国建筑工业出版社，2010.

[2] GB 50003—2001《砌体结构设计规范》. 北京：中国建筑工业出版社，2001.

[3] GB 50009—2001《建筑结构荷载规范》. 北京：中国建筑工业出版社，2001.

[4] GB 50011—2010《建筑抗震设计规范》. 北京：中国建筑工业出版社，2010.

[5] JGJ3—2010 高层建筑混凝土结构技术规程. 北京：中国建筑工业出版社，2010.

[6] 国振喜. 简明钢筋混凝土结构构造手册 [M]. 北京：中国建筑工业出版社，2002.

[7] 滕智明，朱金铨. 混凝土结构及砌体结构 [M]. 北京：中国建筑工业出版社，1995.

[8] 天津大学，同济大学，东南大学. 混凝土结构 [M]. 北京：中国建筑工业出版社，1998.

[9] 赵毅力. 建筑力学 [M]. 北京：中国水利水电出版社，2008.

[10] 吴大炜，结构力学 [M]. 武汉：武汉理工大学出版社，2000.

[11] 徐吉恩，唐小第. 力学与结构 [M]. 北京：北京大学出版社，2005.

[12] 郭玉敏，蔡东. 建筑力学与结构 [M]. 北京：人民交通出版社，2007.

[13] 乔宏洲. 理论力学 [M]. 北京：中国建筑工业出版社. 1997.

[14] 单辉祖. 材料力学 [M]. 北京：高等教育出版社. 2004.

[15] 胡兴福. 建筑结构 [M]. 北京：中国建筑工业出版社. 2008.

[16] 侯治国. 混凝土结构 [M]. 武汉：武汉工业大学出版社，2003.

[17] 车惠民，邵厚坤，李霄萍. 部分预应力混凝土——理论·设计·工程实践 [M]. 成都：西南交通大学出版社，1992.

[18] 罗福午，方鄂华，叶知满. 混凝土结构及砌体结构（上、下册）[M]. 北京：中国建筑工业出版社，2003.

[19] 钟善桐. 钢结构 [M]. 武汉：武汉大学出版社. 2005.

[20] 张学宏. 建筑结构 [M]. 北京：中国建筑工业出版社. 2007.

[21] 彭少民. 混凝土结构（上、下册）[M]. 武汉：武汉工业大学出版社 [M]. 2002.

[22] 吴承霞. 建筑力学与结构 [M]. 北京：北京大学出版社，2009.

[23] 宗兰，宋群. 建筑结构（上、下册）[M]. 北京：机械工业出版社，2008.

[24] 徐锡权. 建筑结构 [M]. 北京：北京大学出版社，2010.

[25] 刘洁. 建筑力学与结构 [M]. 北京：中国水利水电出版社，2009.

[26] 孔七一. 工程力学学习指导 [M]. 北京：人民交通出版社，2008.

[27] 胡增强. 材料力学习题解析 [M]. 北京：清华大学出版社，2005.